大数据技术与应用丛书

Spark大数据分析与实战
（第2版）

黑马程序员 编著

清华大学出版社
北京

内 容 简 介

本书以 Spark 3.x 和 Scala 2.x 为主线，全面介绍了 Spark 及其生态体系中常用大数据项目的安装和使用。全书共 10 章，分别讲解了 Scala 语言基础、Spark 基础、Spark RDD、Spark SQL、HBase、Kafka、Spark Streaming、Structured Streaming 和 Spark MLlib，并在最后完整开发了一个在线教育学生学习情况分析系统，帮助读者巩固前面所学的内容。

本书附有配套视频、教学 PPT、教学设计、测试题等资源，同时，为了帮助初学者更好地学习本书中的内容，还提供了在线答疑，欢迎读者关注。

本书可以作为高等院校数据科学与大数据技术及相关专业的教材，并适合大数据开发初学者、大数据分析与挖掘的从业者阅读。

版权所有，侵权必究。举报：010-62782989，beiqinquan@tup.tsinghua.edu.cn。

图书在版编目（CIP）数据

Spark 大数据分析与实战/黑马程序员编著. -- 2 版. -- 北京：清华大学出版社，2025.2(2025.7重印). -- （大数据技术与应用丛书）. -- ISBN 978-7-302-68313-1

Ⅰ. TP274

中国国家版本馆 CIP 数据核字第 2025W5E440 号

责任编辑：袁勤勇　杨　枫
封面设计：杨玉兰
责任校对：李建庄
责任印制：沈　露

出版发行：清华大学出版社
网　　址：https://www.tup.com.cn, https://www.wqxuetang.com
地　　址：北京清华大学学研大厦 A 座
邮　　编：100084
社 总 机：010-83470000
邮　　购：010-62786544
投稿与读者服务：010-62776969，c-service@tup.tsinghua.edu.cn
质量反馈：010-62772015，zhiliang@tup.tsinghua.edu.cn
课件下载：https://www.tup.com.cn，010-83470236

印 装 者：三河市龙大印装有限公司
经　　销：全国新华书店
开　　本：185mm×260mm
印　　张：18.75
字　　数：458 千字
版　　次：2019 年 9 月第 1 版　2025 年 2 月第 2 版
印　　次：2025 年 7 月第 2 次印刷
定　　价：58.00 元

产品编号：102701-01

前　言

党的二十大指出"实践没有止境,理论创新也没有止境"。随着互联网技术的快速发展,各种数字设备、传感器、物联网设备等在全球范围内产生了海量数据。这些数据以几何速度爆发性增长,给传统的数据处理方式带来了前所未有的挑战。如何满足大规模数据处理的需求,成了一个热门的研究课题,基于这种需求,人们需要新的技术来处理海量数据。

Spark 提供了快速、通用、可扩展的大数据处理分析引擎,有效解决了海量数据的分析、处理问题,因此基于 Spark 的各种大数据技术得到了广泛应用和普及。自 Spark 项目问世以来,Spark 生态系统不断壮大,越来越多的大数据技术基于 Spark 进行开发和应用,在国内外各企业中得到了广泛应用,对于要往大数据方向发展的读者而言,学习 Spark 是一个不错的选择。

本书在《Spark 大数据分析与实战》基础上进行了改版,优化了原书内容,并进行了以下调整。

- 新增了 Spark 流式计算引擎 Structured Streaming 的讲解。
- 调整了项目实现和背景,使项目的内容更加丰富。
- 调整了部分需求的实现方式,增强了教学的实用性。
- 调整了知识讲解的结构,更符合循序渐进的学习规律。
- 添加素质教育的内容,将素质教育的内容与专业知识有机结合。

本书基于 Spark 3.x 和 Scala 2.x,循序渐进地介绍了 Spark 的相关知识以及 Spark 生态体系一些常用的组件和开源大数据项目。本书共 10 章,具体内容如下。

- 第 1 章主要讲解什么是 Scala 以及 Scala 编程相关知识。
- 第 2 章主要介绍什么是 Spark,以及部署 Spark 的方式,并通过 Spark Shell 和一个简单的案例介绍 Spark 的使用。
- 第 3、4 章主要讲解如何使用 Spark 的两个组件 Spark RDD 和 Spark SQL 进行数据处理,并利用这两个组件处理和操作不同的数据源。
- 第 5、6 章主要介绍 Spark 生态体系常用开源大数据项目的原理和使用,并利用 HBase 实现数据存储和 Kafka 实现数据的生产和消费。
- 第 7~9 章主要讲解如何使用 Spark 的 3 个组件 Spark Streaming、Structured Streaming 和 Spark MLlib,并利用这 3 个组件实现数据的实时处理和通过模型推荐数据。
- 第 10 章通过一个完整的实战项目,指导读者灵活运用 Spark 及其生态系统进行简单的项目开发。

在学习过程中,读者如果遇到困难,建议不要纠结于某个地方,可以先往后学习。通常来讲，通过逐渐深入的学习，前面不懂和产生疑惑的知识点也就能够理解了。在学习编程和部署环境的过程中，一定要多动手实践，如果在实践的过程中遇到问题，建议多思考，厘清思路，认真分析问题发生的原因，并在问题解决后及时总结经验。

本书配套服务

为了提升您的学习或教学体验，我们精心为本书配备了丰富的数字化资源和服务，包括在线答疑、教学大纲、教学设计、教学 PPT、教学视频、测试题、源代码等。通过这些配套资源和服务，我们希望让您的学习或教学变得更加高效。请扫描下方二维码获取本书配套资源和服务。

致谢

本书的编写和整理工作由传智教育完成，全体参编人员在编写过程中付出了辛勤的劳动，除此之外还有许多试读人员参与了本书的试读工作并给出了宝贵的建议，在此一并表示衷心的感谢。

意见反馈

本书难免有不妥之处，欢迎读者提出宝贵意见。在阅读本书时，如果发现任何问题或有不认同之处，可以通过电子邮件与编者联系。请发送电子邮件至 itcast_book@vip.sina.com。

传智教育　黑马程序员
2025 年 1 月于北京

目 录

第 1 章 Scala 语言基础 ·· 1

1.1 Scala 概述 ·· 1
1.1.1 初识 Scala ·· 1
1.1.2 Scala 的安装 ·· 2
1.1.3 在 IntelliJ IDEA 中安装 Scala 插件 ·· 6
1.1.4 Scala 初体验 ·· 8

1.2 Scala 的基础语法 ·· 12
1.2.1 变量 ·· 12
1.2.2 常量 ·· 12
1.2.3 数据类型 ·· 13
1.2.4 运算符 ·· 15
1.2.5 控制结构语句 ·· 16
1.2.6 方法和函数 ·· 26

1.3 Scala 数据结构 ·· 29
1.3.1 数组 ·· 29
1.3.2 元组 ·· 35
1.3.3 集合 ·· 36

1.4 Scala 面向对象 ·· 43
1.4.1 类和对象 ·· 43
1.4.2 单例对象 ·· 46
1.4.3 继承 ·· 47
1.4.4 特质 ·· 49

1.5 本章小结 ·· 51
1.6 课后习题 ·· 51

第 2 章 Spark 基础 ·· 53

2.1 初识 Spark ·· 53
2.1.1 Spark 概述 ·· 53
2.1.2 Spark 的特点 ·· 54
2.1.3 Spark 应用场景 ·· 55

2.1.4　Spark 与 MapReduce 的区别 …………………………………………… 55
2.2　Spark 基本架构及运行流程 ……………………………………………………… 56
  2.2.1　基本概念 ……………………………………………………………… 56
  2.2.2　Spark 基本架构 ……………………………………………………… 57
  2.2.3　Spark 运行流程 ……………………………………………………… 58
2.3　Spark 的部署模式 ……………………………………………………………… 59
2.4　部署 Spark ……………………………………………………………………… 59
  2.4.1　基于 Local 模式部署 Spark ………………………………………… 59
  2.4.2　基于 Standalone 模式部署 Spark …………………………………… 61
  2.4.3　基于 High Availability 模式部署 Spark …………………………… 66
  2.4.4　基于 Spark on YARN 模式部署 Spark ……………………………… 70
2.5　Spark 初体验 …………………………………………………………………… 71
2.6　Spark Shell ……………………………………………………………………… 73
  2.6.1　Spark Shell 命令 ……………………………………………………… 74
  2.6.2　读取 HDFS 文件实现词频统计 ……………………………………… 74
2.7　案例——开发 Spark 程序 ……………………………………………………… 76
  2.7.1　环境准备 ……………………………………………………………… 76
  2.7.2　基于本地模式开发 Spark 程序 ……………………………………… 80
  2.7.3　基于集群模式开发 Spark 程序 ……………………………………… 81
2.8　本章小结 ………………………………………………………………………… 84
2.9　课后习题 ………………………………………………………………………… 84

第 3 章　Spark RDD 弹性分布式数据集 …………………………………………… 86

3.1　RDD 简介 ………………………………………………………………………… 86
3.2　RDD 的创建 ……………………………………………………………………… 87
  3.2.1　基于文件创建 RDD …………………………………………………… 87
  3.2.2　基于数据集合创建 RDD ……………………………………………… 89
3.3　RDD 的处理过程 ………………………………………………………………… 89
  3.3.1　转换算子 ……………………………………………………………… 90
  3.3.2　行动算子 ……………………………………………………………… 97
3.4　RDD 的分区 ……………………………………………………………………… 102
3.5　RDD 的依赖关系 ………………………………………………………………… 103
3.6　RDD 机制 ………………………………………………………………………… 105
  3.6.1　持久化机制 …………………………………………………………… 105
  3.6.2　容错机制 ……………………………………………………………… 106
3.7　Spark 的任务调度 ……………………………………………………………… 107
  3.7.1　DAG 的概念 …………………………………………………………… 107
  3.7.2　RDD 在 Spark 中的运行流程 ………………………………………… 108
3.8　本章小结 ………………………………………………………………………… 109

3.9 课后习题 ········· 110

第 4 章　Spark SQL 结构化数据处理模块 ········· 111

4.1 Spark SQL 的基础知识 ········· 111
    4.1.1 Spark SQL 的简介 ········· 111
    4.1.2 Spark SQL 架构 ········· 112

4.2 DataFrame 的基础知识 ········· 113
    4.2.1 DataFrame 简介 ········· 113
    4.2.2 DataFrame 的创建 ········· 114
    4.2.3 DataFrame 的常用操作 ········· 117
    4.2.4 DataFrame 的函数操作 ········· 120

4.3 RDD 转换为 DataFrame ········· 130
    4.3.1 反射机制推断 Schema ········· 130
    4.3.2 编程方式定义 Schema ········· 132

4.4 Dataset 的基础知识 ········· 133
    4.4.1 Dataset 简介 ········· 133
    4.4.2 Dataset 的创建 ········· 134

4.5 Spark SQL 操作数据源 ········· 135
    4.5.1 Spark SQL 操作 MySQL ········· 136
    4.5.2 Spark SQL 操作 Hive ········· 139

4.6 本章小结 ········· 141
4.7 课后习题 ········· 141

第 5 章　HBase 分布式数据库 ········· 143

5.1 HBase 的基础知识 ········· 143
    5.1.1 HBase 的简介 ········· 143
    5.1.2 HBase 的数据模型 ········· 144

5.2 深入学习 HBase 原理 ········· 145
    5.2.1 HBase 架构 ········· 145
    5.2.2 物理存储 ········· 146
    5.2.3 HBase 读写数据流程 ········· 147

5.3 搭建 HBase 高可用集群 ········· 149

5.4 HBase 的基本操作 ········· 154
    5.4.1 HBase 的 Shell 操作 ········· 154
    5.4.2 HBase 的 Java API 操作 ········· 160

5.5 HBase 集成 Hive ········· 167
5.6 本章小结 ········· 172
5.7 课后习题 ········· 172

第 6 章 Kafka 分布式发布订阅消息系统 ······ 173

- 6.1 消息队列简介 ······ 173
- 6.2 Kafka 简介 ······ 176
- 6.3 Kafka 工作原理 ······ 176
  - 6.3.1 Kafka 的基本架构 ······ 176
  - 6.3.2 Kafka 工作流程 ······ 179
- 6.4 搭建 Kafka 集群 ······ 180
- 6.5 Kafka 的基本操作 ······ 182
  - 6.5.1 Kafka 的 Shell 操作 ······ 183
  - 6.5.2 Kafka 的 Scala API 操作 ······ 186
- 6.6 Kafka Streams ······ 190
  - 6.6.1 Kafka Streams 概述 ······ 191
  - 6.6.2 Kafka Streams 实现单词计数功能 ······ 191
- 6.7 本章小结 ······ 194
- 6.8 课后习题 ······ 195

第 7 章 Spark Streaming 实时计算框架 ······ 197

- 7.1 实时计算概述 ······ 197
- 7.2 Spark Streaming 的概述 ······ 198
  - 7.2.1 Spark Streaming 简介 ······ 198
  - 7.2.2 Spark Streaming 的工作原理 ······ 200
- 7.3 Spark Streaming 的 DStream ······ 200
- 7.4 Spark Streaming 的编程模型 ······ 201
- 7.5 Spark Streaming 的 API 操作 ······ 202
  - 7.5.1 输入操作 ······ 202
  - 7.5.2 转换操作 ······ 205
  - 7.5.3 输出操作 ······ 214
  - 7.5.4 窗口操作 ······ 218
  - 7.5.5 案例——电商网站实时热门品类统计 ······ 223
- 7.6 Spark Streaming 整合 Kafka ······ 226
- 7.7 本章小结 ······ 229
- 7.8 课后习题 ······ 229

第 8 章 Structured Streaming 流计算引擎 ······ 231

- 8.1 Spark Streaming 的不足 ······ 231
- 8.2 Structured Streaming 概述 ······ 232
  - 8.2.1 Structured Streaming 简介 ······ 232
  - 8.2.2 Structured Streaming 编程模型 ······ 233

8.3 Structured Streaming 的 API 操作 ················ 234
8.3.1 输入操作 ················ 234
8.3.2 转换操作 ················ 239
8.3.3 输出操作 ················ 242
8.4 时间和窗口操作 ················ 247
8.4.1 时间的分类 ················ 247
8.4.2 窗口操作 ················ 248
8.5 案例——物联网设备数据分析 ················ 252
8.5.1 准备数据 ················ 252
8.5.2 分析数据 ················ 255
8.6 本章小结 ················ 259
8.7 课后习题 ················ 259

第 9 章 Spark MLlib 机器学习库 ················ 261
9.1 初识机器学习 ················ 261
9.1.1 什么是机器学习 ················ 261
9.1.2 机器学习的应用 ················ 262
9.2 Spark MLlib 概述 ················ 263
9.2.1 Spark MLlib 简介 ················ 263
9.2.2 Spark MLlib 工作流程 ················ 264
9.3 数据类型 ················ 265
9.4 Spark MLlib 基本统计 ················ 269
9.4.1 摘要统计 ················ 270
9.4.2 相关统计 ················ 271
9.4.3 分层抽样 ················ 272
9.5 分类 ················ 273
9.5.1 线性支持向量机 ················ 274
9.5.2 逻辑回归 ················ 276
9.6 案例——构建电影推荐系统 ················ 278
9.6.1 案例分析 ················ 278
9.6.2 案例实现 ················ 279
9.7 本章小结 ················ 282
9.8 课后习题 ················ 282

第 10 章 综合案例——在线教育学生学习情况分析系统 ················ 284
10.1 系统概述 ················ 284
10.1.1 系统背景介绍 ················ 284
10.1.2 系统流程分析 ················ 285
10.2 Redis 的安装和启动 ················ 286

10.3 模块开发——构建项目结构 …………………………………………………… 287
10.4 模块开发——在线教育数据的生成 …………………………………………… 288
10.5 模块开发——实时分析学生答题情况 ………………………………………… 288
10.6 模块开发——实时推荐题目 …………………………………………………… 288
10.7 模块开发——学生答题情况离线分析 ………………………………………… 289
10.8 模块开发——数据可视化 ……………………………………………………… 289
10.9 本章小结 ………………………………………………………………………… 289

第 1 章
Scala语言基础

学习目标：

- 了解 Scala 的基本概念，能够描述 Scala 的特性。
- 熟悉 Scala 的安装，能够在 Windows 和 Linux 操作系统中安装 Scala。
- 熟悉 Scala 插件的安装，能够在 IntelliJ IDEA 中安装 Scala 插件。
- 掌握 Scala 程序的开发，能够在 IntelliJ IDEA 中开发 Scala 程序。
- 掌握 Scala 的基础语法，能够熟练使用 Scala 中的变量、常量、运算符、控制结构语句、方法和函数。
- 掌握 Scala 数据结构，能够熟练使用 Scala 中的数组、元组和集合。
- 掌握 Scala 面向对象，能够熟练使用 Scala 中的类、单例对象、继承和特质。

Spark 支持使用 Scala、Java、Python 和 R 语言开发 Spark 程序。由于 Scala 与 Spark 的紧密集成，并且通过利用 Scala 的特性，开发人员能够编写出更加简洁、高效且可靠的 Spark 程序，所以 Scala 成为编写 Spark 程序的理想选择。本书使用 Scala 开发 Spark 程序，为了使读者能够更好地掌握 Scala 的应用，本章讲解 Scala 的基础知识。

1.1 Scala 概述

1.1.1 初识 Scala

Scala 是一门结合了面向对象编程和函数式编程优势的多范式编程语言，使开发人员能够灵活地编写代码，提高开发效率。为了让读者更清楚地了解 Scala 的优势，接下来介绍 Scala 的几个显著特性，具体如下。

1. 面向对象

Scala 是一种纯粹的面向对象编程语言。在 Scala 中，每个值都是对象，每项操作都是方法的调用。此外，在面向对象编程的基础上，Scala 引入了特质的概念，允许开发者在不同类之间共享代码，并通过混入多个特质来组合不同的行为。这种混入机制提升了代码的灵活性，同时也克服了面向对象编程中继承所带来的局限性。

2. 函数式

Scala 不仅是一种面向对象的编程语言，也是一种函数式编程语言。在 Scala 中，函数能够被当作参数传递、赋值给变量，或作为返回值使用。这样的函数抽象能力，让代码变得更加通用、灵活，从而显著提高了代码的可读性、可维护性以及可扩展性。

3．静态类型

Scala 是一种静态类型的编程语言,其变量、函数和表达式都有明确的类型。编译 Scala 代码时,编译器会校验这些类型,以确保运行时不会发生类型错误。此外,Scala 还支持类型推导功能,这使得开发者在大多数情况下无须显式指定类型,因为编译器能够自动推断出正确的类型。这种类型推导功能让代码更加简洁和易读,同时减少了不必要的类型注解。

4．可扩展

Scala 是一种可扩展的编程语言,它支持语言层面的扩展。开发者可以利用特质和隐式转换等机制,在不更改原始代码的前提下,为现有的类和库增添新功能。这样的扩展能力让 Scala 代码能够灵活适应各种应用场景。

5．可交互操作

Scala 运行在 Java 虚拟机(JVM)上,这使得开发者能够直接在 Scala 代码中使用 Java 类和库,并且也可以在 Java 代码中直接使用 Scala 类和库。这种无缝的互操作性使得开发者能够充分利用 Java 丰富的生态系统,并将其与 Scala 强大的特性相结合。

1.1.2　Scala 的安装

由于 Scala 是运行在 Java 虚拟机上的,所以在安装 Scala 之前必须先配置好 Java 环境。本书使用的 JDK 版本为 1.8,同时考虑到 Scala 的稳定性和 Spark 版本的兼容性,本书使用的 Scala 版本为 2.12.15。关于 JDK 的安装和配置这里不作讲解,读者可参考本书提供的补充文档进行相关操作。

Scala 支持在 Windows、Linux、macOS 等操作系统上进行安装。鉴于本书主要涉及在 Windows 和 Linux 操作系统上的 Scala 操作。因此,这里将以这两个操作系统为例,介绍 Scala 的安装,具体内容如下。

1．在 Windows 操作系统中安装 Scala

在 Windows 操作系统中安装 Scala 的操作步骤如下。

(1)下载 Scala 安装包。

访问 Scala 官网,下载适用 Windows 操作系统的 Scala 安装包 scala-2.12.15.zip。

(2)解压 Scala 安装包。

将 Scala 的安装包解压到 D 盘根目录下,解压完成后的效果如图 1-1 所示。

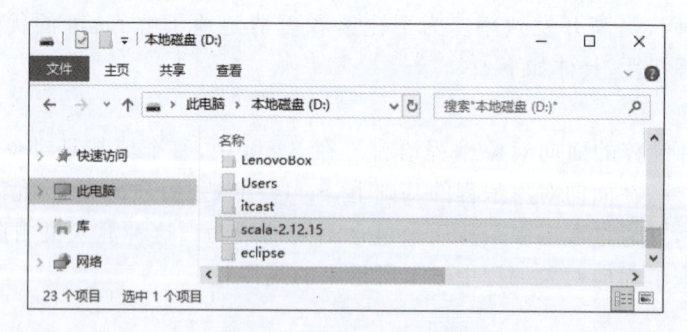

图 1-1　解压 Scala 安装包

从图 1-1 可以看出,Scala 安装包解压完成后会在 D 盘根目录生成一个名为 scala-2.12.15 的文件夹,该文件夹内包含了 Scala 的相关文件。

（3）配置 Scala 环境变量。

为了让 Windows 操作系统能够识别和执行 Scala 相关的命令和程序，这里需要配置 Scala 环境变量，具体操作步骤如下。

① 按 Win+R 组合键，打开"运行"对话框，在该对话框的"打开"输入框中输入 sysdm.cpl，如图 1-2 所示。

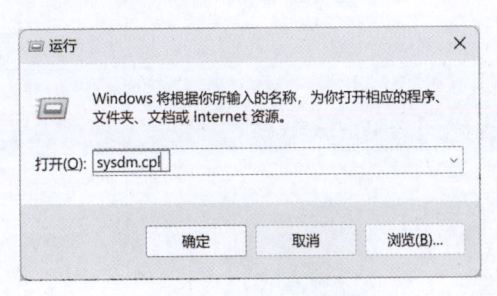

图 1-2　"运行"对话框

② 在图 1-2 中，单击"确定"按钮，打开"系统属性"对话框，在该对话框中单击"高级"选项卡，如图 1-3 所示。

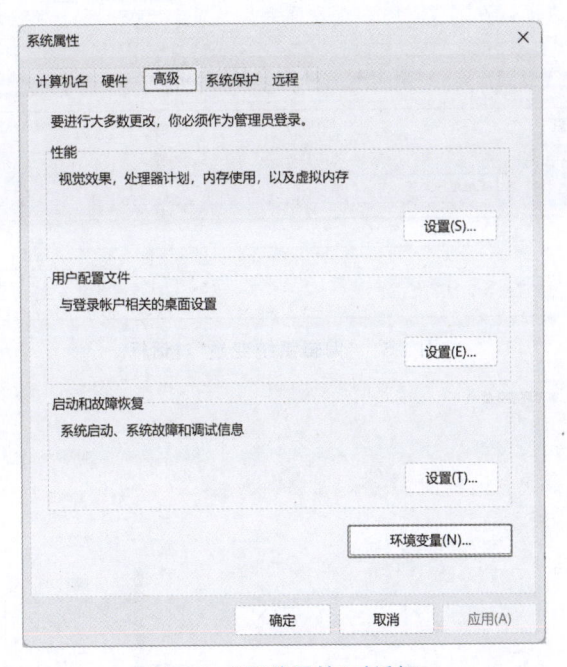

图 1-3　"系统属性"对话框

③ 在图 1-3 中，单击"环境变量"按钮，打开"环境变量"对话框，如图 1-4 所示。

④ 在图 1-4 中，单击系统变量下的"新建"按钮，打开"编辑系统变量"对话框，在该对话框中的"变量名"和"变量值"输入框分别输入 SCALA_HOME 和 D:\scala-2.12.15，添加系统环境变量 SCALA_HOME，如图 1-5 所示。

⑤ 在图 1-5 中，单击"确定"按钮返回到"环境变量"对话框，在该对话框中双击系统环境变量中名为 Path 的变量，打开"编辑环境变量"对话框，在该对话框中单击"新建"按钮，并输入%SCALA_HOME%\bin 指定 Scala 存放可执行文件的目录，如图 1-6 所示。

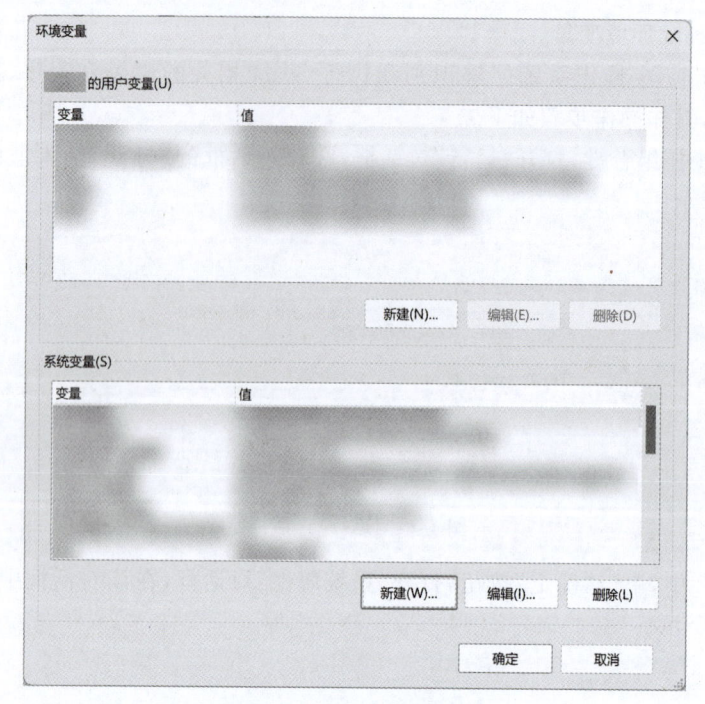

图 1-4 "环境变量"对话框

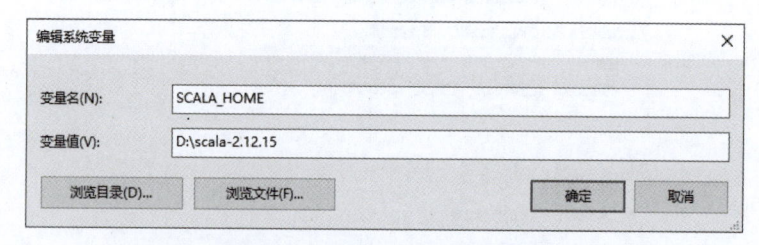

图 1-5 "编辑系统变量"对话框

图 1-6 "编辑环境变量"对话框

在图 1-6 中，单击"确定"按钮返回"环境变量"对话框，在该对话框中单击"确定"按钮完成配置 Scala 环境变量的操作。

（4）验证 Scala 环境变量。

Scala 提供了一个交互式的命令行工具，称为 Scala REPL（Read-Eval-Print Loop）。用户可以在 Scala REPL 中执行 Scala 代码并查看执行结果。Scala REPL 的执行文件位于 Scala 安装目录的 bin 目录下。

在 Windows 操作系统中，如果用户未配置 Scala 环境变量，那么需要通过命令提示符进入 Scala 安装目录的 bin 目录，然后执行 scala 命令使用 Scala REPL。然而，一旦用户成功配置了 Scala 环境变量，就可以在命令提示符的任意目录中执行 scala 命令来使用 Scala REPL。

接下来，打开 Windows 操作系统的命令提示符，在未进入 Scala 安装目录的 bin 目录情况下执行 scala 命令，验证是否可以使用 Scala REPL，如图 1-7 所示。

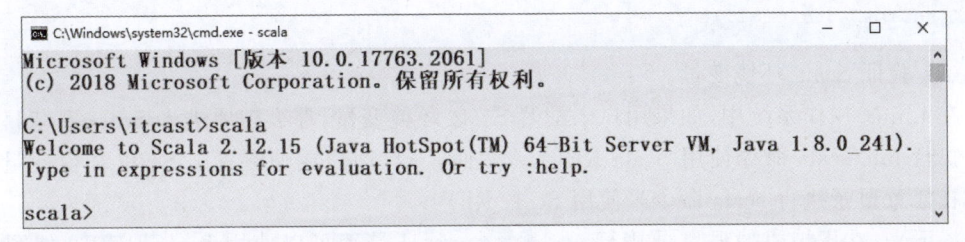

图 1-7　使用 Scala REPL（1）

从图 1-7 可以看出，在执行 scala 命令后，命令提示符中显示了 Scala 的版本信息 2.12.15，并出现了用于输入 Scala 代码的提示符"scala>"。说明成功配置了 Scala 环境变量，并且可以使用 Scala REPL。如果想要退出 Scala REPL，那么可以执行":quit"命令。

2. 在 Linux 操作系统中安装 Scala

本书使用的 Linux 操作系统是 CentOS Stream 9，并且使用虚拟机来进行 Linux 操作系统的安装。关于创建虚拟机和安装 Linux 操作系统的操作，读者可参考本书提供的补充文档。接下来，以虚拟机 Hadoop1 为例，讲解如何在 Linux 操作系统中安装 Scala，具体操作步骤如下。

（1）下载 Scala 安装包。

访问 Scala 官网，下载适用 Linux 操作系统的 Scala 安装包 scala-2.12.15.tgz。

（2）上传 Scala 安装包。

在虚拟机中安装文件传输工具 lrzsz，以实现虚拟机与宿主机之间的文件传输功能。在虚拟机执行如下命令。

```
$ yum install -y lrzsz
```

上述命令执行完成后，进入虚拟机的 /export/software 目录，在该目录中执行 rz 命令，将 Scala 安装包 scala-2.12.15.tgz 上传到虚拟机的 /export/software 目录。

（3）安装 Scala。

采用解压方式将 Scala 安装到 /export/servers 目录。在虚拟机的 /export/software 目录执行如下命令。

```
$ tar -zxvf scala-2.12.15.tgz -C /export/servers/
```

(4)配置 Scala 环境变量。

为了让 Linux 操作系统能够识别和执行 Scala 相关的命令和程序,这里需要配置 Scala 环境变量。在虚拟机执行 vi /etc/profile 命令编辑系统环境变量文件 profile,在该文件的底部添加如下内容。

```
export SCALA_HOME=/export/servers/scala-2.12.15
export PATH=$SCALA_HOME/bin:$PATH
```

在系统环境变量文件 profile 中添加上述内容后,保存并退出编辑。

(5)初始化系统环境变量。

初始化虚拟机的系统环境变量,使系统环境变量文件 profile 中修改的内容生效。在虚拟机执行如下命令。

```
$ source /etc/profile
```

(6)验证 Scala 环境变量。

在 Linux 操作系统中,如果用户未配置 Scala 环境变量,那么需要进入 Scala 安装目录,然后执行 bin/scala 命令使用 Scala REPL。然而,一旦用户成功配置了 Scala 环境变量,就可以在任意目录执行 scala 命令来使用 Scala REPL。

接下来,在虚拟机的根目录执行 scala 命令,验证是否可以使用 Scala REPL,如图 1-8 所示。

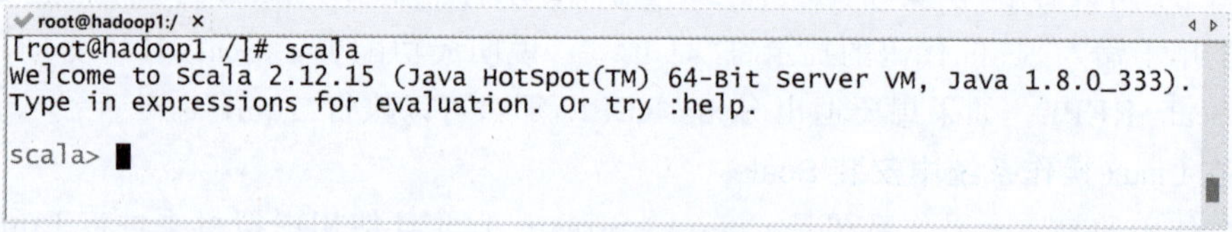

```
[root@hadoop1 /]# scala
Welcome to Scala 2.12.15 (Java HotSpot(TM) 64-Bit Server VM, Java 1.8.0_333).
Type in expressions for evaluation. Or try :help.

scala>
```

图 1-8 使用 Scala REPL(2)

从图 1-8 可以看出,在执行 scala 命令后,命令提示符中显示了 Scala 的版本信息 2.12.15,并出现了用于输入 Scala 代码的提示符"scala >"。说明成功配置了 Scala 环境变量,并且可以使用 Scala REPL。如果想要退出 Scala REPL,那么可以执行":quit"命令。

1.1.3 在 IntelliJ IDEA 中安装 Scala 插件

在安装 Scala 时,介绍了如何使用 Scala REPL。然而,在实际应用中,为了提供更好的代码编辑、调试、重构、测试等功能,通常会选择使用集成开发环境来进行 Scala 程序的开发。本书介绍如何使用集成开发环境 IntelliJ IDEA 进行 Scala 程序的开发。

默认情况下,IntelliJ IDEA 并不支持 Scala 语言。因此,在使用 IntelliJ IDEA 进行 Scala 程序的开发前,需要通过安装 Scala 插件来添加相应的支持。接下来讲解如何在 IntelliJ IDEA 中安装 Scala 插件,具体操作步骤如下。

(1)打开 IntelliJ IDEA,进入 Welcome to IntelliJ IDEA 界面,如图 1-9 所示。

(2)在图 1-9 中,单击 Plugins 选项,在右侧的搜索栏内输入 scala,搜索 Scala 相关插件,如图 1-10 所示。

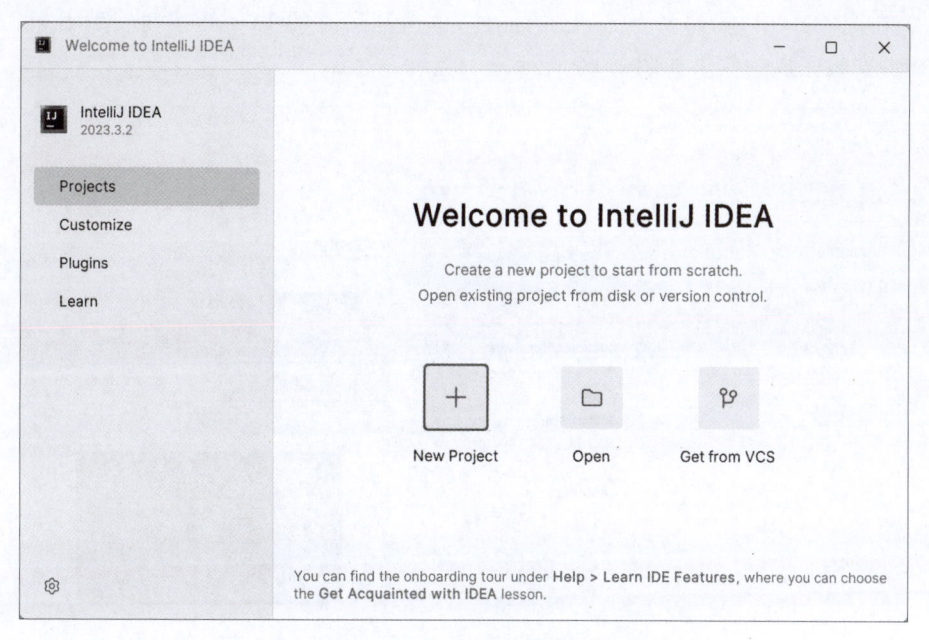

图 1-9　Welcome to IntelliJ IDEA 界面

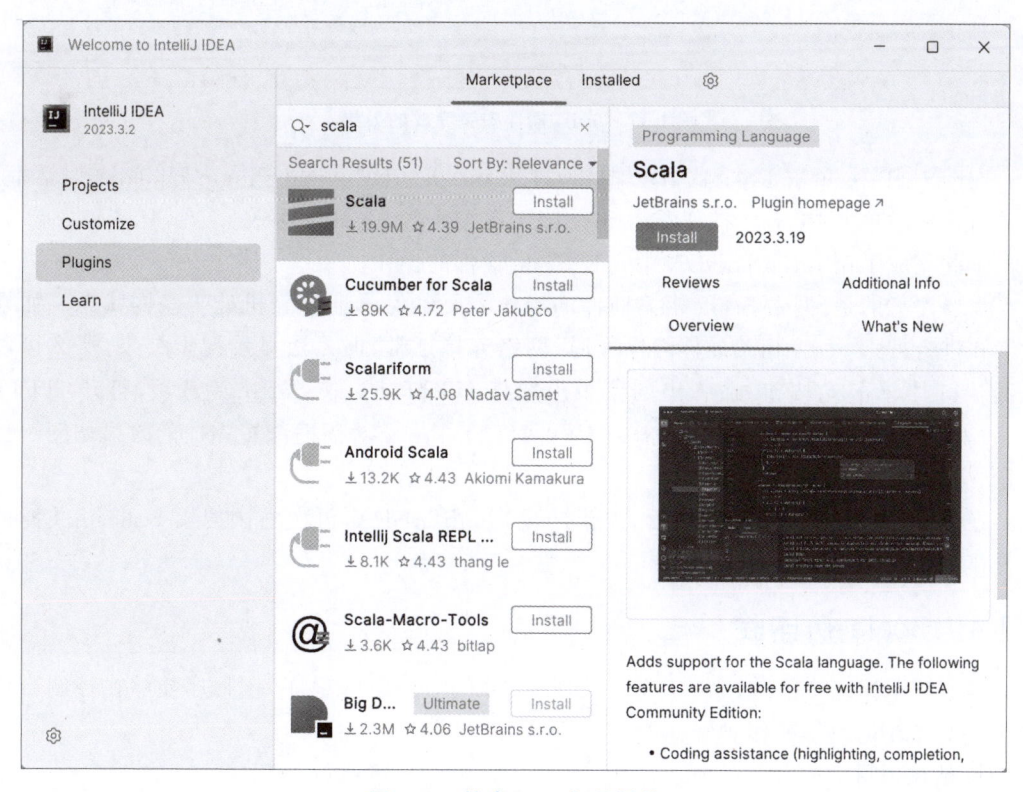

图 1-10　搜索 Scala 相关插件

需要说明的是,如果读者在打开 IntelliJ IDEA 时,直接进入具体项目的界面,那么可以在 IntelliJ IDEA 的工具类依次选择 File→Settings 选项打开 Settings 对话框,在该对话框的左侧单击 Plugins 选项进行搜索 Scala 相关插件的操作。

（3）在图 1-10 中，找到名为 Scala 的插件，单击其后方的 Install 按钮安装 Scala 插件。Scala 插件安装完成的效果如图 1-11 所示。

图 1-11　Scala 插件安装完成的效果

在图 1-11 中，单击 Restart IDE 按钮，打开 IntelliJ IDEA and Plugin Updates 对话框，在该对话框中单击 Restart 按钮重启 IntelliJ IDEA 使 Scala 插件生效。

至此完成了在 IntelliJ IDEA 中安装 Scala 插件的操作。

需要注意的是，搜索 Scala 相关插件的操作需要确保本地计算机处于联网状态。如果读者在进行搜索 Scala 相关插件的操作时，网络连接正常，但无法显示搜索结果，那么可以在图 1-11 中单击 按钮，在弹出的菜单中选择 HTTP Proxy Settings 选项，打开 HTTP Proxy 对话框，在该对话框内进行相关配置。HTTP Proxy 对话框配置完成的效果如图 1-12 所示。

在图 1-12 中，单击 OK 按钮后，重新打开 IntelliJ IDEA，再次尝试搜索 Scala 相关插件的操作。

1.1.4　Scala 初体验

本节演示如何使用 IntelliJ IDEA 实现一个简单的 Scala 程序，该程序能够在控制台输出 Hello World，具体操作步骤如下。

1. 创建项目

使用 IntelliJ IDEA 实现 Scala 程序的首要任务是创建项目。在 IntelliJ IDEA 的 Welcome to IntelliJ IDEA 界面，单击 New Project 按钮，打开 New Project 对话框，在该对话框中配置项目的基本信息，具体内容如下。

（1）在 Name 输入框中指定项目名称为 Scala_Project。

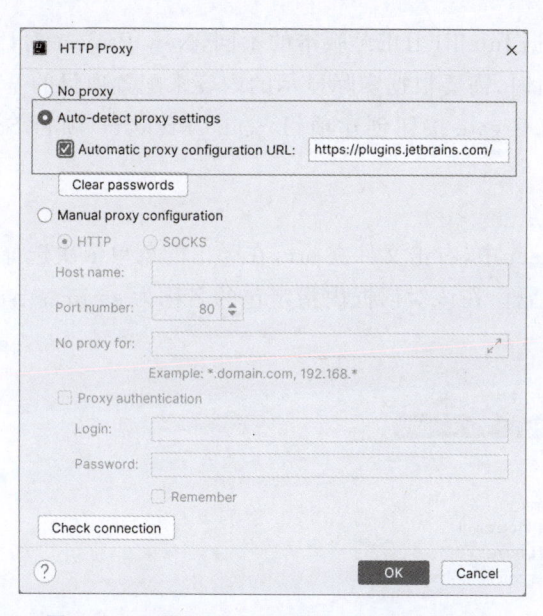

图 1-12　HTTP Proxy 对话框配置完成的效果

（2）在 Location 输入框中指定项目的存储路径为 D:\develop\ideaProject。
（3）在 Language 区域选择使用的编程语言为 Scala。
（4）在 Build system 区域选择构建项目的方式为 IntelliJ。
（5）在 JDK 下拉框中选择本地安装的 JDK。
（6）在 Scala SDK 下拉框中选择本地安装的 Scala。
New Project 对话框配置完成的效果如图 1-13 所示。

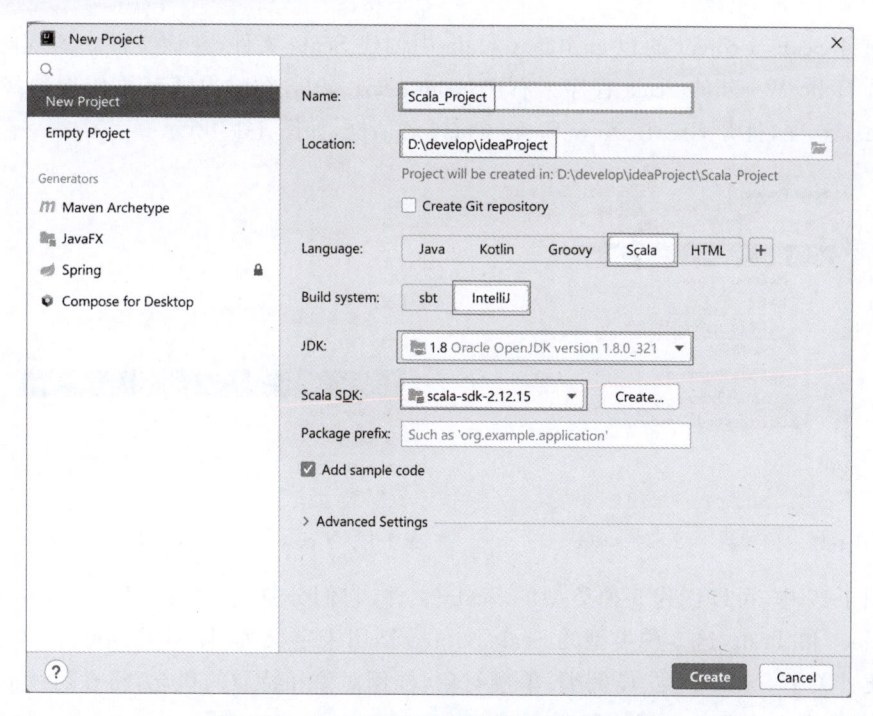

图 1-13　New Project 对话框配置完成的效果

需要说明的是，根据 IntelliJ IDEA 版本的不同，New Project 对话框显示的内容会存在差异。读者在创建项目时，需要根据实际显示的内容来配置项目的基本信息。

在图 1-13 中，单击 Create 按钮创建项目 Scala_Project。项目 Scala_Project 创建完成的效果如图 1-14 所示。

2．创建包

在项目 Scala_Project 中，右击文件夹 src，在弹出的菜单依次选择 New→Package 选项，打开 New Package 对话框，在该对话框内指定包的名称为 cn.itcast.scala，如图 1-15 所示。

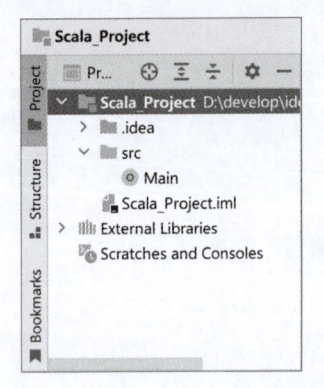

图 1-14　项目 Scala_Project 创建完成的效果　　　　图 1-15　New Package 对话框

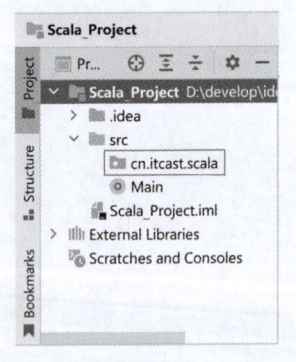

在图 1-15 中，按 Enter 键创建包 cn.itcast.scala，如图 1-16 所示。

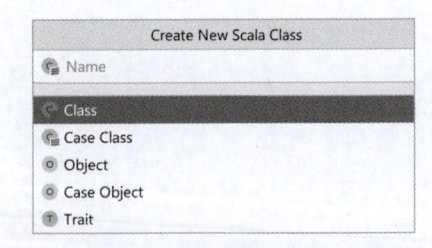

从图 1-16 可以看出，在项目 Scala_Project 的文件夹 src 中成功创建了包 cn.itcast.scala。

3．创建 Scala 文件

在项目 Scala_Project 的包 cn.itcast.scala 中创建 Scala 文件，在该文件中实现能够在控制台输出 Hello World 的 Scala 程序。右击包 cn.itcast.scala，在弹出的菜单依次选择 New→Scala Class 选项，打开 Create New Scala Class 对话框，如图 1-17 所示。

图 1-16　创建包 cn.itcast.scala　　　　图 1-17　Create New Scala Class 对话框（1）

在图 1-17 中，可以创建 5 种类型的 Scala 文件，它们分别是 Class、Case Class、Object、Case Object 和 Trait，这 5 种类型的 Scala 文件分别用于定义类、样例类、单例对象、样例对象和特质。关于 Scala 中类、样例类、单例对象、样例对象和特质的概念，将在后续的内容中详细讲解，读者在这里仅需了解即可。

在 Scala 中，main()方法是程序的入口点，每个独立的 Scala 程序都必须在单例对象中定义 main()方法。因此，为了在 IntelliJ IDEA 中运行 Scala 程序，需要创建一个 Object 类型的 Scala 文件。在 Create New Scala Class 对话框中选择 Object 选项，并在输入框内指定 Scala 文件的名称为 HelloWorld，如图 1-18 所示。

在图 1-18 中，按 Enter 键创建名为 HelloWorld 的 Scala 文件，如图 1-19 所示。

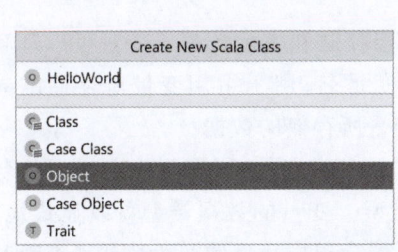

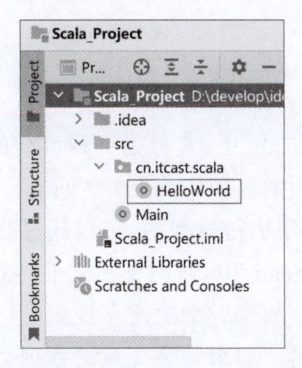

图 1-18　Create New Scala Class 对话框（2）　　图 1-19　创建名为 HelloWorld 的 Scala 文件

从图 1-19 可以看出，在项目 Scala_Project 的包 cn.itcast.scala 中成功创建了名为 HelloWorld 的 Scala 文件。

4. 编写代码

在项目 Scala_Project 中双击名为 HelloWorld 的 Scala 文件，在该文件中编写代码，实现将字符串 Hello World 输出到控制台的功能，具体代码如文件 1-1 所示。

文件 1-1　HelloWorld.scala

```
1  package cn.itcast.scala
2  object HelloWorld {
3    //定义方法 main()
4    def main(args: Array[String]): Unit = {
5      //将字符串 Hello World 输出到控制台
6      println("Hello World")
7    }
8  }
```

5. 运行 Scala 程序

在项目 Scala_Project 中右击名为 HelloWorld 的 Scala 文件，在弹出的菜单选择 Run HelloWorld 选项运行 Scala 程序。Scala 程序运行完成后，在 IntelliJ IDEA 的控制台查看运行结果，如图 1-20 所示。

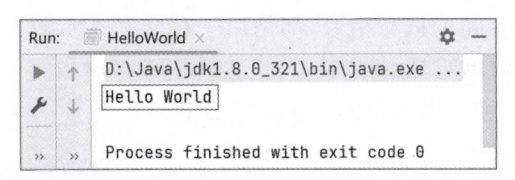

图 1-20　查看运行结果

从图 1-20 可以看出，控制台输出了 Hello World。

1.2 Scala 的基础语法

万丈高楼平地起,使用 Scala 语言编写程序之前需要先掌握 Scala 的基础语法。本节对 Scala 的基础语法,包括变量、常量、数据类型、运算符、控制结构语句、方法和函数进行详细讲解。

1.2.1 变量

在 Scala 中,变量是一种可变的存储单元,用于存储和表示数据。变量可以理解为计算机内存中的一块空间,该空间有一个标识符,即变量名,用于引用变量所存储的数据。在 Scala 程序执行过程中,可以通过变量名来修改变量所存储的数据。

在 Scala 中,使用变量之前,需要先声明变量。声明变量时,需要指定变量的名称和数据类型。数据类型决定了变量可以存储数据的类型。变量的数据类型可以显式地指定,也可以省略。如果省略变量的数据类型,Scala 编译器会根据变量的初始数据来推断其数据类型。关于在 Scala 中声明变量的语法格式如下。

```
var 变量名[:数据类型] = 初始数据
```

上述语法格式中,var 是定义变量的关键字。

接下来,以 Scala REPL 为例,演示如何在 Scala 中声明变量,并修改变量的数据,具体内容如下。

(1) 声明一个名为 age 的变量,指定其初始数据为 15,示例如下。

```
scala> var age = 15
age: Int = 15        //返回结果
```

从上述示例的返回结果可以看出,Scala 编译器根据变量 age 的初始数据 15,推断出其数据类型为 Int,即整数类型。

(2) 将变量 age 的数据修改为 16,示例如下。

```
scala> age = 16
age: Int = 16        //返回结果
```

从上述示例的返回结果可以看出,变量 age 的数据已经变更为 16。

【注意】 变量名不能与 Scala 中的关键字重复,通常由字母、数字和下画线组成。

1.2.2 常量

在 Scala 中,常量与变量的概念相似,都是用于存储和表示数据的存储单元,区别在于常量是一个不可变的存储单元,也就是说,一旦在声明常量时指定了初始数据,就不能对其进行修改。关于在 Scala 中声明常量的语法格式如下。

```
val 常量名[:数据类型] = 初始数据
```

上述语法格式中,val 是定义常量的关键字。

接下来,以 Scala REPL 为例,演示如何在 Scala 中声明一个名为 name 的常量,指定其初始数据为 zhangsan,示例如下。

```
scala> val name = "zhangsan"
name: String = zhangsan       //返回结果
```

从上述示例的返回结果可以看出,Scala 编译器根据变量 name 的初始数据 zhangsan,推断出其数据类型为 String,即字符串类型。

1.2.3 数据类型

数据类型用于定义数据的结构、操作方式、取值范围和表示方式。在 Scala 中,数据类型可以分为值类型和引用类型,具体介绍如下。

1. 值类型

值类型是 Scala 中预定义的数据类型,其定义的数据不允许为空。Scala 包含 9 种值类型,它们分别是 Double、Float、Int、Long、Short、Byte、Char、Unit 和 Boolean,以下是对这 9 种数据类型的介绍。

(1) Double 是 Scala 中表示双精度浮点数的数据类型,其定义的数据占用 8 字节的存储空间。在声明变量或常量时,若未显式指定数据类型,Scala 将默认浮点数的数据类型为 Double。

(2) Float 是 Scala 中表示单精度浮点数的数据类型,其定义的数据占用 4 字节的存储空间。在声明变量或常量时,若指定数据类型为 Float,则初始数据中的浮点数必须在结尾追加 f 或 F。此外,若在声明变量或常量时未显式指定数据类型,Scala 将默认以 f 或 F 结尾的浮点数的数据类型为 Float。

(3) Int 是 Scala 中表示整数的数据类型,其定义的数据占用 4 字节的存储空间,取值范围为 $[-2^{31}, 2^{31}-1]$。在声明变量或常量时,若未显式指定数据类型,Scala 将默认整数的数据类型为 Int。

(4) Long 是 Scala 中表示整数的数据类型,其定义的数据占用 8 字节的存储空间,取值范围为 $[-2^{63}, 2^{63}-1]$。

(5) Short 是 Scala 中表示整数的数据类型,其定义的数据占用 2 字节的存储空间,取值范围为 $[-2^{15}, 2^{15}-1]$。

(6) Byte 是 Scala 中表示整数的数据类型,其定义的数据占用 1 字节的存储空间,取值范围为 $[-2^{7}, 2^{7}-1]$。

(7) Char 是 Scala 中表示字符的数据类型,其定义的数据占用 2 字节的存储空间。在声明变量或常量时,若指定数据类型为 Char,则初始数据必须为 Unicode 字符,并需使用半角单引号将其包裹。此外,若在声明变量或常量时未显式指定数据类型,Scala 将默认半角单引号包裹的 Unicode 字符的数据类型为 Char。

(8) Unit 是 Scala 中一种特殊的数据类型,主要用于表示无返回值的函数或方法。

(9) Boolean 是 Scala 中表示布尔值的数据类型。在声明变量或常量时,若指定数据类型为 Boolean,则初始数据必须为 true 或 false。此外,若在声明变量或常量时未显式指定数据类型,Scala 将默认 true 或 false 的数据类型为 Boolean。

接下来,以 Float 为例,演示在 Scala 中声明变量时如何显式指定数据类型。例如,使用 Scala REPL 在 Scala 中声明一个名为 weight 的变量,显式指定其数据类型为 Float,并指定初始数据为 50.2,示例如下。

```
scala> var weight :Float = 50.2f
weight: Float = 50.2         //返回结果
```

2. 引用类型

在 Scala 中,所有除值类型之外的数据类型都属于引用类型,包括字符串、数组、元组等。由于引用类型涉及的内容较为广泛,本节先主要以字符串为例进行讲解,有关 Scala 中其他常用的引用类型,会在本章后续的内容中讲解。

在 Scala 中,String 是用于表示字符串的数据类型,其定义的数据所占用的存储空间与数据的编码格式和具体内容有关。在声明变量或常量时,若指定数据类型为 String,则初始数据必须使用半角双引号将其包裹。此外,若在声明变量或常量时未显式指定数据类型,Scala 将默认半角双引号包裹的内容的数据类型为 String。

接下来,演示如何使用 Scala REPL 在 Scala 中声明一个名为 name 的变量,显式指定其数据类型为 String,并指定初始数据为 zhangsan,示例如下。

```
scala> var name :String = "zhangsan"
name: String = zhangsan         //返回结果
```

在 Scala 中,值类型和引用类型的区别在于,值类型定义的数据是直接存储在内存中的,而引用类型定义的数据是存储在堆内存中的,内存中只存储了指向堆内存中数据的引用。例如,当声明了一个值类型的变量时,会在计算机的内存中分配一块空间用于存储该变量的数据,而当声明了一个引用类型的变量时,会在堆内存中分配一块空间用于存储该变量的数据,同时在内存中分配一块空间用于存储该变量的引用。

【注意】 若在 Scala 中声明变量或常量时显式指定数据类型,则数据类型的首字母必须大写。

多学一招:自动类型转换

在 Scala 中,值类型定义的数据可以按照特定顺序进行自动类型转换。关于自动类型转换的顺序如图 1-21 所示。

Byte → Short → Int → Long → Float → Double

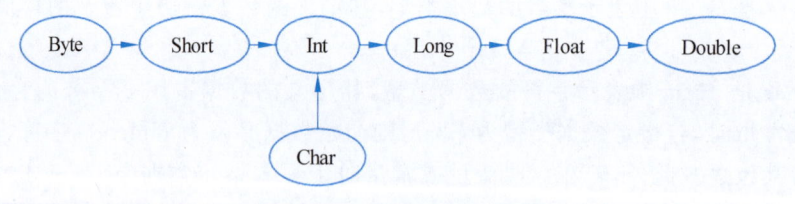

Char → Int

图 1-21 自动类型转换的顺序

在图 1-21 中,箭头起点表示的数据类型可以向箭头终点所表示的任意数据类型进行自动类型转换。例如,数据类型 Float 定义的数据只能自动转换为数据类型 Double,而数据类型 Byte 定义的数据可以自动转换为数据类型 Short、Int、Long、Float 和 Double。

例如,使用 Scala REPL 在 Scala 中定义一个名为 total 的变量,显式指定其数据类型为 Double,并指定初始数据为 1,示例如下。

```
scala> var total :Double = 1
total: Double = 1.0        //返回结果
```

从上述示例的返回结果可以看出，Int 类型的整数 1 自动转换为 Double 类型的浮点数 1.0。

1.2.4 运算符

在程序中经常出现一些特殊符号，如＋、－、＊、/等，这些特殊符号称作运算符。运算符用于对数据进行算术运算、赋值运算和逻辑运算等。在 Scala 中，运算符可分为算术运算符、赋值运算符、关系运算符和逻辑运算符。接下来，针对 Scala 中的运算符进行介绍，具体内容如下。

1. 算术运算符

算术运算符主要是用于对数值进行算术操作的运算符，下面以变量 a 为 1.0，b 为 2.0 为例，介绍 Scala 中常见的算术运算符，如表 1-1 所示。

表 1-1 Scala 中常见的算术运算符

运算符	描 述	示 例
＋	用于对数值进行加法运算	a＋b，结果为 3.0
－	用于对数值进行减法运算	a－b，结果为－1.0
＊	用于对数值进行乘法运算	a＊b，结果为 2.0
/	用于对数值进行除法运算	a/b，结果为 0.5
％	用于对数值进行取模运算	a％b，结果为 1.0

在表 1-1 中，运算符＋除了可以对数值进行加法运算外，还可以对字符串进行拼接。
需要注意的是，使用运算符/对整数类型的数值进行除法运算时，其结果将向零取整，例如 1/2＝0，3/2＝1。除非进行除法运算的任意数值为浮点数类型，例如 1.0/2＝0.5。

2. 赋值运算符

赋值运算符的作用是将一个值或表达式赋值给变量。下面以整数 1 和变量 a 为例，介绍 Scala 中常见的赋值运算符，如表 1-2 所示。

表 1-2 Scala 中常见的赋值运算符

运算符	描 述	示 例
＝	直接赋值，将表达式或值赋值给变量	a＝1
＋＝	相加后再赋值，将变量与值或表达式相加后再赋值给变量	a＋＝1 等价于 a＝a＋1
－＝	相减后再赋值，将变量与值或表达式相减后再赋值给变量	a－＝1 等价于 a＝a－1
＊＝	相乘后再赋值，将变量与值或表达式相乘后再赋值给变量	a＊＝1 等价于 a＝a＊1
/＝	相除后再赋值，将变量与值或表达式相除后再赋值给变量	a/＝1 等价于 a＝a/1
％＝	取余后再赋值，将变量与值或表达式取余后再赋值给变量	a％＝1 等价于 a＝a％1

3. 关系运算符

关系运算符是指用来对两个值或表达式进行比较操作的运算符。下面以变量 a 为 2,b 为 3 为例,介绍 Scala 中常见的关系运算符,如表 1-3 所示。

表 1-3　Scala 中常见的关系运算符

运算符	描　　述	示　　例
==	判断两个值或表达式是否相等,若相等返回 true;否则返回 false	a==b,返回 false
>	判断运算符左边的值或表达式是否大于运算符右边的值或表达式,若大于返回 true;否则返回 false	a>b,返回 false
>=	判断运算符左边的值或表达式是否大于或等于运算符右边的值或表达式,若大于或相等返回 true;否则返回 false	a>=b,返回 false
<	判断运算符左边的值或表达式是否小于运算符右边的值或表达式,若小于返回 true;否则返回 false	a<b,返回 true
<=	判断运算符左边的值或表达式是否小于或等于运算符右边的值或表达式,若小于或相等返回 true;否则返回 false	a<=b,返回 true
!=	判断两个值或表达式是否不相等,若不相等则返回 true;否则返回 false	a!=b,返回 true

4. 逻辑运算符

逻辑运算符是指用来对布尔值类型的值或表达式进行操作的运算符。下面以变量 a 为 true,b 为 false 为例,介绍 Scala 中常见的逻辑运算符,如表 1-4 所示。

表 1-4　Scala 中常见的逻辑运算符

运算符	描　　述	示　　例
&&	逻辑与,表示两个值或表达式都为 true 时,结果才为 true,否则为 false	a && b,返回 false
||	逻辑或,表示两个值或表达式至少有一个为 true 时,结果才为 true,否则为 false	a || b,返回 true
!	逻辑非,表示对一个值或表达式进行取反操作,即如果值或表达式为 true,则结果为 false,反之亦然	!a,返回 false

1.2.5　控制结构语句

控制结构语句是一类用于管理程序执行流程的语句,其能够根据不同的条件执行特定的代码块,或者循环执行某一代码块。在 Scala 中,结构语句主要包括条件语句和循环语句,具体介绍如下。

1. 条件语句

条件语句使得程序能够根据特定的条件选择性地执行不同的代码块。在 Scala 中,条件语句包括 if 语句、if…else 语句、if…else if…else 语句和 match 语句,具体介绍如下。

(1) if 语句是最基本的条件语句,它根据一个布尔表达式的返回值来决定是否执行特定的代码块。关于 if 语句的语法格式如下。

```
if (布尔表达式) {
    代码块
}
```

上述语法格式中,只有布尔表达式为 true 时,才会执行代码块。

if 语句的执行流程如图 1-22 所示。

接下来,以 IntelliJ IDEA 为例,演示如何在 Scala 中使用 if 语句。在 Scala_Project 项目的 cn.itcast.scala 包下创建名为 IfDemo 的 Scala 文件,在该文件中实现检测考试成绩是否合格的功能,当考试成绩高于或等于 60 分时,在控制台输出"考试成绩合格"的内容,具体代码如文件 1-2 所示。

文件 1-2　IfDemo.scala

```
1  package cn.itcast.scala
2  object IfDemo {
3    def main(args: Array[String]): Unit = {
4      var score = 62
5      if (score >= 60){
6        println("考试成绩合格")
7      }
8    }
9  }
```

上述代码中,第 4 行代码通过声明变量 score 定义考试成绩为 62。第 5～7 行代码在 if 语句中指定布尔表达式,判断考试成绩是否高于或等于 60。若考试成绩高于或等于 60,则向控制台输出"考试成绩合格"。

文件 1-2 的运行结果如图 1-23 所示。

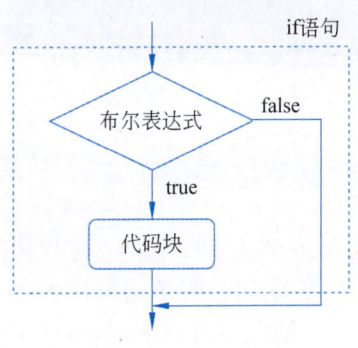

图 1-22　if 语句的执行流程

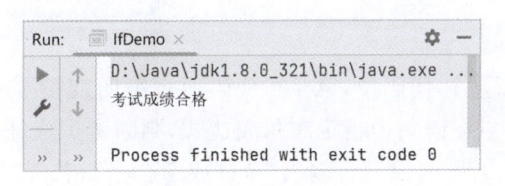

图 1-23　文件 1-2 的运行结果

从图 1-23 可以看出,控制台输出了"考试成绩合格"的内容。说明当 if 语句中的布尔表达式为 true 时,执行了代码块的内容。

(2) if…else 语句是在 if 语句的基础上增加了一个 else 分支,它根据一个布尔表达式的返回值来决定执行不同的代码块。关于 if…else 语句的语法格式如下。

```
if (布尔表达式) {
  代码块 1
} else {
  代码块 2
}
```

上述语法格式中,当布尔表达式为 true 时,执行代码块 1。反之,则执行代码块 2。

if…else 语句的执行流程如图 1-24 所示。

接下来,以 IntelliJ IDEA 为例,演示如何在 Scala 中使用 if…else 语句。在 Scala_

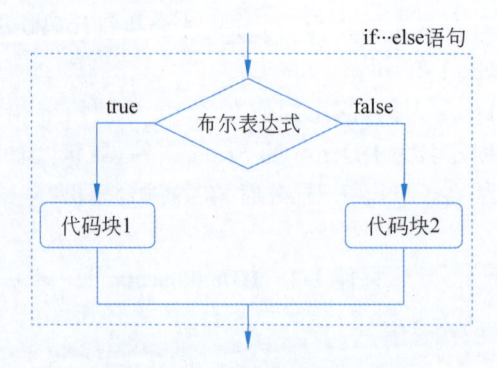

图 1-24　if…else 语句的执行流程

Project 项目的 cn.itcast.scala 包下创建名为 IfElseDemo 的 Scala 文件,在该文件中实现检测考试成绩是否合格的功能,当考试成绩高于或等于 60 分时,在控制台输出"考试成绩合格"的内容;当考试成绩低于 60 分时,在控制台输出"考试成绩不合格"的内容,具体代码如文件 1-3 所示。

文件 1-3　IfElseDemo.scala

```
1  package cn.itcast.scala
2  object IfElseDemo {
3    def main(args: Array[String]): Unit = {
4      var score = 59
5      if (score >= 60){
6        println("考试成绩合格")
7      } else {
8        println("考试成绩不合格")
9      }
10   }
11 }
```

上述代码中,第 4 行代码通过声明变量 score 定义考试成绩为 59。第 5~9 行代码在 if…else 语句中指定布尔表达式,判断考试成绩是否大于或等于 60。若考试成绩大于或等于 60,则向控制台输出"考试成绩合格";若考试成绩小于 60,则向控制台输出"考试成绩不合格"。

文件 1-3 的运行结果如图 1-25 所示。

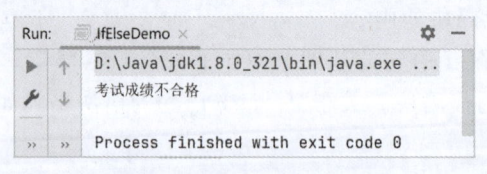

图 1-25　文件 1-3 的运行结果

从图 1-25 可以看出,控制台输出了"考试成绩不合格"的内容。说明当 if…else 语句中的布尔表达式为 false 时,执行了第二个代码块的内容。

(3) if…else if…else 语句是在 if…else 语句的基础上增加了多个 else if 分支,它可以根据多个布尔表达式的返回值来决定执行不同的代码块。关于 if…else if…else 语句的语法格式如下。

```
if (布尔表达式 1) {
  代码块 1
} else if (布尔表达式 2) {
  代码块 2
}
...
  else if (布尔表达式 n) {
  代码块 n
} else {
代码块 n+1
}
```

上述语法格式中,若布尔表达式 1 为 true,则执行代码块 1,并跳出 if…else if…else 语句;否则,判断布尔表达式 2 是否为 true,若为 true,则执行代码块 2,并跳出 if…else if…else 语句;若不为 true,则继续判断其他布尔表达式是否为 true,以此类推,若所有的布尔表达式均为 false,则执行代码块 $n+1$。

需要说明的是,在 if…else if…else 语句的语法格式中,else 分支是可选的。如果忽略了 else 分支,那么当所有布尔表达式都为 false 时,将直接跳出 if…else if…else 语句。

if…else if…else 语句的执行流程如图 1-26 所示。

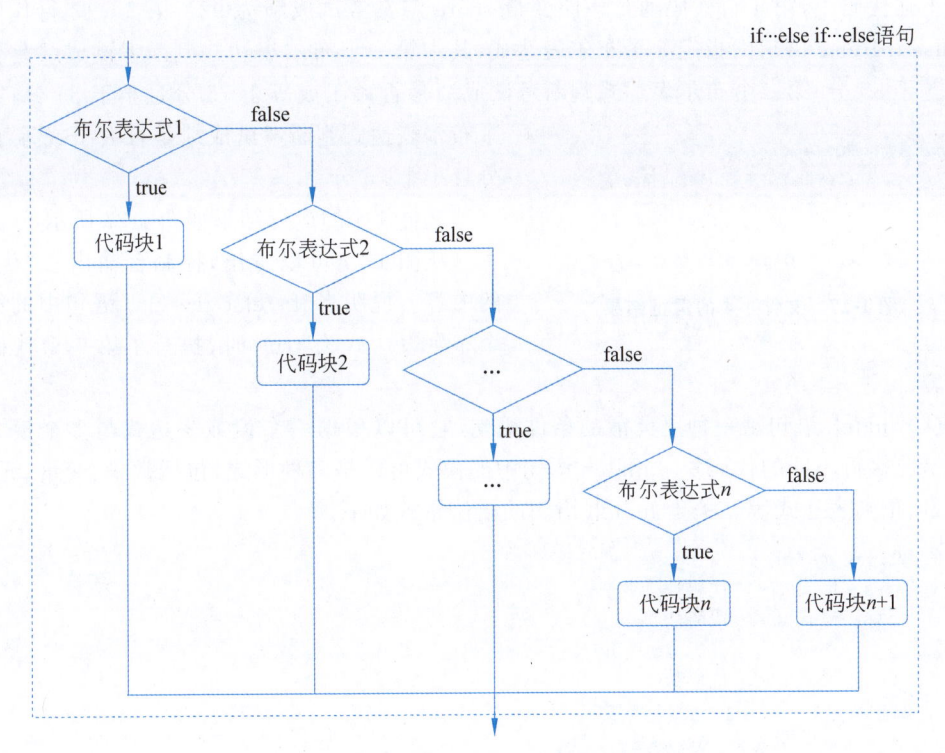

图 1-26　if…else if…else 语句的执行流程

接下来,以 IntelliJ IDEA 为例,演示如何在 Scala 中使用 if…else if…else 语句。在 Scala_Project 项目的 cn.itcast.scala 包下创建名为 IfElseIfElseDemo 的 Scala 文件,在该文件中实现检测考试成绩评估的功能,当考试成绩大于或等于 60 分且小于 75 分时,在控制台输出"中等"的内容;当考试成绩大于或等于 75 分且小于 85 分时,在控制台输出"良好"的内容；当考试成绩大于或等于 85 分时，在控制台输出"优秀"的内容；当考试成绩小于 60 分时，在控制台输出"差"的内容，具体代码如文件 1-4 所示。

文件 1-4　IfElseIfElseDemo.scala

```
1  package cn.itcast.scala
2  object IfElseIfElseDemo {
3    def main(args: Array[String]): Unit = {
4      var score = 92
5      if (score >= 85){
6        println("优秀")
7      } else if (score >= 75 && score < 85){
8        println("良好")
9      } else if (score >= 60 && score < 75){
10       println("中等")
11     } else {
12       println("差")
13     }
14   }
15 }
```

上述代码中，第 4 行代码通过声明变量 score 定义考试成绩为 92。第 5～13 行代码在 if…else if…else 语句中指定 3 个布尔表达式，其中第一个布尔表达式判断考试成绩是否大于或等于 85 分；第二个布尔表达式判断考试成绩是否大于或等于 75 分且小于 85 分；第三个布尔表达式判断考试成绩是否大于或等于 60 分且小于 75 分。

文件 1-4 的运行结果如图 1-27 所示。

从图 1-27 可以看出，控制台输出了"优秀"的内容。说明当 if…else if…else 语句中的第一个布尔表达式为 true 时，执行了第一个代码块的内容。

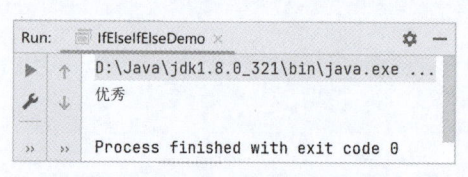

图 1-27　文件 1-4 的运行结果

（4）match 语句是一种更灵活的条件语句，它可以根据一个值或表达式与多个模式的匹配情况执行不同的代码块。match 语句中的模式可以是多种形式，包括常量、变量、元组、字面量、正则表达式等。关于 match 语句的语法格式如下。

```
值/表达式 match {
    case 模式 1 => 代码块 1
    case 模式 2 => 代码块 2
    ...
    case 模式 n => 代码块 n
    case _ => n+1
}
```

上述语法格式中，若值/表达式与模式 1 匹配，则执行代码块 1，并跳出 match 语句；否则，判断值/表达式是否与模式 2 匹配，若匹配，则执行代码块 2，并跳出 match 语句；若不匹配，则继续判断值/表达式是否与其他模式匹配，以此类推，若值/表达式与所有模式都不匹配，则执行代码块 $n+1$。

需要注意的是，在 match 语句的语法格式中，"case_=>n+1"的内容是可选的。不过，若省略了"case_=>n+1"的内容,则当值/表达式与所有模式都不匹配时,会出现异常。

match 语句的执行流程如图 1-28 所示。

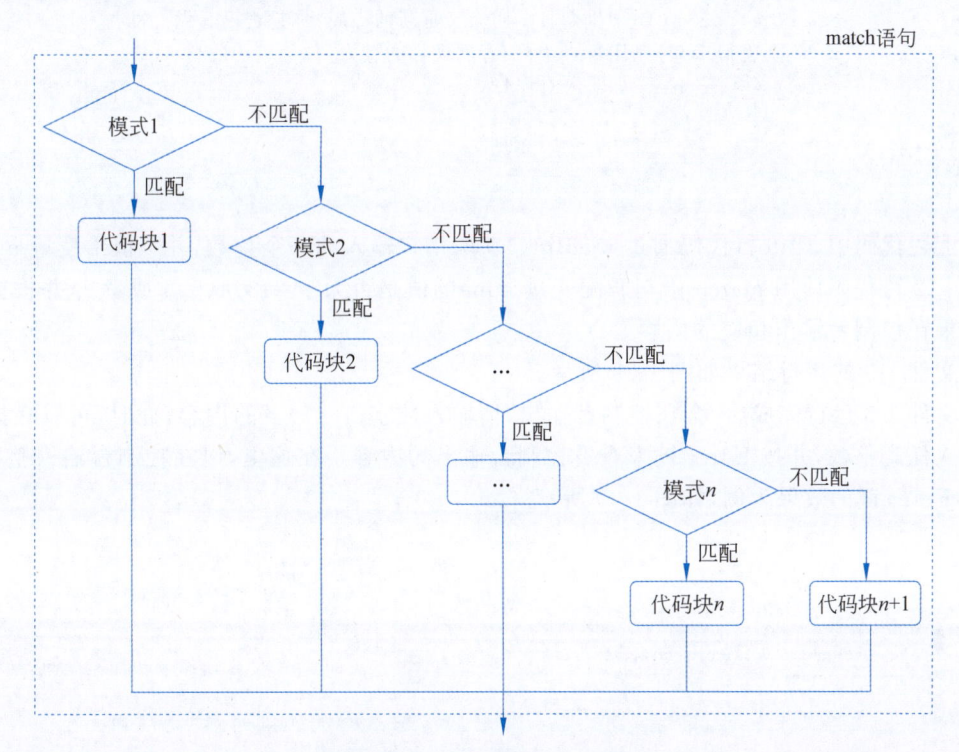

图 1-28 match 语句的执行流程

接下来,以 IntelliJ IDEA 为例,演示如何在 Scala 中使用 match 语句。在 Scala_Project 项目的 cn.itcast.scala 包下创建名为 MatchDemo 的 Scala 文件,在该文件中实现一个简单的星期匹配功能,该功能是根据输入的整数 1~7,输出对应的星期几以及一句鼓励语,具体代码如文件 1-5 所示。

文件 1-5　MatchDemo.scala

```
1  package cn.itcast.scala
2  import scala.io.StdIn
3  object MatchDemo {
4    def main(args: Array[String]): Unit = {
5      println("请输入数字(1~7): ")
6      var num = StdIn.readInt()
7      num match {
8        case 1 => println("星期一。新的一周,新的开始,勇敢地追逐你的梦想吧!")
9        case 2 => println("星期二。不要因为困难而放弃," +
10          "每一次挑战都是成长的机会,相信自己,你可以的!")
11       case 3 => println("星期三。今天是个美好的日子,不要让负面的情绪影响你," +
12         "用积极的态度去面对一切,你会发现世界很美好的!")
13       case 4 => println("星期四。半周过去了,你是否还有激情和动力?" +
14         "记住你的目标,坚持你的努力,你会收获惊喜的!")
15       case 5 => println("星期五。周末即将到来,你是否已经完成了本周的计划?" +
16         "给自己一些奖励,也给自己一些反思,你会更加进步的!")
```

```
17          case 6 => println("星期六。周末是放松和娱乐的时候," +
18            "但也不要忘记学习和提升自己,找到平衡,享受生活,你会更加快乐的!")
19          case 7 => println("星期日。明天又是新的一周,你是否已经做好准备?" +
20            "不要害怕未知,抓住每一个机会,展现你的魅力,你会成功的!")
21          case _ => println("输入有误!")
22      }
23    }
24  }
```

上述代码中,第 6 行代码通过 readInt() 获取用户输入的一个整数,并赋值给变量 num。第 7~22 行代码使用 match 语句匹配变量 num 的值是否为 1、2、3、4、5、6 或者 7,并根据匹配结果在控制台输出相应的内容。

文件 1-5 的运行结果如图 1-29 所示。

文件 1-5 运行完成后,会在控制台输出"请输入数字(1~7):"的内容,此时,可以在控制台输入任意整数,并按 Enter 键来查看控制台输出的内容。在这里,以在控制台输入整数 1 并按 Enter 键的效果为例,如图 1-30 所示。

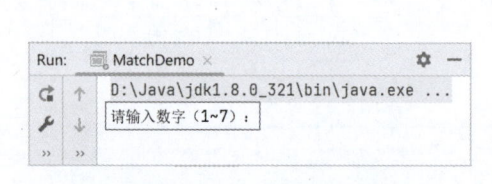

图 1-29　文件 1-5 的运行结果(1) 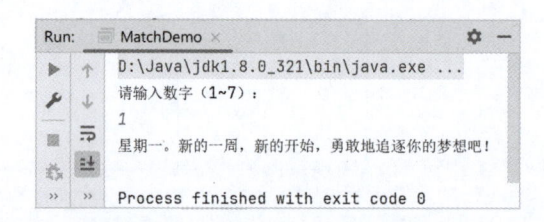　　　　图 1-30　文件 1-5 的运行结果(2)

从图 1-30 可以看出,控制台输出了"新的一周,新的开始,勇敢地追逐你的梦想吧!"的内容。说明在 match 语句中成功匹配到为 1 的模式,并执行了相应的代码块。

2. 循环语句

循环语句能够重复执行指定代码块,直到达到某个终止条件,它使得开发人员能够高效地处理迭代任务。在 Scala 中,循环语句包括 for 语句、while 语句和 do…while 语句,具体介绍如下。

(1) for 语句可以逐一访问目标对象中的元素,并根据特定条件重复执行指定代码块。目标对象可以是任何可迭代的类型,如字符串、数组、列表、集合、序列等。关于 for 语句的语法格式如下。

```
for (临时变量 <- 目标对象 [if 布尔表达式]) {
    代码块
}
```

上述语法格式中,目标对象中的每个元素会依次赋值给临时变量。每当临时变量被赋予新的元素时,都会执行一次代码块。若在 for 语句中添加了 if 语句(if 布尔表达式),则只有在布尔表达式为 true 时才会执行代码块。

接下来,以 IntelliJ IDEA 为例,演示如何在 Scala 中使用 for 语句。在 Scala_Project 项目的 cn.itcast.scala 包下创建名为 ForDemo 的 Scala 文件,在该文件中实现将整数范围 [1,50] 中包含的所有偶数输出到控制台的功能,具体代码如文件 1-6 所示。

文件 1-6 ForDemo.scala

```
1  package cn.itcast.scala
2  object ForDemo {
3    def main(args: Array[String]): Unit = {
4      for (num <- 1 to 50 if num % 2 == 0){
5        print(num + " ")
6      }
7    }
8  }
```

上述代码中，第 4～6 行代码使用 for 语句逐一访问整数范围[1,50]中的元素，并将每个元素依次赋值给临时变量 num，其中整数范围[1,50]通过代码 1 to 50 创建。当临时变量 num 的值与整数 2 进行取模运算的结果为 0 时，将临时变量 num 的值和空格进行拼接并输出到控制台。

文件 1-6 的运行结果如图 1-31 所示。

图 1-31　文件 1-6 的运行结果

从图 1-31 可以看出，控制台输出了整数范围[1,50]中的所有偶数。若希望在控制台输出整数范围[1,50]中的所有整数，则可以删除文件 1-6 中 for 语句中的 if 语句。

需要说明的是，在 Scala 中，println()方法和 print()方法都可以将指定内容输出到控制台，其中 println()方法向控制台输出的每个内容都会单独占一行，而 print()方法则在一行的基础上逐次追加输出内容。

（2）while 语句能够根据特定条件重复执行指定代码块，其语法格式如下。

```
while (布尔表达式) {
    代码块
}
```

上述语法格式中，只有当布尔表达式为 true 时，才会执行代码块。若布尔表达式为 false，则中止循环。如果需要 while 语句一直重复执行代码块，那么可以将布尔表达式指定为字面量 true，或者数据为 true 的变量或常量。

while 语句的执行流程如图 1-32 所示。

接下来，以 IntelliJ IDEA 为例，演示如何在 Scala 中使用 while 语句。在 Scala_Project 项目的 cn.itcast.scala 包下创建名为 WhileDemo 的 Scala 文件，在该文件中实现计算 1 到 10 以内所有整数和的功能，具体代码如文件 1-7 所示。

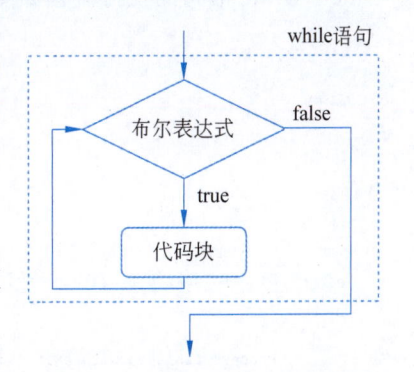

图 1-32　while 语句的执行流程

文件 1-7　WhileDemo.scala

```
1  package cn.itcast.scala
2  object WhileDemo {
3    def main(args: Array[String]): Unit = {
4      var num = 1
5      var result = 0
6      while (num <= 10) {
7        result += num
8        num += 1
9      }
10     println(result)
11   }
12 }
```

上述代码中，第 4 行代码声明变量 num 定义进行相加运算的初始值 1。第 5 行代码声明变量 result 定义计算结果的初始值 0。第 6～9 行代码在 while 语句中定义布尔表达式，判断变量 num 的值是否小于或等于 10，若小于或等于 10，则将变量 result 的值与变量 num 的值进行相加运算，并将结果重新赋值给变量 result，更新计算结果，同时将变量 num 的值与整数 1 进行相加运算，并将结果重新赋值给变量 num，更新相加运算的值。若变量 num 的值大于 10，将变量 result 的值输出到控制台。

文件 1-7 的运行结果如图 1-33 所示。

从图 1-33 可以看出，1 到 10 以内所有整数的和为 55。

（3）do…while 语句是一种特殊的 while 语句，它与 while 语句的区别在于，do…while 语句会先无条件地执行一次代码块，然后再根据特定条件判断是否继续执行循环。因此，do…while 语句至少会执行一次代码块，而 while 语句可能一次都不执行。关于 do…while 语句的语法格式如下。

```
do {
    代码块
} while (布尔表达式)
```

上述语法格式中，无论布尔表达式是否为 true，都会无条件地执行一次代码块。

do…while 语句的执行流程如图 1-34 所示。

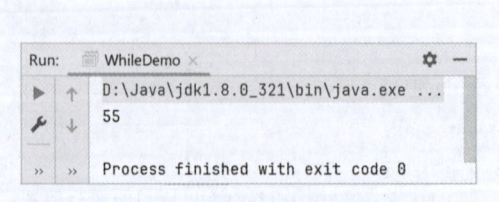

图 1-33　文件 1-7 的运行结果

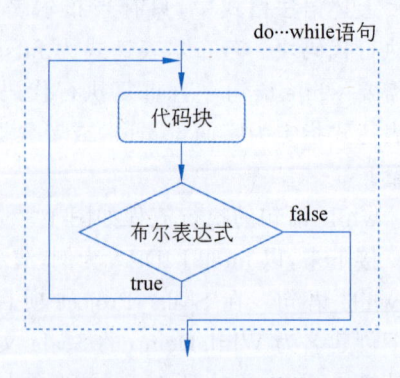

图 1-34　do…while 语句的执行流程

接下来，以 IntelliJ IDEA 为例，演示如何在 Scala 中使用 do…while 语句。在 Scala

Project 项目的 cn.itcast.scala 包下创建名为 DoWhileDemo 的 Scala 文件，在该文件中实现一个简单的计数器功能，具体代码如文件 1-8 所示。

文件 1-8 DoWhileDemo.scala

```scala
1  package cn.itcast.scala
2  object DoWhileDemo {
3    def main(args: Array[String]): Unit = {
4      var counter = 0
5      do {
6        println(s"当前计数器的值为:$counter")
7        counter += 1
8      }while(counter <= 10)
9    }
10 }
```

上述代码中，第 4 行代码声明变量 counter 定义计数器的初始值。第 5~8 行代码定义 do…while 语句的执行逻辑是，首先将当前计数器的值输出到控制台，然后更新计数器的值。最后根据定义的布尔表达式，判断计数器的值是否小于或等于 10，若小于或等于 10 时，重复执行输出当前计数器的值到控制台并更新计数器值的操作。

文件 1-8 的运行结果如图 1-35 所示。

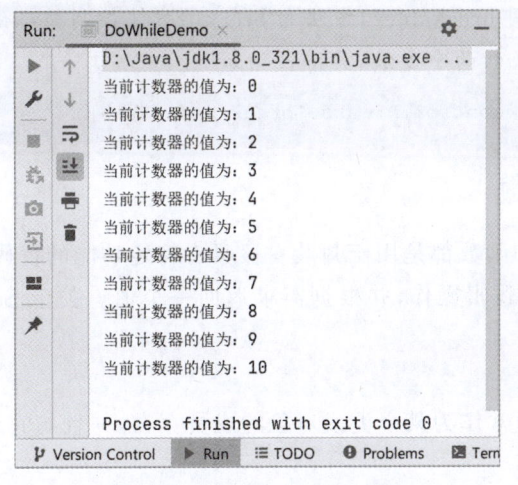

图 1-35 文件 1-8 的运行结果

从图 1-35 可以看出，控制台输出计数器的值是从初始值 0 开始的，说明 do…while 语句先执行了代码块的内容。

多学一招：循环控制

Scala 提供了 breakable() 方法和 break() 方法用于控制循环语句的执行流程，例如，当符合指定条件时中止循环或者跳过当前循环。接下来，以 for 语句为例，演示如何使用 breakable() 方法和 break() 方法控制循环语句的执行流程，具体示例代码如下。

```scala
1  breakable {
2    for (i <- 1 to 10) {
3      if (i == 3) {
```

```
  4      break()
  5    }
  6    println(i)
  7  }
  8 }
  9 for (i <- 1 to 10) {
 10   breakable {
 11     if (i == 3) {
 12       break()
 13     }
 14     println(i)
 15   }
 16 }
```

上述示例代码中,第 1~8 行代码使用 breakable()方法包裹 for 语句,并且在 for 语句内部通过 if 语句和 break()方法指定中止循环的条件。这段代码的作用是当临时变量 i 的值等于 3 时中止循环,其运行结果仅输出 1 和 2。

第 9~16 行代码在 for 语句中添加 breakable()方法,并在 breakable()方法中通过 if 语句和 break()方法指定跳过当前循环的条件。这段代码的作用是当临时变量 i 的值等于 3 时跳过当前循环,其运行结果会输出除 3 以外,1 到 10 以内所有的整数。

需要说明的是,使用 breakable()方法和 break()方法控制循环语句的执行流程时,需要引入 Breaks 对象中定义的两个方法,具体代码如下。

```
import scala.util.control.Breaks.{break,breakable}
```

1.2.6 方法和函数

在 Scala 中,方法和函数都是用于封装一段具有特定功能的代码的基本单元,它们可以根据输入参数执行一些逻辑操作,并根据需求返回一个值。关于 Scala 中方法和函数的介绍如下。

1. 方法

在 Scala 中,方法通常作为某个类或对象的成员存在,并且与它们关联。关于定义方法的语法格式如下。

```
def 方法名([参数列表]):[数据类型] = {
  //方法体
}
```

从上述语法格式可以看出,方法的定义由以下几部分组成。

(1) def 是定义方法的关键字。

(2) 方法名是方法的标识符,应该遵循标识符的命名规范,不能与关键字或其他方法名冲突。

(3) 参数列表是方法接收的输入参数。方法可以有一个或多个参数,也可以没有参数。每个参数由参数名和参数类型组成,两者之间用半角冒号分隔,多个参数则用半角逗号分隔。例如,在方法中指定一个类型为 Int 的参数 x,其表示形式为 x:Int。

(4) 数据类型是返回值的类型,可以显式地指定,也可以省略让 Scala 编译器根据返回值自动推断。如果方法没有返回值,可以显式指定数据类型为 Unit。

(5) 方法体是方法执行的逻辑操作。方法体可以有一条或多条语句,也可以没有语句。方法体中最后一条语句的值会作为方法的返回值,除非方法的数据类型为 Unit,或者方法体中使用 return 语句明确指定了返回值。

例如,定义一个名为 compareValue 的方法,用于比较两个整数的大小,示例代码如下。

```
def compareValue(num1: Int, num2: Int): Unit = {
  if (num1 > num2){
    println(s"$num1 大于 $num2")
  }else{
    println(s"$num1 小于 $num2")
  }
}
```

上述代码中定义的方法没有返回值,并且包含两个 Int 类型的参数 num1 和 num2,用于接收传入的整数,在该方法的方法体中通过 if 语句判断两个整数的大小关系,并在控制台输出相应的结果。

方法定义完成后,需要通过调用的方式使用。方法的调用指的是通过方法名和参数列表执行方法的功能,其语法格式如下。

[对象名.]方法名(参数列表)

在上述语法格式中,对象名指的是方法所在的单例对象或类的实例。如果在方法所定义的单例对象或类中调用方法,可以省略"对象名."。参数列表是传递给方法的实际参数,其数量必须与方法定义时指定的参数列表相匹配。在调用方法时,每个参数的类型和顺序必须与定义方法时的形式相匹配,否则可能导致编译错误或运行时错误。如果方法不需要传递参数,则可以省略"(参数列表)"。

接下来,以 IntelliJ IDEA 为例,演示如何在 Scala 中定义和调用方法。在 Scala_Project 项目的 cn.itcast.scala 包下创建名为 MethodDemo 的 Scala 文件,在该文件中实现对两个整数进行相加运算的功能,具体代码如文件 1-9 所示。

文件 1-9　MethodDemo.scala

```
1  package cn.itcast.scala
2  object MethodDemo {
3    def add(num1: Int, num2: Int): Int = {
4      num1+num2
5    }
6    def main(args: Array[String]): Unit = {
7      var result = add(32,55)
8      println(result)      //将变量 result 的值输出到控制台
9    }
10 }
```

上述代码中,第 3~5 行代码定义名为 add 的方法,该方法包含两个 Int 类型的参数 num1 和 num2,用于接收传入的整数,并将两个整数进行相加运算的结果作为返回值。第 7 行代码在声明名为 result 的变量时调用 add()方法,并传递两个整数 32 和 55。此时,add() 方法的返回值将作为变量 result 的初始数据。

文件 1-9 的运行结果如图 1-36 所示。

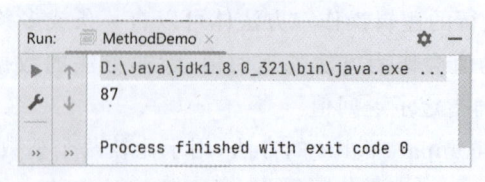

图 1-36 文件 1-9 的运行结果

从图 1-36 可以看出,控制台输出 87,说明 add() 方法成功对整数 32 和 55 进行相加运算,并将计算结果赋值给变量 result。

2. 函数

在 Scala 中,函数是作为对象独立存在的,它无须依赖于特定的类或对象。关于定义函数的语法格式如下。

```
val 函数名 = ([参数列表]) => {
    //函数体
}
```

从上述语法格式可以看出,函数的定义由以下几部分组成。

(1) 函数名是函数的标识符,应该遵循标识符的命名规范,不能与关键字或其他函数名冲突。

(2) 参数列表是函数接收的输入参数。函数可以有一个或多个参数,也可以没有参数。

(3) 函数体是函数执行的逻辑操作。函数体可以有一条或多条语句,也可以没有语句。函数体中最后一条语句的值会作为函数的返回值。

例如,定义一个名为 addValue 的函数,用于对两个整数进行相加运算,示例代码如下。

```
val addValue = (num1: Int,num2: Int) => {
    num1 + num2
}
```

上述代码中定义的函数包含两个 Int 类型的参数 num1 和 num2,用于接收传入的整数,在该函数的函数体中对两个整数进行相加运算。

函数定义完成后,需要通过调用的方式进行使用。函数的调用指的是通过函数名和参数列表执行函数的功能,其语法格式如下。

```
函数名(参数列表)
```

在上述语法格式中,参数列表是传递给函数的实际参数,其数量必须与函数定义时指定的参数列表相匹配。在调用函数时,每个参数的类型和顺序必须与定义函数时的形式相匹配,否则可能导致编译错误或运行时错误。

接下来,以 IntelliJ IDEA 为例,演示如何在 Scala 中定义和调用函数。在 Scala_Project 项目的 cn.itcast.scala 包下创建名为 FunctionDemo 的 Scala 文件,在该文件中实现对两个整数进行相乘的功能,具体代码如文件 1-10 所示。

文件 1-10 FunctionDemo.scala

```
1  package cn.itcast.scala
2  object FunctionDemo {
```

```
3     val mulValue = (num1: Int,num2: Int) => {
4       num1 * num2
5     }
6     def main(args: Array[String]): Unit = {
7         println(mulValue(3,5))
8     }
9   }
```

上述代码中,第 3~5 行代码定义名为 mulValue 的函数,该函数包含两个 Int 类型的参数 num1 和 num2,用于接收传入的整数,并将两个整数进行相乘运算的结果作为返回值。第 7 行代码在 println()方法中调用 mulValue 函数,并传递两个整数 3 和 5,将整数相乘的运算结果输出到控制台。

文件 1-10 的运行结果如图 1-37 所示。

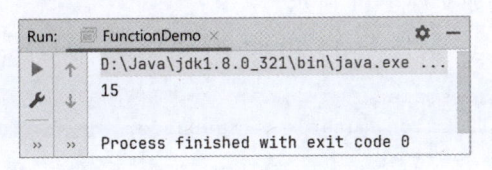

图 1-37　文件 1-10 的运行结果

从图 1-37 可以看出,控制台输出 15,说明 mulValue 函数成功对整数 3 和 5 进行相乘运算,并将计算结果输出到控制台。

1.3　Scala 数据结构

在编写程序代码时,经常需要用到各种各样的数据结构,选择合适的数据结构可以提高程序的运行或存储效率。Scala 提供了多种数据结构,包括数组、元组和集合等。本节以常见的数据结构,即数组、元组和集合进行介绍。

1.3.1　数组

在 Scala 中,数组是一种常见的数据结构,用于存储一组相同类型的元素。接下来,针对数组的创建和使用进行详细讲解,具体内容如下。

1. 创建数组

在 Scala 中可以创建可变和不可变两种类型的数组,其中不可变数组在创建时确定了其长度,并且在后续操作中无法改变长度。可变数组在创建时无须定义其长度,并且在后续操作时可以改变长度。关于创建这两种类型数组的介绍如下。

(1) 在 Scala 中创建不可变数组时,可以明确指定其长度,也可以根据指定初始元素的数量来确定其长度。关于这两种方式创建不可变数组的语法格式如下。

```
//明确指定不可变数组长度
val 数组名 = new Array[T](len)
//根据指定初始元素的数量确定不可变数组长度
val 数组名 = Array(element,element,element,…)
```

上述语法格式中,T 用于指定不可变数组中元素的数据类型。len 用于指定不可变数组的长度。element 用于指定不可变数组的初始元素。需要说明的是,使用指定长度的方式创建不可变数组时,其初始元素将以默认值填充,默认值与元素的数据类型有关。例如,在创建不可变数组时,指定元素的数据类型为 Int 并且长度为 5,那么不可变数组将包含 5 个初始元素,每个元素的默认值为 0。

(2) 在 Scala 中创建可变数组时,可以指定其初始元素。关于创建可变数组的语法格式如下。

```
val 数组名 = ArrayBuffer[T](element,element,element,…)
```

上述语法格式中,T 用于指定可变数组中元素的数据类型。需要说明的是,在 Scala 中创建可变数组时需要引入 import scala.collection.mutable.ArrayBuffer。

接下来,以 IntelliJ IDEA 为例,演示如何在 Scala 中创建数组。在 Scala_Project 项目的 cn.itcast.scala 包下创建名为 CreateArrayDemo 的 Scala 文件,在该文件中实现创建不同类型数组的功能,具体代码如文件 1-11 所示。

文件 1-11　CreateArrayDemo.scala

```
1  package cn.itcast.scala
2  import scala.collection.mutable.ArrayBuffer
3  object CreateArrayDemo {
4    def main(args: Array[String]): Unit = {
5      //创建不可变数组,指定其元素的数据类型和长度分别为 String 和 5
6      val arr1 = new Array[String](5)
7      //创建不可变数组,指定其初始元素为 1,2,3,4,5,6
8      val arr2 = Array(1,2,3,4,5,6)
9      //创建可变数组,指定其元素的数据类型为 Int
10     val arr3 = ArrayBuffer[Int]()
11     //创建可变数组,指定其元素的数据类型为 Int 和初始元素为 1,2,3,4,5,6
12     val arr4 = ArrayBuffer[Int](1,2,3,4,5,6)
13   }
14 }
```

2. 使用数组

数组的使用包括访问数组中的元素,修改数组的元素、向可变数组添加元素,以及删除可变数组中的元素,具体介绍如下。

(1) 访问数组中的元素。

数组是一种有序的数据结构,因此可以通过索引来访问数组中的元素,索引从 0 开始,即数组中第一个元素的索引为 0。关于访问数组中元素的语法格式如下。

```
数组名(index)
```

上述语法格式中,index 用于指定索引。需要注意的是,索引的值不能大于或等于数组的长度。

通过上述方式访问数组中的元素时,每次只能获取一个元素。如果想一次性获取数组中的所有元素,可以通过遍历数组的方式实现。Scala 提供了多种遍历数组的方式,这里以常用的 for 语句为例,介绍遍历数组的语法格式,具体内容如下。

```
for (element <- 数组名) {
   代码块
}
```

上述语法格式中,for 语句通过循环遍历数组的元素,并将每个元素赋值给变量 element。在代码块中,读者可以通过变量 element 对元素进行操作。例如,将元素输出到控制台。

接下来,以 IntelliJ IDEA 为例,演示如何在 Scala 中访问数组的元素。在 Scala_Project 项目的 cn.itcast.scala 包下创建名为 VisitArrayDemo 的 Scala 文件,在该文件中实现访问数组中元素的功能,具体代码如文件 1-12 所示。

文件 1-12　VisitArrayDemo.scala

```
1   package cn.itcast.scala
2   object VisitArrayDemo {
3     def main(args: Array[String]): Unit = {
4       val arr = Array("beijing","tianjin","shanghai")
5       println("访问索引为 2 的元素" + arr(2))
6       println("-------遍历数组--------")
7       for (element <- arr){
8         println(element)
9       }
10    }
11  }
```

上述代码中,第 7～9 行代码用于遍历数组 arr,并将数组中的每个元素输出到控制台。

文件 1-12 的运行结果如图 1-38 所示。

从图 1-38 可以看出,控制台输出了数组 arr 中索引为 2 的元素 shanghai,以及数组 arr 的所有元素。

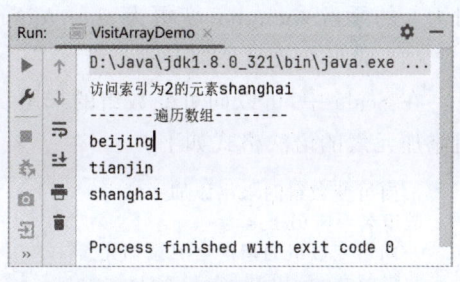

图 1-38　文件 1-12 的运行结果

(2) 修改数组的元素。

数组中的元素可以通过索引进行修改。关于修改数组中元素的语法格式如下。

数组名(index)=value

上述语法格式中,index 用于指定元素的索引。value 用于指定元素的值。

接下来,以 IntelliJ IDEA 为例,演示如何在 Scala 中修改数组的元素。在 Scala_Project 项目的 cn.itcast.scala 包下创建名为 ModifyArrayDemo 的 Scala 文件,在该文件中实现修改数组中元素的功能,具体代码如文件 1-13 所示。

文件 1-13　ModifyArrayDemo.scala

```
1   package cn.itcast.scala
2   object ModifyArrayDemo {
3     def main(args: Array[String]): Unit = {
4       val arr1 = new Array[Int](5)
5       val arr2 = Array("beijing","tianjin","shanghai")
6       //将数组 arr1 中索引为 2 的元素修改为 2
7       arr1(2) = 2
8       //将数组 arr2 中索引为 2 的元素修改为 chongqing
9       arr2(2) = "chongqing"
```

```
10    println("-----数组 arr1 中的元素-----")
11    println(arr1.mkString(","))
12    println("-----数组 arr2 中的元素-----")
13    println(arr2.mkString(","))
14  }
15 }
```

上述代码中,mkString()方法用于将数组中的元素通过指定分隔符组合成字符串。

文件 1-13 的运行结果如图 1-39 所示。

```
-----数组arr1中的元素-----
0,0,2,0,0
-----数组arr2中的元素-----
beijing,tianjin,chongqing
```

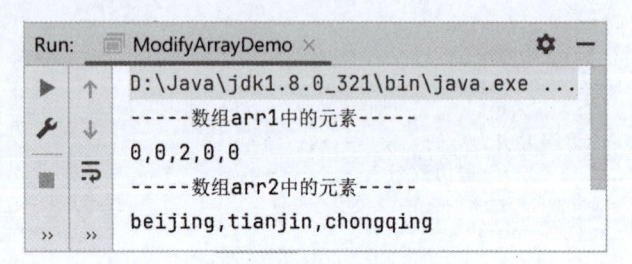

图 1-39　文件 1-13 的运行结果

从图 1-39 可以看出,数组 arr1 中索引为 2 的元素由默认值 0 变更为 2。数组 arr2 中索引为 2 的元素 shanghai 变更为 chongqing。

(3)向可变数组添加元素。

在 Scala 中,可以向可变数组的末尾、开头或者指定索引位置添加元素。关于向可变数组添加元素的语法格式如下。

```
//向可变数组的末尾添加元素
数组名 += value
//向可变数组的指定索引添加元素
数组名.insert(index,value)
//向可变数组的开头添加元素
value +=: 数组名
```

接下来,以 IntelliJ IDEA 为例,演示如何在 Scala 中向可变数组添加元素。在 Scala_Project 项目的 cn.itcast.scala 包下创建名为 AddMutableArrayDemo 的 Scala 文件,在该文件中实现向可变数组添加元素的功能,具体代码如文件 1-14 所示。

文件 1-14　AddMutableArrayDemo.scala

```
1  package cn.itcast.scala
2  import scala.collection.mutable.ArrayBuffer
3  object AddMutableArrayDemo {
4    def main(args: Array[String]): Unit = {
5      val mutableArr = ArrayBuffer[Int](2,4)
6      //向可变数组 mutableArr 的开头添加元素 1
7      1 +=: mutableArr
8      println(mutableArr.mkString(","))
9      //向可变数组 mutableArr 中索引为 2 的位置添加元素 3
10     mutableArr.insert(2,3)
11     println(mutableArr.mkString(","))
12     //向可变数组 mutableArr 的末尾添加元素 5
```

```
13      mutableArr += 5
14      println(mutableArr.mkString(","))
15   }
16 }
```

文件 1-14 的运行结果如图 1-40 所示。

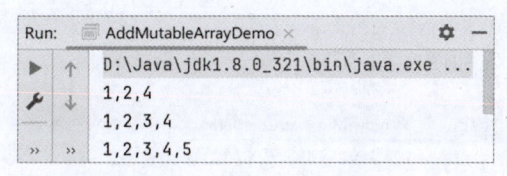

图 1-40 文件 1-14 的运行结果

从图 1-40 可以看出,向可变数组 mutableArr 的开头添加元素 1 后,可变数组 mutableArr 中的元素为 1,2,4。接着,向可变数组 mutableArr 中索引为 2 的位置添加元素 3 之后,可变数组 mutableArr 中的元素为 1,2,3,4。最后,向可变数组 mutableArr 的末尾添加元素 5 之后,可变数组 mutableArr 中的元素为 1,2,3,4,5。

(4) 删除可变数组中的元素。

在 Scala 中,可以根据索引或元素的值删除可变数组中的元素。关于删除可变数组中元素的语法格式如下。

```
//根据索引删除可变数组中指定位置的元素
数组名.remove(index)
//根据元素的值删除可变数组中的元素
数组名 -= value
//根据索引范围删除可变数组中的多个元素
数组名.remove(startIndex,endIndex)
```

上述语法格式中,startIndex 用于指定起始索引,endIndex 用于指定结束索引。需要说明的是,当根据元素的值删除可变数组中的元素时,会从数组的第一个元素开始匹配,并仅删除第一个匹配的元素。此外,当根据索引范围删除可变数组中的多个元素时,不包括结束索引位置的元素。

接下来,以 IntelliJ IDEA 为例,演示如何在 Scala 中删除可变数组中的元素。在 Scala_Project 项目的 cn.itcast.scala 包下创建名为 RemoveMutableArrayDemo 的 Scala 文件,在该文件中实现删除可变数组中元素的功能,具体代码如文件 1-15 所示。

文件 1-15 RemoveMutableArrayDemo.scala

```
1  package cn.itcast.scala
2  import scala.collection.mutable.ArrayBuffer
3  object RemoveMutableArrayDemo {
4    def main(args: Array[String]): Unit = {
5      val mutableArr = ArrayBuffer[Int](1,2,3,4,5,6)
6      //删除索引为 0 的元素
7      mutableArr.remove(0)
8      println(mutableArr.mkString(","))
9      //删除值为 3 的元素
```

```
10    mutableArr -= 3
11    println(mutableArr.mkString(","))
12    //删除索引范围在 0 到 2 之间的元素
13    mutableArr.remove(0,2)
14    println(mutableArr.mkString(","))
15   }
16 }
```

文件 1-15 的运行结果如图 1-41 所示。

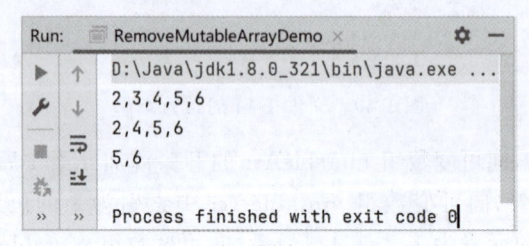

```
Run:  RemoveMutableArrayDemo
  D:\Java\jdk1.8.0_321\bin\java.exe ...
  2,3,4,5,6
  2,4,5,6
  5,6
  Process finished with exit code 0
```

图 1-41　文件 1-15 的运行结果

从图 1-41 可以看出，删除可变数组 mutableArr 中索引为 0 的元素后，可变数组 mutableArr 中的元素为 2,3,4,5,6。接着，删除可变数组 mutableArr 中值为 3 的元素后，可变数组 mutableArr 中的元素为 2,4,5,6。最后，删除可变数组 mutableArr 中索引范围在 0 到 2 之间的元素后，可变数组 mutableArr 中的元素为 5,6。

多学一招：数组的转换和拉链操作

数组的转换操作是指通过 yield 关键字将原始的数组进行转换，会产生一个新的数组，而原始的数组保持不变。

数组的拉链操作是指通过 zip() 方法将两个数组中的元素进行映射生成新的数组，若两个数组的元素数量不一致，则拉链操作以元素数量少的数组为主体完成映射，元素数量多的数组中多余的元素将会忽略。

接下来，在 Scala_Project 项目的 cn.itcast.scala 包下创建名为 ArrayYield 的 Scala 文件，在该文件中实现数组的转换和拉链操作，具体代码如文件 1-16 所示。

文件 1-16　ArrayYield.scala

```
1  package cn.itcast.scala
2  object ArrayYield {
3    def main(args: Array[String]): Unit = {
4      val arr1 = Array(1,2,3,4)
5      val arr2 = Array("xiaoming","xiaoliang","xiaohong")
6      val yield_arr = for (
7        i <- arr1
8        if i % 2 != 0
9      ) yield i * 10
10     val arr3 = arr1.zip(arr2)
11     println(yield_arr.mkString(","))
12     println(arr3.mkString(","))
13   }
14 }
```

在文件 1-15 中，第 6~9 行代码对数组 arr1 进行转换操作，获取值为奇数的元素，然后将每个元素的值乘以 10，并将计算结果保存到数组 yield_arr 中。第 10 行代码使用 zip() 方法对数组 arr1 和 arr2 进行拉链操作，并将操作结果保存到数组 arr3 中。

文件 1-16 的运行结果如图 1-42 所示。

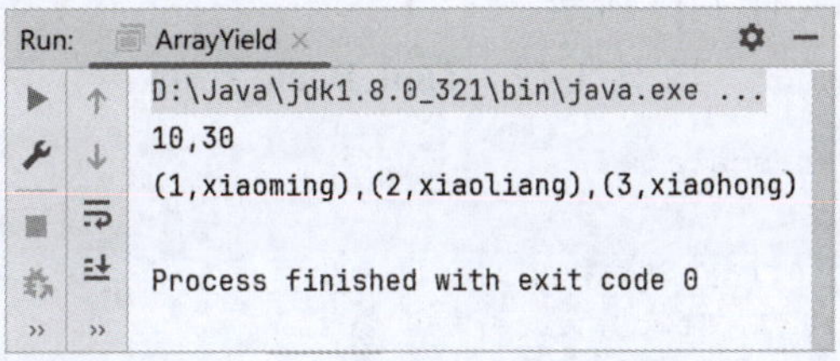

图 1-42　文件 1-16 的运行结果

从图 1-42 可以看出，数组 yield_arr 中的元素包含数组 arr1 中值为奇数并且乘以 10 的结果。数组 arr3 中包含数组 arr1 和 arr2 前 3 个元素映射的结果。

1.3.2　元组

在 Scala 中，元组是一种用于存储固定数量元素的数据结构，每个元素的数据类型可以不同。接下来，针对元组的创建和访问进行详细讲解，具体内容如下。

1. 创建元组

在 Scala 中，创建元组时可以指定多个元素，但元素的数量不能超过 22 个。同时，一旦元组创建完成，便无法修改其中的元素。关于创建元组的语法格式如下。

```
val 元组名 = (element,element,…)
```

上述语法格式中，element 用于指定元组的元素。需要注意的是，在 Scala 中，元组中元素的数量不能为 1，这是因为 Scala 将只有一个元素的情况特殊处理为单独的值，而不是元组。

2. 访问元组

元组是一种有序的数据结构，因此可以通过索引来访问元组中的元素，索引从 1 开始，即元组中第一个元素的索引为 1。关于访问元组的语法格式如下。

```
元组名._index
```

上述语法格式中，index 用于指定元素的索引。

通过上述方式访问元组中的元素时，每次只能获取一个元素。如果想一次性获取元组中的所有元素，可以通过遍历元组的方式实现。Scala 提供了多种遍历元组的方式，这里以常用的 while 语句为例，介绍遍历元组的程序结构，具体内容如下。

```
val iterator = tuple.productIterator
while (iterator.hasNext){
    var element = iterator.next()
    //代码块
}
```

上述程序结构中，首先，使用 productIterator 将元组转换为迭代器。然后，使用 while

语句遍历迭代器来访问元组中的每个元素，并将每个元素赋值给变量 element。在代码块中，读者可以通过变量 element 对元素进行操作。例如，将元素输出到控制台。

接下来，以 IntelliJ IDEA 为例，演示如何在 Scala 中创建和访问元组。在 Scala_Project 项目的 cn.itcast.scala 包下创建名为 TupleDemo 的 Scala 文件，在该文件中实现创建和访问元组的功能，具体代码如文件 1-17 所示。

文件 1-17 TupleDemo.scala

```
1  package cn.itcast.scala
2  object TupleDemo {
3    def main(args: Array[String]): Unit = {
4      val myTuple = (1, "two", true)
5      println("访问索引为 2 的元素" + myTuple._2)
6      println("-------遍历元组--------")
7      val iterator = myTuple.productIterator
8      while (iterator.hasNext){
9        var element = iterator.next()
10       println(element)
11     }
12   }
13 }
```

上述代码中，第 4 行代码用于创建包含 3 个元素的元组 myTuple，元素的数据类型包括 Int、String 和 Boolean。第 5 行代码访问元组 myTuple 中索引为 2 的元素，并将其输出到控制台。第 7~11 行代码用于遍历元组 myTuple，并将元组 myTuple 中的每个元素输出到控制台。

文件 1-17 的运行结果如图 1-43 所示。

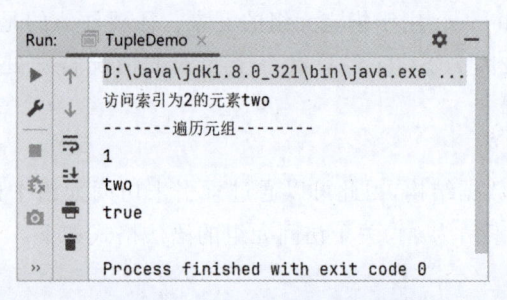

图 1-43 文件 1-17 的运行结果

从图 1-43 可以看出，控制台输出了元组 tuple 中索引为 2 的元素 two，以及元组 tuple 的所有元素。

1.3.3 集合

在 Scala 中，集合分为可变和不可变两种类型。可变集合允许在创建后修改其包含的元素，而不可变集合在创建后不允许修改其包含的元素。本书主要以 Scala 中常用的不可变集合 List、Set 和 Map 进行讲解，具体内容如下。

1. List

List 中的元素可以是任意类型，并且可以包含重复的元素。创建 List 的语法格式如下。

```
val 集合名 = List[T](element,element,element,…)
```

上述语法格式中,T 用于指定 List 中元素的数据类型。如果未指定元素的数据类型,则 List 中的元素可以是任意类型。

List 是一种有序的集合,因此可以通过索引来访问 List 中的元素,索引从 0 开始,即 List 中第一个元素的索引为 0。访问 List 的语法格式如下。

```
集合名(index)
```

上述语法格式中,index 用于指定元素的索引。

通过上述方式访问 List 中的元素时,每次只能获取一个元素。如果想一次性获取 List 中的所有元素,可以通过遍历 List 的方式实现。Scala 提供了多种遍历 List 的方式,这里以常用的 for 语句为例,介绍遍历 List 的语法结构,具体内容如下。

```
for (element <- 集合名) {
    代码块
}
```

上述语法格式中,for 语句通过循环遍历 List 的元素,并将每个元素赋值给变量 element。在代码块中,读者可以通过变量 element 对元素进行操作。例如,将元素输出到控制台。

除了上述提到的创建和访问 List 的操作外,Scala 还提供了丰富的方法来操作 List。接下来,列举一些操作 List 的常用方法,如表 1-5 所示。

表 1-5 操作 List 的常用方法

方法	说明
head	获取 List 中的第一个元素
tail	返回除 List 中第一个元素之外的所有元素,并将这些元素存放到新的 List 中
isEmpty	判断 List 是否为空,若为空,返回 true;否则,返回 false
take(n)	获取 List 中的前 n 个元素,并将这些元素存放到新的 List 中。若 n 大于 List 中元素的个数,则返回 List 中的所有元素
length	获取 List 的大小,即 List 包含元素的数量
contains(elem)	判断 List 是否包含指定值为 elem 的元素,若包含,返回 true;否则,返回 false

接下来,以 IntelliJ IDEA 为例,演示如何在 Scala 中操作 List。在 Scala_Project 项目的 cn.itcast.scala 包下创建名为 ListDemo 的 Scala 文件,在该文件中实现操作 List 的功能,具体代码如文件 1-18 所示。

文件 1-18 ListDemo.scala

```
1  package cn.itcast.scala
2  object ListDemo {
3      def main(args: Array[String]): Unit = {
4          val myList = List(1,"two",true)
5          println("访问索引为 2 的元素" + myList(2))
```

```
6       println("--------遍历 List--------")
7       for (element <- myList){
8         println(element)
9       }
10      println("----------------------")
11      println("获取 List 中的第一元素" + myList.head)
12      println("返回除 List 中第一个元素之外的所有元素" + myList.tail)
13      println("判断 List 是否为空" + myList.isEmpty)
14      println("获取 List 中的前 2 个元素" + myList.take(2))
15      println("判断 List 是否包含值为 two 的元素" + myList.contains("two"))
16      println("获取 List 的大小" + myList.length)
17      }
18  }
```

上述代码中，第 7~9 行代码用于遍历 List，并将 List 中的每个元素输出到控制台。文件 1-18 的运行结果如图 1-44 所示。

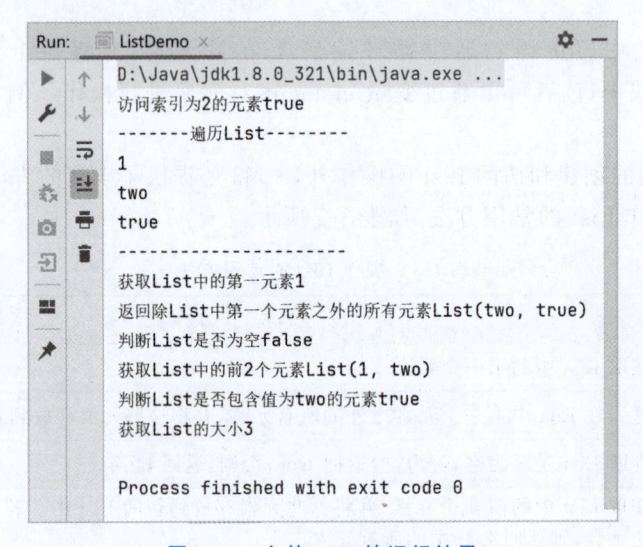

图 1-44 文件 1-18 的运行结果

从图 1-44 可以看出，创建的 List 包含 3 个元素，它们分别是 1、two 和 true，其中索引为 2 的元素为 true；第一个元素为 1；除第一个元素之外的元素包括 two 和 true；前两个元素为 1 和 two。

【提示】 List 是不可变的集合，因此无法直接添加元素。但是可以通过创建新的 List 来实现类似的功能。例如，以下是向 List 末尾添加元素 6 的示例代码。

```
val newList1 = myList :+ 6
```

上述示例代码中，newList1 为新创建的 List。

2. Set

Set 中的元素可以是任意类型，并且不包含重复的元素。创建 Set 的语法格式如下。

```
val 集合名 = Set[T](element,element,element,…)
```

上述语法格式中，T 用于指定 Set 中元素的数据类型。如果未指定元素的数据类型，则 Set 中的元素可以是任意类型。需要说明的是，如果在创建 Set 时指定的初始元素存在重复，Set 会自动进行去重操作，确保 Set 中实际存储的元素都是唯一的。

Set 属于无序集合，无法通过索引来访问元素。因此，可以通过遍历 Set 的方式来访问元素。Scala 提供了多种遍历 Set 的方式，这里以常用的 for 语句为例，介绍遍历 Set 的语法结构，具体内容如下。

```
for (element <- 集合名) {
    代码块
}
```

上述语法格式中，for 语句通过循环遍历 Set 的元素，并将每个元素赋值给变量 element。在代码块中，读者可以通过变量 element 对元素进行操作。例如，将元素输出到控制台。

除了上述提到的创建和遍历 Set 的操作外，Scala 还提供了丰富的方法来操作 Set。接下来，列举一些操作 Set 的常用方法，如表 1-6 所示。

表 1-6 操作 Set 的常用方法

方法	说明
head	获取 Set 中的第一个元素
tail	返回除 Set 中第一个元素之外的所有元素，并将这些元素存放到新的 Set 中
isEmpty	判断 Set 是否为空，若为空，返回 true；否则，返回 false
take(n)	获取 Set 中的前 n 个元素，并将这些元素存放到新的 Set 中。若 n 大于 Set 中元素的个数，则返回 List 中的所有元素
size	获取 Set 的大小，即 Set 包含元素的数量
contains(elem)	判断 Set 是否包含指定值为 elem 的元素，若包含，返回 true；否则，返回 false

接下来，以 IntelliJ IDEA 为例，演示如何在 Scala 中操作 Set。在 Scala_Project 项目的 cn.itcast.scala 包下创建名为 SetDemo 的 Scala 文件，在该文件中实现操作 Set 的功能，具体代码如文件 1-19 所示。

文件 1-19　SetDemo.scala

```
1  package cn.itcast.scala
2  object SetDemo {
3      def main(args: Array[String]): Unit = {
4          val mySet = Set[Int](12,23,23,24,56)
5          println("--------遍历 Set--------")
6          for (element <- mySet){
7              println(element)
8          }
9          println("----------------------")
10         println("获取 Set 中的第一元素" + mySet.head)
```

```
11        println("返回除 Set 中第一个元素之外的所有元素" + mySet.tail)
12        println("判断 Set 是否为空" + mySet.isEmpty)
13        println("获取 Set 中的前 2 个元素" + mySet.take(2))
14        println("判断 Set 是否包含值为 35 的元素" + mySet.contains(35))
15        println("获取 Set 的大小" + mySet.size)
16    }
17 }
```

上述代码中,第 6~8 行代码用于遍历 Set,并将 Set 中的每个元素输出到控制台。

文件 1-19 的运行结果如图 1-45 所示。

```
Run:    SetDemo
     D:\Java\jdk1.8.0_321\bin\java.exe ...
     --------遍历Set--------
     12
     23
     24
     56
     ----------------------
     获取Set中的第一元素12
     返回除Set中第一个元素之外的所有元素Set(23, 24, 56)
     判断Set是否为空false
     获取Set中的前2个元素Set(12, 23)
     判断Set是否包含值为35的元素false
     获取Set的大小4

     Process finished with exit code 0
```

图 1-45 文件 1-19 的运行结果

从图 1-45 可以看出,创建的 Set 包含 4 个元素,它们分别是 12、23、24 和 56,其中第一个元素为 12;除第一个元素之外的元素包括 23、24 和 56;前两个元素为 12 和 23。

【提示】 Set 是不可变的集合,因此无法直接添加或删除元素。但是可以通过创建新的 Set 来实现类似的功能。例如,以下是向 Set 添加元素 6,以及删除 Set 中值为 12 的元素的示例代码。

```
//向 Set 添加元素 6
val newSet1 = mySet + 6
//删除 Set 中值为 12 的元素
val newSet2 = mySet - 12
```

上述示例代码中,newSet1 和 newSet2 为新创建的 Set。

3. Map

Map 用于存储一组键值对形式的元素,其中每个元素的键是唯一的,而值可以重复。在 Map 中,键和值之间存在一种映射关系,每个键都唯一地映射到一个值。创建 Map 的语法格式如下。

```
val 集合名= Map[T1,T2](Key -> Value,Key -> Value,Key -> Value,...)
```

上述语法格式中,T1 用于指定键的数据类型,T2 用于指定值的数据类型。如果未指定键和值的数据类型,则键和值可以是任意类型。Key 用于指定键,Value 用于指定值。

Map 不支持单个元素的访问,而是需要通过键来获取其对应的值,具体语法格式如下。

```
集合名(key)
```

上述语法格式中,key 用于指定键。若键不存在,则出现异常。

上述方式只可以获取单个键对应的值,要获取 Map 中的所有键值对,可以通过遍历 Map 的方式实现。Scala 提供了多种遍历 Map 的方式,这里以常用的 for 语句为例,介绍遍历 Map 的语法结构,具体内容如下。

```
for ((key, value) <- 集合名) {
    代码块
}
```

上述语法格式中,for 语句通过循环遍历 Map 的键值对,并将键和值分别赋值给变量 key 和 value。在代码块中,读者可以通过变量 key 和 value 对键和值进行操作。例如,将元素中的键和值输出到控制台。

除了上述提到的创建和遍历 Map 的操作外,Scala 还提供了丰富的方法来操作 Map。接下来,列举一些操作 Map 的常用方法,如表 1-7 所示。

表 1-7 操作 Map 的常用方法

方 法	说 明
get(key)	通过键(key)来获取其对应的值,若键不存在,则返回 None
contains(key)	判断 Map 中是否包含键(key),若存在,则返回 true;否则,返回 false
getOrElse(key,default)	通过键(key)来获取其对应的值,若键不存在,则通过默认值(default)代替
keys	获取 Map 中所有的键,并将这些键存放在 Set 中
values	获取 Map 中所有的值,并将这些值存放在 Iterable 中
isEmpty	判断 Map 是否为空,若为空,返回 true;否则,返回 false
size	获取 Map 的大小,即包含键值对的数量

接下来,以 IntelliJ IDEA 为例,演示如何在 Scala 中操作 Map。在 Scala_Project 项目的 cn.itcast.scala 包下创建名为 MapDemo 的 Scala 文件,在该文件中实现操作 Map 的功能,具体代码如文件 1-20 所示。

文件 1-20　MapDemo.scala

```
1  package cn.itcast.scala
2  object MapDemo {
3    def main(args: Array[String]): Unit = {
4      val myMap = Map[String,Int](
5        "xiaoming" -> 23,
6        "xiaohong" -> 24,
7        "xiaogang" -> 23
8      )
9      println("获取键 xiaoming 对应的值" + myMap("xiaoming"))
10     println("-------遍历 Map--------")
11     for ((key, value) <- myMap) {
```

```
12        println(s"键: $key, 值: $value")
13      }
14      println("----------------------")
15      println("获取键 xiaozhi 对应的值" + myMap.get("xiaozhi"))
16      println("获取键 xiaozhi 对应的值" + myMap.getOrElse("xiaozhi","不存在"))
17      println("判断键 xiaohong 是否存在" + myMap.contains("xiaohong"))
18      println("获取所有键" + myMap.keys)
19      println("获取所有值" + myMap.values)
20      println("获取 Map 的大小" + myMap.size)
21    }
22  }
```

上述代码中，第 11～13 行代码用于遍历 Map，并将 Map 中的每个键值对输出到控制台。

文件 1-20 的运行结果如图 1-46 所示。

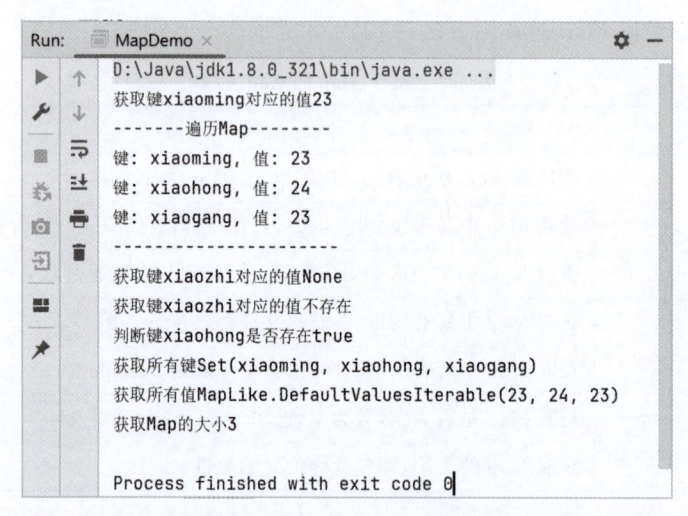

图 1-46　文件 1-20 的运行结果

从图 1-46 可以看出，创建的 Map 包含 3 个键值对，键分别为 xiaoming、xiaohong 和 xiaogang，这些键对应的值分别为 23、24 和 23。由于键 xiaozhi 不存在，所以使用 get() 方法获取其对应的值时返回了 None，而使用 getOrElse() 方法获取其对应的值时返回了默认值"不存在"。

【提示】 Map 是不可变的集合，因此无法直接添加或删除键值对。但是可以通过创建新的 Map 来实现类似的功能。例如，以下是向 Map 添加键为 xiaoqing 并且值为 26 的新键值对，以及删除 Map 中键为 xiaohong 的键值对的示例代码。

```
//添加键为 xiaoqing 并且值为 26 的新键值对
val newMap1 = myMap + ("xiaoqing" -> 26)
//删除 Map 中键为 xiaohong 的键值对
val newMap2 = myMap - "xiaohong"
```

上述示例代码中，newMap1 和 newMap2 为新创建的 Map。

1.4　Scala 面向对象

面向对象编程是一种符合人类思维习惯的编程思想。在现实生活中,面对各种形态的事物,这些事物之间存在着各种各样的联系。面向对象编程通过将现实世界中的事物抽象为程序中的对象,并使用对象之间的关系来描述事物之间的联系。在这种编程范式中,每个对象都有其特定的属性和行为,而对象之间可以通过消息传递进行交互和协作。通过面向对象编程,可以更加直观地理解和组织程序结构,使得代码更易于理解、维护和扩展。本节针对 Scala 面向对象进行详细讲解。

1.4.1　类和对象

在 Scala 中,类是对象的抽象,而对象则是类的具体实例。类通常由属性和方法组成,其中属性是类中定义的变量或常量。默认情况下,在类中定义的属性和方法是公有的,它们可以在类的外部进行访问。如果想要定义私有的属性和方法,那么需要通过关键字 private 修饰,私有属性和方法只能在类的内部进行访问。

关于定义类的语法格式如下。

```
class 类名(参数列表){
    //代码块
}
```

上述语法格式中,class 为定义类的关键字。参数列表用于指定类的构造参数。类可以有一个或多个构造参数,也可以没有构造参数,如果没有构造参数,那么可以省略"(参数列表)"。参数列表中的每个构造参数由参数名和参数类型组成,两者之间用半角冒号分隔,多个参数则用半角逗号分隔。代码块用于定义类中的属性和方法。

需要说明的是,如果构造参数通过关键字 var 或 val 修饰,那么被修饰的构造参数可以直接作为类的属性。

在定义类之后,要访问类中的属性或方法,需要创建类的对象。关于创建类的对象的语法格式如下。

```
val 对象名 = new 类名(参数列表)
```

在上述语法格式中,参数列表是传递给类的实际参数,其数量必须与类定义时指定的参数列表相匹配。在创建类的对象时,每个参数的类型和顺序必须与定义类时的形式相匹配,否则可能导致编译错误或运行时错误。

类的对象创建完成后,便可以使用对象来访问类中的属性或方法,其语法格式如下。

```
对象名.方法名()
对象名.属性名
```

接下来,以 IntelliJ IDEA 为例,演示如何在 Scala 中定义类,以及通过对象访问类的属性和方法,具体操作步骤如下。

(1) 在 Scala_Project 项目的 cn.itcast.scala 包下创建名为 BankAccount 的 Scala 文件,在该文件中定义一个类实现模拟银行存款和取款的功能,具体代码如文件 1-21 所示。

文件 1-21　BankAccount.scala

```scala
1  package cn.itcast.scala
2  class BankAccount(private val accountNumber: String) {
3    var balance: Double = 0.0
4    def deposit(amount: Double): Unit = {
5      balance += amount
6    }
7    def withdraw(amount: Double): Unit = {
8      if (amount <= balance) {
9        balance -= amount
10     } else {
11       println("余额不足")
12     }
13   }
14 }
```

上述代码中,类 BankAccount 包含属性 accountNumber 和 balance,其中 accountNumber 属于私有属性用于指定账号;balance 属于共有属性,用于指定账号的余额。第 4~6 行代码在类 BankAccount 中定义了 deposit()方法,用于实现存款的行为,该方法包含参数 amount,用于指定存款的金额。第 7~13 行代码定义了 withdraw()方法,用于实现取款的行为,该方法包含参数 amount,用于指定取款的金额,如果取款的金额大于余额,则在控制台输出余额不足。

(2) 在 Scala_Project 项目的 cn.itcast.scala 包下创建名为 ClassDemo 的 Scala 文件,在该文件中测试存款和取款的功能,具体代码如文件 1-22 所示。

文件 1-22　ClassDemo.scala

```scala
1  package cn.itcast.scala
2  object ClassDemo {
3    def main(args: Array[String]): Unit = {
4      val account = new BankAccount("1234567890")
5      account.balance = 1000.0
6      account.deposit(500.0)
7      println("账户余额为:" + account.balance)
8      account.withdraw(200.0)
9      println("账户余额为:" + account.balance)
10   }
11 }
```

上述代码中,第 4 行代码创建类 BankAccount 的对象 account 并指定账户为 1234567890。第 5 行代码通过对象 account 访问类 BankAccount 的属性 balance,指定账户余额为 1000.0。第 6 行代码通过对象 account 访问类 BankAccount 的 deposit()方法,指定存款金额为 500.0。第 8 行代码通过对象 account 访问类 BankAccount 的 withdraw()方法,指定取款金额为 200.0。

文件 1-22 的运行结果如图 1-47 所示。

从图 1-47 可以看出,向账户 1234567890 存入 500.0 后,账户余额变为 1500.0。从账户 1234567890 取款 200.0 后,账户余额变为 1300.0。

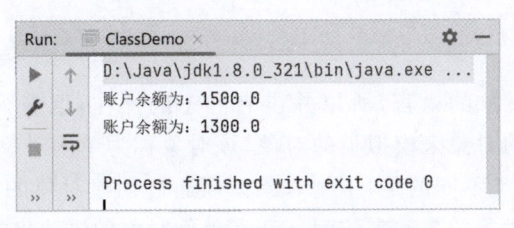

图 1-47　文件 1-22 的运行结果

多学一招：样例类

样例类是 Scala 中一种特殊的类，它用于表示不可变数据结构。定义样例类时，编译器会自动为其生成一些通用的方法，如 toString、equals、hashCode 等，这使得样例类更易于使用和操作。关于定义样例类的语法格式如下。

```
case class 类名(参数列表)
```

上述语法格式中，case 是定义样例类的关键字。参数列表用于指定样例类的构造参数。样例类可以有一个或多个构造参数，也可以没有构造参数，如果没有构造参数，那么可以省略"(参数列表)"。参数列表中的每个构造参数由参数名和参数类型组成，两者之间用半角冒号分隔，多个参数则用半角逗号分隔。

在 Scala 中，样例类通常配合 match 语句一同使用，这使得在匹配不同情况时更加方便和直观，具体示例代码如下。

```
1  case class Color(red: Int, green: Int, blue: Int)
2  object CaseClassDemo {
3    def main(args: Array[String]): Unit = {
4      val list = List[Color] (
5        new Color(255, 0, 0),
6        new Color(0, 255, 0),
7        new Color(0, 0, 255),
8        new Color(255, 255, 255)
9      )
10     for (color <- list){
11       color match {
12         case Color(255, 0, 0) => println("red")
13         case Color(0, 255, 0) => println("green")
14         case Color(0, 0, 255) => println("blue")
15         case _ => println("other color")
16       }
17     }
18   }
19 }
```

上述代码中，第 1 行代码定义了一个样例类 Color，该样例类包含 3 个构造参数 red、green 和 blue。第 4~9 行代码创建了一个包含 4 个元素的 List，指定元素的类型为样例类 Color。第 10~17 行代码通过 for 循环遍历 List，并使用 match 语句将每个元素作为模式进行匹配。当样例类 Color 中构造参数的值依次为 255、0 和 0 时，在控制台输出 red；当构造参数的值依次为 0、255 和 0 时，在控制台输出 green；当构造参数的值依次为 0、0 和 255 时，在控制台输出 blue；当没有匹配到指定的模式时，在控制台输出 other color。

1.4.2 单例对象

Scala 是完全面向对象的语言,所以并没有静态的操作,但是为了能够和 Java 语言交互,就产生了一个特殊的对象来模拟类的对象,该对象称为单例对象。单例对象可以被视为只有一个实例的类。与类不同的是,单例对象无须通过创建对象的方式来访问其属性和方法,而是直接通过单例对象的名称来访问。定义单例对象的语法格式如下。

```
object 单例对象名{
  //代码块
}
```

上述代码中,object 为定义单例对象的关键字。代码块用于定义单例对象中的属性和方法。默认情况下,在单例对象中定义的属性和方法是公有的,它们可以在单例对象的外部进行访问。如果想要定义私有的属性和方法,那么需要通过关键字 private 修饰,私有属性和方法只能在单例对象的内部进行访问。

单例对象创建完成后,便可以使用单例对象名来访问其属性或方法,其语法格式如下。

```
单例对象名.方法名()
单例对象名.属性名
```

接下来,以 IntelliJ IDEA 为例,演示如何在 Scala 中定义单例对象,以及访问其属性和方法。在 Scala_Project 项目的 cn.itcast.scala 包下创建名为 ObjectDemo 的 Scala 文件,在该文件中实现创建单例对象并访问其属性和方法的功能,具体代码如文件 1-23 所示。

文件 1-23 ObjectDemo.scala

```
1  package cn.itcast.scala
2  object ObjectDemo {
3    def main(args: Array[String]): Unit = {
4      //访问单例对象 ObjectDemo1 的属性 name
5      ObjectDemo1.name = "xiaoming"
6      //访问单例对象 ObjectDemo1 的属性 age
7      ObjectDemo1.age = 20
8      //访问单例对象 ObjectDemo1 的方法 userInfo()
9      ObjectDemo1.userInfo()
10   }
11 }
12 object ObjectDemo1{
13   var name: String = ""
14   var age: Int = 0
15   def userInfo(): Unit = {
16     println(s"姓名: $name, 年龄: $age")
17   }
18 }
```

上述代码中,第 12~18 行代码,定义了一个单例对象 ObjectDemo1,该单例对象包含 name 和 age 两个属性,以及一个 userInfo() 方法,该方法用于获取属性 name 和 age 的值,并将其输出到控制台。

文件 1-23 的运行结果如图 1-48 所示。

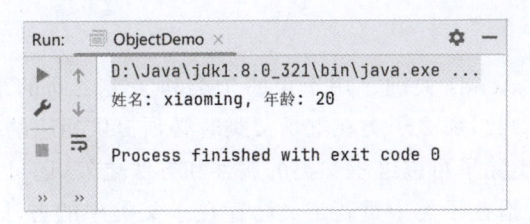

图 1-48　文件 1-23 的运行结果

从图 1-48 可以看出，单例对象 ObjectDemo1 中的 userInfo()方法在控制台输出了属性 name 和 age 的值。

多学一招：伴生对象

在一个 Scala 文件中，如果单例对象与类的名称相同，那么这个单例对象被视为类的伴生对象，而类被视为单例对象的伴生类。伴生类和伴生对象之间可以相互访问私有方法和属性。例如，创建一个名为 CompanionObject 的 Scala 文件，在该文件中演示伴生类和伴生对象之间相互访问私有方法和属性，具体示例代码如文件 1-24 所示。

文件 1-24　CompanionObject.scala

```
1  package cn.itcast.scala
2  object CompanionObject {
3    def main(args: Array[String]): Unit = {
4      Student.printInfo()
5    }
6  }
7  class Student(private val name: String) {
8    private def getInfo(): Unit = {
9      Student.score = 89.2
10     println(s"姓名: $name, 年龄: ${Student.score}")
11   }
12 }
13 object Student{
14   private var score: Double = 0.0
15   val student = new Student("xiaoming")
16   def printInfo(): Unit = {
17     student.getInfo()
18   }
19 }
```

上述代码中，单例对象 Student 是类 Student 的伴生对象，类 Student 是单例对象 Student 的伴生类。在单例对象 Student 中可以访问类 Student 的私有属性 name 和私有方法 getInfo()。在类 Student 中可以访问单例对象 Student 的私有属性 score。

1.4.3　继承

继承是面向对象编程的核心概念之一，它允许创建新类时重用现有类的属性和方法。在继承关系中，新创建的类称为子类，现有的类称为父类，子类可以访问父类的属性和方法，但这些属性和方法不能是私有的。

关于子类继承父类的语法格式如下。

```
class 子类 extends 父类
```

上述语法格式中,extends 关键字用于声明子类和父类之间的继承关系。需要注意的是,如果父类包含构造参数,那么子类在继承父类时必须提供相应的构造参数。

在继承关系中,子类除了可以继承父类的属性和方法之外,还可以通过重写来改变或增强父类的行为。重写是指在子类中重新定义已存在于父类中的方法,使得子类可以提供自己的实现来替代父类中的默认行为。这种方式赋予了程序更大的灵活性和可扩展性。在 Scala 中,使用关键字 override 明确表示一个方法是在子类中重写父类的方法。

接下来,以 IntelliJ IDEA 为例,演示如何在 Scala 中实现继承。在 Scala_Project 项目的 cn.itcast.scala 包下创建名为 InheritDemo 的 Scala 文件,在该文件中实现子类继承父类,并且重写父类方法的功能,具体代码如文件 1-25 所示。

文件 1-25 InheritDemo.scala

```
1  package cn.itcast.scala
2  object InheritDemo {
3    def main(args: Array[String]): Unit = {
4      //创建类 Dog 的对象
5      val dog = new Dog()
6      //访问类 Dog 的方法 sound()
7      dog.sound()
8    }
9  }
10 class Animal {
11   def sound(): Unit = {
12     println("动物的叫声")
13   }
14 }
15 class Dog extends Animal {
16   override def sound(): Unit = {
17     println("狗的叫声")
18   }
19 }
```

上述代码中,类 Animal 和 Dog 是继承关系,其中类 Animal 为父类,该类包含一个 sound()方法,可以将"动物的叫声"的内容输出到控制台;类 Dog 为子类,该类重写了父类的 sound()方法,将输出到控制台的内容更改为"狗的叫声"。

文件 1-25 的运行结果如图 1-49 所示。

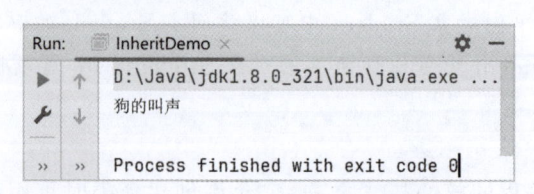

图 1-49 文件 1-25 的运行结果

从图 1-49 可以看出,控制台输出的内容为"狗的叫声",说明子类 Dog 重写了父类 Animal 的 sound()方法,并修改了方法的行为。

> 📖 **多学一招：super 关键字**
>
> 在继承关系中，子类无法直接访问已被子类重写的父类方法，因为子类会覆盖父类中同名的方法。同样地，子类也无法直接访问父类中具有相同名称的属性。为了解决这个问题，Scala 提供了 super 关键字，具体语法格式如下。
>
> ```
> //访问已被子类重写的父类方法
> super.方法名([参数列表])
> //访问父类中具有相同名称的属性
> super.属性名
> ```

1.4.4 特质

Scala 中的特质（Traits）类似于 Java 中的接口，允许开发人员定义可重用的模块化单元，并通过混入（Mixins）的方式在类中使用。特质和类相似，同样由属性和方法组成，区别在于，特质中的属性和方法可以是未被实现的，即抽象属性和抽象方法。当特质被混入类中时，方法可以通过在类中被重写来改变或增强，而抽象属性和抽象方法则必须在类中被实现。

关于定义特质的语法格式如下。

```
trait 特质名{
  //代码块
}
```

上述语法格式中，trait 是定义特质的关键字。需要注意的是，特质中的抽象属性和抽象方法不能是私有的。如果属性和方法声明为私有，那么只能在特质的内部进行访问。

特质中定义的属性或方法需要在混入特质的类中访问。在 Scala 中，可以通过混入的方式将多个特质组合到类中。在类中混入特质的语法格式如下。

```
class 类名 extends 特质名 [with 特质名 with 特质名 …]
```

上述语法格式中，with 关键字用于将多个特质组合到类中。如果混入特质的类需要作为子类继承指定类，那么上述语法格式的第一个特质名需要替换成具体的父类，其语法格式如下。

```
class 子类 extends 父类 with 特质名 [with 特质名 …]
```

接下来，以 IntelliJ IDEA 为例，演示如何在 Scala 中定义特质，以及在类中混入特质。在 Scala_Project 项目的 cn.itcast.scala 包下创建名为 TraitDemo 的 Scala 文件，在该文件中实现定义特质，以及在类中混入特质的功能，具体代码如文件 1-26 所示。

文件 1-26　TraitDemo.scala

```
1  package cn.itcast.scala
2  trait TraitDemo {
3    //定义抽象属性 name
4    val name: String
5    val color: String = "red"
6    //定义抽象方法 area()
```

```
7    def area(width: Double,height: Double): Double
8    def displayInfo(): Unit = {
9      println(s"形状: $name, 颜色: $color")
10   }
11 }
12 class Rectangle extends TraitDemo {
13   //实现抽象属性 name
14   val name: String = "rectangle"
15   //实现抽象方法 area()
16   def area(width: Double, height: Double): Double = {
17     width * height
18   }
19 }
20 object MainApp {
21   def main(args: Array[String]): Unit = {
22     val rectangle = new Rectangle()
23     rectangle.displayInfo()
24     val area = rectangle.area(3.3,5.5)
25     println("面积:" + area)
26   }
27 }
```

上述代码中,第 12～19 行代码将特质 TraitDemo 混入类 Rectangle 中。第 23 行代码通过类 Rectangle 的对象访问特质 TraitDemo 中的 displayInfo()方法。第 24 行代码通过类 Rectangle 的对象访问特质 TraitDemo 中抽象方法 area()的实现。

文件 1-26 的运行结果如图 1-50 所示。

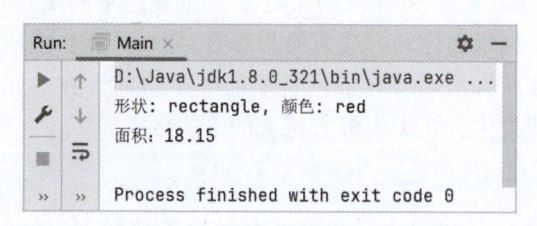

图 1-50 文件 1-26 的运行结果

从图 1-50 可以看出,当特质 TraitDemo 的抽象属性 name,在类 Rectangle 中被实现并赋予值 rectangle 时,在访问 displayInfo()方法后,输出到控制台的内容中的形状为 rectangle。当特质 TraitDemo 的抽象方法 area()在类 Rectangle 中被实现并指定两个参数相乘计算方式后,area()方法的返回值为 18.15。

当特质被混入类中时,抽象属性除了可以在类中被实现之外,还可以作为类的构造参数。然而,当抽象属性作为类的构造参数时,不能声明为私有。例如,文件 1-26 中的第 12～27 行代码可以修改为如下内容。

```
1 class Rectangle(val name: String) extends TraitDemo {
2    def area(width: Double, height: Double): Double = {
3      width * height
4    }
5 }
6 object Main {
```

```
7      def main(args: Array[String]): Unit = {
8        val rectangle = new Rectangle("rectangle")
9        rectangle.displayInfo()
10       val area = rectangle.area(3.3,5.5)
11       println("面积:" + area)
12     }
13   }
```

> 多学一招：抽象类

抽象类是类的一种特殊形式，在抽象类中可以定义抽象属性和抽象方法。当抽象类作为父类被其他子类继承时，抽象类中的抽象属性和抽象方法都必须在子类中被实现。定义抽象类的语法格式如下。

```
abstract class 类名(参数列表){
  //代码块
}
```

上述语法格式中，abstract 是定义抽象类的关键字。

1.5 本章小结

本章主要讲解了 Scala 相关知识。首先，讲解了 Scala 概述，包括 Scala 的特性、安装 Scala、在 IntelliJ IDEA 中安装 Scala 插件，以及实现 Scala 程序。其次，讲解了 Scala 的基础语法，包括变量、常量、数据类型、运算符、控制结构语句、方法和函数。然后，讲解了 Scala 数据结构，包括数组、元组和集合。最后，讲解了 Scala 面向对象，包括类、对象、单例对象、继承和特质。通过本章的学习，读者可以掌握 Scala 语言的使用技巧，为后续使用 Scala 语言开发 Spark 程序奠定基础。

1.6 课后习题

一、填空题

1. Scala 是一门结合了面向对象编程和_____编程优势的多范式编程语言。

2. 在 Scala 中，数据类型可以分为_____和引用类型。

3. 在 Scala 中，定义变量的关键字是_____。

4. 在 Scala 中，定义方法的关键字是_____。

5. 在 Scala 中，_____语句可以根据一个值与多个模式的匹配情况执行不同的代码块。

二、判断题

1. 在 Scala 中声明变量时，可以省略变量的类型。（   ）

2. 在 Scala 中，表示相减后再赋值的赋值运算符是--。（   ）

3. 在 Scala 中，元组中元素的数量不能超过 21 个。（   ）

4. 在 Scala 中，Set 类型的集合中不包含重复元素。（   ）

5. 在 Scala 中,子类可以访问父类的私有属性。( )

三、选择题

1. 下列选项中,属于 Scala 中值类型的是( )。
   A. String   B. Unit   C. Integer   D. Date

2. 下列选项中,用户获取 Set 大小的方法是( )。
   A. size   B. length   C. len   D. count

3. 下列选项中,关于特质描述正确的有( )。(多选)
   A. 定义特质的关键字是 interface
   B. 特质中的抽象方法可以是私有的
   C. 通过混入的方式可以将多个特质组合到类中
   D. 特质被混入类中时,抽象方法必须在类中被实现

4. 下列选项中,关于继承关系,描述错误的是( )。
   A. 子类无法直接访问已被子类重写的父类方法
   B. 子类可以访问父类的私有方法
   C. extends 关键字用于声明子类和父类之间的继承关系
   D. 子类可以重写父类的方法

5. 下列选项中,可以通过索引访问元素的数据结构有( )。(多选)
   A. Set   B. Map   C. List   D. 元组

四、编程题

设计一个简单的学生信息管理系统,要求实现以下功能。

(1) 类 Student 用于传递学生信息,包括属性 name(姓名)、age(年龄)和 gender(性别)。

(2) 单例对象用于管理学生信息,包括添加学生、删除学生、按姓名查询学生、按年龄查询学生的功能。

(3) 使用 Set 类型的集合来存储学生信息。

第 2 章
Spark基础

学习目标：

- 了解 Spark 概述，能够说出 Spark 生态系统中不同组件的作用。
- 了解 Spark 的特点，能够说出 Spark 的 4 个显著特点。
- 了解 Spark 应用场景，能够说出 Spark 在大数据分析和处理领域的常见应用场景。
- 熟悉 Spark 与 MapReduce 的区别，能够说出 Spark 与 MapReduce 在编程方式、数据处理和数据容错方面的区别。
- 掌握 Spark 基本架构，能够说出 Master 和 Worker 的职责。
- 掌握 Spark 运行流程，能够叙述 Spark 如何处理提交 Spark 程序。
- 熟悉 Spark 的部署模式，能够叙述 Standalone 模式、High Availability 模式和 Spark on YARN 模式的概念。
- 掌握 Spark 的部署，能够基于不同模式部署 Spark。
- 熟悉 Spark 初体验，能够将 Spark 程序提交到 YARN 集群运行。
- 掌握 Spark Shell，能够使用 Spark Shell 读取 HDFS 文件实现词频统计。
- 掌握 Spark 程序的开发，能够基于本地模式和集群模式开发 Spark 程序。

Spark 是一个快速、通用的分布式计算引擎，用于大数据的处理和分析，它可以让开发人员快速地处理大量数据，并在分布式环境中执行大规模的并行计算。Spark 不仅计算速度快，而且内置了丰富的 API，使得开发人员能够很容易地编写程序。接下来，本章从 Spark 基础知识说起，针对 Spark 运行架构及流程、Spark 集群部署以及 Spark 相关操作进行详细讲解。

2.1 初识 Spark

2.1.1 Spark 概述

Spark 诞生于加州大学伯克利分校的 AMP 实验室，最初的目标是解决 MapReduce 处理大规模数据的性能瓶颈，后来加入 Apache 孵化器项目，经过短短几年的发展，成为 Apache 的顶级开源项目。

Spark 生态系统是基于内存计算的，能够快速处理和分析大规模数据。在 Spark 生态系统中包含了 Spark SQL、Spark Streaming、Structured Streaming、MLlib、GraphX 和 Spark Core 组件，这些组件可以非常容易地把各种处理流程整合在一起，而这样的整合，在实际数据分析过程中是很有意义的,不仅如此,还大大减轻了原先需要对各种平台分别管理的负担。下面通过图 2-1 介绍 Spark 的生态系统。

| Spark SQL | Spark Streaming | Structured Streaming | MLlib | GraphX |

| Spark Core |

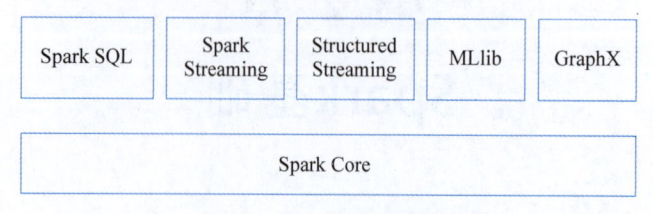

图 2-1　Spark 的生态系统

图 2-1 展示了 Spark 生态系统中的组件,这些组件具体介绍如下。

1. Spark SQL

Spark SQL 是用来操作结构化数据的组件,它允许开发人员使用 SQL 语言或 DataFrame API 来操作数据。Spark SQL 支持从各种数据源加载数据,如 Hive、HBase、JDBC 等。

2. Spark Streaming

Spark Streaming 是用于实时数据处理的组件,其核心是将实时数据流划分为微批处理来处理实时数据。Spark Streaming 提供了与 Spark Core 相似的 API,使开发人员能够使用常规的批处理操作来处理实时数据。Spark Streaming 提供了与多种数据源集成的功能,如 Kafka、Flume、HDFS 等。

3. Structured Streaming

Structured Streaming 是构建在 Spark SQL 之上的一种实时数据处理组件,其核心是将流处理视为连续的表处理。Structured Streaming 提供了与 Spark SQL 相同的 API,使开发人员能够使用 SQL 或 DataFrame API 来处理实时数据。

4. MLlib

MLlib 是 Spark 中的机器学习库,它提供了一系列常用的机器学习算法,包括分类、回归、聚类、协同过滤等,并提供了分布式的实现,使开发人员能够构建和部署大规模的机器学习模型。

5. GraphX

GraphX 是 Spark 中的图计算库,它提供了一系列算法,使用户能够高效地进行大规模图数据的构建、转换和推理,满足了处理图数据的需求。

6. Spark Core

Spark Core 是 Spark 的核心引擎,它负责实现 Spark 的基本功能,包含分布式任务调度、内存计算、容错机制等。Spark Core 定义了弹性分布式数据集(Resilient Distributed Dataset,RDD)的概念来表示数据集,RDD 是 Spark 中所有其他组件的基础。RDD 将会在第 3 章中详细讲解。

2.1.2　Spark 的特点

Spark 作为一款快速、高效的大数据处理分析引擎,具有以下几个显著的特点。

1. 速度快

Spark 使用内存计算,将数据存储在内存中,从而大大加快了处理速度。此外,Spark 的优化执行引擎(Catalyst)能够生成高效的执行计划,从而提高了查询和转换操作的速度。

2. 易用性

Spark 提供了易于使用的 API,包括 Scala、Python、Java 和 R。这使得开发人员可以使用熟悉的编程语言进行 Spark 应用程序的开发。此外,Spark 的交互式 Shell,如 Spark Shell 和 PySpark,允许用户在不编写完整应用程序的情况下进行数据分析。

3. 通用性

Spark 是一个通用的大数据处理引擎,不仅支持批处理,还支持流处理、图处理和机器学习等多种数据处理模式。此外,Spark 可以与各种数据存储系统集成,如 HDFS、Amazon S3、Cassandra、HBase 等,适用于不同的数据场景。

4. 兼容性

Spark 与现有的大数据生态系统具有很好的兼容性,可以与 Hadoop、Hive、HBase、Kafka 等各种技术无缝集成。

2.1.3 Spark 应用场景

Spark 在大数据分析和处理领域有广泛的应用场景,主要有以下几方面。

1. 流处理

Spark Streaming 和 Structured Streaming 提供了对流数据进行实时处理的能力,适用于多种流处理的应用场景,如网络日志分析,社交媒体数据处理等。

2. 机器学习

MLlib 提供了一系列机器学习算法,可以帮助开发人员快速构建和训练机器学习模型。

3. 数据挖掘

Spark 提供了高效的数据分析和处理能力,适用于多种数据挖掘的应用场景,如推荐系统,欺诈检测等。

4. 图形计算

GraphX 提供了高效的图数据处理能力,适用于多种图数据分析和处理的应用场景,如社交网络分析,搜索引擎排名等。

5. 计算密集型工作负载

Spark 作为基于内存的分布式计算引擎,适用于多种计算密集型工作负载的应用场景,如科学计算,金融风险分析等。

总的来说,Spark 的应用场景非常广泛,随着技术的不断发展,相信 Spark 将会在更多的应用领域发挥重要的作用。

2.1.4 Spark 与 MapReduce 的区别

Spark 和 MapReduce 是两种不同的大数据处理技术,Spark 和 MapReduce 的主要区别如下。

1. 编程方式不同

MapReduce 在计算数据时,计算过程必须经历 Map 和 Reduce 两个过程,对于复杂数据处理较为困难;而 Spark 提供了多种数据集的复杂操作,编程模型更加灵活,不局限于 Map 和 Reduce 过程。

2. 数据处理不同

在 MapReduce 中，每次执行数据处理，都需要从磁盘中加载数据，将中间结果存储在磁盘中，导致磁盘的读写次数较多。而 Spark 在执行数据处理时，只需要将数据加载到内存中，并且可以将产生的中间结果存储在内存中，从而减少磁盘的读写次数。

3. 数据容错性不同

MapReduce 通过备份数据和重新执行任务来处理节点故障。当一个节点发生故障时，MapReduce 会重新启动该节点上失败的任务，并将其分配给其他可用节点。这种方式虽然能够保证数据的容错性，但是可能会导致较大的延迟和资源浪费。Spark 通过 RDD 来实现容错。Spark 会自动记录 RDD 的计算过程和依赖关系，以便在节点故障时能够重新计算丢失的数据分区。这种方式能够在不重新执行整个任务的情况下实现数据的容错和恢复，从而减少了资源浪费和计算延迟。

在 Spark 与 MapReduce 的对比中，较为明显的不同是 MapReduce 对磁盘的读写次数多，无法满足当前数据急剧增长下对实时、快速计算的需求。接下来，通过图 2-2 来描述 MapReduce 与 Spark 计算数据的过程。

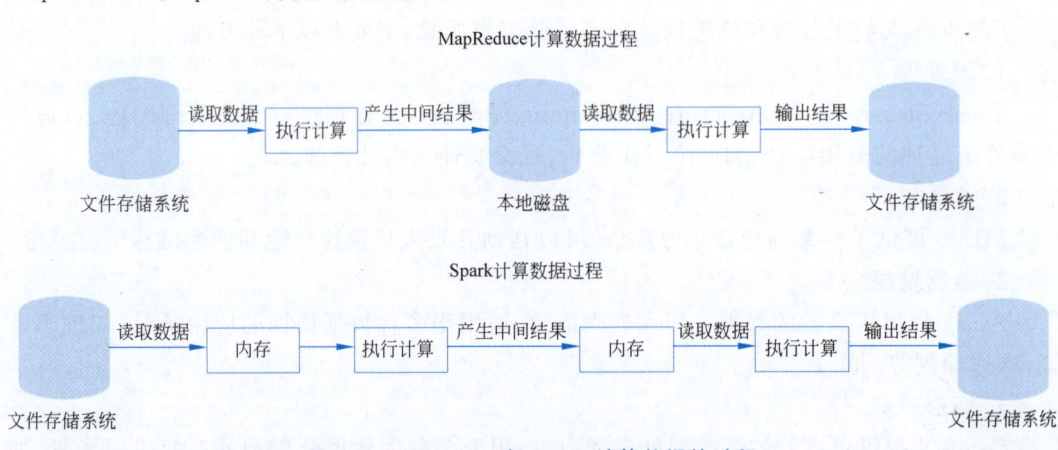

图 2-2 MapReduce 与 Spark 计算数据的过程

从图 2-2 可以看出，使用 MapReduce 计算数据时，每次产生的中间结果数据和后续读取数据都会对本地磁盘进行频繁的读写操作，而使用 Spark 进行计算时，需要先将文件存储系统中的数据读取到内存中，产生的数据不是存储到磁盘中，而是存储到内存中，这样就减少了从磁盘中频繁读取数据的次数。

2.2 Spark 基本架构及运行流程

2.2.1 基本概念

在学习 Spark 基本架构及运行流程之前，首先需要了解几个重要的概念。

（1）Application（应用程序）：用户编写的一系列数据处理任务组成的 Spark 程序。

（2）Driver Program（驱动程序）：驱动程序负责将 Spark 程序转换为任务并创建 SparkContext。

（3）Cluster Manager（集群管理器）：集群管理器负责协调 Spark 程序在集群中的资源

分配和管理。常见的集群管理器包括 Spark 自带的独立调度器、Kubernetes 和 YARN。

（4）SparkContext：SparkContext 是 Spark 程序的入口，它负责与集群管理器通信，申请执行 Spark 程序所需的资源。

（5）Executor（执行器）：执行器是在工作节点上运行的进程，负责执行任务并将结果返回给驱动程序。

（6）Task（任务）：任务是执行器上的工作单元。

（7）Job（作业）：作业是 Spark 程序的一个完整处理流程，由多个 Stage（阶段）组成，每个 Stage 包含一组相关的任务。作业由 Spark 的行动（Action）算子触发执行。

（8）Cache（缓存）：Spark 允许将数据缓存在内存中，以便在后续操作中快速访问。

（9）DAG（有向无环图）：当应用程序通过一系列转换算子对 RDD 进行处理时，Spark 会自动构建一个有向无环图，以表示这些转换算子之间的依赖关系。

（10）DAG Scheduler（DAG 调度器）：将作业划分为多个 Stage，并构建 Stage 之间的有向无环图，以便优化执行计划。

（11）Task Scheduler（任务调度器）：将每个 Stage 中的任务分配给 Executor 执行。

2.2.2　Spark 基本架构

Spark 的基本架构是典型的主从架构，即 Spark 集群通常是由一个主节点和多个从节点组成，其中主节点在 Spark 集群中扮演的角色为 Master，从节点在 Spark 集群中扮演的角色为 Worker。接下来，以一个 Master 和两个 Worker 为例，通过图 2-3 介绍 Spark 基本架构。

图 2-3 中 Master 和 Worker 的介绍如下。

1. Master

Master 是 Spark 集群中的主节点，可以将其理解为

图 2-3　Spark 基本架构

Spark 集群中的"大脑"，其主要职责是负责集群中的资源管理、任务调度和容错管理。具体内容如下。

（1）资源管理：Master 负责监控集群的资源状态，包括 CPU 和内存等资源的可用性。它追踪各 Worker 的资源使用情况，以确保任务能够有效地分配到可用资源上。

（2）任务调度：Master 根据集群资源情况和任务需求，将任务分配给集群中适当的 Worker 执行，以保证任务得到充分执行。

（3）容错管理：Master 监控集群中各 Worker 的运行状态。如果某个 Worker 发生故障，Master 会重新分配任务到其他可用的 Worker，以确保任务顺利执行，从而保障集群的稳定性。

2. Worker

Worker 是 Spark 集群中的从节点，可以将其理解为 Spark 集群中的"执行者"，其主要职责是负责集群中的任务执行、资源利用和节点状态报告。具体内容如下。

（1）任务执行：Worker 接收并执行 Master 分配的任务。一旦任务执行完成，Worker 将任务执行结果报告给 Master，以便 Master 更新任务状态和执行进度。

（2）资源利用：Worker 负责有效利用其自身的资源，包括 CPU、内存等，以满足任务的

执行需求。

(3) 节点状态报告：Worker 定期向 Master 报告自身的健康状态，包括节点是否在线、资源利用情况、任务执行情况等。

需要说明的是，基于 Standalone 模式部署 Spark 时，Master 将承担 Cluster Manager 的职责。而基于 Spark on YARN 模式部署 Spark 时，YARN 将承担 Cluster Manager 的职责。

2.2.3 Spark 运行流程

了解 Spark 的运行流程对于理解 Spark 的体系结构和性能优化有着至关重要的作用。接下来，通过图 2-4 深入了解 Spark 运行流程。

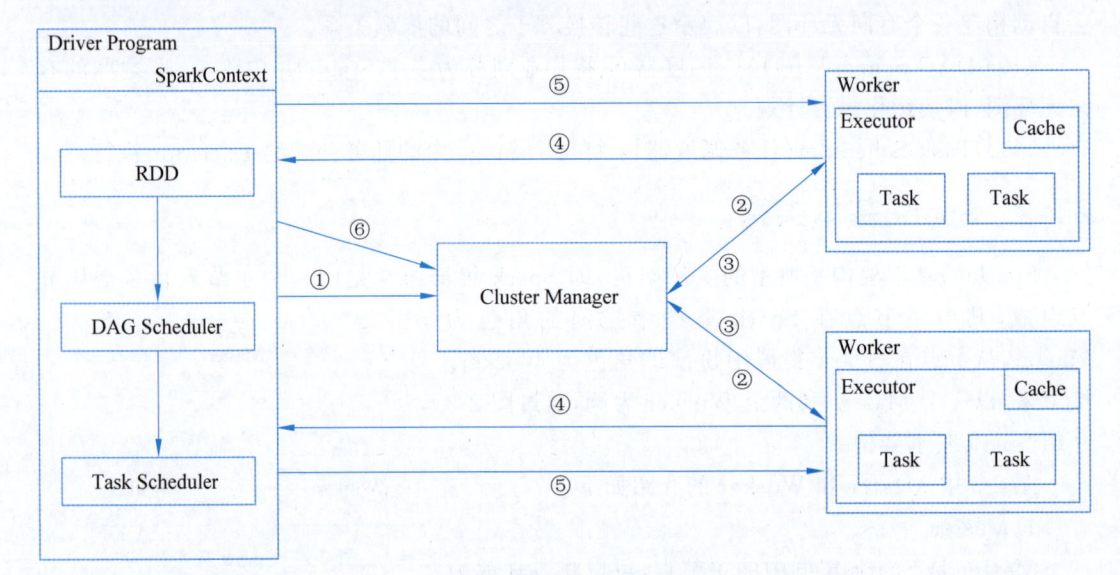

图 2-4　Spark 运行流程

从图 2-4 可以看出，Spark 运行流程大概可以分为 6 步，具体介绍如下。

(1) 当用户将创建的 Spark 程序提交到集群时会创建 Driver Program，Driver Program 根据 Spark 程序的配置信息初始化 SparkContext。SparkContext 通过 Cluster Manager 连接集群并申请运行资源。SparkContext 初始化完成后，会创建 DAG Scheduler 和 Task Scheduler。

(2) SparkContext 向 Cluster Manager 发送资源请求，Cluster Manager 会根据其自身的资源调度规则来决定如何分配资源。通常情况下，Cluster Manager 会通知 Worker 启动一个或多个 Executor 来处理这些 Task。每个 Executor 负责执行特定的 Task，并且会根据需要动态地分配和释放资源。

(3) Executor 启动完成后，Worker 会向 Cluster Manager 发送资源和启动状态的反馈。这样，Cluster Manager 可以监控 Worker 中 Executor 的状态。如果发现 Executor 启动失败或异常终止，Cluster Manager 会及时通知 Worker 重新启动 Executor，以确保任务的顺利执行。

(4) Executor 会向 Driver Program 注册，并周期性地从 Driver Program 那里获取任

务,然后执行这些任务。

(5) Task Scheduler 将 Task 发送给 Worker 中的 Executor 来执行 Spark 程序的代码。Executor 在执行 Task 时,会将 Task 的运行状态信息发送给 Driver Program。Task 的运行状态信息通常包括 Task 的执行进度、成功或失败等。

(6) 当 Spark 程序执行完成后,Driver Program 会向 Cluster Manager 注销所申请的资源,Cluster Manager 根据其自身的资源管理策略释放资源。

2.3　Spark 的部署模式

Spark 的部署模式分为 Local(本地)模式和集群模式,在 Local 模式下,常用于本地开发程序与测试,而集群模式又分为 Standalone(独立)模式、High Availability(高可用)模式和 Spark on YARN 模式,关于这 3 种集群模式的介绍如下。

1. Standalone 模式

Standalone 模式是 Spark 最基础的集群模式,通常由一个主节点和多个从节点组成。在这种模式下,Spark 集群使用自带的独立调度器负责调度任务和资源管理。然而,基于 Standalone 模式部署的 Spark 集群不具备高可用性,并且不支持动态资源分配。

2. High Availability 模式

High Availability(HA)模式是为了提高 Spark 集群可用性而构建在 Standalone 模式基础之上的部署模式。在这种模式下,Spark 集群通常包含两个或更多的主节点,其中一个主节点处于 ALIVE(活跃)状态,负责任务调度和资源管理;而其他主节点处于 STANDBY(备用)状态,负责与 ALIVE 状态的主节点保持状态同步。当 ALIVE 状态的主节点发生故障宕机时,Spark 集群通过 ZooKeeper 从 STANDBY 状态的主节点中选举出一个成为 ALIVE 状态的主节点。

3. Spark on YARN 模式

Spark on YARN 模式意味着将 Spark 程序作为 YARN 应用程序来运行。在这种模式下,YARN 负责调度任务和资源管理。YARN 是一个通用资源管理系统,可以同时运行多种类型的应用程序,如 MapReduce、Flink、Tez 等。因此,在实际生产环境中,通常选择基于 Spark on YARN 模式来部署 Spark 集群,以提高资源利用率并实现多个框架共享资源的能力。

2.4　部署 Spark

真正的智慧源于对事物本质的深入探索。当我们追求更深层次地学习 Spark 时,准备 Spark 环境变得尤为关键。本节讲解如何基于不同模式部署 Spark。

2.4.1　基于 Local 模式部署 Spark

Local 模式是指在一台服务器上运行 Spark,只需在一台安装 JDK 的服务器中解压 Spark 安装包便可直接使用,通常用于本地程序的开发和测试。接下来,使用虚拟机 Hadoop1 演示如何基于 Local 模式部署 Spark,具体操作步骤如下。

1. 上传 Spark 安装包

在虚拟机 Hadoop1 的 /export/software 目录下执行 rz 命令,将本地计算机中准备好的 Spark 安装包 spark-3.3.0-bin-hadoop3.tgz 上传到虚拟机的 /export/software 目录。

2. 创建目录

由于后续会使用虚拟机 Hadoop1 部署不同模式的 Spark,为了便于区分不同部署模式 Spark 的安装目录,这里在虚拟机 Hadoop1 创建 /export/servers/local 目录,用于存放 Local 模式部署 Spark 的安装目录,具体命令如下。

```
$ mkdir -p /export/servers/local
```

3. 安装 Spark

以解压方式安装 Spark,将 Spark 安装到 /export/servers/local 目录。在虚拟机 Hadoop1 执行如下命令。

```
$ tar -zxvf /export/software/spark-3.3.0-bin-hadoop3.tgz \
-C /export/servers/local
```

4. 启动 Spark

通过启动 Spark Shell 来启动 Local 模式部署的 Spark。在虚拟机 Hadoop1 的 /export/servers/local/spark-3.3.0-bin-hadoop3 目录执行如下命令。

```
$ bin/spark-shell
```

上述命令执行完成后的效果如图 2-5 所示。

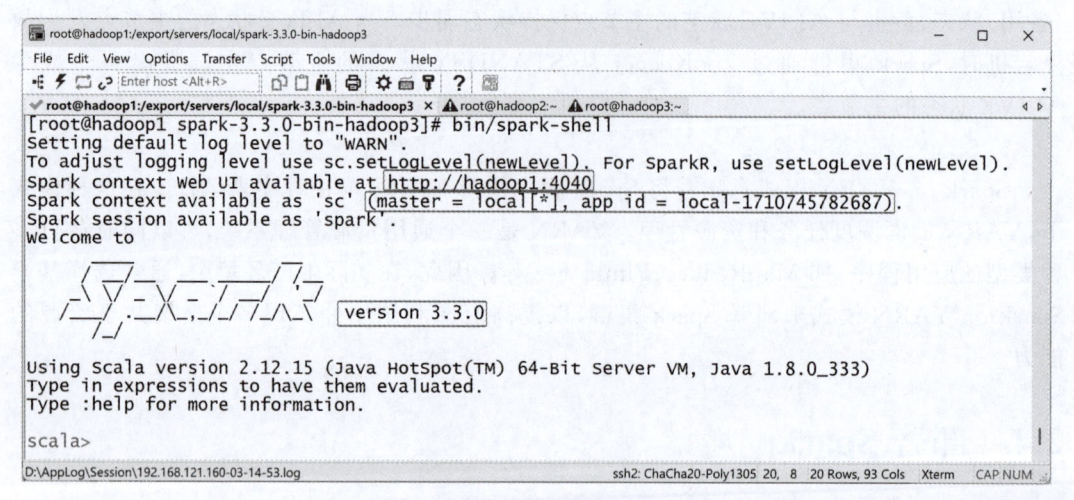

图 2-5 启动 Local 模式部署的 Spark

从图 2-5 可以看出,Local 模式部署的 Spark 启动成功,并且输出了 Spark Web UI 的地址 http://hadoop1:4040,以及 Spark 的版本信息 3.3.0。读者可以在本地计算机中配置虚拟机 Hadoop1 的主机名和 IP 地址映射后,通过浏览器访问 Spark Web UI。

读者可以在图 2-5 的 "scala>" 位置输入命令来操作 Spark。如果要关闭 Spark Shell,那么可以在 Spark Shell 中执行 ":quit" 命令。

2.4.2 基于 Standalone 模式部署 Spark

基于 Standalone 模式部署 Spark 时，需要在多台安装 JDK 的服务器中安装 Spark，并且通过修改 Spark 的配置文件来指定运行 Master 和 Worker 的服务器。接下来讲解如何使用虚拟机 Hadoop1、Hadoop2 和 Hadoop3，基于 Standalone 模式部署 Spark，具体操作步骤如下。

1. 集群规划

集群规划主要是为了明确 Master 和 Worker 所运行的虚拟机，本节基于 Standalone 模式部署 Spark 的集群规划情况如表 2-1 所示。

表 2-1 集群规划情况

虚 拟 机	Master	Worker
Hadoop1	√	
Hadoop2		√
Hadoop3		√

从表 2-1 可以看出，虚拟机 Hadoop1 作为 Spark 集群的主节点运行着 Master，虚拟机 Hadoop2 和 Hadoop3 作为 Spark 集群的从节点运行着 Worker。

2. 创建目录

由于后续会使用虚拟机 Hadoop1 部署不同模式的 Spark，为了便于区分不同部署模式 Spark 的安装目录，这里在虚拟机 Hadoop1 创建 /export/servers/standalone 目录，用于存放 Standalone 模式部署 Spark 的安装目录，具体命令如下。

```
$ mkdir -p /export/servers/standalone
```

3. 安装 Spark

以解压方式安装 Spark，将 Spark 安装到 /export/servers/standalone 目录。在虚拟机 Hadoop1 执行如下命令。

```
$ tar -zxvf /export/software/spark-3.3.0-bin-hadoop3.tgz \
-C /export/servers/standalone
```

4. 创建配置文件 spark-env.sh

配置文件 spark-env.sh 用于设置 Spark 运行环境的参数。Spark 默认未提供可编辑的配置文件 spark-env.sh，而是提供了一个模板文件 spark-env.sh.template 供用户参考。可以通过复制该模板文件并将其重命名为 spark-env.sh 来创建配置文件 spark-env.sh。

在虚拟机 Hadoop1 中，进入 Spark 存放配置文件的目录 /export/servers/standalone/spark-3.3.0-bin-hadoop3/conf，复制该目录中的模板文件 spark-env.sh.template 并将其重命名为 spark-env.sh，具体命令如下。

```
$ cp spark-env.sh.template spark-env.sh
```

上述命令执行完成后，将会在 /export/servers/standalone/spark-3.3.0-bin-hadoop3/conf 目录中生成配置文件 spark-env.sh。

5. 修改配置文件 spark-env.sh

在虚拟机 Hadoop1 的目录/export/servers/standalone/spark-3.3.0-bin-hadoop3/conf 中，通过文本编辑器 vi 编辑配置文件 spark-env.sh，在该文件的末尾添加如下内容。

```
JAVA_HOME=/export/servers/jdk1.8.0_241
SPARK_MASTER_HOST=hadoop1
SPARK_MASTER_PORT=7078
SPARK_MASTER_WEBUI_PORT=8686
SPARK_WORKER_MEMORY=1g
SPARK_WORKER_WEBUI_PORT=8082
SPARK_HISTORY_OPTS="
-Dspark.history.fs.cleaner.enabled=true
-Dspark.history.fs.logDirectory=hdfs://hadoop1:9000/spark/logs
-Dspark.history.ui.port=18081"
```

针对上述内容中的参数进行如下说明。

- 参数 JAVA_HOME 用于指定 Java 的安装目录。
- 参数 SPARK_MASTER_HOST 用于指定 Master 所运行服务器的主机名或 IP 地址。
- 参数 SPARK_MASTER_PORT 用于指定 Master 的通信端口。在未指定该参数的情况下，Master 通信地址的默认端口为 7077。
- 参数 SPARK_MASTER_WEBUI_PORT 用于指定 Master Web UI 的端口。在未指定该参数的情况下，Master Web UI 的默认端口为 8080。
- 参数 SPARK_WORKER_MEMORY 用于指定 Worker 可用的内存数。在未指定该参数的情况下，Worker 默认可以使用服务器总内存数减去 1g。
- 参数 SPARK_WORKER_WEBUI_PORT 用于指定 Worker Web UI 的端口。在未指定该参数的情况下，Worker Web UI 的默认端口为 8081。
- 参数 SPARK_HISTORY_OPTS 用于配置 Spark 的历史服务器，便于查看 Spark 集群中历史执行过的应用程序，其中属性-Dspark.history.fs.cleaner.enabled 用于指定历史服务器是否应定期清理日志；属性-Dspark.history.fs.logDirectory 用于指定历史服务器存储日志的目录；属性-Dspark.history.ui.port 用于指定历史服务器 Web UI 的端口，在未指定该属性的情况下，历史服务器 Web UI 的默认端口为 18080。

在配置文件 spark-env.sh 中添加上述内容后，保存并退出编辑。

需要说明的是，若集群环境中启动了 ZooKeeper 集群，则会占用 8080 端口，用户无法使用 Master Web UI 的默认端口，需要通过参数 SPARK_MASTER_WEBUI_PORT 修改 Master Web UI 的端口。

6. 创建配置文件 spark-defaults.conf

spark-defaults.conf 是 Spark 默认的配置文件。Spark 默认未提供可编辑的配置文件 spark-defaults.conf，而是提供了一个模板文件 spark-defaults.conf.template 供用户参考。可以通过复制该模板文件并将其重命名为 spark-defaults.conf 来创建配置文件 spark-defaults.conf。

在虚拟机 Hadoop1 中，进入 Spark 存放配置文件的目录/export/servers/standalone/spark-3.3.0-bin-hadoop3/conf，复制该目录中的模板文件 spark-defaults.conf.template 并将

其重命名为 spark-defaults.conf,具体命令如下。

```
$ cp spark-defaults.conf.template spark-defaults.conf
```

上述命令执行完成后,将会在/export/servers/standalone/spark-3.3.0-bin-hadoop3/conf 目录中生成配置文件 spark-defaults.conf。

7. 修改配置文件 spark-defaults.conf

在虚拟机 Hadoop1 的目录/export/servers/standalone/spark-3.3.0-bin-hadoop3/conf 中,通过文本编辑器 vi 编辑配置文件 spark-defaults.conf,在该文件的末尾添加如下内容。

```
spark.eventLog.enabled      true
spark.eventLog.dir          hdfs://hadoop1:9000/spark/logs
```

上述内容中,参数 spark.eventLog.enabled 指定 Spark 是否开启日志记录功能。参数 spark.eventLog.dir 用于指定 Spark 记录日志的目录,该目录需要与配置文件 spark-env.sh 中指定历史服务器存储日志的目录一致。

在配置文件 spark-defaults.conf 中添加上述内容后,保存并退出编辑。

8. 创建配置文件 workers

配置文件 workers 用于指定 Worker 所运行的服务器。Spark 默认未提供可编辑的配置文件 workers,而是提供了一个模板文件 workers.template 供用户参考。可以通过复制该模板文件并将其重命名为 workers 来创建配置文件 workers。

在虚拟机 Hadoop1 中,进入 Spark 存放配置文件的目录/export/servers/standalone/spark-3.3.0-bin-hadoop3/conf,复制该目录中的模板文件 workers.template 并将其重命名为 workers,具体命令如下。

```
$ cp workers.template workers
```

9. 修改配置文件 workers

在虚拟机 Hadoop1 的目录/export/servers/standalone/spark-3.3.0-bin-hadoop3/conf 中,通过文本编辑器 vi 编辑配置文件 workers,将该文件的默认内容修改为如下内容。

```
hadoop2
hadoop3
```

上述内容表示 Worker 运行在主机名为 hadoop2 和 hadoop3 的虚拟机 Hadoop2 和 Hadoop3。配置文件 workers 中的内容修改为上述内容后,保存并退出编辑。

10. 创建 Spark 记录日志的目录

在 HDFS 中创建 Spark 记录日志的目录,在虚拟机 Hadoop1 执行如下命令。

```
$ hdfs dfs -mkdir -p /spark/logs
```

执行上述命令之前,需要确保 Hadoop 集群处于启动状态。关于部署 Hadoop 集群的内容,可参考本书的补充文档。

11. 分发 Spark 安装目录

使用 scp 命令将虚拟机 Hadoop1 中基于 Standalone 模式部署 Spark 的安装目录分发到虚拟机 Hadoop2 和 Hadoop3 的/export/servers 目录,从而在虚拟机 Hadoop2 和 Hadoop3 中完成 Spark 的安装和配置。在虚拟机 Hadoop1 中执行如下命令。

```
#分发至虚拟机 Hadoop2
$ scp -r /export/servers/standalone/ hadoop2:/export/servers/
#分发至虚拟机 Hadoop3
$ scp -r /export/servers/standalone/ hadoop3:/export/servers/
```

12. 启动 Spark 集群

通过 Spark 提供的一键启动脚本 start-all.sh 启动 Spark 集群。在虚拟机 Hadoop1 的目录 /export/servers/standalone/spark-3.3.0-bin-hadoop3 执行如下命令。

```
$ sbin/start-all.sh
```

上述命令执行完成后,分别在虚拟机 Hadoop1、Hadoop2 和 Hadoop3 执行 jps 命令查看当前运行的 Java 进程,如图 2-6 所示。

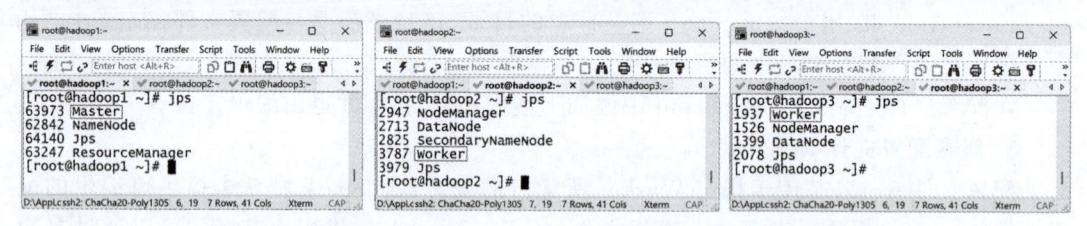

图 2-6 查看虚拟机 Hadoop1、Hadoop2 和 Hadoop3 运行的 Java 进程(1)

在图 2-6 中,虚拟机 Hadoop1 运行着名为 Master 的 Java 进程,说明虚拟机 Hadoop1 为 Spark 集群的 Master 节点。虚拟机 Hadoop2 和 Hadoop3 运行着名为 Worker 的 Java 进程,说明虚拟机 Hadoop2 和 Hadoop3 为 Spark 集群的 Worker 节点。

需要说明的是,若读者需要关闭 Spark 集群,那么可以在虚拟机 Hadoop1 的目录 /export/servers/standalone/spark-3.3.0-bin-hadoop3 执行 "sbin/stop-all.sh" 命令。

13. 启动历史服务器

通过 Spark 提供的一键启动脚本 start-history-server.sh 启动历史服务器。在虚拟机 Hadoop1 的目录 /export/servers/standalone/spark-3.3.0-bin-hadoop3 执行如下命令。

```
$ sbin/start-history-server.sh
```

上述命令执行完成后,在虚拟机 Hadoop1 执行 jps 命令查看当前运行的 Java 进程,如图 2-7 所示。

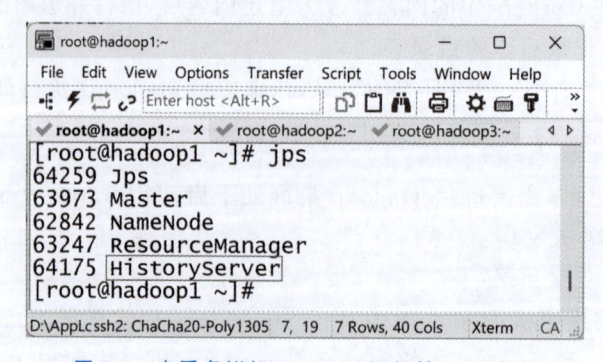

图 2-7 查看虚拟机 Hadoop1 运行的 Java 进程

在图 2-7 中，虚拟机 Hadoop1 运行着名为 HistoryServer 的 Java 进程，说明虚拟机 Hadoop1 成功启动了历史服务器。

需要说明的是，若读者需要关闭历史服务器，那么可以在虚拟机 Hadoop1 的目录 /export/servers/standalone/spark-3.3.0-bin-hadoop3 执行 sbin/stop-history-server.sh 命令。

14. 查看 Spark 的 Web UI

读者可以在本地计算机的浏览器中查看 Master Web UI、Worker Web UI 和历史服务器 Web UI，具体内容如下。

(1) 在浏览器中输入地址 http://192.168.88.161:8686/ 查看 Master Web UI，如图 2-8 所示。

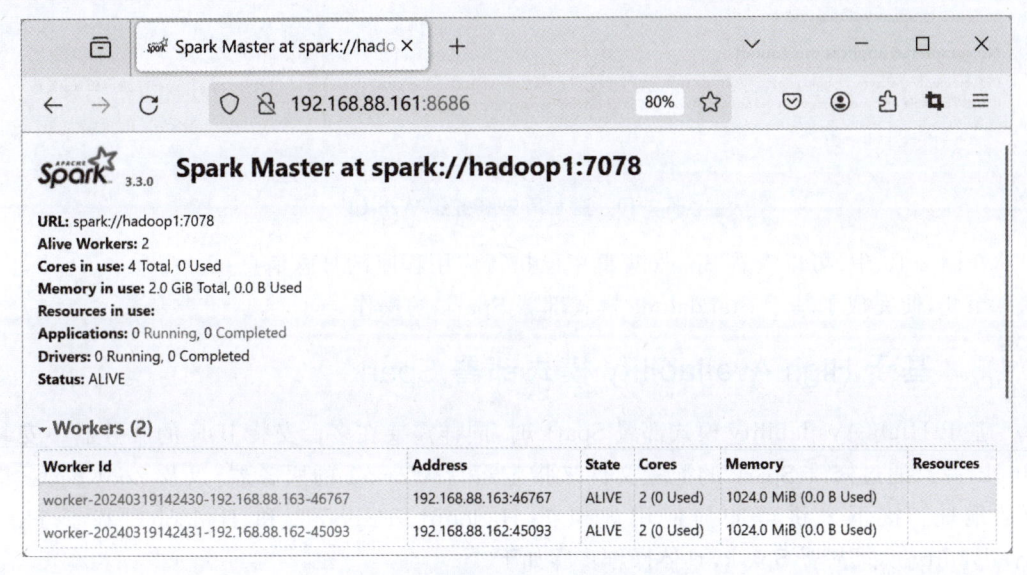

图 2-8 查看 Master Web UI(1)

从图 2-8 可以看出，Spark 集群包含两个 Worker，并且 Master 的通信地址为 spark://hadoop1:7078。

(2) 在浏览器中分别输入地址 http://192.168.88.162:8082 和 http://192.168.88.163:8082，查看 Worker Web UI，如图 2-9 所示。

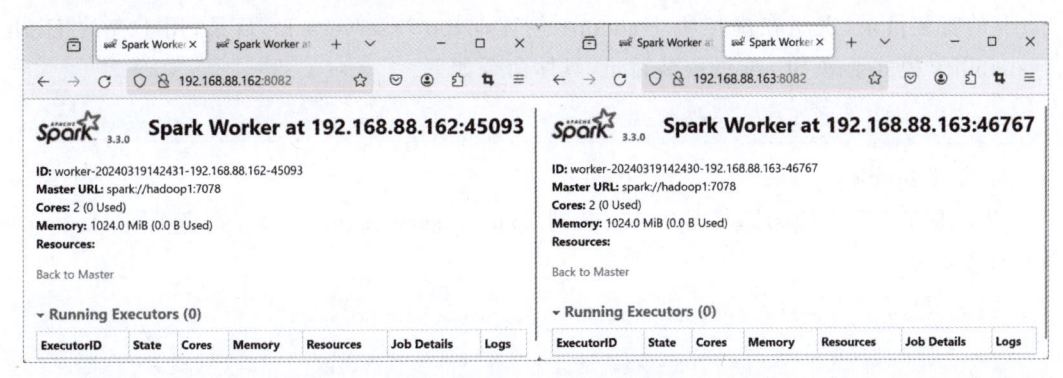

图 2-9 查看 Worker Web UI

在图 2-9 中，可以查看 Worker 中正在运行的执行器(Running Executors)。

（3）在浏览器中输入地址 http://192.168.88.161:18081 查看历史服务器 Web UI，如图 2-10 所示。

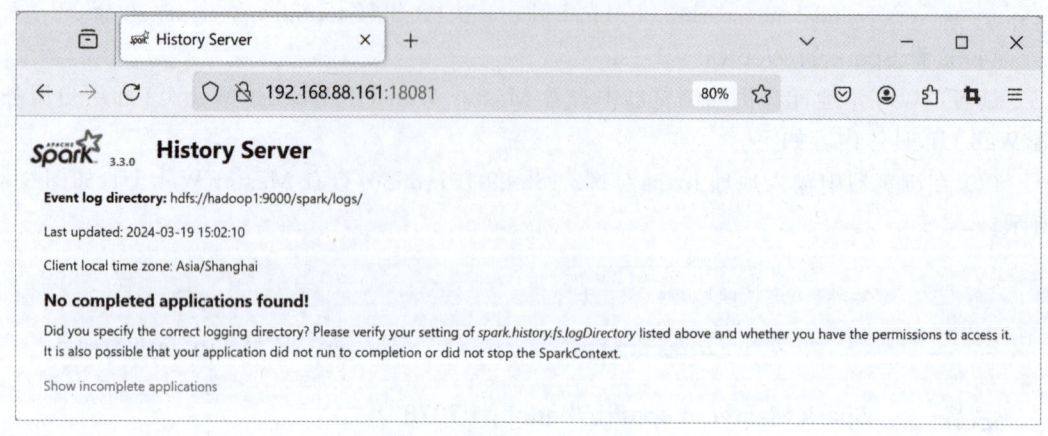

图 2-10 查看历史服务器 Web UI

在图 2-10 中，可以查看 Spark 集群中已执行应用程序的日志信息。
至此，便完成了基于 Standalone 模式部署 Spark 的操作。

2.4.3 基于 High Availability 模式部署 Spark

基于 High Availability 模式部署 Spark 时，同样需要在多台安装 JDK 的服务器中安装 Spark，并且通过修改 Spark 的配置文件来指定运行 Worker 的服务器，以及 ZooKeeper 集群的地址。接下来讲解如何使用虚拟机 Hadoop1、Hadoop2 和 Hadoop3，基于 High Availability 模式部署 Spark，具体操作步骤如下。

1. 关闭基于 Standalone 模式部署的 Spark

为了避免虚拟机 Hadoop1、Hadoop2 和 Hadoop3 中资源和端口的占用，这里关闭 2.4.2 节启动的基于 Standalone 模式部署的 Spark 以及历史服务器。

2. 创建目录

由于后续会使用虚拟机 Hadoop1 部署不同模式的 Spark，为了便于区分不同部署模式 Spark 的安装目录，这里在虚拟机 Hadoop1 创建/export/servers/ha 目录，用于存放 High Availability 模式部署 Spark 的安装目录，具体命令如下。

```
$ mkdir -p /export/servers/ha
```

3. 安装 Spark

以解压方式安装 Spark，将 Spark 安装到/export/servers/ha 目录。在虚拟机 Hadoop1 执行如下命令。

```
$ tar -zxvf /export/software/spark-3.3.0-bin-hadoop3.tgz \
-C /export/servers/ha
```

4. 创建并修改配置文件 spark-env.sh

在虚拟机 Hadoop1 的目录/export/servers/ha/spark-3.3.0-bin-hadoop3/conf 中，通过

复制模板文件 spark-env.sh.template 并将其重命名为 spark-env.sh 创建配置文件 spark-env.sh。然后，使用文本编辑器 vi 编辑配置文件 spark-env.sh，在该文件的末尾添加如下内容。

```
JAVA_HOME=/export/servers/jdk1.8.0_241
SPARK_MASTER_WEBUI_PORT=8787
SPARK_HISTORY_OPTS="
-Dspark.history.fs.cleaner.enabled=true
-Dspark.history.fs.logDirectory=hdfs://hadoop1:9000/spark/logs_ha
-Dspark.history.ui.port=18082"
SPARK_DAEMON_JAVA_OPTS="
-Dspark.deploy.recoveryMode=ZOOKEEPER
-Dspark.deploy.zookeeper.url=hadoop1:2181,hadoop2:2181,hadoop3:2181
-Dspark.deploy.zookeeper.dir=/export/data/spark-ha"
```

上述内容中，参数 SPARK_DAEMON_JAVA_OPTS 用于设置 Spark 守护进程的 JVM 参数，其中属性-Dspark.deploy.recoveryMode 用于指定 Spark 集群故障恢复的模式，这里指定属性值为 ZOOKEEPER，表示通过 ZooKeeper 进行故障恢复；属性-Dspark.deploy.zookeeper.url 用于指定 ZooKeeper 集群的地址；属性-Dspark.deploy.zookeeper.dir 用于指定 ZooKeeper 存储 Spark 集群状态的目录。上述内容中其他参数的介绍可参考 2.4.2 节。

在配置文件 spark-env.sh 中添加上述内容后，保存并退出编辑。

需要说明的是，基于 High Availability 模式部署的 Spark 会启动多个 Master。因此，无须在配置文件 spark-env.sh 中通过参数 SPARK_MASTER_HOST 明确指定 Master 所运行服务器的主机名或 IP 地址。

5. 创建并修改配置文件 spark-defaults.conf

在虚拟机 Hadoop1 的目录/export/servers/ha/spark-3.3.0-bin-hadoop3/conf 中，通过复制模板文件 spark-defaults.conf.template 并将其重命名为 spark-defaults.conf 创建配置文件 spark-defaults.conf。然后，使用文本编辑器 vi 编辑配置文件 spark-defaults.conf，在该文件的末尾添加如下内容。

```
spark.eventLog.enabled      true
spark.eventLog.dir          hdfs://hadoop1:9000/spark/logs_ha
```

在配置文件 spark-defaults.conf 中添加上述内容后，保存并退出编辑。上述内容的介绍可参考 2.4.2 节。

6. 创建并修改配置文件 workers

在虚拟机 Hadoop1 的目录/export/servers/ha/spark-3.3.0-bin-hadoop3/conf 中，通过复制模板文件 workers.template 并将其重命名为 workers 创建配置文件 workers。然后，使用文本编辑器 vi 编辑配置文件 workers，将该文件的默认内容修改如下。

```
hadoop2
hadoop3
```

配置文件 workers 中的内容修改为上述内容后，保存并退出编辑。上述内容的介绍可参考 2.4.2 节。

7. 分发 Spark 安装目录

使用 scp 命令将虚拟机 Hadoop1 中基于 High Availability 模式部署 Spark 的安装目录分发到虚拟机 Hadoop2 和 Hadoop3 的 /export/servers 目录，从而在虚拟机 Hadoop2 和 Hadoop3 中完成 Spark 的安装和配置。在虚拟机 Hadoop1 中执行下列命令。

```
#分发至虚拟机 Hadoop2
$ scp -r /export/servers/ha/ hadoop2:/export/servers/
#分发至虚拟机 Hadoop3
$ scp -r /export/servers/ha/ hadoop3:/export/servers/
```

8. 创建 Spark 记录日志的目录

确保 Hadoop 集群处于启动状态，在 HDFS 中创建 Spark 记录日志的目录，在虚拟机 Hadoop1 执行如下命令。

```
$ hdfs dfs -mkdir -p /spark/logs_ha
```

9. 启动 ZooKeeper 集群

分别在虚拟机 Hadoop1、Hadoop2 和 Hadoop3 执行如下命令启动 ZooKeeper 服务。

```
$ zkServer.sh start
```

关于 ZooKeeper 集群的部署可参考本书提供的补充文档。

10. 启动 Spark 集群

通过 Spark 提供的一键启动脚本 start-all.sh 启动 Spark 集群。在虚拟机 Hadoop1 的目录 /export/servers/ha/spark-3.3.0-bin-hadoop3 执行如下命令。

```
$ sbin/start-all.sh
```

上述命令执行完成后的效果如图 2-11 所示。

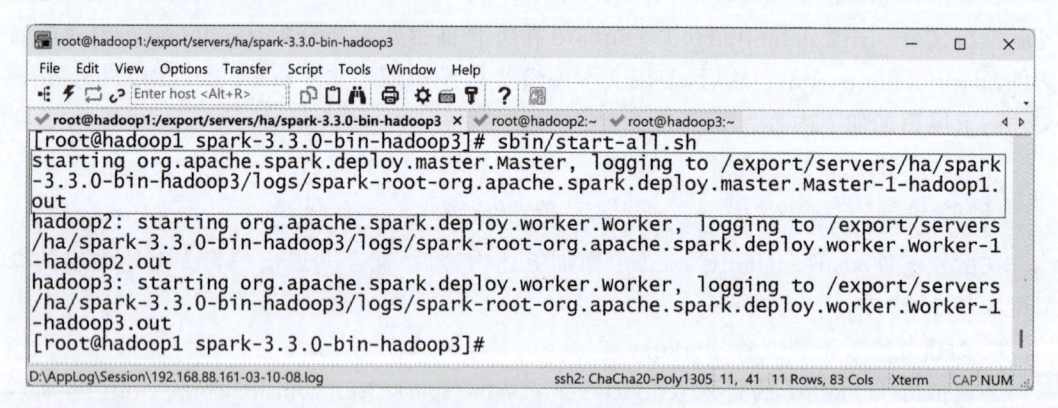

图 2-11 启动 Spark 集群

从图 2-11 可以看出，Spark 集群启动时，在虚拟机 Hadoop1 启动了 Master，该 Master 的状态为 ALIVE。

11. 启动 STANDBY 状态的 Master

在虚拟机 Hadoop2 或 Hadoop3 中再启动一个 Master，该 Master 的状态将为 STANDBY。这里以虚拟机 Hadoop2 为例，在虚拟机 Hadoop2 的目录 /export/servers/ha/

spark-3.3.0-bin-hadoop3 执行如下命令。

```
$ sbin/start-master.sh
```

12. 启动历史服务器

通过 Spark 提供的一键启动脚本 start-history-server.sh 启动历史服务器。在虚拟机 Hadoop1 的目录/export/servers/ha/spark-3.3.0-bin-hadoop3 执行如下命令。

```
$ sbin/start-history-server.sh
```

需要说明的是，若读者需要关闭历史服务器，那么可以在虚拟机 Hadoop1 的目录/export/servers/ha/spark-3.3.0-bin-hadoop3 执行"sbin/stop-history-server.sh"命令。

13. 查看 Spark 集群运行状态

分别在虚拟机 Hadoop1、Hadoop2 和 Hadoop3 执行 jps 命令查看当前运行的 Java 进程，如图 2-12 所示。

图 2-12　查看虚拟机 Hadoop1、Hadoop2 和 Hadoop3 运行的 Java 进程（2）

在图 2-12 中，虚拟机 Hadoop1 和 Hadoop2 都运行着名为 Master 的 Java 进程，说明虚拟机 Hadoop1 和 Hadoop2 都为 Spark 集群的 Master 节点。

需要说明的是，若读者需要关闭 Spark 集群，那么可以在虚拟机 Hadoop1 的目录/export/servers/ha/spark-3.3.0-bin-hadoop3 执行"sbin/stop-all.sh"命令。不过，虚拟机 Hadoop2 中启动的 Master 需要在 Hadoop2 的目录/export/servers/ha/spark-3.3.0-bin-hadoop3 执行"sbin/stop-master.sh"命令进行关闭。

14. 查看 Master 状态

在浏览器中分别输入地址 http://192.168.88.161:8787 和 http://192.168.88.162:8787 查看 Master Web UI，如图 2-13 所示。

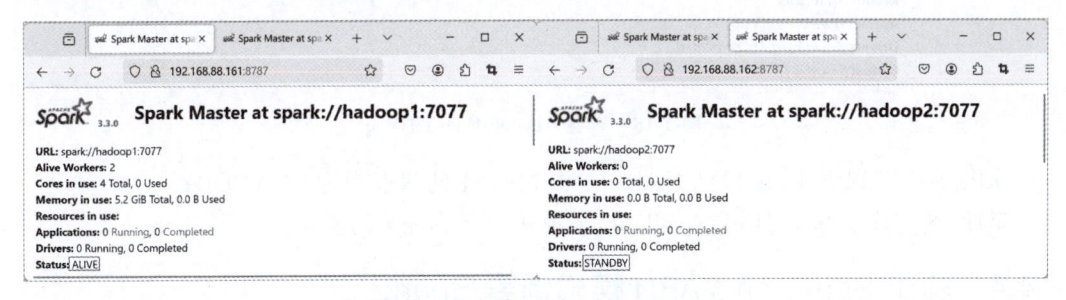

图 2-13　查看 Master Web UI（2）

从图 2-13 可以看出，虚拟机 Hadoop1 中 Master 的状态为 ALIVE，虚拟机 Hadoop2 中 Master 的状态为 STANDBY。

15. 测试故障恢复

为了演示当 ALIVE 状态的 Master 宕机时,是否可以将 STANDBY 状态的 Master 选举为 ALIVE 状态的 Master,这里在虚拟机 Hadoop1 中关闭 Master。在虚拟机 Hadoop1 的目录/export/servers/ha/spark-3.3.0-bin-hadoop3 执行如下命令。

```
$ sbin/stop-master.sh
```

上述命令执行完成后,等待 1 分钟左右,在浏览器中分别刷新地址 http://192.168.88.161:8787 和 http://192.168.88.162:8787 再次查看 Master Web UI,如图 2-14 所示。

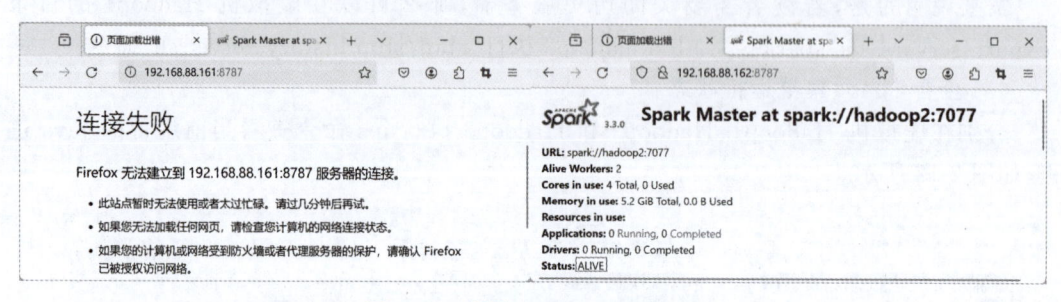

图 2-14　查看 Master Web UI(3)

从图 2-14 可以看出,虚拟机 Hadoop1 中 Master Web UI 已经无法访问,而虚拟机 Hadoop2 中 Master 的状态变为 ALIVE,说明成功实现故障恢复。

当在虚拟机 Hadoop1 的目录/export/servers/ha/spark-3.3.0-bin-hadoop3 中执行 sbin/start-master.sh 命令重新启动 Master 之后,在浏览器中刷新地址 http://192.168.88.161:8787 查看 Master Web UI,如图 2-15 所示。

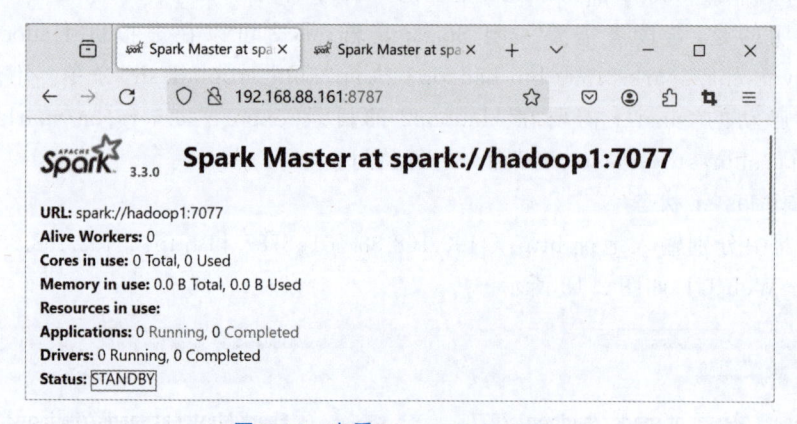

图 2-15　查看 Master Web UI(4)

从图 2-15 可以看出,虚拟机 Hadoop1 中 Master 的状态变为 STANDBY。

至此,便完成了基于 High Availability 模式部署 Spark 的操作。

2.4.4　基于 Spark on YARN 模式部署 Spark

基于 Spark on YARN 模式部署 Spark 时,只需要在一台安装 JDK 的服务器中安装 Spark,使其作为向 YARN 集群提交应用程序的客户端。接下来讲解如何使用虚拟机 Hadoop1,基于 Spark on YARN 模式部署 Spark,具体操作步骤如下。

1. 关闭 Spark 集群和历史服务器

为了避免虚拟机 Hadoop1、Hadoop2 和 Hadoop3 中资源和端口的占用，这里关闭 2.4.2 节和 2.4.3 节启动的基于 Standalone 模式和 High Availability 模式部署的 Spark 以及历史服务器。

2. 创建目录

由于已经使用虚拟机 Hadoop1 部署了不同模式的 Spark，为了便于区分不同部署模式 Spark 的安装目录，这里在虚拟机 Hadoop1 创建/export/servers/sparkOnYarn 目录，用于存放 Spark on YARN 模式部署 Spark 的安装目录，具体命令如下。

```
$ mkdir -p /export/servers/sparkOnYarn
```

3. 安装 Spark

以解压方式安装 Spark，将 Spark 安装到/export/servers/sparkOnYarn 目录。在虚拟机 Hadoop1 执行如下命令。

```
$ tar -zxvf /export/software/spark-3.3.0-bin-hadoop3.tgz \
-C /export/servers/sparkOnYarn
```

4. 创建并修改配置文件 spark-env.sh

在虚拟机 Hadoop1 的目录/export/servers/sparkOnYarn/spark-3.3.0-bin-hadoop3/conf 中，通过复制模板文件 spark-env.sh.template 并将其重命名为 spark-env.sh 创建配置文件 spark-env.sh。然后，使用文本编辑器 vi 编辑配置文件 spark-env.sh，在该文件的末尾添加如下内容。

```
HADOOP_CONF_DIR=/export/servers/hadoop-3.3.0/etc/hadoop
YARN_CONF_DIR=/export/servers/hadoop-3.3.0/etc/hadoop
```

上述内容中，参数 HADOOP_CONF_DIR 用于通过指定 Hadoop 配置文件所在的目录来获取相应的配置信息，从而正确连接和操作 HDFS。参数 YARN_CONF_DIR 通过指定 Hadoop 配置文件所在的目录来获取相应的配置信息，从而正确连接 YARN 提交应用程序。

在配置文件 spark-env.sh 中添加上述内容后，保存并退出编辑。至此，便完成了基于 Spark on YARN 模式部署 Spark 的操作。在后续章节中，主要使用基于 Spark on YARN 模式部署的 Spark 进行相关操作。

基于 Spark on YARN 模式部署 Spark 相对简单，但在操作过程中仍然需要以细心、严谨的态度对待这一过程。这不仅有助于顺利完成基于 Spark on YARN 模式部署 Spark 的操作，还能培养严谨的思维和端正的态度，为综合发展打下坚实的基础。

2.5 Spark 初体验

本节介绍如何通过 Spark 提供的命令行工具 spark-submit，将 Spark 程序提交到 YARN 集群中运行。这里使用 Spark 官方提供用于计算圆周率(π)的 Spark 程序。在虚拟机 Hadoop1 的目录/export/servers/sparkOnYarn/spark-3.3.0-bin-hadoop3 中执行如下命令。

```
$ bin/spark-submit \
--class org.apache.spark.examples.SparkPi \
--master yarn \
--deploy-mode client \
--executor-memory 2G \
--executor-cores 2 \
--num-executors 1 \
examples/jars/spark-examples_2.12-3.3.0.jar \
10
```

上述命令中参数的介绍如下。

(1) --class 用于指定 Spark 程序的入口。

(2) --master 用于指定 Spark 程序运行在本地、YARN 集群或者 Spark 集群，具体介绍如下。

- 若 Spark 程序运行在本地，则参数值为 local。
- 若 Spark 程序运行在 YARN 集群，则参数值为 yarn。
- 若 Spark 程序运行在 Spark 集群，则参数值用于指定 Master 的地址，其格式为 spark://host:port，其中 host 用于指定 Master 所运行服务器的主机名或 IP 地址，port 用于指定 Master 通信端口。如果 Spark 集群为 High Availability 模式，那么参数值格式为 spark://host:port,host:port,…用于指定多个 Master 的地址。

(3) --deploy-mode 用于指定 Spark 程序的部署模式，其可选值包括 client 和 cluster，具体介绍如下。

- client 是默认的部署模式，它表示以客户端模式部署 Spark 程序，通常适用于本地测试。在这种模式下，Driver Program 会运行在提交 Spark 程序的服务器中。因此，可以在服务器中查看 Spark 程序输出的结果。
- cluster 表示以集群模式部署 Spark 程序，通常适用于生产环境。在这种模式下，Driver Program 会运行在 Spark 集群的 Worker 中，或者作为一个 ApplicationMaster 在 YARN 集群的 NodeManager 上运行，这取决于 Spark 程序运行在 Spark 集群还是 YARN 集群。当参数--deploy-mode 的值为 cluster 时，参数--master 的值不能是 local。

(4) --executor-memory 用于设置每个 Executor 的可用内存。默认情况下，每个 Executor 的可用内存为 1GB。

(5) --executor-cores 用于设置每个 Executor 的可用核心数。默认情况下，每个 Executor 的可用核心数为 1。该参数不适用于在本地运行 Spark 程序。

(6) --num-executors 用于设置 Executor 的数量。默认情况下，Executor 的数量为 2。该参数适用于在 YARN 集群中运行 Spark 程序。

(7) examples/jars/spark-examples_2.12-3.3.0.jar 用于指定包含 Spark 程序的 jar 文件路径。

(8) 10 用于指定 Spark 程序计算圆周率的迭代次数，次数越多计算结果越精确，不过消耗的资源越多。

上述命令执行完成后的效果如图 2-16 所示。

从图 2-16 可以看出，圆周率的计算结果为 3.1438711438711437。

在本地计算机的浏览器中输入 http://hadoop1:8088/cluster 打开 YARN Web UI，可

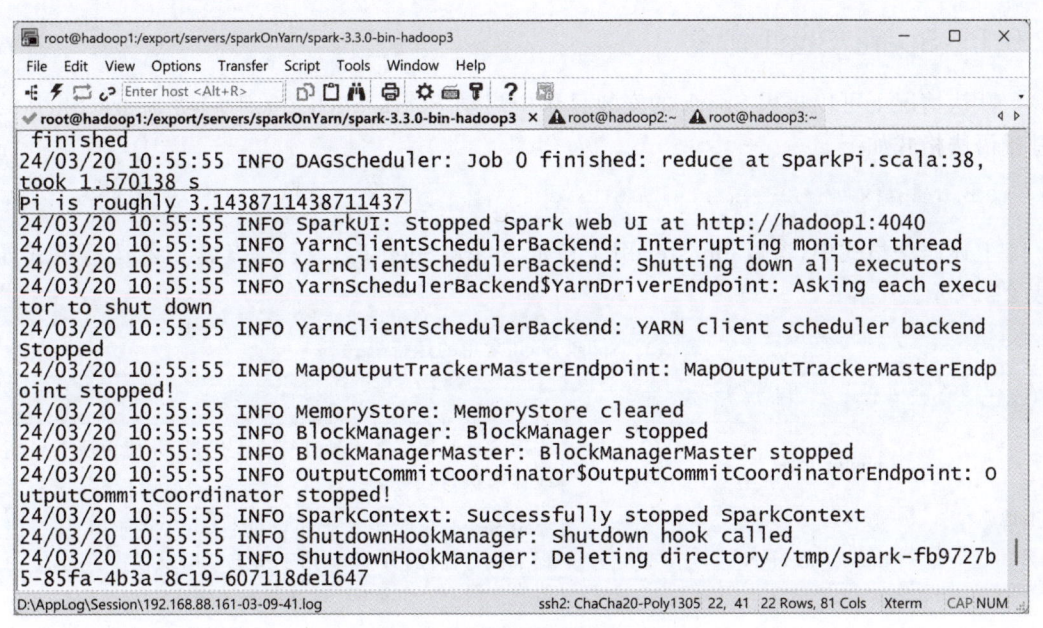

图 2-16　计算圆周率的效果

以查看 Spark 程序的运行情况，如图 2-17 所示。

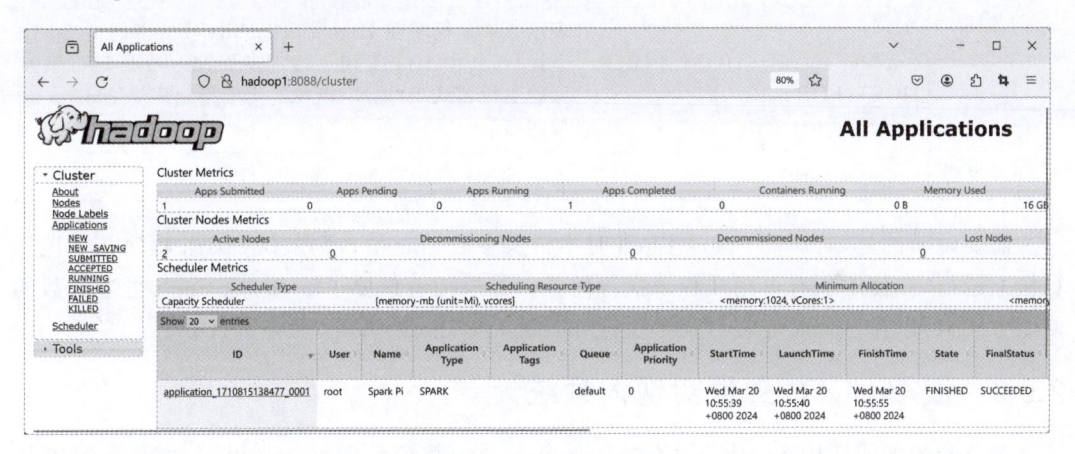

图 2-17　YARN Web UI

从图 2-17 可以看出，Spark 程序在 YARN 集群运行时分配的 Application ID 为 application_1710815138477_0001，并且运行状态（State）和最终状态（FinalStatus）分别为 FINISHEN 和 SUCCEEDED，表示 Spark 程序运行完成并且运行成功。

2.6　Spark Shell

Spark Shell 是 Spark 提供的一个基于 Scala 语言的交互式环境，用于快速开发和调试 Spark 程序。Spark Shell 为用户提供了一个轻量级的方式来与 Spark 进行交互。通过 Spark Shell，用户可以直接在交互式界面中输入 Spark 代码，然后立即执行并查看结果。本节针对 Spark Shell 的相关内容进行详细讲解。

2.6.1 Spark Shell 命令

默认情况下可以进入 Spark 的安装目录中启动 Spark Shell。关于启动 Spark Shell 的基础语法格式如下。

```
$ bin/spark-shell --master MASTER_URL
```

上述语法格式中,参数--master 用于指定 Spark Shell 运行模式,其常用的运行模式如表 2-2 所示。

表 2-2　Spark Shell 常用的运行模式

运行模式	语法格式	说明
本地	--master local	表示 Spark 程序在本地计算机上运行,并使用所有可用线程来执行任务
	--master local[N]	表示 Spark 程序在本地计算机上运行,并使用 N 个线程来执行任务,其中 N 用于指定可用线程数。当 N 的值为 * 时,与--master local 的含义相同
Spark 集群	--master spark://HOST:PORT	表示 Spark 程序在 Standalone 模式部署的 Spark 上运行,其中 HOST 用于指定 Master 所运行服务器的主机名或 IP 地址;PORT 用于指定 Master 通信端口
	--master spark://HOST:PORT, HOST:PORT,…	表示 Spark 程序在 High Availability 模式部署的 Spark 上运行,其中 HOST 用于指定多个 Master 所运行服务器的主机名或 IP 地址;PORT 用于指定多个 Master 通信端口
YARN 集群	--master yarn	表示 Spark 程序在 YARN 上运行

需要说明的是,若启动 Spark Shell 时不指定参数--master,则默认 Spark 程序在本地计算机上运行,并使用所有可用线程来执行任务。如果读者想要了解 Spark Shell 更多参数的使用方式,可以在 Spark 安装目录中执行"bin/spark-shell --help"命令进行查看。

2.6.2 读取 HDFS 文件实现词频统计

本节介绍如何使用 Spark Shell 编写一个实现词频统计的 Spark 程序,该程序能够从 HDFS 中读取文件,并统计每个单词在文件中出现的次数,具体操作步骤如下。

1. 创建文件

在虚拟机 Hadoop1 的目录/export/data 中创建文件 word.txt 并写入数据。在虚拟机 Hadoop1 执行如下命令。

```
$ echo "hello world
hello spark
hello scala" > /export/data/word.txt
```

2. 上传文件

将文件 word.txt 上传到 HDFS 的根目录。在虚拟机 Hadoop1 执行如下命令。

```
$ hdfs dfs -put /export/data/word.txt /
```

3. 启动 Spark Shell

基于 YARN 集群的运行模式启动 Spark Shell。在虚拟机 Hadoop1 的目录/export/servers/sparkOnYarn/spark-3.3.0-bin-hadoop3 中执行如下命令。

```
$ bin/spark-shell --master yarn
```

上述命令执行完成的效果如图 2-18 所示。

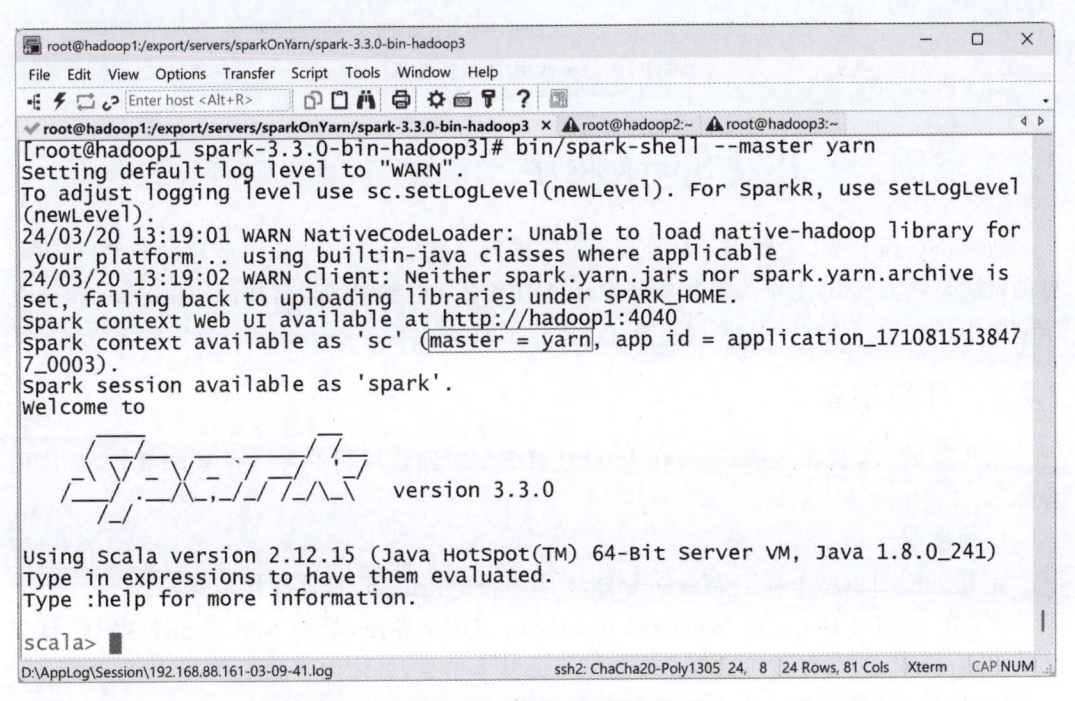

图 2-18　启动 Spark Shell

4. 编写 Spark 程序

在 Spark Shell 中编写 Spark 程序从 HDFS 的根目录中读取文件 word.txt，并统计该文件中每个单词出现的次数，具体代码如下。

```
scala> sc.textFile("/word.txt").flatMap(_.split(" ")).
map((_,1)).reduceByKey(_+_).collect
```

上述代码中，sc 为 SparkContext 对象。由于 Spark Shell 本身是一个 Driver Program，所以在启动 Spark Shell 时会自动初始化一个 SparkContext。textFile()方法用于从 HDFS 的指定目录读取文件。flatMap、map 和 reduceByKey 是 Spark 提供的转换算子。collect 是 Spark 提供的行动算子。关于 Spark 的转换算子和行动算子会在第 3 章进行讲解，读者在这里只需了解即可。

上述代码执行完成后的运行结果如图 2-19 所示。

从图 2-19 可以看出，文件 word.txt 中的单词 scala、hello、world 和 spark，分别出现了 1 次、3 次、1 次和 1 次。

需要注意的是，如果配置文件 spark-env.sh 中没有配置参数 HADOOP_CONF_DIR，那么在 Spark Shell 中使用 textFile()方法时，默认会从本地文件系统的指定目录读取文件。

```
scala> sc.textFile("/word.txt").flatMap(_.split(" ")).
     | map((_,1)).reduceByKey(_+_).collect
res1: Array[(String, Int)] = Array((scala,1), (hello,3), (world,1), (spark,1))

scala>
```

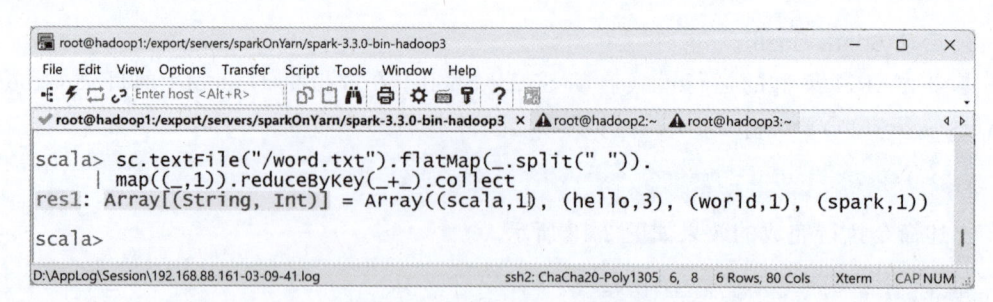

图 2-19　Spark 程序运行结果

2.7　案例——开发 Spark 程序

通常，Spark Shell 主要用于对 Spark 程序进行测试。而对于 Spark 程序的开发，则更常见的做法是在 IntelliJ IDEA 等集成开发环境中完成。本节详细讲解如何使用 Scala 语言在 IntelliJ IDEA 中开发一个实现词频统计的 Spark 程序。

2.7.1　环境准备

在开发 Spark 程序之前，需要在 IntelliJ IDEA 中创建项目并导入依赖和插件，具体内容如下。

1. 创建项目

在 IntelliJ IDEA 中基于 Maven 创建项目 Spark_Project，具体操作步骤如下。

（1）在 IntelliJ IDEA 的 Welcome to IntelliJ IDEA 界面，单击 New Project 按钮，打开 New Project 对话框，在该对话框中配置项目的基本信息，具体内容如下。

① 在 Name 输入框中指定项目名称为 Spark_Project。

② 在 Location 输入框中指定项目的存储路径为 D:\develop。

③ 在 JDK 下拉框中选择使用的 JDK 为本地安装的 JDK。

④ 在 Archetype 下拉框中选择 Maven 项目的模板为 org.apache.maven.archetypes：maven-archetype-quickstart。

New Project 对话框配置完成的效果如图 2-20 所示。

需要说明的是，根据 IntelliJ IDEA 版本的不同，New Project 对话框显示的内容会存在差异。读者在创建项目时，需要根据实际显示的内容来配置项目的基本信息。

（2）在图 2-20 中，单击 Create 按钮创建项目 Spark_Project。项目 Spark_Project 创建完成的效果如图 2-21 所示。

（3）在项目 Spark_Project 的 /src/main 目录下新建一个名为 scala 的文件夹，该文件夹用于存放 Scala 源代码文件。右击 main 文件夹，在弹出的菜单中依次选择 New→Directory 选项打开 New Directory 对话框，在该对话框的输入框内输入 scala，如图 2-22 所示。

（4）在图 2-22 中按 Enter 键创建 scala 文件夹，如图 2-23 所示。

（5）新建的 scala 文件夹需要被标记为 Sources Root（源代码根目录）才可以存放 Scala 源代码文件。在图 2-23 中，右击 scala 文件夹，在弹出的菜单中依次选择 Mark Directory as →Sources Root 选项。成功标记为 Sources Root 后，scala 文件夹的颜色将变更为蓝色。

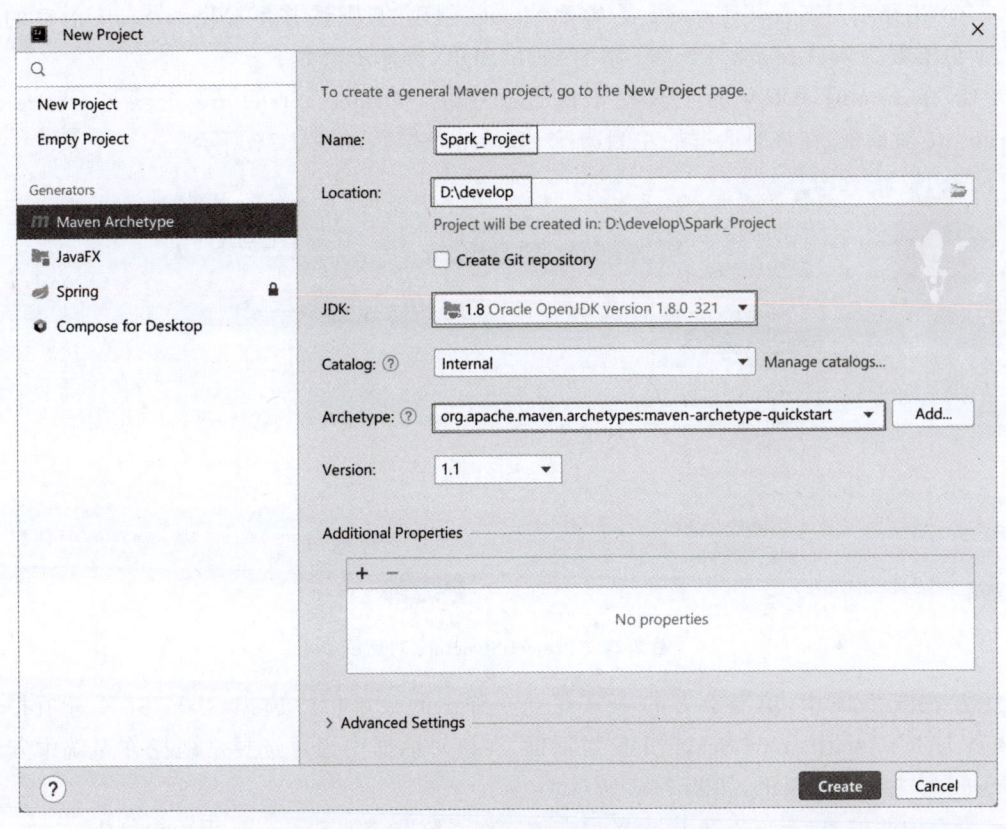

图 2-20　New Project 对话框配置完成的效果

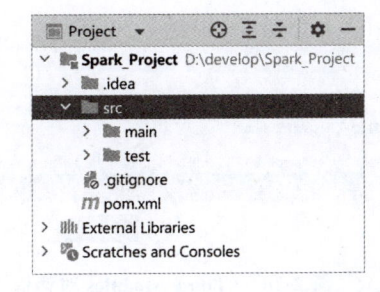

图 2-21　项目 Spark_Project 创建完成的效果

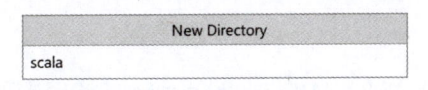

图 2-22　New Directory 对话框（1）

图 2-23　创建 scala 文件夹

（6）由于项目 Spark_Project 是基于 Maven 创建的，默认并不提供对 Scala 语言的支持，所以需要为项目 Spark_Project 添加 Scala SDK，操作步骤如下。

① 在 IntelliJ IDEA 的工具栏依次选择 File→Project Structure 选项打开 Project Structure 对话框，在该对话框的左侧选择 Libraries 选项，如图 2-24 所示。

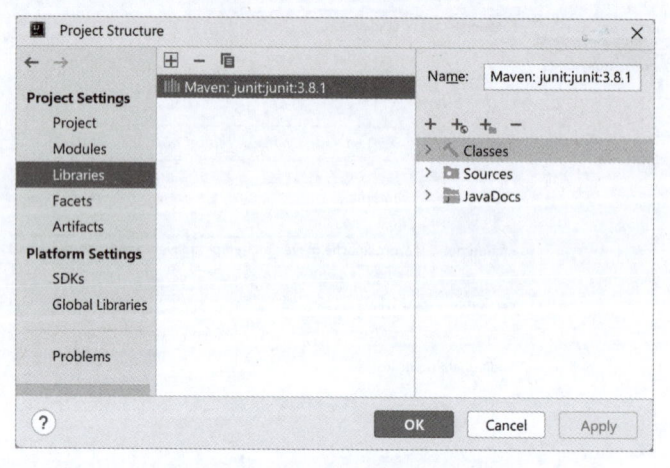

图 2-24　Project Structure 对话框

② 在图 2-24 中，单击上方的 ➕ 按钮并在弹出的菜单栏中选择 Scala SDK 选项打开 Select JAR's for the new Scala SDK 对话框，在该对话框中通过选择本地操作系统中安装的 Scala 添加 Scala SDK，如图 2-25 所示。

需要说明的是，若图 2-25 中未显示本地操作系统安装的 Scala，则可以单击 Browse… 按钮通过浏览本地文件系统中 Scala 的安装目录添加 Scala SDK。

③ 在图 2-25 中，单击 OK 按钮打开 Choose Modules 对话框，如图 2-26 所示。

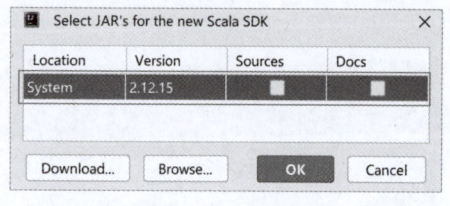

图 2-25　Select JAR's for the new Scala SDK 对话框

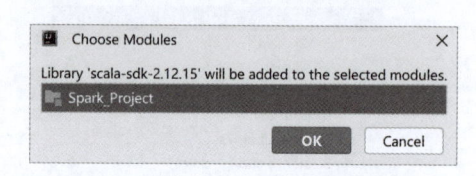

图 2-26　Choose Modules 对话框

在图 2-26 中，选择项目 Spark_Project 之后单击 OK 按钮返回 Project Structure 对话框，在该对话框中单击 Apply 按钮之后单击 OK 按钮关闭 Project Structure 对话框。

2. 导入依赖和插件

在项目 Spark_Project 的配置文件 pom.xml 中添加相关依赖和插件，具体内容如文件 2-1 所示。

文件 2-1　pom.xml

```
1  <project xmlns="http://maven.apache.org/POM/4.0.0"
2          xmlns:xsi="http://www.w3.org/2001/XMLSchema-instance"
3    xsi:schemaLocation="http://maven.apache.org/POM/4.0.0
4    http://maven.apache.org/xsd/maven-4.0.0.xsd">
5    <modelVersion>4.0.0</modelVersion>
```

```xml
6   <groupId>cn.itcast</groupId>
7   <artifactId>Spark_Project</artifactId>
8   <version>1.0-SNAPSHOT</version>
9   <packaging>jar</packaging>
10  <name>Spark_Project</name>
11  <url>http://maven.apache.org</url>
12  <properties>
13    <project.build.sourceEncoding>UTF-8</project.build.sourceEncoding>
14  </properties>
15  <dependencies>
16    <dependency>
17      <groupId>org.scala-lang</groupId>
18      <artifactId>scala-library</artifactId>
19      <version>2.12.15</version>
20    </dependency>
21    <dependency>
22      <groupId>org.apache.spark</groupId>
23      <artifactId>spark-core_2.12</artifactId>
24      <version>3.3.0</version>
25    </dependency>
26    <dependency>
27      <groupId>org.apache.hadoop</groupId>
28      <artifactId>hadoop-client</artifactId>
29      <version>3.3.0</version>
30    </dependency>
31  </dependencies>
32  <build>
33    <plugins>
34      <plugin>
35        <groupId>net.alchim31.maven</groupId>
36        <artifactId>scala-maven-plugin</artifactId>
37        <version>3.2.2</version>
38        <executions>
39          <execution>
40            <goals>
41              <goal>compile</goal>
42            </goals>
43          </execution>
44        </executions>
45      </plugin>
46      <plugin>
47        <groupId>org.apache.maven.plugins</groupId>
48        <artifactId>maven-assembly-plugin</artifactId>
49        <version>3.1.0</version>
50        <configuration>
51          <descriptorRefs>
52            <descriptorRef>jar-with-dependencies</descriptorRef>
53          </descriptorRefs>
54        </configuration>
55        <executions>
56          <execution>
57            <id>make-assembly</id>
58            <phase>package</phase>
```

```
59              <goals>
60                  <goal>single</goal>
61              </goals>
62          </execution>
63        </executions>
64      </plugin>
65    </plugins>
66  </build>
67 </project>
```

在文件 2-1 中,第 16~20 行代码添加的依赖为 Scala 依赖。第 21~25 行代码添加的依赖为 Spark 核心依赖。第 26~30 行代码添加的依赖为 Hadoop 客户端依赖,用于在 Spark 程序中实现读取 HDFS 文件的功能。第 34~45 行代码添加的 scala-maven-plugin 插件用于在 Maven 项目中支持编译 Scala。第 46~64 行代码添加的 maven-assembly-plugin 插件用于将项目的所有依赖和资源打包成一个独立的、可执行的 jar 文件。

依赖添加完成后,确认添加的依赖是否存在于项目 Spark_Project 中,在 IntelliJ IDEA 主界面的右侧单击 Maven 选项卡展开 Maven 面板,在 Maven 面板双击 Dependencies 折叠项,如图 2-27 所示。

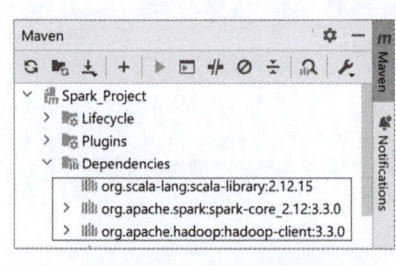

图 2-27　Maven 窗口

从图 2-27 可以看出,依赖已经成功添加到项目 Spark_Project 中。如果这里未显示添加的依赖,则可以在图 2-27 中单击 ⟳ 按钮重新加载 pom.xml 文件。

2.7.2　基于本地模式开发 Spark 程序

基于本地模式开发 Spark 程序是指在 IntelliJ IDEA 中开发和运行 Spark 程序,并将结果输出到控制台。接下来演示如何基于本地模式在 IntelliJ IDEA 中开发 Spark 程序,具体操作步骤如下。

(1) 在项目 Spark_Project 的 src/main/scala 目录下,新建一个名为 cn.itcast.sparkcase 的包。在 cn.itcast.sparkcase 包中创建一个名为 WordCountLocal 的 Scala 文件,在该文件中实现词频统计的 Spark 程序,具体代码如文件 2-2 所示。

文件 2-2　WordCountLocal.scala

```
1  import org.apache.spark.{SparkConf, SparkContext}
2  import org.apache.spark.rdd.RDD
3  object WordCountLocal{
4    def main(args: Array[String]): Unit = {
5      val conf:SparkConf = new SparkConf().setAppName("WordCountLocal")
6        .setMaster("local[2]")
7      //创建 SparkContex 对象
8      val sc:SparkContext = new SparkContext(conf)
9      //通过 textFile()方法从 HDFS 的根目录读取文件 word.txt
10     val datas:RDD[String] =
11       sc.textFile("hdfs://192.168.88.161:9000/word.txt")
```

```
12        //使用 flatMap 算子将每行数据按空格拆分为单词
13        val words:RDD[String] = datas.flatMap(_.split(" "))
14        //使用 map 算子为每个单词添加标记 1,转换成(单词,1)的形式
15        val wordOne:RDD[(String,Int)] = words.map((_,1))
16        //使用 reduceByKey 算子进行聚合运算,统计每个单词出现的次数
17        val result:RDD[(String,Int)] = wordOne.reduceByKey(_+_)
18        //使用 collect 算子收集统计结果
19        val final_result:Array[(String,Int)] = result.collect()
20        //将统计结果转换为数组并输出到控制台
21        println(final_result.toBuffer)
22        //释放资源
23        sc.stop()
24     }
25  }
```

上述代码中,第 5、6 行代码创建 SparkConf 对象用于配置 Spark 程序的参数,其中 setAppName()方法用于指定 Spark 程序的名称。setMaster()方法用于指定 Spark 程序的运行模式,若希望 Spark 程序在 IntelliJ IDEA 中运行,则 setMaster()方法的参数值必须指定为 local 或 local[N]的形式,其中 local 表示 Spark 程序可以使用本地计算机的所有线程;local[N]表示 Spark 程序可以使用本地计算机指定数量的线程,N 用于指定线程数。若 N 等于*,则等价于 local。

文件 2-2 的运行结果如图 2-28 所示。

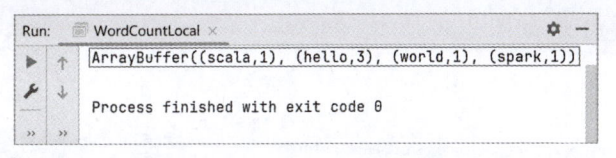

图 2-28　文件 2-1 的运行结果

从图 2-28 可以看出,文件 word.txt 中的单词 scala、hello、world 和 spark,分别出现了 1 次、3 次、1 次和 1 次。

【提示】　在 IntelliJ IDEA 中运行 Spark 程序时,会输出大量 INFO 级别的日志信息,这些信息会影响执行结果的查看。因此,可以将本书配套资源中提供的文件 log4j2.properties 复制到项目 Spark_Project 的 src/main/resources 目录下修改日志级别。

如果项目 Spark_Project 中没有 src/main/resources 目录,那么可以右击 main 文件夹,在弹出的菜单依次选择 New→Directory 选项打开 New Directory 对话框,在该对话框中双击 resources 选项,如图 2-29 所示。

图 2-29　New Directory 对话框(2)

2.7.3　基于集群模式开发 Spark 程序

基于集群模式开发 Spark 程序是指在 IntelliJ IDEA 中开发 Spark 程序,并将 Spark 程序封装为 jar 文件之后提交到 Spark 集群或者 YARN 集群运行。接下来演示如何基于集群模式在 IntelliJ IDEA 中开发 Spark 程序,具体操作步骤如下。

(1)在项目 Spark_Project 的 cn.itcast.sparkcase 包中创建一个名为 WordCountCluster

的 Scala 文件，在该文件中实现词频统计的 Spark 程序，具体代码如文件 2-3 所示。

文件 2-3　WordCountCluster.scala

```scala
1  import org.apache.spark.rdd.RDD
2  import org.apache.spark.{SparkConf, SparkContext}
3  object WordCountCluster {
4    def main(args: Array[String]): Unit = {
5      val conf: SparkConf = new SparkConf().setAppName("WordCountCluster")
6      val sc:SparkContext = new SparkContext(conf)
7      val datas: RDD[String] = sc.textFile(args(0))
8      val words:RDD[String] = datas.flatMap(_.split(" "))
9      val wordOne:RDD[(String, Int)] = words.map((_,1))
10     val result:RDD[(String, Int)] = wordOne.reduceByKey(_+_)
11     result.repartition(1).saveAsTextFile(args(1))
12     sc.stop()
13   }
14 }
```

从上述代码可以看出，基于集群模式开发 Spark 程序时，无须通过 setMaster()方法指定 Spark 程序的运行模式。第 7 行代码在 textFile()方法中通过参数 args(0)代替文件的具体路径，以便将 Spark 程序提交到 YARN 集群或 Spark 集群运行时，可以更加灵活地通过 spark-submit 的参数来指定。第 11 行代码通过 saveAsTextFile()方法将 Spark 程序的运行结果输出到指定文件中，这里同样通过参数 args(1)代替文件的具体路径。

（2）在 IntelliJ IDEA 主界面的右侧单击 Maven 选项卡展开 Maven 面板，在 Maven 面板双击 Lifecycle 折叠项，如图 2-30 所示。

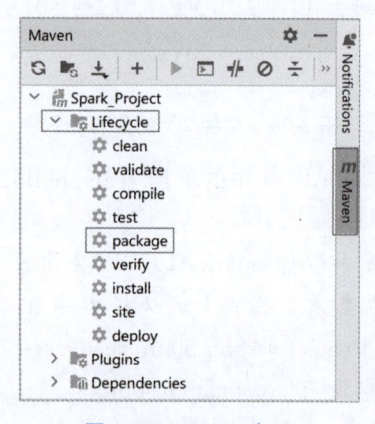

图 2-30　Maven 窗口

（3）在图 2-30 中，双击 package 选项将项目 Spark_Project 封装为 jar 文件。项目 Spark_Project 封装完成的效果如图 2-31 所示。

图 2-31　项目 Spark_Project 封装完成的效果

从图 2-31 可以看出，控制台输出 BUILD SUCCESS 提示信息，说明成功将项目 Spark_Project 封装为 jar 文件 Spark_Project-1.0-SNAPSHOT-jar-with-dependencies.jar，该 jar 文件存储在 D:\develop\Spark_Project\target 目录中。

为了后续使用，这里将 SparkProject-1.0-SNAPSHOT-jar-with-dependencies.jar 重命名为 SparkProject.jar。

（4）将 SparkProject.jar 上传到虚拟机 Hadoop1 的 /export/data 目录。

（5）将 Spark 程序提交到 YARN 集群运行。在虚拟机 Hadoop1 的目录 /export/servers/sparkOnYarn/spark-3.3.0-bin-hadoop3 中执行如下命令。

```
$ bin/spark-submit \
--class cn.itcast.sparkcase.WordCountCluster \
--master yarn \
--deploy-mode cluster \
--executor-memory 2G \
--executor-cores 2 \
--num-executors 1 \
/export/data/SparkProject.jar \
/word.txt \
/WordCountOutput
```

上述命令中，参数 /word.txt 用于指定 Spark 程序读取文件的路径。参数 /WordCountOutput 用于指定 Spark 程序输出运行结果的 HDFS 目录，该目录必须未创建。

上述命令运行完成后，可以通过 YARN Web UI 查看 Spark 程序的运行状态，如果 Spark 程序的运行状态中状态（State）和最终状态（FinalStatus）显示为 FINISHED 和 SUCCEEDED 时，说明 Spark 程序运行成功。

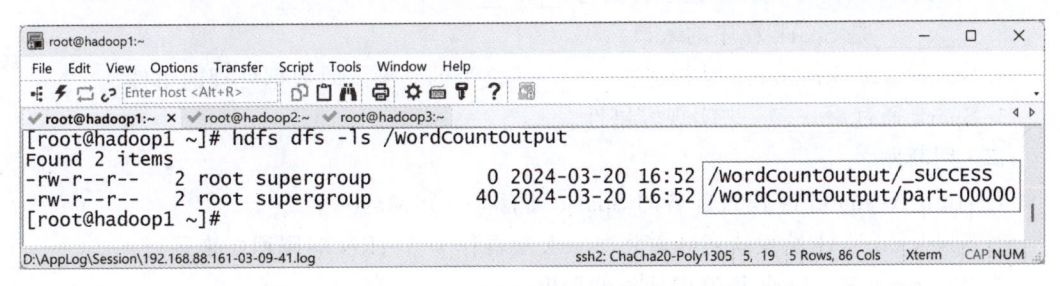

（6）查看 HDFS 目录 /WordCountOutput 中的内容。在虚拟机 Hadoop1 执行如下命令。

```
$ hdfs dfs -ls /WordCountOutput
```

上述命令的运行结果如图 2-32 所示。

图 2-32　查看 HDFS 目录 /WordCountOutput 中的内容

从图 2-32 可以看出，HDFS 目录 /WordCountOutput 中包括文件 _SUCCESS 和文件 part-00000，其中文件 _SUCCESS 用于标识 Spark 程序运行成功；文件 part-00000 存储了 Spark 程序的运行结果。

（7）查看 Spark 程序的运行结果。在虚拟机 Hadoop1 执行如下命令。

```
$ hdfs dfs -cat /WordCountOutput/part-00000
```

上述命令的运行结果如图 2-33 所示。

```
[root@hadoop1 ~]# hdfs dfs -cat /wordCountOutput/part-00000
(scala,1)
(hello,3)
(world,1)
(spark,1)
[root@hadoop1 ~]#
```

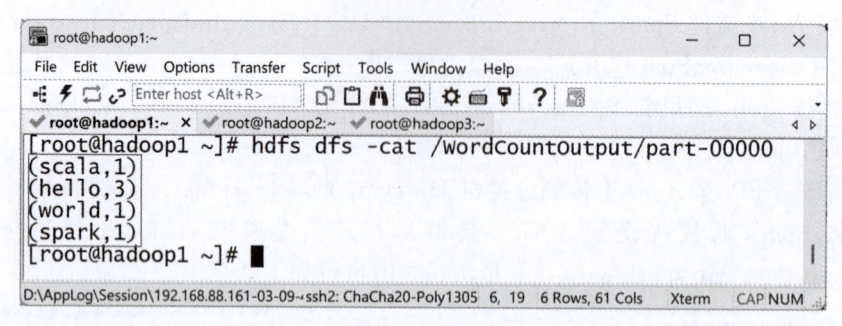

图 2-33　查看 Spark 程序的运行结果

从图 2-33 可以看出，文件 word.txt 中的单词 scala、hello、world 和 spark，分别出现了 1 次、3 次、1 次和 1 次。

2.8　本章小结

本章主要讲解了 Spark 的基础知识和相关操作。首先，讲解了 Spark 特点、基本架构、运行流程等内容。然后，讲解了 Spark 的部署，包括基于 local 模式、Standalone 模式、High Availability 模式、Spark on YARN 模式部署 Spark 等。最后讲解 Spark 的相关操作，包括将 Spark 程序提交到集群运行、使用 Spark Shell、开发 Spark 程序等。通过本章的学习，读者能够了解 Spark 的理论基础、部署方式和操作，为后续深入学习 Spark 奠定基础。

2.9　课后习题

一、填空题

1. Spark 生态系统中，_____是用来操作结构化数据的组件。
2. 驱动程序负责将 Spark 程序转换为_____。
3. _____是 Spark 程序的入口。
4. Structured Streaming 是构建在_____之上的一种实时数据处理的组件。
5. Spark 通过_____来实现容错性。

二、判断题

1. High Availability 模式部署的 Spark 只能有一个 Master。　　　　　　　（　）
2. Spark on YARN 模式意味着将 Spark 集群作为 YARN 应用程序来运行。（　）
3. Worker 负责 Spark 集群中任务的调度。　　　　　　　　　　　　　　（　）
4. 执行器是在 Master 上运行的进程。　　　　　　　　　　　　　　　　（　）
5. Master Web UI 的默认端口为 8081。　　　　　　　　　　　　　　　　（　）

三、选择题

1. 下列选项中，不属于 Spark 生态系统中的组件的是（　　　）。
   　　A. Spark SQL　　　　B. MLlib　　　　C. GraphX　　　　D. PySpark

2. 下列选项中,属于 Spark 基本架构中 Master 职责的有(　　)。(多选)
   A. 资源管理　　　　B. 任务调度　　　　C. 容错管理　　　　D. 任务执行
3. 下列选项中,属于 Master 默认通信端口的是(　　)。
   A. 8080　　　　　　B. 8081　　　　　　C. 7077　　　　　　D. 8088
4. 下列选项中,用于在 spark-submit 中指定部署模式的参数是(　　)。
   A. --master　　　　　　　　　　　　　B. --deploy-mode
   C. --submit-mode　　　　　　　　　　D. --deploy
5. 下列选项中,关于 Spark 基本概念描述正确的是(　　)。
   A. 作业是执行器上的工作单元
   B. 任务调度器会将作业划分为多个任务
   C. 执行器负责执行任务
   D. 集群管理器负责创建 SparkContext

四、简答题
1. 简述客户端模式和集群模式下部署 Spark 程序的区别。
2. 简述 Spark 的运行流程。

第 3 章
Spark RDD弹性分布式数据集

学习目标：

- 了解 RDD,能够从不同方面介绍 RDD。
- 掌握 RDD 的创建,能够基于文件和数据集合创建 RDD。
- 掌握 RDD 的处理过程,能够使用转换算子和行动算子操作 RDD。
- 熟悉 RDD 的分区,能够指定 RDD 的分区数量。
- 熟悉 RDD 的依赖关系,能够区分 RDD 的窄依赖和宽依赖。
- 掌握 RDD 持久化机制,能够使用 persist()方法和 cache()方法持久化 RDD。
- 熟悉 RDD 容错机制,能够叙述 RDD 的故障恢复方式。
- 熟悉 DAG 的概念,能够叙述什么是 DAG。
- 掌握 RDD 在 Spark 中的运行流程,能够说出 RDD 被解析为 Task 执行的过程。

MapReduce 具有负载平衡、容错性高和可拓展性强的优点,但在进行迭代计算时要频繁进行磁盘读写操作,从而导致执行效率较低。相比之下,Spark 中的 RDD(Resilient Distributed Dataset,弹性分布式数据集)可以有效解决这一问题。RDD 是 Spark 提供的重要抽象概念,可将其理解为存储在 Spark 集群中的大型数据集。不同 RDD 之间可以通过转换操作建立依赖关系,并实现管道化的数据处理,避免中间结果的磁盘读写操作,从而提高了数据处理的速度和性能。接下来,本章针对 Spark RDD 进行详细讲解。

3.1 RDD 简介

RDD 是 Spark 中的基本数据处理模型,具有可容错性和并行的数据结构。RDD 不仅可以将数据存储到磁盘中,还可以将数据存储到内存中。对于迭代计算产生的中间结果,RDD 可以将其保存到内存中。如果后续计算需要使用这些中间结果,可以直接从内存中读取,提高数据计算的速度。

下面从 5 方面介绍 RDD。

1. 分区列表

每个 RDD 会被分为多个分区,这些分区分布在集群中的不同节点上,每个分区都会被一个计算任务处理。分区数决定了并行计算任务的数量,因此分区数的合理设置对于并行计算性能至关重要。在创建 RDD 时,可以指定 RDD 分区的数量。如果没有指定分区数量,会根据不同的情况采用默认的分区策略。例如,根据数据集合创建 RDD 时,默认分区数量为分配给程序的 CPU 核心数；而根据 HDFS 上的文件创建 RDD 时，默认分区数量为文件的分块数。

2．计算函数

Spark 中的计算函数可以对 RDD 的每个分区进行迭代计算，用户可以根据具体需求自定义 RDD 中每个分区的数据处理逻辑。这种灵活性使得 Spark 能够适应各种数据处理场景。

3．依赖关系

RDD 之间存在依赖关系，即每次对 RDD 进行转换操作都会生成一个新的 RDD。这种依赖关系在数据计算中发挥着重要作用。例如，如果某个分区的数据丢失，通过依赖关系，丢失的数据可以被重新计算和恢复，从而保证了数据计算的可靠性和容错性。

4．分区器

当 Spark 读取的数据为键值对(key-value pair)类型的数据时，可以通过设置分区器来自定义数据的分区方式。Spark 提供了两种类型的分区器，一种是基于哈希值的分区器 HashPartitioner，另一种是基于范围的分区器 RangePartitioner。在读取的数据不是键值对类型的情况下，分区值为 None，这时 Spark 会采取默认的分区策略来处理这些非键值对数据。

5．优先位置列表

优先位置列表通过存储每个分区中数据块的位置，帮助 Spark 优化数据处理性能。在进行数据计算时，Spark 会尽可能地将计算任务分配到其所要处理数据块的存储位置。这种做法遵循了"移动数据不如移动计算"的理念，即在可能的情况下，将计算任务移动到数据所在的位置，而不是将数据移动到计算任务所在的位置。通过这种方式，Spark 可以减少数据传输开销，从而提高整体计算效率。

3.2 RDD 的创建

Spark 提供了两种创建 RDD 的方式，分别是基于文件和基于数据集合。使用基于文件的方式创建 RDD 时，文件中的每行数据会被视为 RDD 的一个元素。使用基于数据集合的方式创建 RDD 时，数据集合中的每个元素会被视为 RDD 的一个元素。本节针对这两种创建 RDD 的方式进行详细讲解。

3.2.1 基于文件创建 RDD

Spark 提供了 textFile()方法，用于从文件系统中的文件读取数据并创建 RDD，包括本地文件系统、HDFS、Amazon S3 等，其语法格式如下。

```
sc.textFile(path)
```

上述语法格式中，sc 为 SparkContext 对象，path 用于指定文件的路径。

接下来，分别演示从本地文件系统和 HDFS 中的文件读取数据并创建 RDD。

1．从本地文件系统中的文件读取数据并创建 RDD

在虚拟机 Hadoop1 的/export/data 目录执行 vi rdd.txt 命令创建文件 rdd.txt，具体内

容如文件 3-1 所示。

文件 3-1　rdd.txt

```
1  hadoop spark
2  itcast heima
3  scala spark
4  spark itcast
5  itcast hadoop
```

确保 Hadoop 集群已经成功启动后，进入虚拟机 Hadoop1 的目录/export/servers/sparkOnYarn/spark-3.3.0-bin-hadoop3/启动 Spark Shell，在 Spark Shell 中执行如下代码。

```
scala> val test = sc.textFile("file:///export/data/rdd.txt")
```

上述代码使用 SparkContext 对象 sc 的 textFile()方法，从本地文件系统中的文件 rdd.txt 读取数据创建 RDD，并将 RDD 保存到常量 test 中，该常量是一个 RDD 对象。

上述代码执行完成后，如图 3-1 所示。

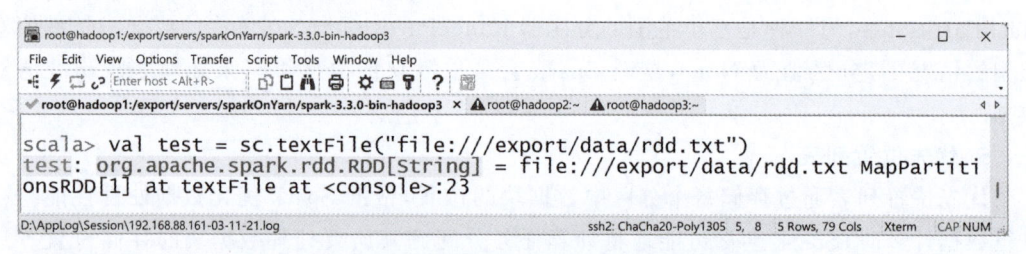

图 3-1　从本地文件系统中的文件读取数据并创建 RDD

从图 3-1 可以看出，Spark 从本地文件系统的目录/export/data 中读取文件 rdd.txt 的数据，并创建一个名为 test 的 RDD，其数据类型为 String。这意味着，文件 rdd.txt 中的每一行数据都会作为 String 类型的元素存储在 RDD 中。

2. 从 HDFS 中的文件读取数据并创建 RDD

将文件 rdd.txt 上传到 HDFS 的根目录。在虚拟机 Hadoop1 的/export/data 目录执行如下命令。

```
$ hdfs dfs -put rdd.txt /
```

从 HDFS 中的文件 rdd.txt 读取数据并创建 RDD，在 Spark Shell 中执行如下代码。

```
scala> val testRDD = sc.textFile("/rdd.txt")
```

上述代码执行完成后的效果如图 3-2 所示。

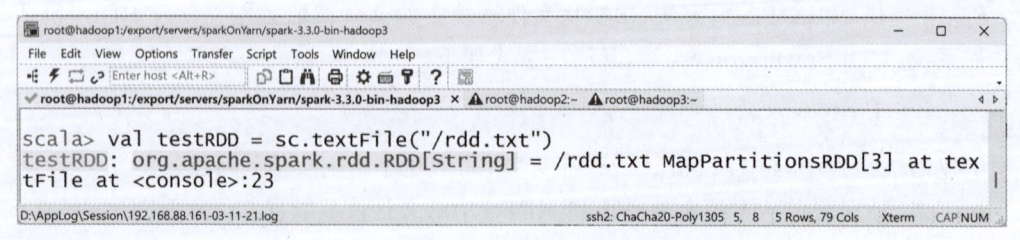

图 3-2　从 HDFS 中的文件读取数据并创建 RDD

从图 3-2 可以看出，Spark 从 HDFS 的根目录中读取文件 rdd.txt 的数据，并创建一个名为 testRDD 的 RDD，其数据类型为 String。

3.2.2 基于数据集合创建 RDD

Spark 提供了 parallelize()方法，用于从数据集合（数组、List 集合等）读取数据并创建 RDD，其语法格式如下。

```
sc.parallelize(seq, numSlices)
```

上述语法格式中，seq 用于指定数据集合。numSlices 为可选，用于指定创建 RDD 的分区数，该参数会在 3.4 节中讲解。

接下来，演示从数据集合读取数据并创建 RDD，在 Spark Shell 中执行如下代码。

```
scala> val numList = List[Int](1,2,3,4)
scala> val listRDD = sc.parallelize(numList)
```

上述代码中，首先创建一个数据类型为 Int 的 List 集合 numList，然后使用 SparkContext 对象 sc 的 parallelize()方法，从 List 集合 numList 中读取数据创建 RDD，并将 RDD 保存到常量 listRDD 中，该常量是一个 RDD 对象。

上述代码执行完成后，如图 3-3 所示。

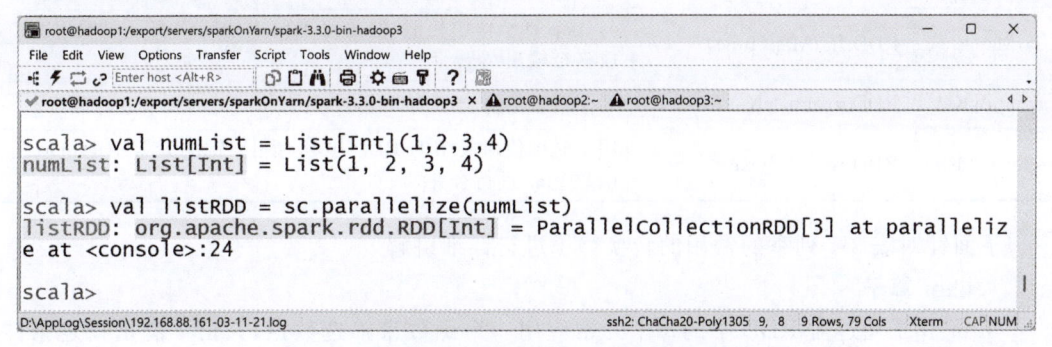

图 3-3　从 List 集合 numList 中读取数据创建 RDD

从图 3-3 可以看出，Spark 从 List 集合 numList 中读取数据，并创建一个名为 listRDD 的 RDD，其数据类型为 Int。

3.3　RDD 的处理过程

RDD 的处理过程主要包括转换和行动操作。下面通过图 3-4 来描述 RDD 的处理过程。

在图 3-4 中，RDD 经过一系列的转换操作，每一次转换操作都会生成一个新的 RDD，直到最后一个生成的 RDD 经过行动操作时，所有 RDD 才会触发实际计算，并将结果返回给驱动程序。如果某个 RDD 需要复用，则可以将其缓存到内存中。

Spark 针对转换操作和行动操作提供了对应的算子，即转换算子和行动算子。本节针对这两种算子进行详细讲解。

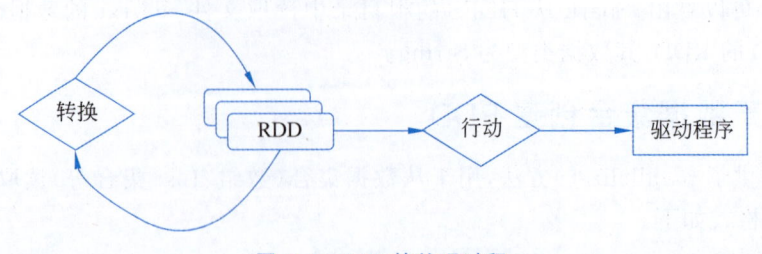

图 3-4　RDD 的处理过程

3.3.1　转换算子

转换算子用于将 RDD 转换为一个新的 RDD，但它们不会立即执行计算。相反，它们会构建一个执行计划，直到遇到行动算子时才会触发实际的计算。表 3-1 列举了一些常用的转换算子。

表 3-1　常用的转换算子

算　子	语　法　格　式	说　　明
filter	RDD.filter(func)	根据给定的函数 func 筛选 RDD 中的元素
map	RDD.map(func)	对 RDD 中的每个元素应用函数 func，将其映射为一个新元素
flatMap	RDD.flatMap(func)	与 map 算子作用相似，但是每个输入的元素都可以映射为 0 或多个输出结果
groupByKey	RDD.groupByKey()	用于对键值对类型的 RDD 中具有相同键的元素进行分组
reduceByKey	RDD.reduceByKey(func)	用于对键值对类型的 RDD 中具有相同键的元素中的值应用函数 func 进行合并

下面针对表 3-1 列举的常用的转换算子进行详细讲解。

1. filter 算子

filter 算子通过对 RDD 中的每个元素应用一个函数来筛选数据，只留下满足指定条件的元素，而过滤掉不满足条件的元素。接下来，以文件 3-1 为例，通过一张图来描述如何通过 filter 算子筛选出文件 rdd.txt 中包含单词 spark 的元素，具体处理过程如图 3-5 所示。

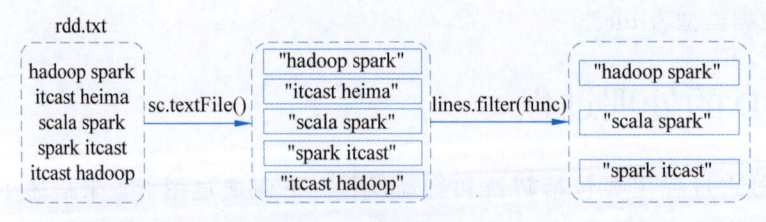

图 3-5　filter 算子处理过程

在图 3-5 中，通过从文件 rdd.txt 读取数据创建 RDD，然后通过 filter 算子将 RDD 的每个元素应用到函数 func 来筛选出包含单词 spark 的元素，并将其保留到新的 RDD 中。

接下来，以 IntelliJ IDEA 为例，演示如何使用 filter 算子，具体操作步骤如下。

（1）在本地计算机的 D 盘根目录创建文件 rdd.txt，其内容与文件 3-1 一致。

（2）在项目 Spark_Project 的目录/src/main/scala 下，新建一个名为 cn.itcast

.transformation 的包。在 cn.itcast.transformation 包中创建一个名为 FilterDemo 的 Scala 文件，用于筛选出文件 rdd.txt 中包含单词 spark 的行，具体代码如文件 3-2 所示。

文件 3-2　FilterDemo.scala

```scala
1  package cn.itcast.transformation
2  import org.apache.spark.{SparkConf, SparkContext}
3  object FilterDemo {
4    def main(args: Array[String]): Unit = {
5      //指定 Spark 程序的名称为 filter,并且可以使用本地计算机的线程数为 1
6      val conf:SparkConf = new SparkConf().setAppName("filter")
7        .setMaster("local[1]")
8      val sc:SparkContext = new SparkContext(conf)
9      val lines = sc.textFile("D:\\rdd.txt")
10     val result = lines.filter(x=>x.contains("spark"))
11     result.saveAsTextFile("D:\\Spark_out\\Filter_out")
12     //释放资源
13     sc.stop()
14   }
15 }
```

在文件 3-2 中，第 9 行代码用于从本地文件系统中读取文件 rdd.txt 的数据，并创建一个名为 lines 的 RDD。

第 10 行代码通过 filter 算子筛选出 lines 中包含 spark 的元素。在 filter 算子中，指定的函数是一个匿名函数，用于依次取出 lines 中的每个元素并赋值给变量 x，然后通过 contains() 方法检查元素是否包含 spark。若包含，则将该元素存放到名为 result 的 RDD 中，否则，就过滤掉该元素。

第 11 行代码使用 saveAsTextFile() 方法将 result 中的元素输出到指定目录的文件中，每个元素会占用文件的一行空间。

（3）运行文件 3-2。当文件 3-2 运行完成后，查看本地计算机中目录 D:\\Spark_out\\Filter_out 的内容，如图 3-6 所示。

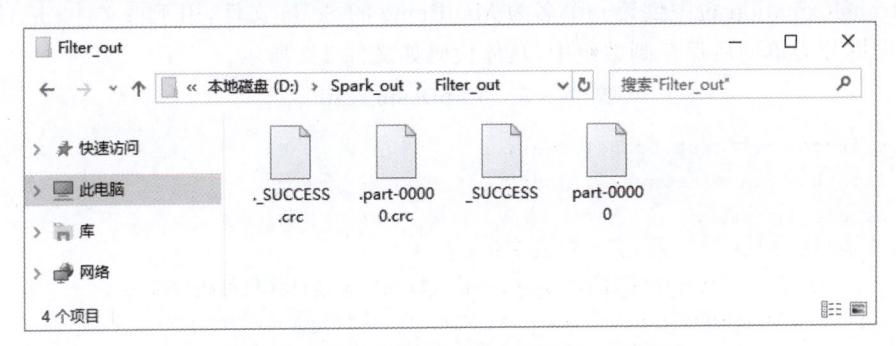

图 3-6　目录 D:\\Spark_out\\Filter_out 的内容

从图 3-6 可以看出，目录 D:\\Spark_out\\Filter_out 中包含 4 个文件，其中 part-00000 是存储 Spark 程序输出数据的文件。.part-00000.crc 是文件 part-00000 的校验和文件。_SUCCESS 是标记 Spark 程序运行成功的文件，该文件的内容为空。_SUCCESS.crc 是文件_SUCCESS 的校验和文件。

（4）通过记事本查看文件 part-00000 的内容，如图 3-7 所示。

从图 3-7 可以看出，文件 part-00000 中的每一行数据都包含 spark。说明使用 filter 算子成功筛选出 RDD 中包含 spark 的元素。

【注意】 当 Spark 程序能够利用本地计算机的多个线程时，saveAsTextFile()方法可能会将 RDD 中的元素输出到指定目录的多个文件中。如果在允许 Spark 程序使用本地计算机的多个线程的情况下，希望 saveAsTextFile()方法将 RDD 中的元素输出到指定目录的单个文件中，可以通过将 RDD 的分区数指定为 1 来实现。关于这部分内容可以参考 3.4 节。

图 3-7　查看文件 part-00000 的内容（1）

2．map 算子

map 算子可以将 RDD 中的每个元素通过一个函数映射为一个新元素。接下来，以文件 3-1 为例，通过一张图来描述如何通过 map 算子将文件 rdd.txt 中的每行数据拆分为单词后保存到数组中，具体处理过程如图 3-8 所示。

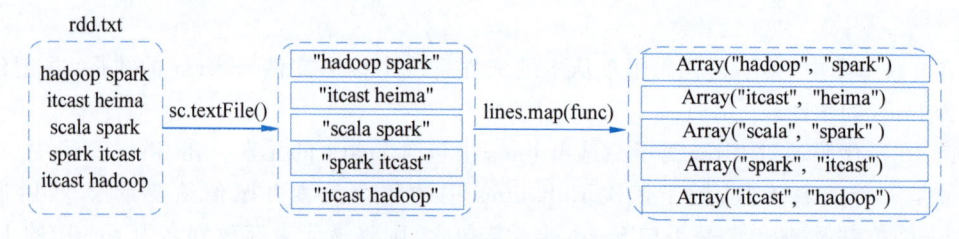

图 3-8　map 算子处理过程

在图 3-8 中，通过从文件 rdd.txt 读取数据创建 RDD，然后通过 map 算子将 RDD 的每个元素经函数 func 拆分为单词后保存到数组中，并将每个数组作为元素保留到新的 RDD 中。

接下来，以 IntelliJ IDEA 为例，演示如何使用 map 算子。在项目 Spark_Project 的 cn.itcast.transformation 包中创建一个名为 MapDemo 的 Scala 文件，用于将文件 rdd.txt 中的每行数据拆分为单词后保存到数组中，具体代码如文件 3-3 所示。

文件 3-3　MapDemo.scala

```scala
1  package cn.itcast.transformation
2  import org.apache.spark.{SparkConf, SparkContext}
3  object MapDemo {
4    def main(args: Array[String]): Unit = {
5      //指定 Spark 程序的名称为 map，并且可以使用本地计算机的线程数为 1
6      val conf:SparkConf = new SparkConf().setAppName("map")
7        .setMaster("local[1]")
8      val sc:SparkContext = new SparkContext(conf)
9      val lines = sc.textFile("D:\\rdd.txt")
10     val result = lines.map(x=>x.split(" ").toBuffer)
11     result.saveAsTextFile("D:\\Spark_out\\Map_out")
12     //释放资源
```

```
13      sc.stop()
14   }
15 }
```

在文件 3-3 中，第 9 行代码用于从本地文件系统中读取文件 rdd.txt 的数据，并创建一个名为 lines 的 RDD。

第 10 行代码通过 map 算子将 lines 中的每个元素映射为新的元素。在 map 算子中，指定的函数是一个匿名函数，用于依次取出 lines 中的每个元素并赋值给变量 x，然后通过 split() 方法将每个元素按照分隔符" "（空格）拆分成单词，并将每个单词存放到数组中。为了便于在输出结果中查看数组的内容，这里通过 toBuffer() 方法将数组转换为可变数组。这些可变数组最终将存放在名为 result 的 RDD 中。

第 11 行代码使用 saveAsTextFile() 方法将 result 中的元素输出到指定目录的文件中，每个元素会占用文件的一行空间。

文件 3-3 运行完成后，在本地计算机的目录 D:\\Spark_out\\Map_out 中，通过记事本查看文件 part-00000 的内容，如图 3-9 所示。

从图 3-9 可以看出，文件 part-00000 中的每一行数据为可变数组的形式。可变数组中的每个元素为一个单词。说明使用 map 算子成功将 RDD 中的每个元素数据拆分为单词后保存到数组中。

图 3-9 查看文件 part-00000 的内容（2）

3. flatMap 算子

flatMap 算子可以将 RDD 中的每个元素通过一个函数映射为一个或多个新元素。接下来，以文件 3-1 为例，通过一张图来描述如何通过 flatMap 算子将文件 rdd.txt 中的每行数据拆分为单词，具体处理过程如图 3-10 所示。

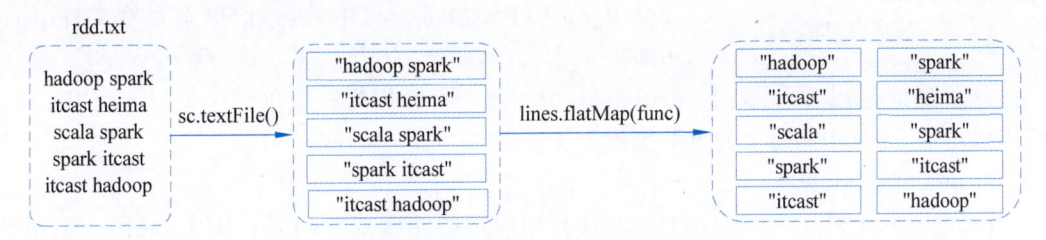

图 3-10 flatMap 算子的处理过程

在图 3-10 中，通过从文件 rdd.txt 读取数据创建 RDD，然后通过 flatMap 算子将 RDD 的每个元素通过函数 func 拆分为单词，并将每个单词作为元素保留到新的 RDD 中。

接下来，以 IntelliJ IDEA 为例，演示如何使用 flatMap 算子。在项目 Spark_Project 的 cn.itcast.transformation 包中创建一个名为 FlatMapDemo 的 Scala 文件，用于将文件 rdd.txt 中的每行数据拆分为单词，具体代码如文件 3-4 所示。

文件 3-4 FlatMapDemo.scala

```
1 package cn.itcast.transformation
2 import org.apache.spark.{SparkConf, SparkContext}
3 object FlatMapDemo {
```

```
4    def main(args: Array[String]): Unit = {
5      //指定 Spark 程序的名称为 flatMap,并且可以使用本地计算机的线程数为 1
6      val conf:SparkConf = new SparkConf().setAppName("flatMap")
7        .setMaster("local[1]")
8      val sc:SparkContext = new SparkContext(conf)
9      val lines = sc.textFile("D:\\rdd.txt")
10     val result = lines.flatMap(x=>x.split(" "))
11     result.saveAsTextFile("D:\\Spark_out\\FlatMap_out")
12     //释放资源
13     sc.stop()
14   }
15 }
```

在文件 3-4 中,第 9 行代码用于从本地文件系统中读取文件 rdd.txt 的数据,并创建一个名为 lines 的 RDD。

第 10 行代码通过 flatMap 算子将 lines 中的每个元素映射为多个新的元素。在 flatMap 算子中,指定的函数是一个匿名函数,用于依次取出 lines 中的每个元素并赋值给变量 x,然后通过 split()方法将每个元素按照分隔符" "拆分成单词,并将每个单词存放到数组中。flatMap 算子会对数组进行扁平化处理,将数组中的每个元素作为输出的一个元素存放在名为 result 的 RDD 中。

第 11 行代码使用 saveAsTextFile()方法将 result 中的元素输出到指定目录的文件中,每个元素会占用文件的一行空间。

文件 3-4 运行完成后,在本地计算机的目录 D:\\Spark_out\\FlatMap_out 中,通过记事本查看文件 part-00000 的内容,如图 3-11 所示。

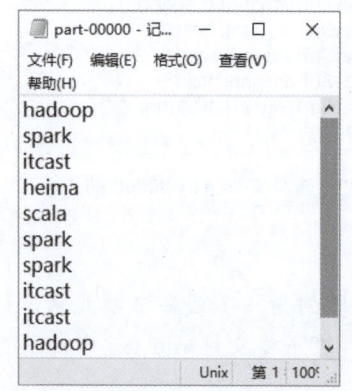

图 3-11 查看文件 part-00000 的内容(3)

从图 3-11 可以看出,文件 part-00000 中的每一行数据为一个单词。说明使用 flatMap 算子成功将 RDD 中的每个元素数据拆分为单词。

4. groupByKey 算子

groupByKey 算子可以将 RDD 中具有相同键的元素划分到同一组中,返回一个新的 RDD。新的 RDD 中每个元素都是一个键值对,其中键是原始 RDD 中的键,而值则是一个迭代器,包含了原始 RDD 中具有相同键的所有值。接下来,以文件 3-1 为例,通过一张图来描述如何通过 groupByKey 算子将文件 rdd.txt 中的每个单词进行分组,具体处理过程如图 3-12 所示。

在图 3-12 中,首先,通过从文件 rdd.txt 读取数据创建 RDD。其次,通过 flatMap 算子将 RDD 的每个元素通过函数 func 拆分为单词。然后,通过 map 算子将 RDD 的每个元素通过函数 func 映射为键值对的形式,其中键为单词,值为 1 用于标识单词出现的次数。最后,通过 groupByKey 算子将相同键的元素划分到同一组中,返回一个新的 RDD。

接下来,以 IntelliJ IDEA 为例,演示如何使用 groupByKey 算子。在项目 Spark_Project 的 cn.itcast.transformation 包中创建一个名为 GroupByKeyDemo 的 Scala 文件,用于将文

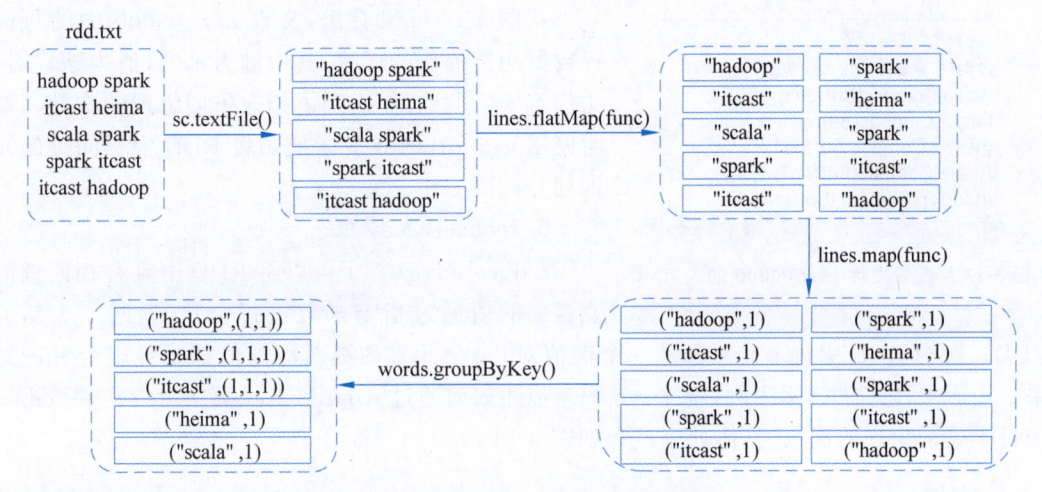

图 3-12　groupByKey 算子的处理过程

件 rdd.txt 中的每个单词进行分组,具体代码如文件 3-5 所示。

文件 3-5　GroupByKeyDemo.scala

```scala
1  package cn.itcast.transformation
2  import org.apache.spark.{SparkConf, SparkContext}
3  object GroupByKeyDemo {
4    def main(args: Array[String]): Unit = {
5      //指定 Spark 程序的名称为 groupByKey,并且可以使用本地计算机的线程数为 1
6      val conf:SparkConf = new SparkConf().setAppName("groupByKey")
7        .setMaster("local[1]")
8      val sc:SparkContext = new SparkContext(conf)
9      val lines = sc.textFile("D:\\rdd.txt")
10     val words = lines.flatMap(x=>x.split(" ")).map(y=>(y,1))
11     val result = words.groupByKey()
12     result.saveAsTextFile("D:\\Spark_out\\GroupByKey_out")
13     //释放资源
14     sc.stop()
15   }
16 }
```

在文件 3-5 中,第 9 行代码用于从本地文件系统中读取文件 rdd.txt 的数据,并创建一个名为 lines 的 RDD。

第 10 行代码,首先 flatMap 算子将 lines 的每个元素通过匿名函数拆分为单词。然后,map 算子将每个单词通过匿名函数映射为键值对的形式,将每个键值对作为输出的一个元素存放在名为 words 的 RDD 中。

第 11 行代码,通过 groupByKey 算子将 words 中相同键的元素划分到同一组,生成名为 result 的 RDD。

第 12 行代码使用 saveAsTextFile() 方法将 result 中的元素输出到指定目录的文件中,每个元素会占用文件的一行空间。

文件 3-5 运行完成后,在本地计算机的目录 D:\\Spark_out\\GroupByKey_out 中,通过记事本查看文件 part-00000 的内容,如图 3-13 所示。

从图 3-13 可以看出,文件 part-00000 中的每一行数据为键值对的形式,其中键为单词,值为迭代器,迭代器中 1 的数量,决定了相应单词出现的次数。说明使用 groupByKey 算子成功将 RDD 中相同键的元素划分到同一组。

5. reduceByKey 算子

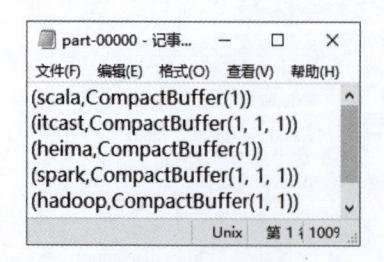

图 3-13 查看文件 part-00000 的内容(4)

reduceByKey 算子可以将 RDD 中具有相同键的元素中的值通过指定函数进行合并,返回一个新的 RDD。新的 RDD 中每个元素都是一个键值对,每个元素的键对应的值都是经过合并的结果。接下来,以文件 3-1 为例,通过一张图来描述如何通过 reduceByKey 算子统计文件 rdd.txt 中每个单词出现的次数,具体处理过程如图 3-14 所示。

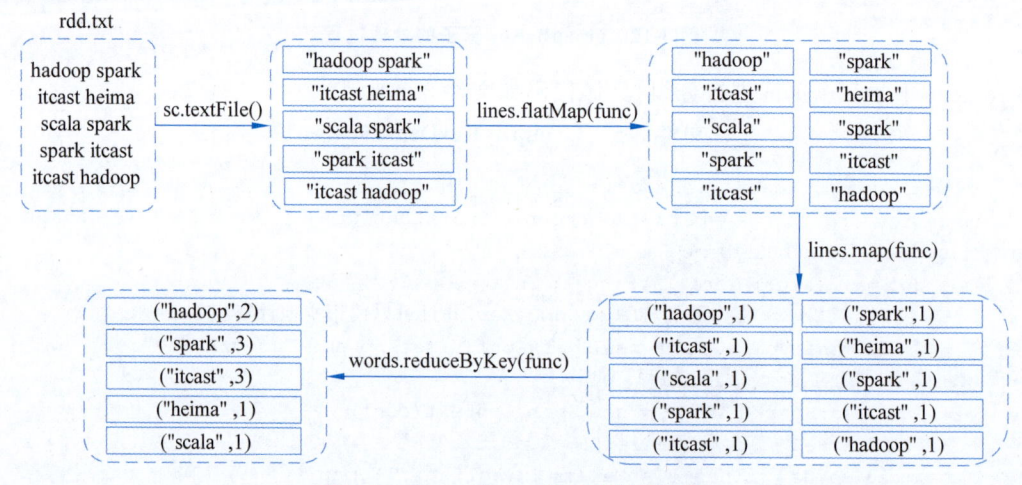

图 3-14 reduceByKey 算子的处理过程

在图 3-14 中,首先,通过从文件 rdd.txt 读取数据创建 RDD。其次,通过 flatMap 算子将 RDD 的每个元素通过函数 func 拆分为单词。然后,通过 map 算子将 RDD 的每个元素通过函数 func 映射为键值对的形式,其中键为单词,值为 1 用于标识单词出现的次数。最后,通过 reduceByKey 算子将相同键的元素中的值进行合并,返回一个新的 RDD。

接下来,以 IntelliJ IDEA 为例,演示如何使用 reduceByKey 算子。在项目 Spark_Project 的 cn.itcast.transformation 包中创建一个名为 ReduceByKeyDemo 的 Scala 文件,用于统计文件 rdd.txt 中每个单词出现的次数,具体代码如文件 3-6 所示。

文件 3-6 ReduceByKeyDemo.scala

```
1  package cn.itcast.transformation
2  import org.apache.spark.{SparkConf, SparkContext}
3  object ReduceByKeyDemo {
4    def main(args: Array[String]): Unit = {
5      //指定 Spark 程序的名称为 reduceByKey,并且可以使用本地计算机的线程数为 1
6      val conf:SparkConf = new SparkConf().setAppName("reduceByKey")
7        .setMaster("local[1]")
8      val sc:SparkContext = new SparkContext(conf)
```

```
 9      val lines = sc.textFile("D:\\rdd.txt")
10      val words = lines.flatMap(x=>x.split(" ")).map(y=>(y,1))
11      val result = words.reduceByKey((a,b)=>a+b)
12      result.saveAsTextFile("D:\\Spark_out\\ReduceByKey_out")
13      //释放资源
14      sc.stop()
15    }
16  }
```

在文件 3-6 中，第 9 行代码用于从本地文件系统中读取文件 rdd.txt 的数据，并创建一个名为 lines 的 RDD。

第 10 行代码，首先 flatMap 算子将 lines 的每个元素通过匿名函数拆分为单词。然后，map 算子将每个单词通过匿名函数映射为键值对的形式，将每个键值对作为输出的一个元素存放在名为 words 的 RDD 中。

第 11 行代码，通过 reduceByKey 算子将 words 中具有相同键的元素中的值进行合并。在 reduceByKey 算子中，指定的函数是一个匿名函数，用于对相同键的元素中的值进行相加，返回一个名为 result 的 RDD。

第 12 行代码使用 saveAsTextFile()方法将 result 中的元素输出到指定目录的文件中，每个元素会占用文件的一行空间。

文件 3-6 运行完成后，在本地计算机的目录 D:\\Spark_out\\ReduceByKey_out 中，通过记事本查看文件 part-00000 的内容，如图 3-15 所示。

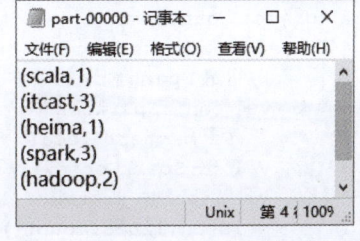

图 3-15　查看文件 part-00000 的内容（5）

从图 3-15 可以看出，文件 part-00000 中的每一行数据为键值对的形式，其中键为单词，值为单词出现的次数。说明使用 reduceByKey 算子成功将 RDD 中具有相同键的元素中的值进行合并。

3.3.2　行动算子

行动算子用于触发 RDD 的实际计算，并将计算结果返回给驱动器程序或者写入外部存储系统。与转换算子不同，行动算子并不会创建新的 RDD。接下来，通过表 3-2 来列举一些常用的行动算子。

表 3-2　常用的行动算子

算　子	语 法 格 式	说　　明
count	RDD.count()	获取 RDD 中元素的数量
first	RDD.first()	获取 RDD 中的第一个元素
take	RDD.take(n)	以数组的形式返回 RDD 中的前 n 个元素
reduce	RDD.reduce(func)	使用指定的函数 func 对 RDD 中的元素进行聚合操作
collect	RDD.collect()	以数组的形式返回 RDD 中的所有元素
foreach	RDD.foreach(func)	对 RDD 中的每个元素应用指定的函数 func

下面演示如何使用表 3-2 中列举的常用行动算子。

1. count 算子

以 IntelliJ IDEA 为例,演示如何使用 count 算子,具体操作步骤如下。

(1) 在本地计算机 D 盘的根目录下创建文件 num.txt,具体内容如下。

```
1
2
3
4
5
```

(2) 在项目 Spark_Project 的目录/src/main/scala 下,新建一个名为 cn.itcast.action 的包。在 cn.itcast.action 包中创建一个名为 CountDemo 的 Scala 文件,用于通过 count 算子统计文件 num.txt 的行数,具体代码如文件 3-7 所示。

文件 3-7　CountDemo.scala

```scala
1  package cn.itcast.action
2  import org.apache.spark.{SparkConf, SparkContext}
3  object CountDemo {
4    def main(args: Array[String]): Unit = {
5      //指定 Spark 程序的名称为 count,并且可以使用本地计算机的所有线程
6      val conf:SparkConf = new SparkConf().setAppName("count")
7        .setMaster("local[*]")
8      val sc:SparkContext = new SparkContext(conf)
9      val lines = sc.textFile("D:\\num.txt")
10     println(lines.count())
11     //释放资源
12     sc.stop()
13   }
14 }
```

在文件 3-7 中,第 9 行代码用于从本地文件系统中读取文件 num.txt 的数据,并创建一个名为 lines 的 RDD。第 10 行代码通过 count 算子获取 lines 中元素的数量,并将其输出到控制台。

文件 3-7 的运行结果如图 3-16 所示。

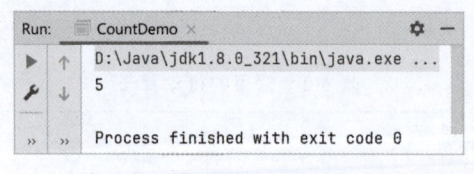

图 3-16　文件 3-7 的运行结果

从图 3-16 可以看出,lines 中元素的数量为 5。由于 lines 中元素的数量与文件 num.txt 的行数一致,因此可以推断出文件 num.txt 有 5 行数据。

2. first 算子

以 IntelliJ IDEA 为例,演示如何使用 first 算子。在项目 Spark_Project 的 cn.itcast.action 包中创建一个名为 FirstDemo 的 Scala 文件,用于通过 first 算子获取文件 num.txt 的第一行数据,具体代码如文件 3-8 所示。

文件 3-8　FirstDemo.scala

```
1  package cn.itcast.action
2  import org.apache.spark.{SparkConf, SparkContext}
3  object FirstDemo {
4    def main(args: Array[String]): Unit = {
5      //指定 Spark 程序的名称为 first,并且可以使用本地计算机的所有线程
6      val conf:SparkConf = new SparkConf().setAppName("first")
7        .setMaster("local[*]")
8      val sc:SparkContext = new SparkContext(conf)
9      val lines = sc.textFile("D:\\num.txt")
10     println(lines.first())
11     //释放资源
12     sc.stop()
13   }
14 }
```

在文件 3-8 中,第 9 行代码用于从本地文件系统中读取文件 num.txt 的数据,并创建一个名为 lines 的 RDD。第 10 行代码通过 first 算子获取 lines 的第一个元素,并将其输出到控制台。

文件 3-8 的运行结果如图 3-17 所示。

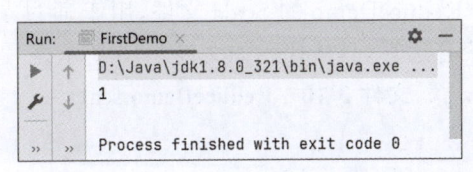

图 3-17　文件 3-8 的运行结果

从图 3-17 可以看出,lines 的第一个元素为 1。由于 lines 中的元素与文件 num.txt 中的数据一致,所以可以推断出文件 num.txt 的第一行数据为 1。

3. take 算子

以 IntelliJ IDEA 为例,演示如何使用 take 算子。在项目 Spark_Project 的 cn.itcast.action 包中创建一个名为 TakeDemo 的 Scala 文件,用于通过 take 算子获取文件 num.txt 的前 3 行数据,具体代码如文件 3-9 所示。

文件 3-9　TakeDemo.scala

```
1  package cn.itcast.action
2  import org.apache.spark.{SparkConf, SparkContext}
3  object TakeDemo {
4    def main(args: Array[String]): Unit = {
5      //指定 Spark 程序的名称为 take,并且可以使用本地计算机的所有线程
6      val conf:SparkConf = new SparkConf().setAppName("take")
7        .setMaster("local[*]")
8      val sc:SparkContext = new SparkContext(conf)
9      val lines = sc.textFile("D:\\num.txt")
10     println(lines.take(3).mkString("\n"))
11     //释放资源
12     sc.stop()
13   }
14 }
```

在文件 3-9 中,第 9 行代码用于从本地文件系统中读取文件 num.txt 的数据,并创建一个名为 lines 的 RDD。第 10 行代码通过 take 算子获取 lines 的前 3 个元素,并将其输出到控制台。由于 take 算子是以数组的形式返回 RDD 中的前 n 个元素,所以为了方便查看结果,使用 mkString() 方法将数组中的元素通过指定分隔符组合成字符串。

文件 3-9 的运行结果如图 3-18 所示。

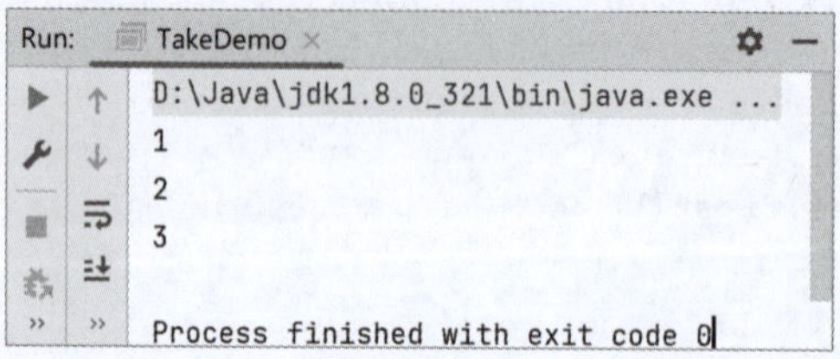

图 3-18 文件 3-9 的运行结果

从图 3-18 可以看出,lines 的前 3 个元素分别为 1、2 和 3。由于 lines 中的元素与文件 num.txt 中的数据一致,所以可以推断出文件 num.txt 前 3 行数据分别为 1、2 和 3。

4. reduce 算子

以 IntelliJ IDEA 为例,演示如何使用 reduce 算子。在项目 Spark_Project 的 cn.itcast.action 包中创建一个名为 ReduceDemo 的 Scala 文件,用于通过 reduce 算子对文件 num.txt 中的数据进行相加的聚合运算,具体代码如文件 3-10 所示。

文件 3-10　ReduceDemo.scala

```
1  package cn.itcast.action
2  import org.apache.spark.{SparkConf, SparkContext}
3  object ReduceDemo {
4    def main(args: Array[String]): Unit = {
5      //指定 Spark 程序的名称为 reduce,并且可以使用本地计算机的所有线程
6      val conf:SparkConf = new SparkConf().setAppName("reduce")
7        .setMaster("local[*]")
8      val sc:SparkContext = new SparkContext(conf)
9      val lines = sc.textFile("D:\\num.txt").map(x=>(x.toInt))
10     println(lines.reduce((a,b)=>a+b))
11     //释放资源
12     sc.stop()
13   }
14 }
```

在文件 3-10 中,第 9 行代码首先从本地文件系统中读取文件 num.txt 的数据,然后通过 map 算子将元素的数据类型转换为 Int,并创建一个名为 lines 的 RDD。第 10 行代码通过 reduce 算子对 lines 中的元素进行相加的聚合运算,并将运算结果输出到控制台。

文件 3-10 的运行结果如图 3-19 所示。

从图 3-19 可以看出,lines 中元素的相加结果为 15。由于 lines 中的元素与文件 num.txt 中的数据一致,所以可以推断出文件 num.txt 中数据的相加结果为 15。

5. collect 算子

以 IntelliJ IDEA 为例,演示如何使用 collect 算子。在项目 Spark_Project 的 cn.itcast.action 包中创建一个名为 CollectDemo 的 Scala 文件,用于通过 collect 算子获取文件 num.txt

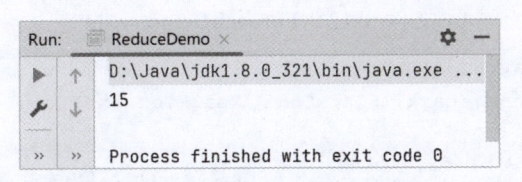

```
Run:   ReduceDemo ×
 ▶  ↑   D:\Java\jdk1.8.0_321\bin\java.exe ...
 🔧 ↓   15
 »  »   Process finished with exit code 0
```

图 3-19　文件 3-10 的运行结果

中的所有数据，具体代码如文件 3-11 所示。

文件 3-11　CollectDemo.scala

```
1  package cn.itcast.action
2  import org.apache.spark.{SparkConf, SparkContext}
3  object CollectDemo {
4    def main(args: Array[String]): Unit = {
5      //指定 Spark 程序的名称为 collect，并且可以使用本地计算机的所有线程
6      val conf:SparkConf = new SparkConf().setAppName("collect")
7        .setMaster("local[*]")
8      val sc:SparkContext = new SparkContext(conf)
9      val lines = sc.textFile("D:\\num.txt")
10     println(lines.collect().mkString("\n"))
11     //释放资源
12     sc.stop()
13   }
14 }
```

在文件 3-11 中，第 9 行代码用于从本地文件系统中读取文件 num.txt 的数据，并创建一个名为 lines 的 RDD。第 10 行代码通过 collect 算子获取 lines 的所有元素，并将其输出到控制台。由于 collect 算子是以数组的形式返回 RDD 中的所有元素，所以为了方便查看结果，使用 mkString() 方法将数组中的元素通过指定分隔符组合成字符串。

文件 3-11 的运行结果如图 3-20 所示。

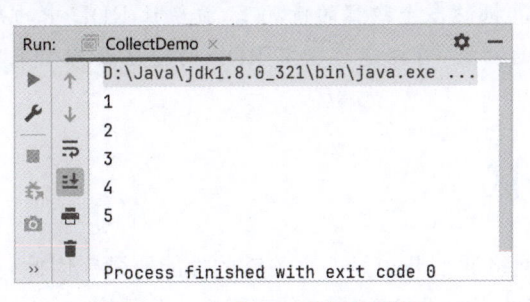

```
Run:   CollectDemo ×
 ▶  ↑   D:\Java\jdk1.8.0_321\bin\java.exe ...
 🔧 ↓   1
       2
       3
       4
       5
       Process finished with exit code 0
```

图 3-20　文件 3-11 的运行结果

从图 3-20 可以看出，lines 的所有元素分别为 1、2、3、4 和 5。由于 lines 中的元素与文件 num.txt 中的数据一致，所以可以推断出文件 num.txt 的所有数据分别为 1、2、3、4 和 5。

6. foreach 算子

以 IntelliJ IDEA 为例，演示如何使用 foreach 算子。在项目 Spark_Project 的 cn.itcast.action 包中创建一个名为 ForeachDemo 的 Scala 文件，用于通过 foreach 算子获取文件 num.txt 中的所有数据，具体代码如文件 3-12 所示。

文件 3-12　ForeachDemo.scala

```
1   package cn.itcast.action
2   import org.apache.spark.{SparkConf, SparkContext}
3   object ForeachDemo {
4     def main(args: Array[String]): Unit = {
5       //指定 Spark 程序的名称为 foreach，并且可以使用本地计算机的线程数为 1
6       val conf:SparkConf = new SparkConf().setAppName("foreach")
7         .setMaster("local[1]")
8       val sc:SparkContext = new SparkContext(conf)
9       val lines = sc.textFile("D:\\num.txt")
10      lines.foreach(x=>println(x))
11      //释放资源
12      sc.stop()
13    }
14  }
```

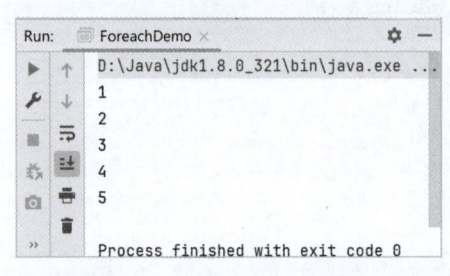

图 3-21　文件 3-12 的运行结果

在文件 3-12 中，第 9 行代码用于从本地文件系统中读取文件 num.txt 的数据，并创建一个名为 lines 的 RDD。第 10 行代码通过 foreach 算子将 lines 中的每个元素应用指定的匿名函数，该匿名函数用于依次取出 lines 中的每个元素并赋值给变量 x，然后通过 println() 方法将元素输出到控制台。

文件 3-12 的运行结果如图 3-21 所示。

从图 3-21 可以看出，lines 的所有元素分别为 1、2、3、4 和 5。由于 lines 中的元素与文件 num.txt 中的数据一致，所以可以推断出文件 num.txt 所有数据分别为 1、2、3、4 和 5。

【注意】当 Spark 程序能够利用本地计算机的多个线程时，foreach 算子会在每个分区上并行执行指定的函数，因此 RDD 中的每个元素不会按顺序依次应用函数。如果在允许 Spark 程序使用本地计算机的多个线程的情况下，希望让 RDD 中的每个元素按顺序依次应用 foreach 算子中指定的函数，可以通过指定 RDD 的分区数为 1 来实现。关于这部分内容可以参考 3.4 节。

3.4　RDD 的分区

在分布式计算中，网络通信开销是一个关键的性能瓶颈。因此，合理控制数据分布以减少网络传输对整体性能的影响至关重要。在编写 Spark 程序时，用户可以通过 parallelize() 方法、repartition() 方法和 coalesce() 方法手动指定 RDD 的分区数量来精确地控制数据的分布。关于这 3 个方法的介绍如下。

- parallelize() 方法用于在创建 RDD 时指定分区数量。
- repartition() 方法用于增加或减少 RDD 的分区数量，它会触发重分区操作，从而生成新的 RDD。
- coalesce() 方法通常用于减少 RDD 的分区数量，它也会触发重分区操作，从而生成新的 RDD。

repartition()方法和coalesce()方法都用于减少RDD分区的数量,但它们的行为有所不同。repartition()方法会触发一个Shuffle过程,即数据会通过网络传输重新洗牌,以满足新的分区需求。与此不同,coalesce()方法不会触发Shuffle过程,它只是将原始分区中的数据合并到新的分区中,尽量保持数据的原始分布。在处理大规模数据集时,Shuffle过程可能会消耗大量的网络带宽和计算资源。因此,使用coalesce()方法减少RDD分区的数量时,性能开销相对较小。但在某些情况下,coalesce()方法可能会导致数据分布不均匀。

接下来,以IntelliJ IDEA为例,演示如何指定RDD的分区数量。在项目Spark_Project的目录/src/main/scala下,新建一个名为cn.itcast.partition的包。在cn.itcast.partition包中创建一个名为PartitionDemo的Scala文件,具体代码如文件3-13所示。

文件3-13　PartitionDemo.scala

```scala
1  package cn.itcast.partition
2  import org.apache.spark.{SparkConf, SparkContext}
3  object PartitionDemo {
4    def main(args: Array[String]): Unit = {
5      //指定Spark程序的名称为partition,并且可以使用本地计算机的所有线程
6      val conf:SparkConf = new SparkConf().setAppName("partition")
7        .setMaster("local[*]")
8      val sc = new SparkContext(conf)
9      val arr = Array(1,2,3,4,5)
10     //创建名为data1的RDD,并指定RDD的分区为3
11     val data1 = sc.parallelize(arr,3)
12     println("data1的分区数为:" + data1.getNumPartitions)
13     //将data1的分区数修改为5,生成名为data2的RDD
14     val data2 = data1.repartition(5)
15     println("data2的分区数为:" + data2.getNumPartitions)
16     //将data2的分区数修改为4,生成名为data3的RDD
17     val data3 = data2.coalesce(4)
18     println("data3的分区数为:" + data3.getNumPartitions)
19     sc.stop()
20   }
21  }
```

在文件3-13中,getNumPartitions()方法用于获取RDD的分区数。

文件3-13的运行结果如图3-22所示。

从图3-22可以看出,data1、data2和data3的分区数分别为3、5和4。说明成功在创建RDD时指定分区数量,以及修改RDD的分区数量。

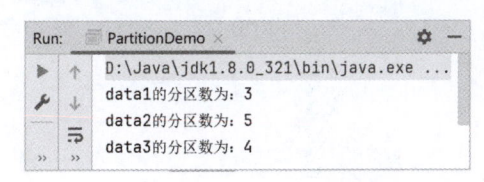

图3-22　文件3-13的运行结果

3.5　RDD的依赖关系

在Spark中,不同的RDD之间可能存在依赖关系,这种依赖关系分为两种,分别是窄依赖(Narrow Dependency)和宽依赖(Wide Dependency),具体介绍如下。

1. 窄依赖

窄依赖是指父RDD的每一个分区最多被一个子RDD的分区使用。在Spark中,父

RDD 指的是生成当前 RDD 的原始 RDD 或者转换操作之前的 RDD。而子 RDD 则是由当前 RDD 生成的 RDD 或者转换操作之后的 RDD。

窄依赖的表现形式通常分为两类：第一类表现为一个父 RDD 的分区对应一个子 RDD 的分区；第二类表现为多个父 RDD 的分区对应一个子 RDD 的分区。但是，一个父 RDD 的分区不会对应多个子 RDD 的分区。为了便于理解，通常把窄依赖形象地比喻为独生子女继承家产。接下来，通过图 3-23 来展示常见的窄依赖及其对应的操作。

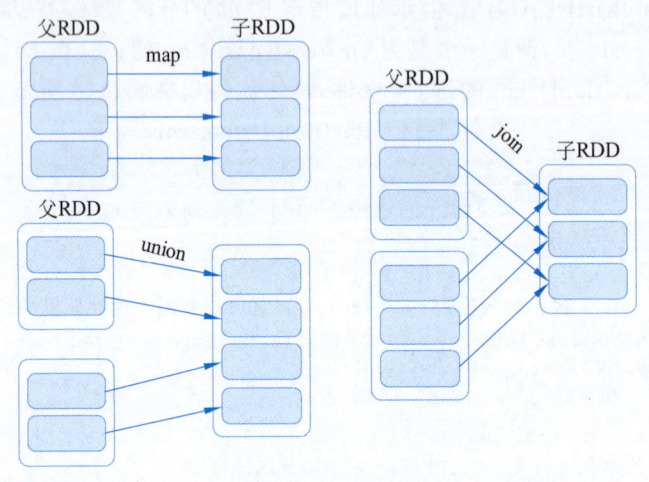

图 3-23　窄依赖

从图 3-23 可以看出，RDD 在进行 map 算子和 union 算子操作时，属于窄依赖的第一类表现；而 RDD 进行 join 算子操作时，属于窄依赖的第二类表现。

2. 宽依赖

宽依赖是指子 RDD 的每个分区都会使用父 RDD 的全部或多个分区。为了更直观理解这个概念，可以把宽依赖形象地比喻为兄弟姐妹共同继承家产。接下来，通过图 3-24 来展示常见的宽依赖及其对应的操作。

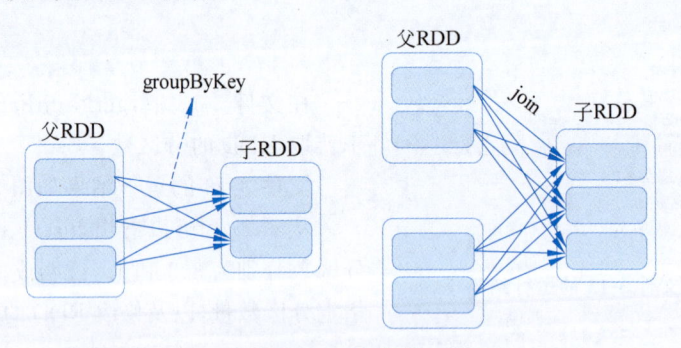

图 3-24　宽依赖

从图 3-24 可以看出，RDD 在进行 groupByKey 算子和 join 算子操作时为宽依赖。

需要注意的是，join 算子操作既可以属于窄依赖，也可以属于宽依赖。当 join 算子操作后，如果子 RDD 的分区数与父 RDD 相同则为窄依赖；当 join 算子操作后，如果子 RDD 的分区数与父 RDD 不同则为宽依赖。

点（checkpoint）方式。下面针对这两种方式进行介绍。

血统方式主要是根据 RDD 之间的依赖关系对丢失数据的 RDD 进行数据恢复。如果丢失数据的子 RDD 在进行窄依赖运算，则只需重新计算丢失数据的父 RDD 的对应分区，不需要依赖其他的节点，并且在计算过程中不会存在冗余计算；若丢失数据的子 RDD 在进行宽依赖运算，则需要父 RDD 的所有分区都要进行一次完整的计算，在计算过程中会存在冗余计算。为了解决宽依赖运算中出现的计算冗余问题，Spark 又提供了另一种方式进行数据容错，即设置检查点方式。

设置检查点方式本质上是将 RDD 写入磁盘进行存储。当 RDD 在进行宽依赖运算时，只需要在运算的中间阶段设置一个检查点进行容错，即通过 Spark 中的 SparkContext 对象调用 setCheckpointDir() 方法，设置一个容错文件目录作为检查点，该文件目录可以是本地文件系统的目录，也可以是 HDFS 的目录，示例代码如下。

```
//在 HDFS 设置容错文件目录
sc.setCheckpointDir("hdfs://192.168.88.161:9000/checkpoint")
//在 Linux 的本地文件系统设置容错文件目录
sc.setCheckpointDir("file:///checkpoint")
//在 Windows 的本地文件系统设置容错文件目录
sc.setCheckpointDir("file:///D:/checkpoint")
```

设置检查点后，Spark 将在容错文件目录中存储 RDD 的检查点数据。这确保了在发生任务失败或节点宕机等情况下，可以从检查点数据中快速恢复，而不需要重新计算整个 RDD。

Spark 中的 RDD 容错机制可以保证数据的可持续性。同样，如何保证可持续性学习是一件非常重要的事情，因为可持续性学习可以培养终身学习意识和能力，使我们能够不断更新知识和技能，适应不断变化的环境和需求。

3.7 Spark 的任务调度

3.7.1 DAG 的概念

Spark 中的 RDD 通过一系列的转换算子形成一个 DAG（Directed Acyclic Graph，有向无环图）。DAG 是一种非常重要的图论数据结构，所谓的图论数据结构是指描述某些事物之间的某种特定关系，用点代表事物，用连接两点的线表示相应两个事物间具有这种关系。如果一个有向图无法从任意顶点出发经过若干条边回到该顶点，则这个图就是有向无环图，有向无环图如图 3-26 所示。

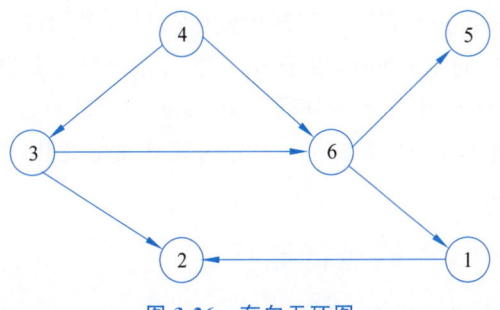

图 3-26　有向无环图

从图 3-26 可以看出，4→6→1→2 是一条路径，4→6→5 也是一条路径，并且图中不存在从顶点经过若干条边后能回到该顶点的路径。在 Spark 中，有向无环图的连贯关系被用来表达 RDD 之间的依赖关系。其中，顶点表示 RDD 及产生该 RDD 的转换操作，有方向的线表示 RDD 之间的相互转化。

根据 RDD 之间依赖关系的不同可以将 DAG 划分成不同的 Stage。对于窄依赖来说，RDD 中分区的操作是在一个线程里完成的，因此窄依赖会被 Spark 划分到同一个 Stage 中；而对于宽依赖来说，会存在 Shuffle 过程，因此只能在父 RDD 处理完成后，下一个 Stage 才能开始接下来的计算，因此宽依赖是划分 Stage 的依据，当 RDD 进行转换操作遇到宽依赖的转换算子时，就划为一个 Stage。Stage 的划分如图 3-27 所示。

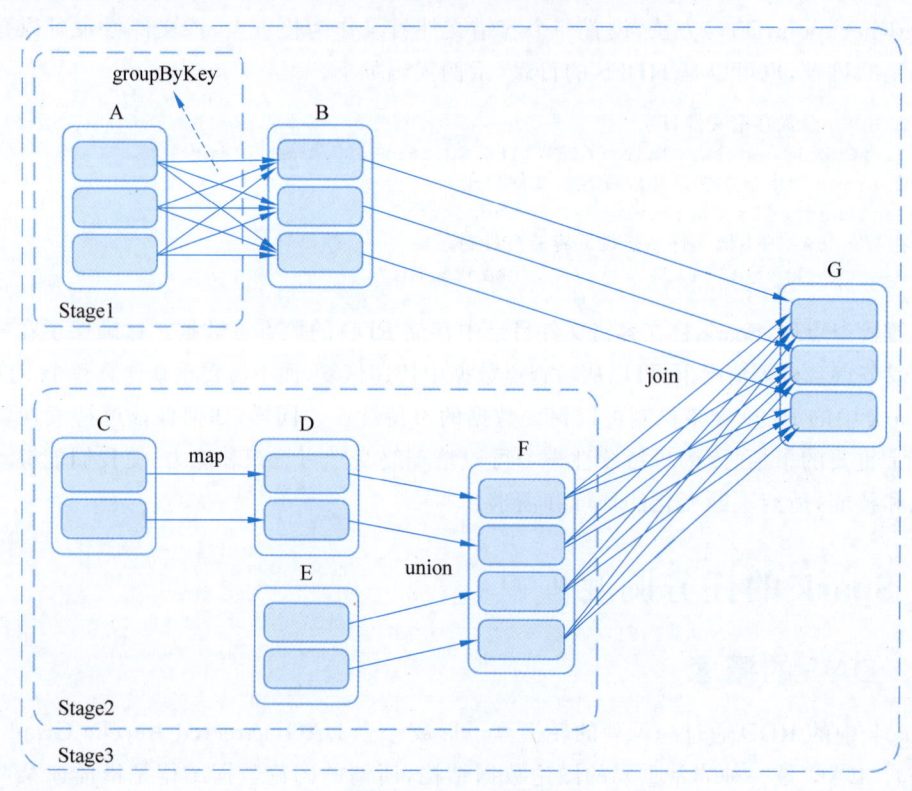

图 3-27 Stage 的划分

在图 3-27 中，将 A、C 和 E 3 个 RDD 作为初始 RDD，当 A 通过 groupByKey 算子进行转换操作生成名为 B 的 RDD 时，由于 groupByKey 算子属于宽依赖，所以把 A 划分为一个 Stage，即 Stage1；当 C 通过 map 算子进行转换操作名为 D 的 RDD，D 与 E 通过 union 算子进行转换操作生成名为 F 的 RDD 时，由于 map 和 union 算子都属于窄依赖，所以不进行 Stage 的划分，而是将 C、D、E 和 F 划分到同一个 Stage 中，即 Stage2；当 F 与 B 通过 join 算子进行转换操作生成名为 G 的 RDD 时，由于分区数量发生变化，所以属于宽依赖，因此会划分为一个 Stage，即 Stage3。

3.7.2 RDD 在 Spark 中的运行流程

RDD 在 Spark 中的运行最终会被解析为 Task 分配到 Worker，这一过程主要由 Spark

任务调度中的 4 个部分协作完成,分别是 RDD Objects(RDD 对象)、DAG Scheduler(DAG 调度器)、Task Scheduler(任务调度器)和 Worker。具体来说,RDD Objects 就是代码中创建的一组 RDD,这些 RDD 在逻辑上组成了一个 DAG;DAG Scheduler 负责将 DAG 划分为不同的 Stage;Task Scheduler 负责分配 Task 并监控 Task 的执行状态和进度;Worker 负责接收和执行 Task。为了大家更好理解,接下来,通过图 3-28 来描述 RDD 在 Spark 中的运行流程。

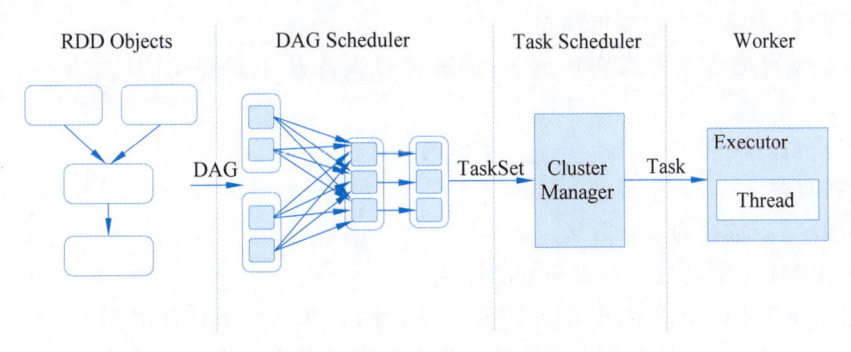

图 3-28 RDD 在 Spark 中的运行流程

关于图 3-28 所示的 RDD 在 Spark 中的运行流程,具体介绍如下。

(1) 当 RDD Objects 创建完成后,SparkContext 会根据 RDD Objects 的转换操作构建出一个 DAG,然后将 DAG 提交给 DAG Scheduler。

(2) DAG Scheduler 将 DAG 划分成不同的 Stage,每个 Stage 都是一个 TaskSet(任务集合),每个 TaskSet 会由一组可以并行执行的任务组成。DAG Scheduler 会将 Stage 传输给 Task Scheduler。

(3) Task Scheduler 通过与内部的 Cluster Manager 交互,将 Stage 中的 Task 根据其所需资源动态分配到合适的 Worker 中。若期间有某个 Task 传输失败,则 Task Scheduler 会重新尝试传输 Task,并向 DAG Scheduler 汇报当前的传输状态。若某个 Task 执行失败,则 Task Scheduler 会根据失败情况进行相应的处理。

需要注意的是,一个 Task Scheduler 只能对同一个 SparkContext 构建的 DAG 提供服务。

(4) Worker 接收到 Task 后,把 Task 运行在 Executor 中,每个 Task 相当于 Executor 中的一个 Thread(线程)。

3.8 本章小结

本章主要讲解了 RDD 相关知识与操作。首先是 RDD 简介。其次,讲解了 RDD 的创建,包括基于文件和数据集合创建 RDD。再次,讲解了 RDD 的处理过程,包括转换算子和行动算子。接着,讲解了 RDD 的分区和依赖关系。然后,讲解了 RDD 机制,包括持久化机制和容错机制。最后,讲解了 Spark 的任务调度,包括 DAG 的概念和 RDD 在 Spark 中的运行流程。通过本章学习,读者应掌握 RDD 的基础知识和使用技巧,这将有助于更好地利用 Spark 框架解决实际应用中的数据分析问题。

3.9 课后习题

一、填空题

1. RDD 是 Spark 中一个基本的数据处理模型,它具有_____和并行的数据结构。
2. Spark 提供了_____方法用于从文件系统中的文件读取数据并创建 RDD。
3. RDD 的依赖关系有宽依赖和_____。
4. 通过设置检查点方式实现 RDD 的故障恢复本质上是将 RDD 写入_____进行存储。
5. 在 Spark 中 RDD 采用_____求值的方式。

二、判断题

1. RDD 可以被分为多个分区。( )
2. 转换算子需要通过行动算子触发计算。( )
3. 宽依赖是指每个父 RDD 的分区最多被子 RDD 的一个分区使用。( )
4. 若有向图可以从任意顶点出发经过若干条边回到该点,则称为有向无环图。( )
5. 窄依赖是划分 Stage 的依据。( )

三、选择题

1. 下列选项中,属于 Spark 分区器的是( )。
   A. BinaryPartitioner   B. HashPartitioner
   C. SortPartitioner   D. LinearPartitioner
2. 下列方法中,用于指定 RDD 分区数量的是( )。
   A. repartition()   B. setPartition()
   C. rangePartition()   D. hashPartition()
3. 下列选项中,不属于转换算子的是( )。
   A. filter   B. reduceByKey   C. groupByKey   D. reduce
4. 下列选项中,既能使 RDD 产生宽依赖也能使 RDD 产生窄依赖的算子是( )。
   A. map   B. join   C. union   D. groupByKey
5. 下列选项中,属于 RDD 持久化级别的有( )。(多选)
   A. MEMORY_ONLY   B. MEMORY_AND_DISK
   C. DISK_ONLY   D. OFF_HEAP

四、简答题

1. 简述 RDD 提供的两种故障恢复方式。
2. 简述 RDD 在 Spark 中的运行流程。

第 4 章
Spark SQL 结构化数据处理模块

学习目标：

- 了解 Spark SQL，能够说出 Spark SQL 的特点。
- 熟悉 Spark SQL 架构，能够说明 Catalyst 内部组件的运行流程。
- 熟悉 DataFrame 的基本概念，能够说明 DataFrame 与 RDD 在结构上的区别。
- 掌握 DataFrame 的创建，能够通过读取文件创建 DataFrame。
- 掌握 DataFrame 的常用操作，能够使用 DSL 风格和 SQL 风格操作 DataFrame。
- 掌握 DataFrame 的函数操作，能够使用标量函数和聚合函数操作 DataFrame。
- 掌握 RDD 与 DataFrame 的转换，能够通过反射机制和编程方式将 RDD 转换成 DataFrame。
- 了解 Dataset，能够说出 RDD、DataFrame 与 Dataset 的区别。
- 掌握 Dataset 的创建，能够通过读取文件创建 Dataset。
- 掌握 Spark SQL 操作数据源，能够使用 Spark SQL 操作 MySQL 和 Hive。

对于那些对 Scala 语言和 Spark 常用 API 不了解，但希望能够利用 Spark 框架强大数据分析能力的用户，Spark 提供了一种结构化数据处理模块 Spark SQL，Spark SQL 模块使用户可以利用 SQL 语句处理结构化数据。本章针对 Spark SQL 的基本原理和使用方式进行详细讲解。

4.1 Spark SQL 的基础知识

Spark SQL 是 Spark 用来处理结构化数据的一个模块，它提供了一个名为 DataFrame 的数据模型，即带有元数据信息的 RDD。作为分布式 SQL 查询引擎，Spark SQL 使用户可以通过 SQL、DataFrame API 和 Dataset API 3 种方式实现对结构化数据的处理。无论用户选择哪种方式，它们都是基于同样的执行引擎，可以方便地在不同的方式之间进行切换。

4.1.1 Spark SQL 的简介

Spark SQL 的前身是 Shark，Shark 最初是由加州大学伯克利分校的 AMP 实验室开发的 Spark 生态系统的组件之一，它运行在 Spark 系统上，并且重新利用了 Hive 的工作机制，并继承了 Hive 的各个组件。Shark 主要的改变是将 SQL 语句的转换方式从 MapReduce 作业替换成了 Spark 作业，这样的改变提高了计算效率。

然而，由于 Shark 过于依赖 Hive，所以在版本迭代时很难添加新的优化策略，从而限制了 Spark 的发展，因此，在后续的迭代更新中，Shark 的维护停止了，转向 Spark SQL 的开发。Spark SQL 具有 3 个特点，具体内容如下。

（1）支持多种数据源。Spark SQL 可以从各种数据源中读取数据，包括 Hive、MySQL 等，使用户可以轻松处理不同数据源的数据。

（2）支持标准连接。Spark SQL 提供了行业标准的 JDBC 和 ODBC 连接方式，使用户可以通过外部连接方式执行 SQL 查询，不再局限于在 Spark 程序内使用 SQL 语句进行查询。

（3）支持无缝集成。Spark SQL 提供了 Python、Scala 和 Java 等编程语言的 API，使 Spark SQL 能够与 Spark 程序无缝集成，可以将结构化数据作为 Spark 中的 RDD 进行查询。这种紧密的集成方式使用户可以方便地在 Spark 框架中进行结构化数据的查询与分析。

总体来说，Spark SQL 支持多种数据源的查询和加载，并且兼容 Hive，可以使用 JDBC 和 ODBC 的连接方式来执行 SQL 语句，它为 Spark 框架在结构化数据分析方面提供重要的技术支持。

4.1.2　Spark SQL 架构

Spark SQL 的一个重要特点就是能够统一处理数据表和 RDD，使得用户可以轻松使用 SQL 语句进行外部查询，同时进行更加复杂的数据分析。接下来，通过图 4-1 来了解 Spark SQL 底层架构。

图 4-1　Spark SQL 底层架构

从图 4-1 可以看出，用户提交 SQL 语句、DataFrame 和 Dataset 后，会经过一个优化器（Catalyst），将 SQL 语句、DataFrame 和 Dataset 的执行逻辑转换为 RDD，然后提交给 Spark 集群（Cluster）处理。Spark SQL 的计算效率主要由 Catalyst 决定，也就是说，Spark SQL 执行逻辑的生成和优化工作全部交给 Spark SQL 的 Catalyst 管理。

Catalyst 是一个可扩展的查询优化框架，它基于 Scala 函数式编程，使用 Spark SQL 时，Catalyst 能够为后续的版本迭代更新轻松地添加新的优化技术和功能，特别是针对大数据生产环境中遇到的问题，例如针对半结构化数据和高级数据分析，另外，Spark 作为开源项目，用户可以针对项目需求自行扩展 Catalyst 的功能。

Catalyst 内部主要包括 Parser（分析）组件、Analyzer（解析）组件、Optimizer（优化）组件、Planner（计划）组件和 Query Execution（执行）组件。接下来，通过图 4-2 来介绍 Catalyst 内部各组件的关系。

图 4-2 展示的是 Catalyst 内部各组件的关系，关于这些组件的运行流程如下。

（1）当用户提交 SQL 语句、DataFrame 或 Dataset 时，它们会经过 Parser 组件进行分析。Parser 组件分析相关的执行语句，判断其是否符合规范，一旦分析完成，会创建

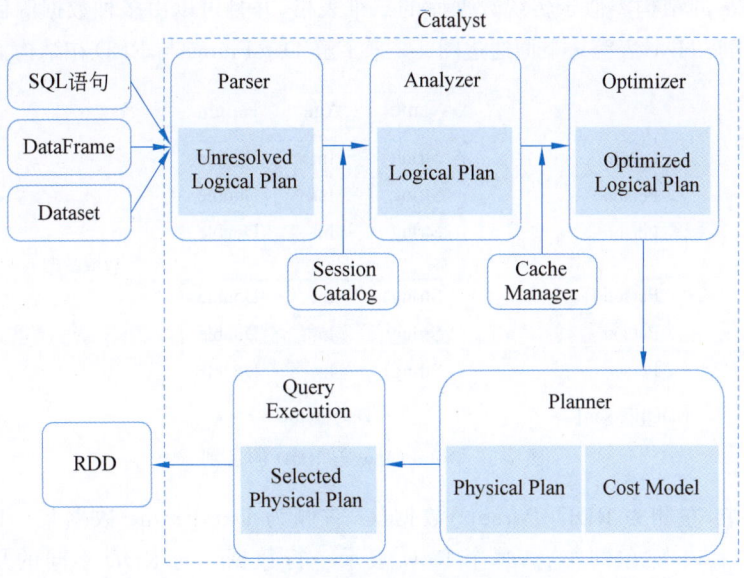

图 4-2 Catalyst 内部各组件的关系

SparkSession，并将包括表名、字段名和字段类型等元数据保存在会话目录（Session Catalog）中发送给 Analyzer 组件，此时的执行语句为未解析的逻辑计划（Unresolved Logical Plan）。其中会话目录用于管理与元数据相关的信息。

（2）Analyzer 组件根据会话目录中的信息，将未解析的逻辑计划解析为逻辑计划（Logical Plan）。同时，Analyzer 组件还会验证执行语句中的表名、字段名和字段类型是否存在于元数据中。如果所有的验证都通过，那么逻辑计划将被保存在缓存管理器（Cache Manager）中，并发送给 Optimizer 组件。

（3）Optimizer 组件接收到逻辑计划后进行优化处理，得到优化后的逻辑计划（Optimized Logical Plan）。例如，在计算表达式 $x+(1+2)$ 时，Optimizer 组件会将其优化为 $x+3$，如果没有经过优化，每个结果都需要执行一次 $1+2$ 的操作，然后再与 x 相加，通过优化，就无须重复执行 $1+2$ 的操作。优化后的逻辑计划会发送给 Planner 组件。

（4）Planner 组件将优化后的逻辑计划转换为多个物理计划（Physical Plan），通过成本模型（Cost Model）进行资源消耗估算，在多个物理计划中得到选择后的物理计划（Selected Physical Plan）并将其发送给 Query Execution 组件。

（5）Query Execution 组件根据选择后的物理计划生成具体的执行步骤，并将其转化为 RDD。

4.2 DataFrame 的基础知识

4.2.1 DataFrame 简介

在 Spark 中，DataFrame 是一种以 RDD 为基础的分布式数据集，因此 DataFrame 可以执行绝大多数 RDD 的功能。在实际开发中，可以方便地进行 RDD 和 DataFrame 之间的转换。

DataFrame 的结构类似于传统数据库的二维表格，并且可以由多种数据源创建，如结构化文件、外部数据库、Hive 表等。下面通过图 4-3 来了解 DataFrame 与 RDD 在结构上的区别。

Name	Age	Height
String	Int	Double
String	Int	Double
String	Int	Double
String	Int	Double
String	Int	Double
String	Int	Double

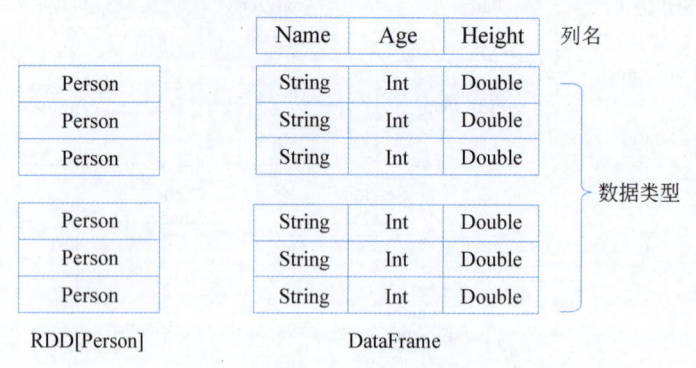

图 4-3　DataFrame 与 RDD 的区别

在图 4-3 中，左侧为 RDD[Person] 数据集，右侧为 DataFrame 数据集。DataFrame 可以看作分布式 Row 对象的集合，每个 Row 表示一行数据。与 RDD 不同的是，DataFrame 还包含了元数据信息，即每列的名称和数据类型，如 Name、Age 和 Height 为列名，String、Int 和 Double 为数据类型。这使得 Spark SQL 可以获取更多的数据结构信息，并对数据源和 DataFrame 上的操作进行精细化的优化，最终提高计算效率，同时，DataFrame 与 Hive 类似，DataFrame 也支持嵌套数据类型，如 Struct、Array 和 Map。

RDD[Person]虽然以 Person 为类型参数，但是 Spark SQL 无法获取 RDD[Person]内部的结构，导致在转换数据时效率相对较低。

总的来说，DataFrame 提高了 Spark SQL 的执行效率、减少数据读取时间以及优化执行计划。引入 DataFrame 后，处理数据就更加简单了，可以直接用 SQL 或 DataFrame API 处理数据，极大提升了用户的易用性。通过 DataFrame API 或 SQL 处理数据时，Catalyst 会自动优化查询计划，即使用户编写的程序或 SQL 语句在逻辑上不是最优的，Spark 仍能够高效地执行这些查询。

4.2.2　DataFrame 的创建

在 Spark 2.0 之后，Spark 引入了 SparkSession 接口，以更方便地创建 DataFrame。创建 DataFrame 时需要创建 SparkSession 对象，该对象的创建方式分为两种，一种是通过代码 SparkSession.builder.master().appName().getOrCreate() 来创建。另一种是 Spark Shell 中会默认创建一个名为 spark 的 SparkSession 对象。一旦 SparkSession 对象创建完成后，就可以通过其提供的 read() 方法获取一个 DataFrameReader 对象，并利用该对象调用一系列方法从各种类型的文件中读取数据创建 DataFrame。

接下来，基于 YARN 集群的运行模式启动 Spark Shell。在虚拟机 Hadoop1 的目录 /export/servers/sparkOnYarn/spark-3.3.0-bin-hadoop3 中执行如下命令。

```
$ bin/spark-shell --master yarn
```

上述命令执行完成后的效果如图 4-4 所示。

从图 4-4 可以看出，Spark Shell 默认创建了一个名为 spark 的 SparkSession 对象。

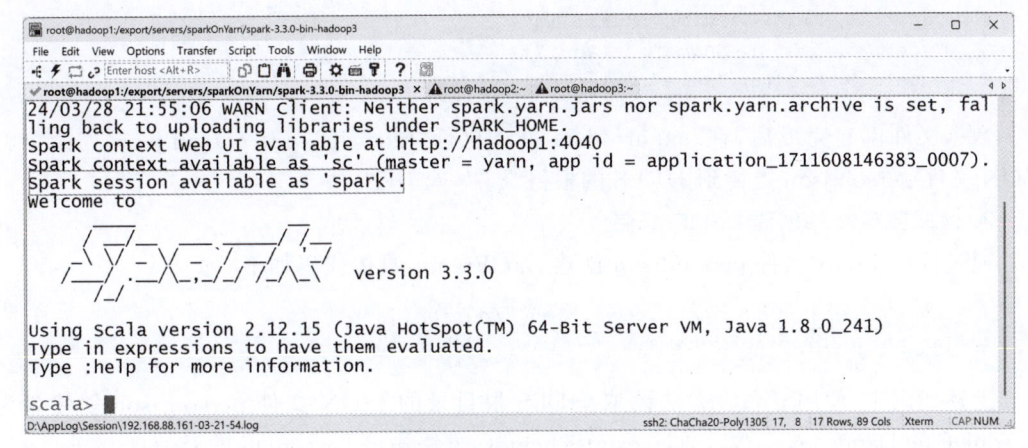

第 4 章 Spark SQL 结构化数据处理模块

图 4-4 启动 Spark Shell

常见的读取数据创建 DataFrame 的方法如表 4-1 所示。

表 4-1 常见的读取数据创建 DataFrame 的方法

方　法	语法格式	说　明
text()	SparkSession.read.text(path)	从指定目录 path 读取文本文件，创建 DataFrame
csv()	SparkSession.read.csv(path)	从指定目录 path 读取 CSV 文件，创建 DataFrame
json()	SparkSession.read.json(path)	从指定目录 path 读取 JSON 文件，创建 DataFrame
parquet()	SparkSession.read.parquet(path)	从指定目录 path 读取 parquet 文件，创建 DataFrame
toDF()	RDD.toDF([col,col,⋯])	用于将一个 RDD 转换为 DataFrame，并且可以指定列名 col。默认情况下，列名的格式为_1、_2 等
createDataFrame()	SparkSession.createDataFrame(data,schema)	通过读取自定义数据 data 创建 DataFrame

在表 4-1 中，参数 data 用于指定 DataFrame 的数据，其值的类型可以是数组、List 集合或者 RDD。参数 schema 为可选用于指定 DataFrame 的元信息，包括列名和数据类型。如果没有指定参数 schema，那么使用默认的列名，其格式为_1、_2 等。而数据类型则通过数据自行推断。

接下来，通过读取 JSON 文件演示如何创建 DataFrame，具体步骤如下。

1. 数据准备

克隆一个虚拟机 Hadoop1 的会话，在虚拟机 Hadoop1 的/export/data 目录下执行"vi person.json"命令创建 JSON 文件 person.json，具体内容如文件 4-1 所示。

文件 4-1 person.json

```
1  {"age":20, "id":1, "name":"zhangsan"}
2  {"age":18, "id":2, "name":"lisi"}
3  {"age":21, "id":3, "name":"wangwu"}
```

```
4  {"age":23, "id":4, "name":"zhaoliu"}
5  {"age":25, "id":5, "name":"tianqi"}
6  {"age":19, "id":6, "name":"xiaoba"}
```

数据文件创建完成后,在/export/data 目录执行"hdfs dfs -put person.json /"命令将 JSON 文件 person.json 上传到 HDFS 的根目录。

2. 读取数据文件创建 DataFrame

通过读取 JSON 文件 person.json 创建 DataFrame,具体代码如下。

```
scala> val personDF = spark.read.json("/person.json")
scala> personDF.printSchema()
```

上述代码中,使用 json()方法读取 HDFS 根目录的 JSON 文件 person.json 创建名为 personDF 的 DataFrame,然后通过 printSchema()方法输出 personDF 的元信息。

上述代码运行完成后,如图 4-5 所示。

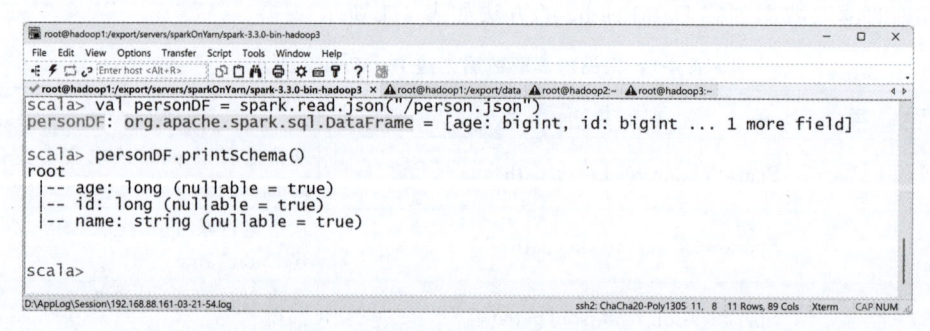

图 4-5 输出 personDF 的元信息

从图 4-5 可以看出,JSON 文件 person.json 中的键会作为 DataFrame 的列名,而列的数据类型会根据键对应的值自行推断。此外,默认情况下,DataFrame 中每个列的值可以为空,即 nullable = true。例如,根据 JSON 文件 person.json 中键 name 的值推断出列 name 的数据类型为 string。

使用 show()方法查看当前 DataFrame 的内容,具体代码如下。

```
scala> personDF.show()
```

上述代码运行完成后的效果如图 4-6 所示。

图 4-6 查看 DataFrame 的内容

从图 4-6 可以看出，DataFrame 的内容为二维表格的形式，其中列与 JSON 文件 person.json 中的键有关，而列的数据为 JSON 文件 person.json 中键对应的值。

4.2.3 DataFrame 的常用操作

多样性是创造力和创新的源泉。每个人都有着不同的经历、知识和观点，这些多样性构成了团队或学习环境的宝贵财富。当我们尊重和接纳多样性时，便能从不同的角度看待问题，开拓思维，找到更多解决问题的途径。DataFrame 提供了两种语法风格，分别是 DSL（领域特定语言）风格和 SQL 风格，前者通过 DataFrame API 的方式操作 DataFrame，后者通过 SQL 语句的方式操作 DataFrame。接下来，针对 DSL 风格和 SQL 风格分别讲解 DataFrame 的具体操作方式。

1. DSL 风格

DataFrame 提供一种 DSL 风格去管理结构化的数据。可以在 Scala、Java、Python 和 R 语言中使用 DSL，下面以 Scala 语言使用 DSL 为例，讲解 DataFrame 的常用操作。

（1）printSchema()方法：查看 DataFrame 的元数据信息。

（2）show()方法：查看 DataFrame 中的内容。

（3）select()方法：选择 DataFrame 中指定列。

下面基于 4.2.2 节中创建的 DataFrame 选择其 name 列的数据，具体代码如下。

```
scala> personDF.select(personDF("name")).show()
```

上述代码运行完成后的效果如图 4-7 所示。

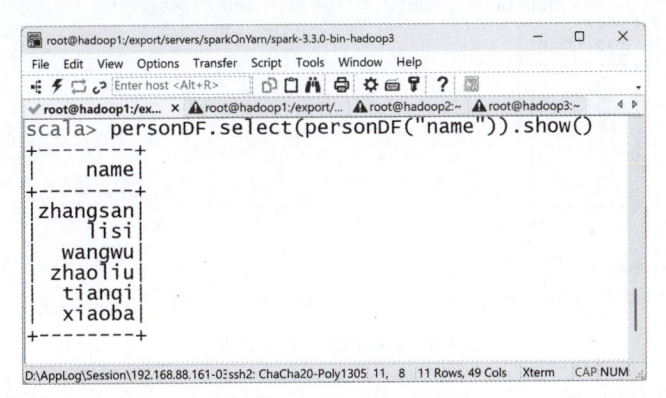

图 4-7 select()方法的使用

从图 4-7 可以看出，DataFrame 中 name 列的数据包括 zhangsan、lisi、wangwu、zhaoliu、tianqi、xiaoba。

（4）filter()方法：实现条件查询，筛选出想要的结果。

下面演示如何筛选 DataFrame 中 age 列大于或等于 20 的数据，具体代码如下。

```
scala> personDF.filter(personDF("age")>=20).show()
```

上述代码运行完成后的效果如图 4-8 所示。

从图 4-8 可以看出，DataFrame 中包含 4 条 age 列大于或等于 20 的数据。

（5）groupBy()方法：根据 DataFrame 的指定列进行分组，分组完成后可通过 count()

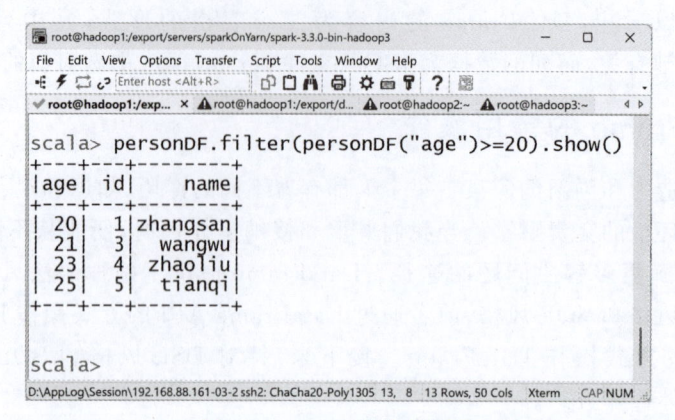

图 4-8　filter()方法的使用

方法对每个组内的元素进行计数操作。

下面演示如何根据 DataFrame 中 age 列进行分组并统计每个组内元素的个数,具体代码如下。

```
scala> personDF.groupBy("age").count().show()
```

上述代码运行完成后的效果如图 4-9 所示。

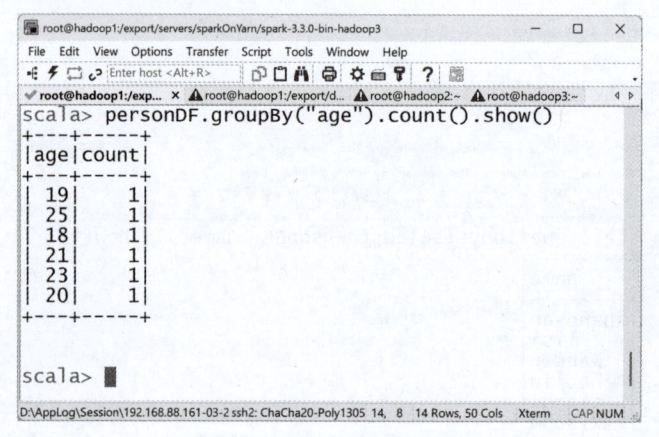

图 4-9　groupBy()方法的使用

从图 4-9 可以看出,根据 DataFrame 中 age 列分为 6 组,每组内元素的个数都为 1。

(6) sort()方法:根据指定列进行排序操作,默认是升序排序,若指定为降序排序,需要使用 desc()方法指定排序规则为降序排序。

下面演示如何根据 DataFrame 中的 age 列进行降序排序,具体代码如下。

```
scala> personDF.sort(personDF("age").desc).show()
```

上述代码运行完成后的效果如图 4-10 所示。

从图 4-10 可以看出,DataFrame 中的数据根据 age 列进行降序排序。

2. SQL 风格

DataFrame 的强大之处就是可以将其看作一个关系型数据表,并且可以在 Spark 中直接使用 spark.sql()的方式执行 SQL 查询,并将结果作为一个 DataFrame 返回。使用 SQL

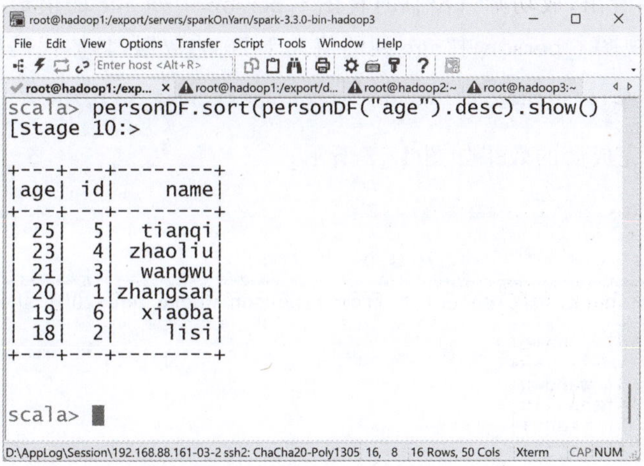

图 4-10　sort()方法的使用

风格操作的前提是需要将 DataFrame 创建成一个临时视图,接下来,创建一个 DataFrame 的临时视图 t_person,具体代码如下。

```
scala> personDF.createOrReplaceTempView("t_person")
```

上述代码中,通过 createOrReplaceTempView()方法创建 personDF 的临时视图 t_person。使用 createOrReplaceTempView()方法创建的临时视图的生命周期依赖于 SparkSession,即 SparkSession 存在则临时视图存在。当用户想要手动删除临时视图时,可以通过执行 spark.catalog.dropTempView("t_person")代码实现,其中 t_person 用于指定临时视图的名称。

下面演示使用 SQL 风格方式操作 DataFrame。

(1) 查询临时视图 t_person 中 age 列的值最大的两行数据,具体代码如下。

```
scala> spark.sql("select * from t_person order by age desc limit 2").show()
```

上述代码中,通过 SQL 语句对临时视图 t_person 中 age 列进行降序排序,并获取排序结果的前两条数据。

上述代码运行完成后的效果如图 4-11 所示。

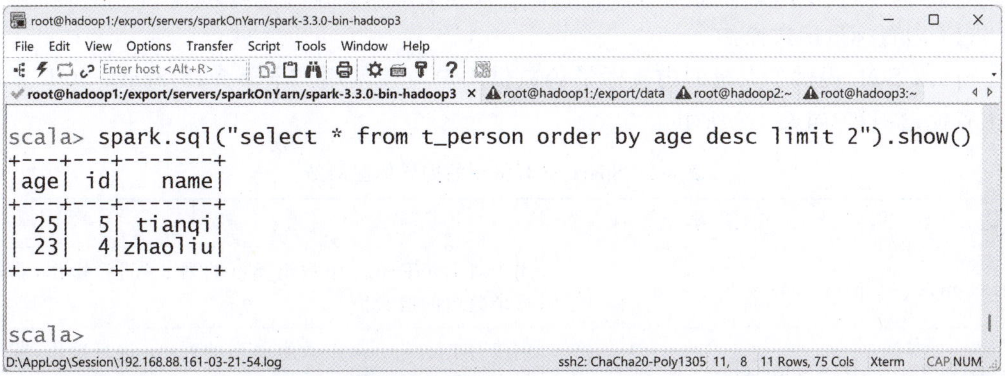

图 4-11　临时视图 t_person 中 age 列的值最大的两行数据

从图 4-11 可以看出，成功筛选出临时视图 t_person 中列 age 的值最大的两行数据。

（2）查询临时视图 t_person 中 age 列的值大于 20 的数据，具体代码如下。

```
scala> spark.sql("select * from t_person where age>20").show()
```

上述代码运行完成后的效果如图 4-12 所示。

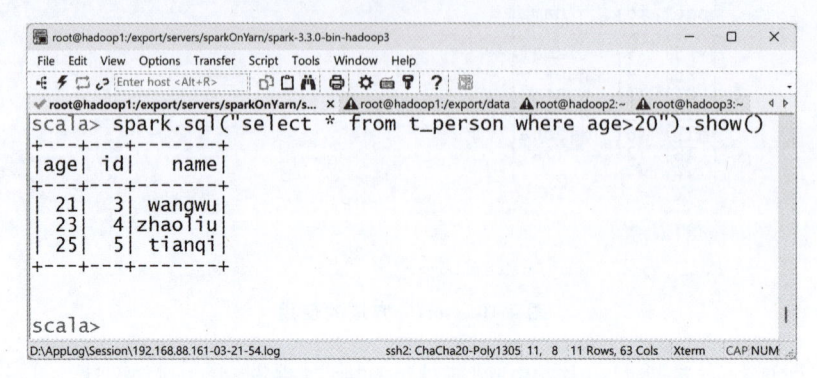

图 4-12　临时视图 t_person 中 age 列的值大于 20 的数据

从图 4-12 可以看出，成功筛选出 age 列的值大于 20 的数据。

DataFrame 操作方式简单，并且功能强大，熟悉 SQL 语法的用户都能够快速地掌握 DataFrame 的操作，本节只讲解了部分常用的操作方式，读者可通过查阅 Spark 官网详细学习 DataFrame 的操作方式。

4.2.4　DataFrame 的函数操作

Spark SQL 提供了一系列函数对 DataFrame 进行操作，能够对数据进行多样化的处理和分析，这些函数操作主要包括标量函数（Scalar Functions）操作和聚合函数（Aggregate Functions）操作，它们同样支持 DSL 风格和 SQL 风格操作 DataFrame，鉴于使用 SQL 风格操作 DataFrame 较为简单，本节使用 DSL 风格重点介绍这两种类型函数的操作。

1. 标量函数操作

标量函数操作是对于输入的每一行数据，函数会产生单个值作为输出。标量函数分为内置标量函数（Built-in Scalar Function）操作和自定义标量函数（User-Defined Scalar Function）操作，关于内置标量函数操作和自定义标量函数操作的介绍如下。

（1）内置标量函数操作。

Spark SQL 提供了大量的内置标量函数供用户直接使用。下面介绍 Spark SQL 常用的内置标量函数，如表 4-2 所示。

表 4-2　Spark SQL 常用的内置标量函数

函　　数	语法格式	说　　明
array_max	array_max(col)	用于对 DataFrame 中数组类型的列 col 进行操作，获取每个数组的最大值
array_min	array_min(col)	用于对 DataFrame 中数组类型的列 col 进行操作，获取每个数组的最小值

续表

函　数	语法格式	说　　明
map_keys	map_keys(col)	用于对 DataFrame 中键值对类型的列 col 进行操作，获取每个键值对的键
map_values	map_values（col）	用于对 DataFrame 中键值对类型的列 col 进行操作，获取每个键值对的值
element_at	element_at(col,key)	用于对 DataFrame 中键值对类型的列 col 进行操作，根据指定的键 key 返回对应的值，如果键不存在，则返回 NULL
date_add	date_add(startDate,num_days)	用于在指定日期 startDate 上增加天数 num_days。startDate 可以是日期类型的列也可以是字符串形式的日期
datediff	datediff(endDate,startDate)	用于计算两个日期 startDate 和 endDate，之间的天数差异。startDate 和 endDate 可以是日期类型的列也可以是字符串形式的日期
substring	substring(str,pos,len)	用于对 DataFrame 中字符串类型的列进行操作，从字符串中截取部分字符串。其中参数 str 为初始字符串或列；参数 pos 为提取部分字符串的索引位置，从 1 开始；参数 len 指定截取部分字符串的长度。例如初始字符串为 world，索引位置为 1，截取长度为 2，则截取后的字符串为 wo。如果索引位置超过初始字符串的长度，则截取后的字符串为空，如果截取长度超过索引位置之后字符串的长度，则将索引位置之后字符串全部截取

接下来，以 IntelliJ IDEA 为例，演示表 4-2 中常用内置标量函数的使用，具体内容如下。

① 在项目 Spark_Project 中添加 Spark SQL 依赖。在 pom.xml 文件的 <dependencies> 标签中添加如下内容。

```
<dependency>
    <groupId>org.apache.spark</groupId>
    <artifactId>spark-sql_2.12</artifactId>
    <version>3.3.0</version>
</dependency>
```

Spark SQL 依赖添加完成后，在 IntelliJ IDEA 的 Maven 面板中确认该依赖已经存在于项目 Spark_Project 中。

② array_max 函数。在项目 Spark_Project 中创建 cn.itcast.fun 包，并在该包中创建名为 FunTest 的 Scala 文件，通过 array_max 函数获取 DataFrame 中数组类型列的最大值，具体代码如文件 4-2 所示。

文件 4-2　FunTest.scala

```
1  package cn.itcast.fun
2  import org.apache.spark.sql.SparkSession
3  import org.apache.spark.sql.functions._
4  object FunTest {
5    def main(args: Array[String]): Unit = {
6      val spark = SparkSession.builder()
7        .appName("FunTest")
```

```
8        .master("local[*]")
9        .getOrCreate()
10      import spark.implicits._
11      val data = List(
12        (
13          Array(80, 88, 68),
14          Map("xiaohong" -> "B", "xiaoming" -> "A", "xiaoliang" -> "C"),
15          "2023-06-15",
16          "2023-06-16"
17        )
18      )
19      val dataRDD = spark.sparkContext.parallelize(data)
20      val dataFrame = dataRDD.toDF(
21        "数学分数",
22        "学生评级",
23        "考试时间",
24        "成绩公布时间"
25      )
26      val result = dataFrame.select(
27        col("数学分数"),
28        array_max(col("数学分数"))
29      )
30      //参数 truncate = false 用于指定显示 DataFrame 中完整的行内容
31      result.show(truncate = false)
32      //释放 Spark 程序占用的资源
33      spark.stop()
34    }
35  }
```

在文件 4-2 中,第 6~9 行代码用于创建 SparkSession 对象并指定 Spark 程序的名称为 FunTest,以及 Spark 程序可以使用本地计算机的所有线程。第 10 行代码用于引入隐式转换函数,使得可以在 Spark 程序中更方便地进行 RDD 到 DataFrame 的转换。第 19 行代码使用 parallelize()方法基于 List 集合 data 创建名为 dataRDD 的 RDD。

第 20~25 行代码使用 toDF()方法将 dataRDD 转换成名为 dataFrame 的 DataFrame,并指定 DataFrame 中的列名。此时,dataRDD 中的每个元素将作为 dataFrame 中的一行数据,由于 dataRDD 的元素为元组类型,所以元组中的每个元素将依次作为 dataFrame 中每个列的数据。

第 26~29 行代码通过 select()方法选择 dataFrame 中的"数学分数"列,并通过 array_max 函数获取"数学分数"列的最大值。

文件 4-2 的运行结果如图 4-13 所示。

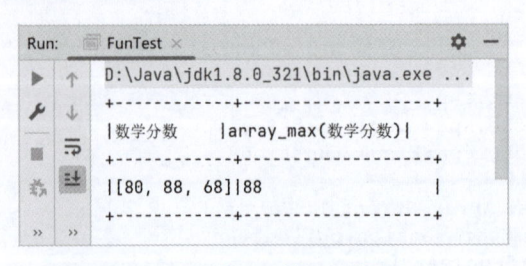

图 4-13 文件 4-2 的运行结果(1)

从图 4-13 可以看出,"数学分数"列的最大值为 88。

③ array_min 函数。通过 array_min 函数获取 DataFrame 中数组类型列的最小值。这里将文件 4-2 中第 26～29 行代码修改为如下代码。

```
val result = dataFrame.select(
    col("数学分数"),
    array_min(col("数学分数"))
)
```

上述代码通过 select() 方法选择 dataFrame 中的"数学分数"列,并通过 array_min 函数获取"数学分数"列的最小值。

文件 4-2 的运行结果如图 4-14 所示。

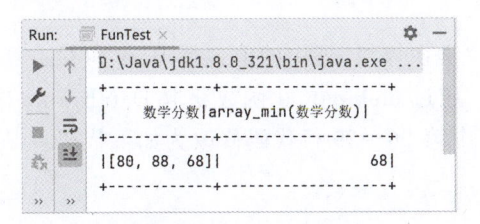

图 4-14 文件 4-2 的运行结果(2)

从图 4-14 可以看出,"数学分数"列的最小值为 68。

④ map_keys 函数。通过 map_keys 函数获取 DataFrame 中键值对类型列的键。这里将文件 4-2 中第 26～29 行代码修改为如下代码。

```
val result = dataFrame.select(
  col("学生评级"),
  map_keys(col("学生评级"))
)
```

上述代码通过 select() 方法选择 dataFrame 中的"学生评级"列,并通过 map_keys 函数获取"学生评级"列中的键。

文件 4-2 的运行结果如图 4-15 所示。

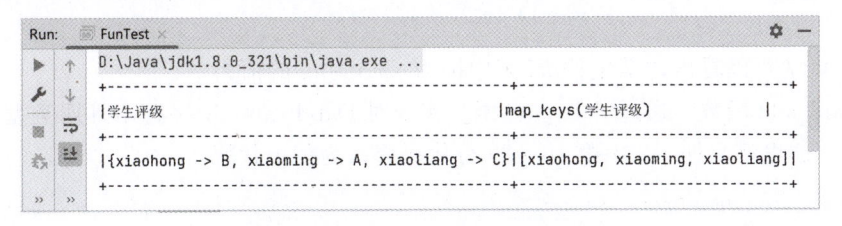

图 4-15 文件 4-2 的运行结果(3)

从图 4-15 可以看出,"学生评级"列中的键包括 xiaohong、xiaoming 和 xiaoliang。

⑤ map_values 函数。通过 map_values 函数获取 DataFrame 中键值对类型列的值。这里将文件 4-2 中第 26～29 行代码修改为如下代码。

```
val result = dataFrame.select(
  col("学生评级"),
  map_values(col("学生评级"))
)
```

上述代码通过 select() 方法选择 dataFrame 中的"学生评级"列,并通过 map_values 函数获取"学生评级"列中的值。

文件 4-2 的运行结果如图 4-16 所示。

```
|学生评级                                          |map_values(学生评级)|
|{xiaohong -> B, xiaoming -> A, xiaoliang -> C}|[B, A, C]          |
```

图 4-16　文件 4-2 的运行结果(4)

从图 4-16 可以看出,"学生评级"列中的值包括 B、A 和 C。

⑥ element_at 函数。通过 element_at 函数获取 DataFrame 中键值对类型列指定键对应的值。这里将文件 4-2 中第 26～29 行代码修改为如下代码。

```
val result = dataFrame.select(
  col("学生评级"),
  element_at(col("学生评级"),"xiaoming")
)
```

上述代码通过 select() 方法选择 dataFrame 中的"学生评级"列,并通过 element_at 函数获取"学生评级"列中键为 xiaoming 的值。

文件 4-2 的运行结果如图 4-17 所示。

```
D:\Java\jdk1.8.0_321\bin\java.exe ...
|学生评级                                          |element_at(学生评级, xiaoming)|
|{xiaohong -> B, xiaoming -> A, xiaoliang -> C}|A                             |
```

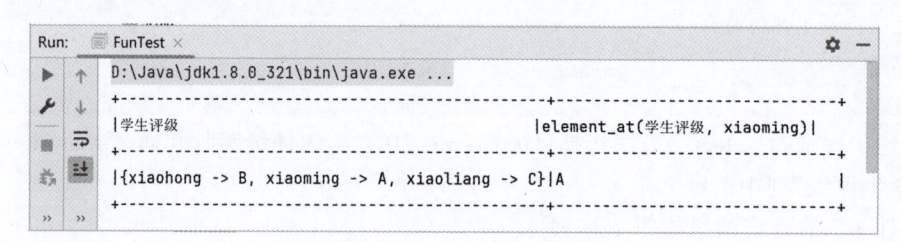

图 4-17　文件 4-2 的运行结果(5)

从图 4-17 可以看出,"学生评级"列中键为 xiaoming 的值为 A。

⑦ date_add 函数。通过 date_add 函数实现对 DataFrame 中字符串日期类型列增加指定的天数。这里将文件 4-2 中第 26～29 行代码修改为如下代码。

```
val result = dataFrame.select(
    col("考试时间"),
    date_add(col("考试时间"),3)
)
```

上述代码通过 select() 方法选择 dataFrame 中的"考试时间"列,并通过 date_add 函数将"考试时间"列中的日期增加 3 天。

文件 4-2 的运行结果如图 4-18 所示。

从图 4-18 可以看出,"考试时间"列中的日期增加 3 天的结果为 2023-06-18。

⑧ datediff 函数。通过 datediff 函数实现计算 DataFrame 中字符串日期类型列的时间

图 4-18　文件 4-2 的运行结果（6）

间隔。这里将文件 4-2 中第 26～29 行代码修改为如下代码。

```
val result = dataFrame.select(
  col("考试时间"),
  col("成绩公布时间"),
  datediff(col("成绩公布时间"),col("考试时间"))
)
```

上述代码通过 select() 方法选择 dataFrame 中的"考试时间"和"成绩公布时间"列，并通过 datediff 函数计算"考试时间"和"成绩公布时间"列的时间间隔。

文件 4-2 的运行结果如图 4-19 所示。

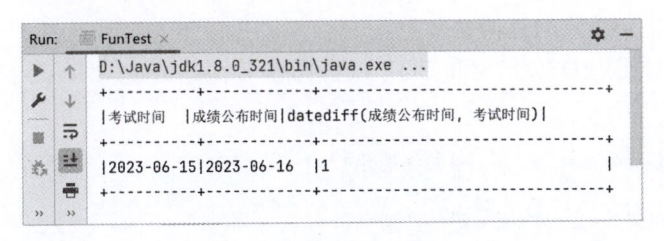

图 4-19　文件 4-2 运行结果（7）

从图 4-19 可以看出，"考试时间"和"成绩公布时间"列的时间间隔为 1。

⑨ substring 函数。通过 substring 函数实现对 DataFrame 中字符串类型列截取部分字符串。这里将文件 4-2 中第 26～29 行代码修改为如下代码。

```
val result = dataFrame.select(
  col("考试时间"),
  substring(col("考试时间"),0,4)
)
```

上述代码通过 select() 方法选择 dataFrame 中的"考试时间"列，并通过 substring 函数从"考试时间"列中截取索引位置为 0，截取长度为 4 的字符串。

文件 4-2 的运行结果如图 4-20 所示。

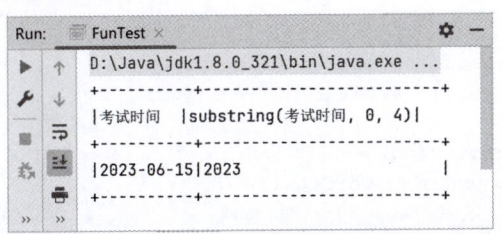

图 4-20　文件 4-2 的运行结果（8）

从图 4-20 可以看出,"考试时间"列中截取索引位置为 0,截取长度为 4 的字符串为 2023。

(2) 自定义标量函数。

自定义标量函数是指内置标量函数不足以处理指定需求时,用户可以自行定义的函数,它可以在程序中添加自定义的功能实现对 DataFrame 的操作。

在 Spark SQL 中实现自定义标量函数分为定义函数和注册函数两部分操作,其中定义函数用于指定处理逻辑;注册函数用于将定义的函数注册到 SparkSession 中,使其成为 Spark SQL 中的标量函数,定义函数的语法格式如下。

```
val functionName = ([参数列表]) => {
    function body
    [expr]
}
```

上述语法格式的解释如下。

① functionName:用于指定函数的名称。

② [参数列表]:负责接收传入函数中的参数,可以包含一个或多个参数,也可以为空。

③ function body:指定函数的处理逻辑。

④ [expr]:指定函数的返回值。

注册函数针对使用 DSL 风格和 SQL 风格操作 DataFrame 具有不同的语法格式,具体如下。

```
#使用 DSL 风格操作 DataFrame 时的注册函数
val udf_fun = udf(fun_name)
#使用 SQL 风格操作 DataFrame 时的注册函数
spark.udf.register(name, fun_name)
```

上述语法格式中,使用 DSL 风格操作 DataFrame 时的注册函数中,udf() 方法用于将定义的函数注册为标量函数,该方法中参数 fun_name 为定义的函数名。

使用 SQL 风格操作 DataFrame 时的注册函数中,通过调用 SparkSession 对象的 udf() 方法获取一个 UDFRegistration 对象,该对象的 register() 方法用于将定义的函数注册为标量函数。该方法接收两个参数,参数 name 为标量函数的函数名,可以在 SQL 语句中使用这个名称来调用定义的函数,参数 fun_name 为定义的函数名。

接下来,以 IntelliJ IDEA 为例,演示自定义标量函数的使用。在项目 Spark_Project 的 cn.itcast.fun 包中创建名为 UDFTest 的 Scala 文件,实现将 DataFrame 中每个单词的首字母变为大写,具体代码如文件 4-3 所示。

文件 4-3　UDFTest.scala

```
1  package cn.itcast.fun
2  import org.apache.spark.sql.SparkSession
3  import org.apache.spark.sql.functions.{col, udf}
4  object UDFTest {
5    val Up1 = (word:String) => {
6      word.head.toUpper +: word.tail
7    }
8    def main(args: Array[String]): Unit = {
```

```
 9      val spark = SparkSession.builder()
10        .appName("UDFTest")
11        .master("local[*]")
12        .getOrCreate()
13      import spark.implicits._
14      val data = List(
15        (1, "hello"),
16        (2, "world"),
17        (3, "spark")
18      )
19      val dataRDD = spark.sparkContext.parallelize(data)
20      val dataFrame = dataRDD.toDF("id","value")
21      val udf1 = udf(Up1)
22      val result = dataFrame.select(col("id"), udf1(col("value")))
23      result.show(truncate = false)
24      spark.stop()
25    }
26  }
```

在文件 4-3 中,第 5～7 行代码定义一个名为 Up1 的函数用于将 DataFrame 中每个单词的首母变为大写,接收参数 word 表示 DataFrame 中的每个单词。实现逻辑为首先通过 head() 方法获取单词的首字母并通过 toUpper() 方法将首字母变为大写。然后通过 tail() 方法获取单词中除首字母外的所有字符。最后将变为大写的首字母和除首字母外的所有字符进行拼接,并将拼接的结果作为返回值。

第 21 行代码通过 udf() 方法将名为 Up1 的函数注册为标量函数。

第 22 行代码通过 select() 方法选择 dataFrame 中的 id 列,并通过标量函数 udf1 将 value 列中每个单词的首字母变为大写。

文件 4-3 的运行结果如图 4-21 所示。

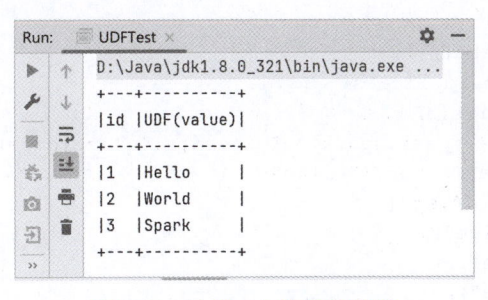

图 4-21　文件 4-3 的运行结果

从图 4-21 可以看出,value 列中每个单词的首字母已经变为大写。

2. 聚合函数操作

聚合函数操作是对于一组数据进行计算并返回单个值的函数。聚合函数分为内置聚合函数(Built-in Aggregation Function)操作和自定义聚合函数(User Defined Aggregate Function)操作。关于内置聚合函数操作和自定义聚合函数操作的介绍如下。

(1) 内置聚合函数。

Spark SQL 提供了大量的内置聚合函数供用户直接使用。下面介绍 Spark SQL 常用的内置聚合函数,如表 4-3 所示。

表 4-3　Spark SQL 常用的内置聚合函数

函　　数	语 法 格 式	相 关 说 明
count	count(col)	用于计算指定列 col 中非空值的数量
sum	sum(col)	计算指定列 col 中所有数值的总和
avg	avg(col)	计算指定列 col 中所有数值的平均值
max	max(col)	计算指定列 col 中所有数值的最大值
min	min(col)	计算指定列 col 中所有数值的最小值
var_samp	var_samp(col)	计算指定列 col 中样本的方差
stddev	stddev(col)	计算指定列 col 中样本的标准差

表 4-3 列举了 Spark SQL 常用的内置聚合函数。在使用这些内置聚合函数时可以配合 agg() 方法进行嵌套使用，这是因为 agg() 方法允许用户同时使用多个聚合函数对 DataFrame 中指定列进行不同的操作，实现一次性完成多种聚合需求。

接下来，以 IntelliJ IDEA 为例，演示表 4-3 中常用内置聚合函数的使用。在项目 Spark_Project 的 cn.itcast.fun 包中创建名为 AggTest 的 Scala 文件，实现使用不同的内置聚合函数对 DataFrame 中指定列进行操作，具体代码如文件 4-4 所示。

文件 4-4　AggTest.scala

```scala
 1  package cn.itcast.fun
 2  import org.apache.spark.sql.SparkSession
 3  import org.apache.spark.sql.functions._
 4  object AggTest {
 5    def main(args: Array[String]): Unit = {
 6      val spark = SparkSession.builder()
 7        .appName("AggTest")
 8        .master("local[*]")
 9        .getOrCreate()
10      import spark.implicits._
11      val data = List(3, 6, 3, 4)
12      val dataRDD = spark.sparkContext.parallelize(data)
13      val df = dataRDD.toDF("value")
14      val result = df.agg(
15        count("value"),
16        sum("value"),
17        avg("value"),
18        max("value"),
19        min("value"),
20        var_samp("value"),
21        stddev("value")
22      )
23      result.show(truncate = false)
24      spark.stop()
25    }
26  }
```

在文件 4-4 中，第 14~22 行代码使用不同的内置聚合函数对 value 列的值进行计算。文件 4-4 的运行结果如图 4-22 所示。

```
Run:  AggTest
      D:\Java\jdk1.8.0_321\bin\java.exe ...
      +------------+----------+----------+----------+----------+---------------+------------------+
      |count(value)|sum(value)|avg(value)|max(value)|min(value)|var_samp(value)|stddev_samp(value)|
      +------------+----------+----------+----------+----------+---------------+------------------+
      |4           |16        |4.0       |6         |3         |2.0            |1.4142135623730951|
      +------------+----------+----------+----------+----------+---------------+------------------+
```

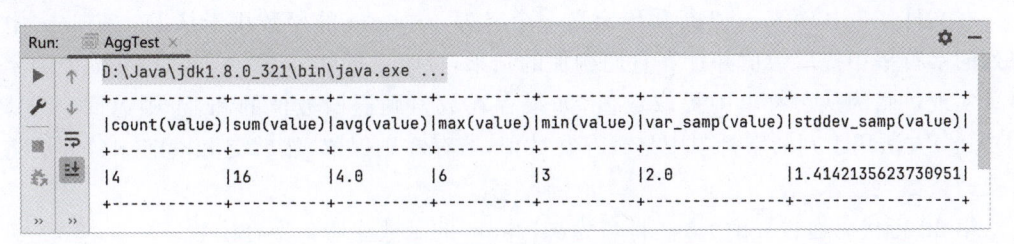

图 4-22 文件 4-4 的运行结果

从图 4-22 可以看出，value 列中非空值的数量为 4、所有数值的总和为 16、所有数值的平均值为 4.0、所有数值的最大值为 6、所有数值的最小值为 3、样本的方差为 2.0、样本的标准差为 1.4142135623730951。

（2）自定义聚合函数。

自定义聚合函数是指内置聚合函数不足以处理指定需求时，用户可以自行定义的函数，它可以在程序中添加自定义的功能实现对 DataFrame 进行操作。

自定义聚合函数同样分为定义函数和注册函数两部分操作，其语法格式与自定义标量函数的语法格式相同，这里不再赘述。

接下来，以 IntelliJ IDEA 为例，演示自定义聚合函数的使用。在项目 Spark_Project 的 cn.itcast.fun 包中创建名为 UDAFTest 的 Scala 文件，实现从指定列的字符串中提取数值并计算它们相加的结果，具体代码如文件 4-5 所示。

文件 4-5　UDAFTest.scala

```
1  package cn.itcast.fun
2  import org.apache.spark.sql.SparkSession
3  import org.apache.spark.sql.functions.{col, udf}
4  object UDAFTest {
5    val str_num = (data:String) =>{
6      val num = data.filter(_.isDigit).map(_.asDigit)
7      if (num.isEmpty) {
8        0
9      } else{
10       num.sum
11     }
12   }
13   def main(args: Array[String]): Unit = {
14     val spark = SparkSession.builder()
15       .appName("UDAFTest")
16       .master("local[*]")
17       .getOrCreate()
18     import spark.implicits._
19     val data = Array("a1b3d2")
20     val dataRDD = spark.sparkContext.parallelize(data)
21     val df = dataRDD.toDF("value")
22     val udaf_num = udf(str_num)
23     val result = df.select(udaf_num(col("value")))
24     result.show(truncate = false)
25     spark.stop()
26   }
27 }
```

在文件 4-5 中，第 5~12 行代码定义一个名为 str_num 的函数用于从 DataFrame 中指定列的字符串中提取数值并计算它们相加的结果，接收参数 data 表示 DataFrame 中的字符串。实现逻辑为从字符串中提取数值，如果存在数值则返回数值的和，否则返回 0。其中 isDigit()方法用于判断字符串中是否存在数值，若存在则保留，然后交由 asDigit()方法将其转换为整数类型。

第 22 行代码通过 udf()方法将名为 str_num 的函数注册为聚合函数。

第 23 行代码在 select()方法中通过聚合函数 udaf_num 从 value 列的字符串中提取数值并计算它们相加的结果。

文件 4-5 的运行结果如图 4-23 所示。

从图 4-23 可以看出，value 列的字符串中数值相加的结果为 6。

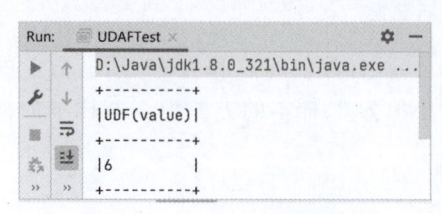

图 4-23 文件 4-5 的运行结果

4.3 RDD 转换为 DataFrame

当 RDD 无法满足用户更高级别、更高效的数据分析时，可以将 RDD 转换为 DataFrame。Spark 提供了两种方法将 RDD 转换为 DataFrame。第一种方法是利用反射机制来推断包含特定类型对象的 Schema 元数据信息，这种方式适用于对已知数据结构的 RDD 转换；第二种方法通过编程方式定义一个 Schema，并将其应用在已知的 RDD 中。接下来，本节针对这两种转换方法进行讲解。

4.3.1 反射机制推断 Schema

当有一个数据文件时，人们可以轻松理解其中的字段，如编号、姓名和年龄的含义，但计算机无法像人一样直观地理解这些字段。在这种情况下，可以通过反射机制来自动推断包含特定类型对象的 Schema 元数据信息。这个 Schema 元数据信息可以帮助计算机更好地理解和处理数据文件中的字段。

通过反射机制推断 Schema 主要包含 3 个步骤，具体如下。

- 创建一个表示数据结构的样例类。
- 实现 RDD 与样例类的映射操作。
- 通过 toDF()方法根据映射后的列名来推断 Schema 元数据信息。

上述步骤对应的语法格式如下。

```
case class Person(value1: type1, value2: type2, value3: type3, ...)
val personRDD = line.map(x=>Person(x(0),x(1),x(2),...))
val personDF = personRDD.toDF()
```

上述语法格式中，map 算子用于将名为 line 的 RDD 中每个元素与样例类进行映射操作，生成名为 personRDD 的 RDD。映射操作完成后，通过 toDF()方法根据映射的列名来推断 Schema 元数据信息，将 personRDD 转换成名为 personDF 的 DataFrame。

接下来，以 IntelliJ IDEA 为例，实现通过反射机制推断 Schema，具体操作步骤如下。

（1）在本地计算机中准备文本数据文件，这里在本地计算机 D 盘根目录下创建文件

person.txt，数据内容如下。

```
1 zhangsan 20
2 lisi 18
3 wangwu 21
4 zhaoliu 23
5 tianqi 25
6 xiaoba 19
```

从上述内容可以看出，文件 person.txt 中的每行数据包含 3 部分内容，它们的含义分别是编号、姓名和年龄。

（2）在 Spark_Project 中创建 cn.itcast.schema 包，并在该包中创建名为 CaseClassSchema 的 Scala 文件，在该文件中使用反射机制来推断 Schema，将 RDD 转换为 DataFrame，并查看 DataFrame 的内容，具体代码如文件 4-6 所示。

文件 4-6　CaseClassSchema.scala

```
1  package cn.itcast.schema
2  import org.apache.spark.sql.SparkSession
3  object CaseClassSchema {
4    case class Person(Id: Int, Name: String, Age: Int)
5    def main(args: Array[String]): Unit = {
6      val spark:SparkSession = SparkSession.builder()
7        .appName("CaseClassSchema")
8        .master("local[*]").getOrCreate()
9      val line = spark.sparkContext.textFile("D:\\person.txt").map(_.split(" "))
10     val personRDD = line.map(x=>Person(x(0).toInt,x(1),x(2).toInt))
11     import spark.implicits._
12     val personDF = personRDD.toDF()
13     personDF.show()
14     spark.stop()
15   }
16 }
```

在文件 4-6 中，第 4 行代码定义了一个样例类 Person 表示数据结构，该数据结构中包含两个 Int 类型的列 Id 和 Age，以及一个 String 类型的列 Name。

第 9 行代码使用 textFile() 读取文件 person.txt 的数据，并通过 map 算子将文件中的每行数据通过空格分隔符拆分为数组，每个数组作为一个独立的元素放入名为 line 的 RDD 中。

第 10 行代码的 map 算子用于将 line 中的每个元素与样例类 Person 定义的数据结构进行映射操作，生成名为 personRDD 的 RDD。例如，数组的第一个元素将与列 Id 进行映射。由于在定义数据结构时，列 Id 和 Age 的数据类型为 Int，所以在映射操作时，需要将数组中第一个和第三个元素的数据类型通过 toInt() 方法转换为 Int。

第 12 行代码通过 toDF() 方法将 personRDD 转换成名为 personDF 的 DataFrame。

文件 4-6 的运行结果如图 4-24 所示。

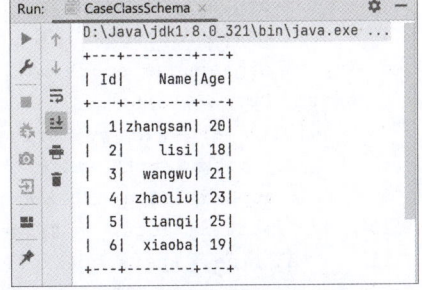

图 4-24　文件 4-6 的运行结果

从图 4-24 可以看出，文件 person.txt 中的每行数据映射到定义的数据结构中。例如，文件 person.txt 的第一行数据中的编号、姓名和年龄分别映射到列 Id、Name 和 Age 中。

4.3.2 编程方式定义 Schema

当无法提前确定数据结构，如未知格式的数据时，就需要采用编程方式定义 Schema。通过编程方式定义 Schema 可以允许根据每个数据源的特性定义不同的 Schema，以更好地处理各种复杂的数据。通过编程方式定义 Schema 主要包含 3 个步骤，具体如下。

（1）创建一个 ROW 类型的 RDD。

（2）基于 StructType 类定义 Schema。

（3）通过 SparkSession 对象的 createDataFrame() 方法将 RDD 和 Schema 整合为一个 DataFrame。

上述步骤对应的语法格式如下。

```
val personRDD = line.map(x=>Row(x(0),x(1),x(2),...))
val schema = StructType(Array(
    StructField(name, dataType, nullable),
    StructField(name, dataType, nullable),
    StructField(name, dataType, nullable),
    ...
    ))
val personDF = spark.createDataFrame(personRDD,schema)
```

上述语法格式中，首先通过 map 算子将名为 line 的 RDD 中每个元素映射到一个 Row 对象中。然后通过 StructField 样例类定义 Schema，并通过 StructType 单例对象对其封装。其中 StructField 样例类中的参数 name 用于指定列名，参数 dataType 用于指定列的数据类型，参数 nullable 用于指定列是否允许存在空值，默认为 true，表示允许当前列存在空值；最后通过 SparkSession 对象的 createDataFrame() 方法将 RDD 和 Schema 整合为一个名为 personDF 的 DataFrame。

接下来，以 IntelliJ IDEA 为例，实现通过编程方式定义 Schema。在 Spark_Project 的 cn.itcast.schema 包中创建名为 SparkSQLSchema 的 Scala 文件，在该文件中实现采用编程方式定义 Schema 的操作，具体代码如文件 4-7 所示。

文件 4-7　SparkSQLSchema.scala

```
1  package cn.itcast.schema
2  import org.apache.spark.SparkContext
3  import org.apache.spark.sql.types.{IntegerType,
4    StringType, StructField, StructType}
5  import org.apache.spark.sql.{Row, SparkSession}
6  object SparkSQLSchema {
7    def main(args: Array[String]): Unit = {
8      val spark:SparkSession = SparkSession.builder()
9        .appName("SparkSQLSchema")
10       .master("local[*]").getOrCreate()
11     val line = spark.sparkContext.textFile("D:\\person.txt")
12       .map(_.split(" "))
```

```
13      val personRDD = line.map(x=>Row(x(0).toInt,x(1),x(2).toInt))
14      val schema = StructType(Array(
15        StructField("Id",IntegerType,false),
16        StructField("Name",StringType,false),
17        StructField("Age",IntegerType,false)
18      ))
19      val personDF = spark.createDataFrame(personRDD,schema)
20      personDF.createOrReplaceTempView("t_person")
21      spark.sql("select * from t_person").show()
22      spark.stop()
23    }
24  }
```

在文件 4-7 中，第 13 行代码通过 map 算子将 line 中的每个元素映射到 Row 对象中，生成名为 personRDD 的 RDD。由于 line 中每个元素为数组形式，所以数组的每个元素将依次映射到 Row 对象中。第 14~18 行代码通过定义 Schema 指定数据结构，该数据结构中包含两个 Int 类型的列 Id 和 Age，以及一个 String 类型的列 Name，这些列不允许存在空值。第 19 行代码通过 createDataFrame() 方法将 personRDD 和定义的 Schema 进行合并转换为名为 personDF 的 DataFrame。

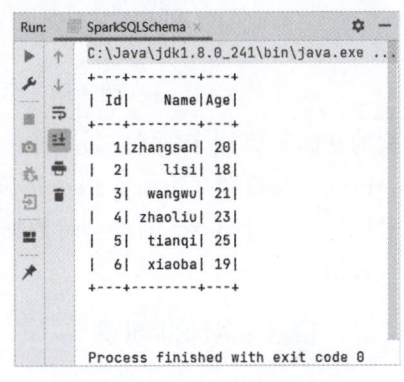

图 4-25　文件 4-7 的运行结果

文件 4-7 的运行结果如图 4-25 所示。

从图 4-25 可以看出，文件 person.txt 中的每行数据映射到定义的数据结构中。例如，文件 person.txt 的第一行数据中的编号、姓名和年龄分别映射到列 Id、Name 和 Age 中。

4.4　Dataset 的基础知识

4.4.1　Dataset 简介

Dataset 是从 Spark 1.6 Alpha 版本中引入的一个新的数据抽象结构，最终在 Spark 2.0 版本被定义成 Spark 新特性。Dataset 提供了特定域对象中的强类型集合，也就是在 RDD 的每行数据中添加了类型约束条件，只有满足约束条件的数据类型才能正常运行。约束的存在促使个人和组织保持道德和职业操守，维护学习和工作的诚信和公正。Dataset 结合了 RDD 和 DataFrame 的优点，并且可以通过调用封装的方法以并行方式进行转换操作。下面通过图 4-26 来了解 RDD、DataFrame 与 Dataset 的区别。

图 4-26 展示了不同数据类型的抽象结构，其中图 4-26（a）中是基本的 RDD 数据结构，此时 RDD 中没有元数据信息。

图 4-26（b）中是 DataFrame 数据结构，此时 DataFrame 中添加了 Schema 元数据信息，即列名和数据类型，如 ID：Int。DataFrame 每一行的类型固定为 Row 类型，每一列的值无法直接获取，只有通过解析才能获取各列的值。

图 4-26（c）和图 4-26（d）都是 Dataset 数据结构，其中图 4-26（c）所示是在 RDD 每一行

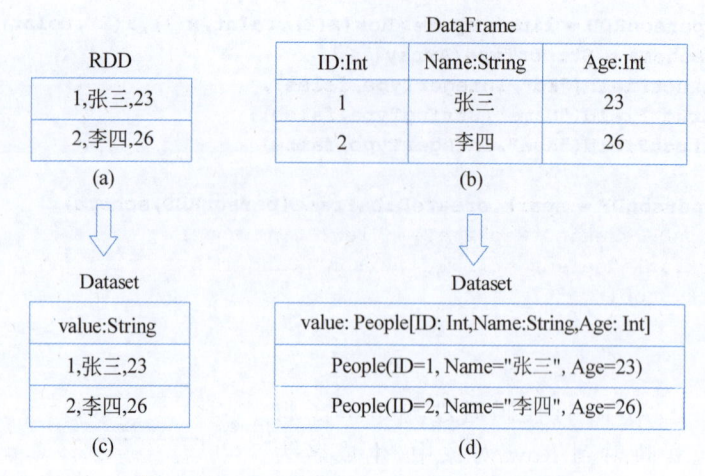

	DataFrame		
RDD	ID:Int	Name:String	Age:Int
1,张三,23	1	张三	23
2,李四,26	2	李四	26
(a)	(b)		

Dataset	Dataset
value:String	value: People[ID: Int,Name:String,Age: Int]
1,张三,23	People(ID=1, Name="张三", Age=23)
2,李四,26	People(ID=2, Name="李四", Age=26)
(c)	(d)

图 4-26　RDD、DataFrame 与 Dataset 的区别

数据的基础上添加了一个 value:String 作为 Schema 元数据信息。而图 4-26（d）则针对 DataFrame 每行数据添加了 People 强数据类型，在 Dataset[Person]中存放的是 3 个字段以及对应的属性，Dataset 的每一行数据类型都可以自己定义，一旦定义后，就具有严格的错误检查机制。

4.4.2　Dataset 的创建

Dataset 可以通过 SparkSession 中的 createDataset()方法基于 RDD 来创建。

接下来，基于 YARN 集群的运行模式启动 Spark Shell。在 Spark Shell 中通过读取 HDFS 根目录下的 JSON 文件 person.json 创建 RDD，然后基于这个 RDD 创建 Dataset，具体代码如下。

```
scala> val personDs = spark.createDataset(sc.textFile("/person.json"))
```

上述代码通过 createDataset()方法创建了一个名为 personDs 的 Dataset。

上述代码运行完成后的效果如图 4-27 所示。

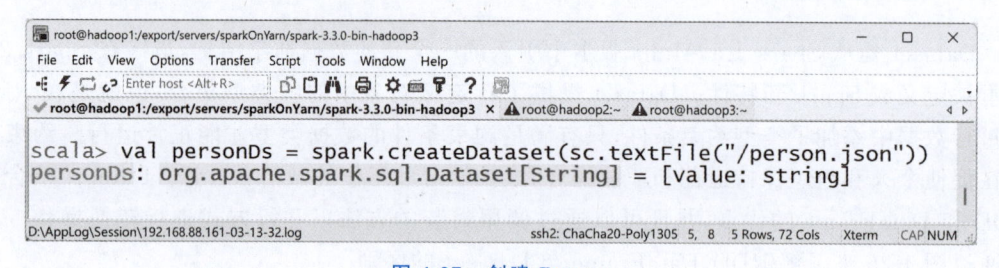

```
scala> val personDs = spark.createDataset(sc.textFile("/person.json"))
personDs: org.apache.spark.sql.Dataset[String] = [value: string]
```

图 4-27　创建 Dataset

从图 4-27 可以看出，Dataset 已经创建成功，并且赋予 value 列的数据类型为 String。

Dataset 与 DataFrame 操作类似，可以通过 show()方法查看 personDs 中的数据，在 Spark Shell 中执行如下代码。

```
scala> personDs.show(truncate = false)
```

上述代码运行完成后的效果如图 4-28 所示。

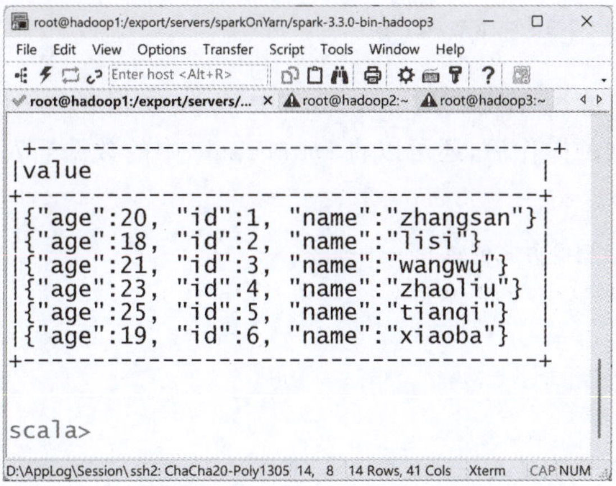

```
+--------------------------------+
|value                           |
+--------------------------------+
|{"age":20, "id":1, "name":"zhangsan"}|
|{"age":18, "id":2, "name":"lisi"}    |
|{"age":21, "id":3, "name":"wangwu"}  |
|{"age":23, "id":4, "name":"zhaoliu"} |
|{"age":25, "id":5, "name":"tianqi"}  |
|{"age":19, "id":6, "name":"xiaoba"}  |
+--------------------------------+

scala>
```

图 4-28 查看 personDs 中的数据

从图 4-28 可以看出，personDs 与 JSON 文件 person.json 中的数据一致。

多学一招：DataFrame 与 Dataset 的转换

通过前面的学习，我们了解到 Dataset 可以在 DataFrame 中添加强数据类型。对于已有的 DataFrame，可以使用 as[ElementType]方法将其转换为 Dataset，ElementType 用于指定 Dataset 的数据类型。如果存在一个 Dataset，则可以使用 toDF()方法将其转换为 DataFrame。在 Spark Shell 中执行下列代码。

```
scala> spark.read.text("/rdd.txt").as[String]
scala> spark.read.text("/rdd.txt").as[String].toDF()
```

上述代码运行完成后的效果如图 4-29 所示。

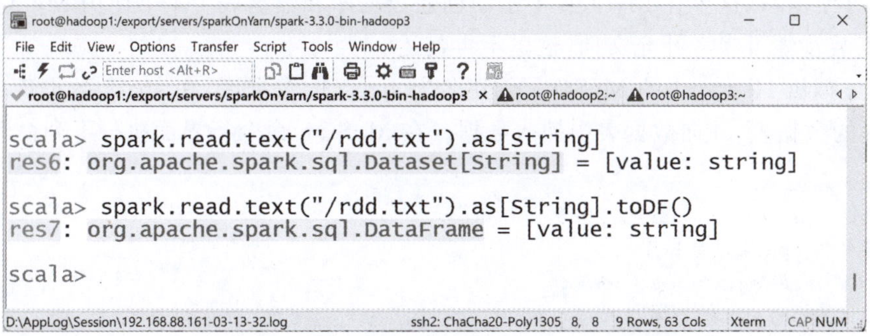

```
scala> spark.read.text("/rdd.txt").as[String]
res6: org.apache.spark.sql.Dataset[String] = [value: string]

scala> spark.read.text("/rdd.txt").as[String].toDF()
res7: org.apache.spark.sql.DataFrame = [value: string]

scala>
```

图 4-29 DataFrame 与 Dataset 之间的转换

从图 4-29 可以看出，DataFrame 通过 as[ElementType]方法成功转换为 Dataset，Dataset 通过 toDF()方法成功转换为 DataFrame。

4.5 Spark SQL 操作数据源

由于 Spark SQL 支持行业标准的 JDBC 和 ODBC 连接方式执行 SQL 查询，因此能够与 MySQL、Hive 等外部数据源兼容。本节介绍如何通过 Spark SQL 操作 MySQL 和 Hive。

4.5.1　Spark SQL 操作 MySQL

Spark SQL 可以通过 JDBC 从 MySQL 中读取数据的方式创建 DataFrame，对 DataFrame 进行一系列的操作后，还可以将 DataFrame 中的数据插入 MySQL 中，其语法格式如下。

```
//从 MySQL 中读取数据的方式创建 DataFrame
val dataFrame = spark.read.jdbc(
    jdbc_url,
    table,
    properties
  )
//将 DataFrame 中的数据插入 MySQL 中
dataFrame.write.mode(model).jdbc(
    jdbc_url,
    table,
    properties
  )
```

上述语法格式中，jdbc_url 用于指定通过 JDBC 登录 MySQL 的地址。table 用于指定 MySQL 中的数据表。properties 用于指定连接 MySQL 的参数，参数中至少包含登录 MySQL 的用户和密码。model 用于指定插入数据的模式，其可选值包括 append 和 overwrite，前者表示将数据追加到目标表中，后者表示覆盖目标表中的数据。

接下来，以 IntelliJ IDEA 为例，演示如何使用 Spark SQL 从 MySQL 读取数据，以及向 MySQL 插入数据，具体操作如下。

1. 数据准备

为了方便演示，这里在 MySQL 中手动创建数据库和数据表。本书使用 MySQL 8.0 版本，具体安装步骤可参考补充文档，这里不再赘述。

登录虚拟机 Hadoop1 的 MySQL，创建名为 spark 的数据库，在 spark 数据库中创建名为 person 的数据表，并向数据表中插入数据。在 MySQL 命令行界面执行下列命令。

```
#登录 MySQL
$ mysql -uroot -pItcast@2022
#创建名为 spark 的数据库
mysql> create database spark;
#创建名为 person 的数据表
mysql> create table if not exists spark.person(
    ->     Id INT,
    ->     Name CHAR(20),
    ->     Age INT
    -> );
#向数据表 person 中插入数据
mysql> insert into spark.person values(1,'zhangsan',18),(2,'lisi',20);
```

向数据表 person 中插入数据后，可以执行"select * from spark.person;"命令查询数据表 person 中的数据是否存在，如图 4-30 所示。

从图 4-30 可以看出，数据表 person 中存在插入的数据。

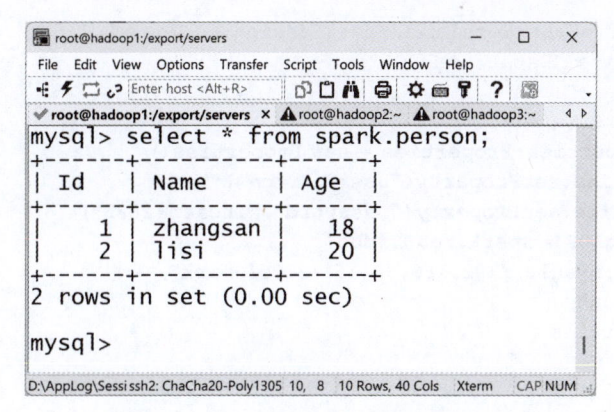

图 4-30　查询数据表 person 的数据（1）

2．添加用户

由于后续需要在 IntelliJ IDEA 中实现 Spark 程序来远程登录 MySQL 读取数据，所以需要在 MySQL 中添加一个名为 itcast 的用户，用于远程登录 MySQL。在 MySQL 命令行界面执行下列命令。

```
-- 添加一个名为 itcast 的用户,并指定密码为 Itcast@2023
mysql> CREATE USER 'itcast'@'%' IDENTIFIED BY 'Itcast@2023';
-- 授予用户 itcast 对所有数据库和表拥有权限,并允许该用户通过任何主机进行远程登录
mysql> GRANT ALL PRIVILEGES ON *.* TO 'itcast'@'%' WITH GRANT OPTION;
-- 刷新 MySQL 的权限
mysql> FLUSH PRIVILEGES;
```

3．添加依赖

在项目 Spark_Project 中添加 MySQL 连接器依赖。在 pom.xml 文件的<dependencies>标签中添加如下内容。

```xml
<dependency>
    <groupId>mysql</groupId>
    <artifactId>mysql-connector-java</artifactId>
    <version>8.0.31</version>
</dependency>
```

MySQL 连接器依赖添加完成后，在 IntelliJ IDEA 的 Maven 面板中确认该依赖已经存在于项目 Spark_Project 中。

4．使用 Spark SQL 从 MySQL 读取数据

在 Spark_Project 项目中创建 cn.itcast.mysql 包，并在该包下创建名为 DataFromMySQL 的 Scala 文件，在该文件中实现从 MySQL 读取数据创建 DataFrame，具体代码如文件 4-8 所示。

文件 4-8　DataFromMySQL.scala

```
1  package cn.itcast.mysql
2  import org.apache.spark.sql.{DataFrame, SparkSession}
3  import java.util.Properties
4  object DataFromMySQL {
5    def main(args: Array[String]): Unit = {
```

```
6    val spark:SparkSession = SparkSession.builder()
7      .appName("DataFromMySQL")
8      .master("local[*]")
9      .getOrCreate()
10   val properties:Properties = new Properties()
11   properties.setProperty("user","itcast")
12   properties.setProperty("password","Itcast@2023")
13   val mysqlDF = spark.read.jdbc(
14     "jdbc:mysql://192.168.88.161:3306/spark",
15     "person",
16     properties
17   )
18   mysqlDF.show()
19   spark.stop()
20  }
21 }
```

在文件 4-8 中，第 13~17 行代码用于通过 jdbc() 方法连接 MySQL，读取数据库 spark 中数据表 person 的数据，生成名为 mysqlDF 的 DataFrame。

文件 4-8 的运行结果如图 4-31 所示。

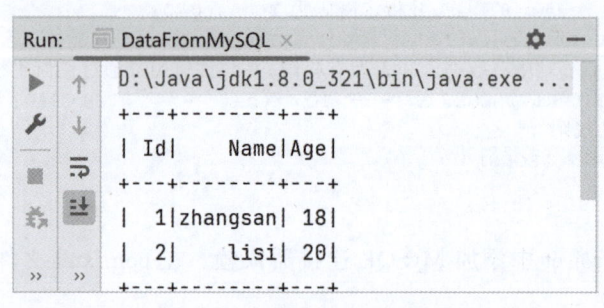

图 4-31　文件 4-8 的运行结果

从图 4-31 可以看出，Spark SQL 成功从 MySQL 的数据表 person 中读取数据。

5. 使用 Spark SQL 向 MySQL 插入数据

在 Spark_Project 项目 cn.itcast.mysql 包中创建名为 SparkSqlToMySQL 的 Scala 文件，在该文件中实现向 MySQL 的数据表 person 插入数据，具体代码如文件 4-9 所示。

文件 4-9　SparkSqlToMySQL.scala

```
1  package cn.itcast.mysql
2  import org.apache.spark.sql.SparkSession
3  import java.util.Properties
4  case class Person(id:Int,name:String,age:Int)
5  object SparkSqlToMySQL {
6    def main(args: Array[String]): Unit = {
7      val spark:SparkSession = SparkSession.builder()
8        .appName("DataFromMySQL")
9        .master("local[*]")
10       .getOrCreate()
11     val data = spark.sparkContext
12       .parallelize(Array("3,wangwu,22","4,zhaoliu,26"))
13     val arrRDD = data.map(_.split(","))
```

```
14      val personRDD = arrRDD.map(x=>Person(x(0).toInt,x(1),x(2).toInt))
15      import spark.implicits._
16      val personDF = personRDD.toDF()
17      val properties:Properties = new Properties()
18      properties.setProperty("user","itcast")
19      properties.setProperty("password","Itcast@2023")
20      personDF.write.mode("append").jdbc(
21        "jdbc:mysql://192.168.88.161:3306/spark",
22        "person",
23        properties
24      )
25    }
26 }
```

在文件 4-9 中，通过反射机制推断 Schema 的方式创建名为 personDF 的 DataFrame。其中第 20~24 行代码用于通过 jdbc()方法连接 MySQL，并将 personDF 的数据追加到数据表 person 中。

文件 4-9 运行完成后，在虚拟机 Hadoop1 登录 MySQL 查询数据表 person 的数据，如图 4-32 所示。

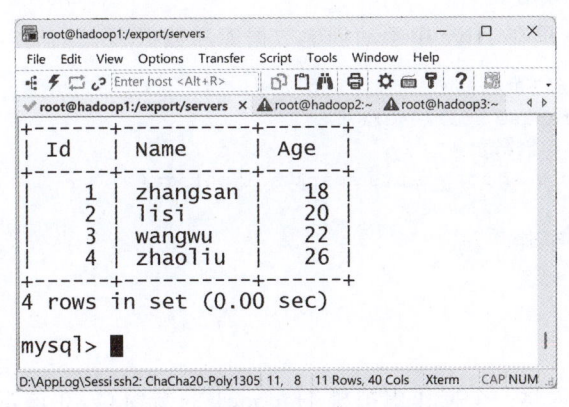

图 4-32　查询数据表 person 的数据（2）

从图 4-32 可以看出，Spark SQL 成功向 MySQL 的数据表 person 中插入了两条数据。

4.5.2　Spark SQL 操作 Hive

Apache Hive 是 Hadoop 上的 SQL 引擎，也是大数据系统中重要的数据仓库工具，Spark SQL 支持访问 Hive 数据仓库，然后在 Spark 中进行统计分析。Spark 提供了一个基于 SQL 语言的命令行工具 spark-sql，用户可以直接以交互式方式执行 SQL 查询，而无须编写完整的 Spark 程序。

接下来，以命令行工具 spark-sql 为例演示如何操作 Hive（安装 Hive 的操作可参考补充文档），具体操作步骤如下。

1. 同步配置文件

为了使 Spark 能够连接到 Hive，需要把 Hive 的配置文件 hive-site.xml 复制到 Spark 安装目录的 conf 目录下。由于使用 Spark on YARN 模式部署的 Spark，所以这里将 Hive 的配置文件 hive-site.xml 复制到虚拟机 Hadoop1 的/export/servers/sparkOnYarn/spark-

3.3.0-bin-hadoop3/conf 目录下。

在虚拟机 Hadoop1 的 Hive 安装目录执行如下命令。

```
$ cp conf/hive-site.xml \
/export/servers/sparkOnYarn/spark-3.3.0-bin-hadoop3/conf/
```

2. 启动 MetaStore 服务

在虚拟机 Hadoop1 执行如下命令用于启动 MetaStore 服务。

```
$ hive --service metastore
```

MetaStore 服务启动完成后会占用当前操作窗口，用户无法进行其他操作。如果需要关闭 MetaStore 服务，可以执行组合键 Ctrl+C。

3. 启动 Hive

通过克隆的方式创建一个操作虚拟机 Hadoop1 的新窗口，在该窗口中执行如下命令启动 Hive。

```
$ hive
```

4. 创建数据库和数据表

为了方便演示，这里在 Hive 中手动创建数据库和数据表。

```
#创建名为 spark_sql 的数据库
hive> create database spark_sql;
#创建名为 person 的数据表
hive> create table if not exists spark_sql.person(
    >       Id INT,
    >       Name STRING,
    >       Age INT
    > );
```

5. 启动 spark-sql

通过克隆的方式创建一个操作虚拟机 Hadoop1 的新窗口，在该窗口中基于 YARN 集群的运行模式启动 spark-sql。

在虚拟机 Hadoop1 的目录/export/servers/sparkOnYarn/spark-3.3.0-bin-hadoop3 中执行如下命令。

```
$ bin/spark-sql --master yarn
```

上述命令执行完成的效果如图 4-33 所示。

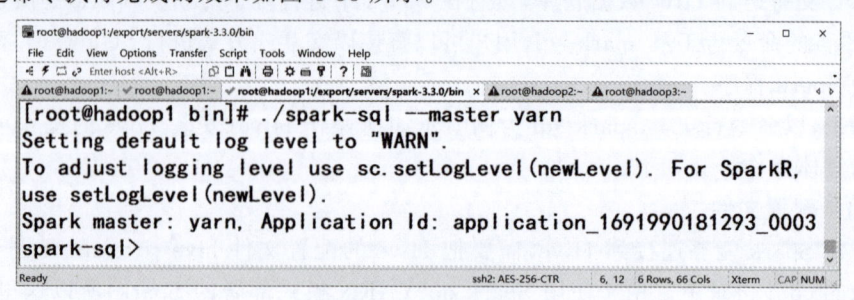

图 4-33　启动 spark-sql

在图 4-33 中出现"spark-sql>",说明 spark-sql 启动成功。

6. Spark SQL 操作 Hive

Spark SQL 操作 Hive 的内容如下。

(1) 向 Hive 中的数据表 person 插入两条数据,具体命令如下。

```
spark-sql> insert into table spark_sql.person values
        > (1,"zhangsan",24),(2,"lisi",21);
```

(2) 查询 Hive 中数据表 person 的数据,具体命令如下。

```
spark-sql> select * from spark_sql.person;
```

上述命令执行完成后的效果如图 4-34 所示。

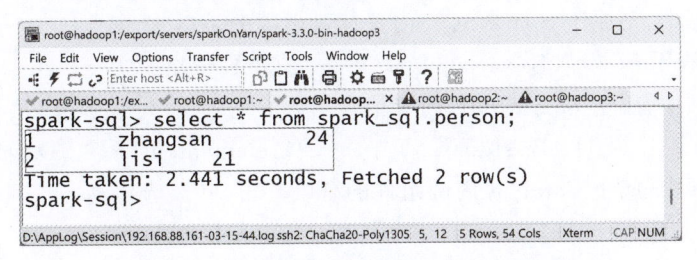

图 4-34　查询 Hive 中数据表 person 的数据

从图 4-34 可以看出,数据表 person 存在两条数据。

4.6　本章小结

本章主要讲解了 Spark SQL 的知识和相关操作。首先,讲解了 Spark SQL 的基础知识。其次,讲解了 DataFrame 的基础知识,包括 DataFrame 的简介、创建、常用操作和函数操作。然后,讲解了 RDD 转换为 DataFrame 的两种方式和 Dataset 的基础知识。最后,讲解了 Spark SQL 操作 MySQL 和 Hive 的内容。通过本章的学习,能够了解 Spark SQL 架构,掌握 DataFrame 的创建方法和基本操作以及如何利用 Spark SQL 操作 MySQL 和 Hive。

4.7　课后习题

一、填空题

1. Spark SQL 是 Spark 用来处理_____的一个模块。

2. Spark SQL 作为分布式 SQL 查询引擎,让用户可以通过 Dataset API、DataFrame API 和_____3 种方式实现对结构化数据的处理。

3. DataFrame 是一种以_____为基础的分布式数据集。

4. 用于将一个 RDD 转换为 DataFrame 的方法是_____。

5. Spark 提供了_____和编程方式两种方式实现将 RDD 转换为 DataFrame。

二、判断题

1. DataFrame 可以执行绝大多数 RDD 的功能。　　　　　　　　　　　　(　　)

2. Spark SQL 无法向 Hive 的数据表插入数据。（　　）
3. 使用 SQL 风格操作 DataFrame 之前,需要将其创建为临时视图。（　　）
4. sort()方法默认的排序规则为降序排序。（　　）
5. Spark SQL 可以通过 JDBC 从 MySQL 数据库中读取数据以及插入数据。（　　）

三、选择题

1. 下列关于 DataFrame 的 DSL 风格中方法的描述,不正确的是(　　)。
   A. printSchema()方法用于查看 DataFrame 的数据
   B. filter()方法用于实现条件查询,过滤出想要的结果
   C. groupBy()方法用于对数据进行分组
   D. sort()方法用于对指定列进行排序操作

2. 下列选项中,不属于 Spark SQL 内置标量函数的是(　　)。
   A. map_values　　B. variance　　C. date_add　　D. datediff

3. 下列选项中,属于 Spark SQL 内置聚合函数的是(　　)。(多选)
   A. count　　B. stddev　　C. element_at　　D. var_samp

4. 下列选项中,属于 Catalyst 内部组件的有(　　)。(多选)
   A. Parser 组件　　　　　　　　B. Analyzer 组件
   C. Optimizer 组件　　　　　　D. Query Execution 组件

5. 在 Spark SQL 的内置标量函数中,可以根据指定的键返回对应的值的是(　　)。
   A. map_keys　　B. map_values　　C. element_at　　D. substring

四、简答题

1. 简述创建 SparkSession 对象的两种方式。
2. 简述 Catalyst 内部组件的运行流程。

第 5 章 HBase分布式数据库

学习目标：

- 了解 HBase 的基础知识，能够说出 HBase 的特点和数据模型。
- 熟悉 HBase 架构，能够叙述 HBase 中各组件的作用。
- 了解物理存储，能够说出 HBase 如何存储数据。
- 熟悉 HBase 读写数据流程，能够叙述 HBase 读写数据的流程。
- 掌握 HBase 高可用集群的搭建，能够独立完成 HBase 高可用集群的搭建。
- 掌握 HBase 的 Shell 操作，能够使用 HBase Shell 操作 HBase。
- 掌握 HBase 的 Java API 操作，能够使用 Java API 操作 HBase。
- 掌握 HBase 集成 Hive，能够实现通过 Hive 向 HBase 的数据表插入数据。

在分布式计算环境下，Spark 可以将处理后的数据实时写入 HBase 数据库，以满足对大规模数据存储和快速访问的需求。HBase 是一种面向列的分布式数据库，专为处理海量数据而设计。与传统的行式数据库（如 MySQL 和 Oracle）不同，HBase 的列式存储允许灵活地添加新的列，从而轻松适应不断变化的数据结构。这种特性使得 Spark 能够将实时计算结果高效地存储到 HBase 中。本章详细讲解 HBase 分布式数据库的相关知识。

5.1 HBase 的基础知识

5.1.1 HBase 的简介

"沉淀"往往是通过对技术实践和经验的总结和提炼，形成深刻的认识和经验，从而提高技术水平和解决实际问题的能力。HBase 起源于 Google 公司发表的 BigTable 论文，它是一个高可靠性、高性能、面向列、可扩展的分布式数据库。HBase 的目标是存储并处理大型的数据，更具体来说是仅需使用普通的硬件配置，就能够处理由成千上万的行和列所组成的大型数据。HBase 具有如下的显著特点。

（1）容量大。HBase 中的表可以存储成千上万的行和列组成的数据。

（2）面向列。HBase 是面向列的存储，支持独立检索。面向列的存储是指其数据在表中是按照某列存储的，根据数据动态地增加列，并且可以单独对列进行各种操作。

（3）多版本。HBase 中表的每个列的数据存储都有多个版本。例如，存储个人信息的 HBase 数据表中，如果某个人多次更换过家庭住址，那么记录家庭住址的数据就会有多个版本。

（4）稀疏性。由于 HBase 中表的列允许为空，并且空列不会占用存储空间，所以表可以设计得非常稀疏。

（5）扩展性。HBase 的底层依赖于 HDFS。当磁盘空间不足时，可以动态地增加服务器，即增加 DataNode 节点，以增加磁盘空间，从而避免像 MySQL 数据库那样，进行数据迁移。

（6）高可靠性。由于 HBase 底层使用的是 HDFS，而 HDFS 本身会备份数据，所以在 HBase 出现宕机时，HDFS 能够保证数据不会发生丢失或损坏。

5.1.2 HBase 的数据模型

HBase 的数据存储在行列式的表格中，是一个多维度的映射模型，其数据模型如图 5-1 所示。

Row Key	Timestamp	Column Family:c1		Column Family:c2		Column Family:c3	
		Column	Value	Column	Value	Column	Value
r1	t7	c1:col-1	value-1			c3:col-1	value-1
	t6	c1:col-2	value-2			c3:col-2	value-1
	t5	c1:col-3	value-3				
	t4						
r2	t3	c1:col-1	value-1	c2:col-1	value-1	c3:col-1	value-1
	t2	c1:col-2	value-2				
	t1	c1:col-3	value-3				

图 5-1 HBase 的数据模型

从图 5-1 可以看出，图中包含了很多的字段，这些字段分别表示不同的含义，具体介绍如下。

1. Row Key（行键）

Row Key 表示行键，是 HBase 数据表中的每行数据的唯一标识符。在 HBase 中，Row Key 按照字典顺序进行存储，因此，设计一个好的 Row Key 对于数据的存储和检索至关重要。Row Key 是检索数据的主要方式之一，通过设计高效的 Row Key，可以更快地检索到所需的数据，避免全表扫描或不必要的数据查找。此外，良好的 Row Key 设计还可以确保相关的数据存储在一起，从而减少磁盘寻址时间，提高检索速度。

2. Timestamp（时间戳）

Timestamp 表示时间戳，记录每次操作数据的时间，通常作为数据的版本号。

3. Column（列）

列由列族和列标识两部分组成，两者之间用"："分隔。例如在列族 info 中，通过列标识 name 标识的列为 info:name。创建 HBase 数据表时不需要指定列，因为列是可变的，非常灵活。

4. Column Family（列族）

在 HBase 中，列族由多个列组成。在同一个表里，不同列族有不同的属性，但是同一个列族内的所有列都会有相同的属性，因为属性定义在列族级别上。在图 5-1 中，c1、c2、c3 均为列族名。

5.2 深入学习 HBase 原理

在使用 HBase 之前,学习 HBase 原理可以更好地理解 HBase。接下来,本节从 HBase 架构、物理存储以及 HBase 读写数据流程详细讲解 HBase 原理。

5.2.1 HBase 架构

HBase 构建在 Hadoop 之上,Hadoop 中的 HDFS 为 HBase 提供了高可靠的底层存储支持,同时 Hadoop 中的 MapReduce 为 HBase 提供了高性能的计算能力,而 ZooKeeper 为 HBase 提供了稳定服务和容错机制。下面通过图 5-2 介绍 HBase 架构。

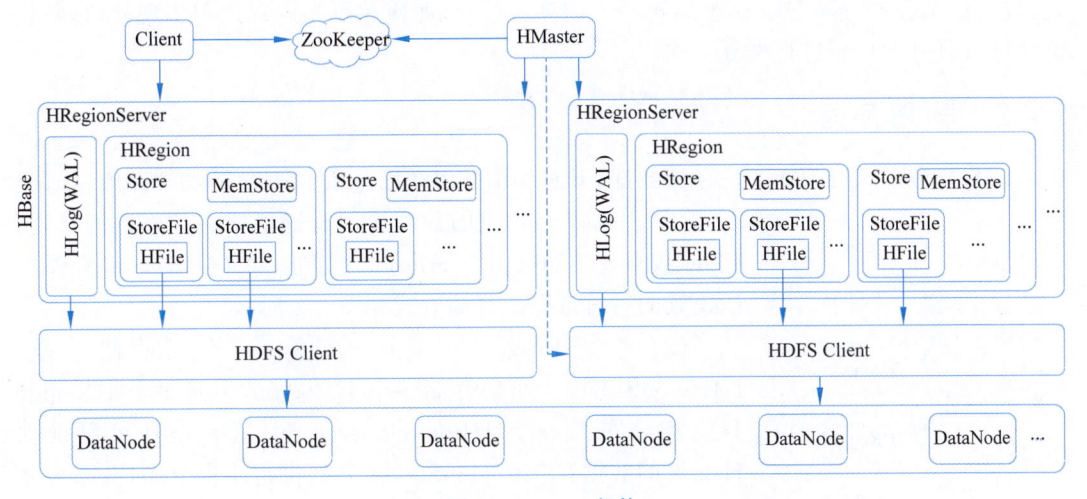

图 5-2 HBase 架构

从图 5-2 可以看出,HBase 包含多个组件。下面针对 HBase 架构中的组件进行详细介绍。

(1) Client。即用户提交相关命令操作 HBase 的客户端,它通过 RPC 协议与 HBase 进行通信。

(2) ZooKeeper。即分布式协调服务,在 HBase 集群中的主要作用是监控 HRegionServer 的状态,并将 HRegionServer 的状态实时通知给 HMaster,确保集群中只有一个 HMaster 在工作。

(3) HMaster。即 HBase 集群的主节点,用于协调多个 HRegionServer,主要用于监控 HRegionServer 的状态以及平衡 HRegionServer 之间的负载。除此之外,HMaster 还负责为 HRegionServer 分配 HRegion。

在 HBase 中,如果有多个 HMaster 节点共存,提供服务的只有一个 HMaster,其他的 HMaster 处于待命的状态。如果当前提供服务的 HMaster 节点宕机,那么其他的 HMaster 通过 ZooKeeper 选举出一个激活的 HMaster 节点接管 HBase 的集群。

(4) HRegionServer。即 HBase 集群的从节点,它包括了多个 HRegion,主要用于响应用户的 I/O 请求,并与 HDFS 交互进行读写数据。

(5) HRegion。即 HBase 数据表的分片,每个 HRegion 中保存的是 HBase 数据表中某段连续的数据。

（6）Store。每个 HRegion 包含一个或多个 Store。每个 Store 用于管理一个 HRegion 上的列族。

（7）MemStore。即内存级缓存，MemStore 存放在 Store 中，用于保存修改的键值对（Key，Values）形式的数据。当 MemStore 存储的数据达到一个阈值时，默认为 128MB，数据就会被执行刷写操作，将数据写入 StoreFile 文件。MemStore 的刷写操作是由专门的线程负责的。

（8）StoreFile。MemStore 中的数据写到文件后就是 StoreFile，StoreFile 底层是以 HFile 的格式保存在 HDFS 上。

（9）HLog(WAL)。即预写日志文件，负责记录 HBase 的修改。当 HBase 读写数据时，数据首先会被写入 HLog，然后再写入内存。这样，即使在写入内存之前出现故障，数据仍然可以通过 HLog 进行恢复。

5.2.2 物理存储

HBase 最重要的功能就是存储数据，下面从 4 方面详细介绍 HBase 的物理存储。

（1）HBase 数据表的数据按照行键的字典顺序进行排列。此外，数据还被切分多个 HRegion 存储，每个 HRegion 存储一段连续的行键范围。存储方式如图 5-3 所示。

（2）多个 HRegion 在一个 HRegionServer 上存储。一个 HRegionServer 上可以存储多个 HRegion，但是每个 HRegion 只能被分布到一个 HRegionServer 上，这种设计可以确保 HBase 的数据在 HRegionServer 之间进行均衡分布，分布方式如图 5-4 所示。

（3）动态切分 HRegion。每个 HRegion 存储的数据是有限的，当一个 HRegion 增大到一定的阈值时，会被等切分成两个新的 HRegion，保证数据均匀分布和存储的可扩展性，切分方式如图 5-5 所示。

图 5-3　HBase 数据表中数据的存储方式

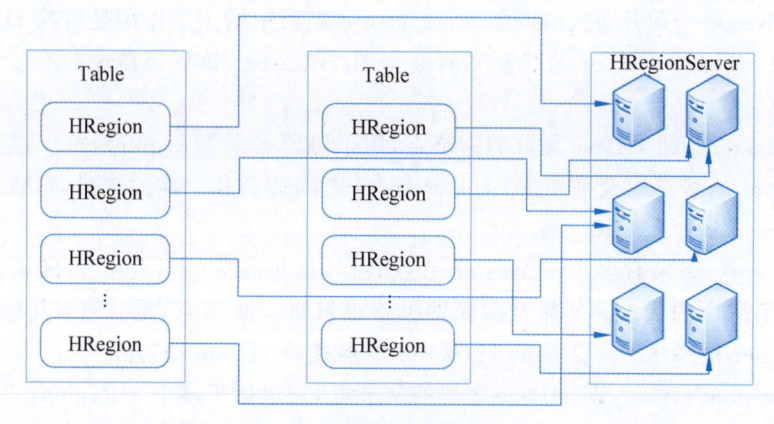

图 5-4　HRegion 的分布方式

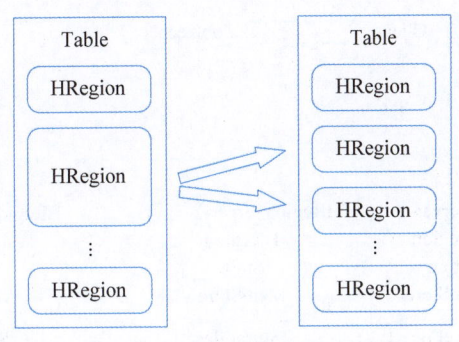

图 5-5　HRegion 的切分方式

（4）写入数据到 MemStore 和刷写到 StoreFile。MemStore 中存储的是用户写入的数据，一旦 MemStore 存储达到一定的阈值（默认为 128MB）时，数据就会被刷写到新生成的 StoreFile 中（底层是 HFile），该文件是以 HFile 的格式存储到 HDFS 上，具体如图 5-6 所示。

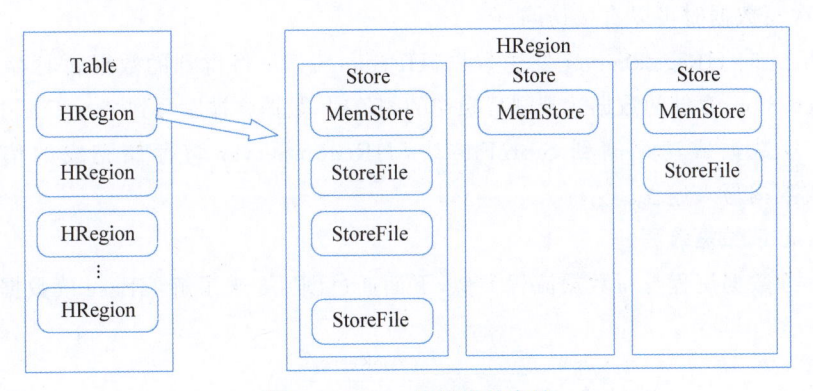

图 5-6　HBase 数据表的存储

5.2.3　HBase 读写数据流程

HBase 读写数据需要依靠 ZooKeeper 来实现，这是因为 ZooKeeper 中存储了 HBase 中 ROOT 表的位置信息，而 ROOT 表又存储了 META 表的 HRegion 信息以及所有 HRegionServer 的地址。

下面介绍 HBase 读写数据的流程。

1. HBase 写数据流程

HBase 写数据是指 Client 向 HBase 的数据表写入数据，下面通过图 5-7 来了解 HBase 写数据流程。

从图 5-7 可以看出，HBase 写数据流程大概分为 7 个步骤，具体流程如下。

（1）Client 向 ZooKeeper 发送请求，获取 META 表所在 HRegionServer 的地址信息。

（2）ZooKeeper 将 META 表所在 HRegionServer 的地址信息返回给 Client。

（3）Client 访问对应的 HRegionServer，获取 META 表记录的元数据，从而找到表对应的所有 HRegion，并根据 Region 存储数据的范围确定具体写入的目标 HRegion。

（4）HRegionServer 将 META 表记录的元数据信息以及目标 HRegion 的信息返回给

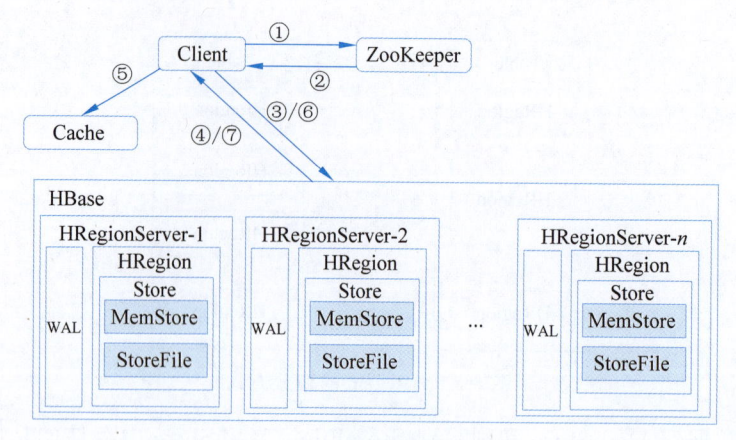

图 5-7　HBase 写数据流程

Client。

（5）Client 将 META 表记录的元数据信息以及目标 HRegion 缓存到 Client 的 Cache 中，方便下次写数据时可以直接访问。

（6）Client 向 HRegionServer 发送数据，HRegionServer 将得到的数据暂时存储在 WAL 中，如果 MemStore 存储的数据达到刷写操作的阈值时，数据将被刷写到 StoreFile 中。

（7）一旦数据成功存储到 StoreFile 中，HRegionServer 将存储完成的信息返回给 Client，完成数据写入过程。

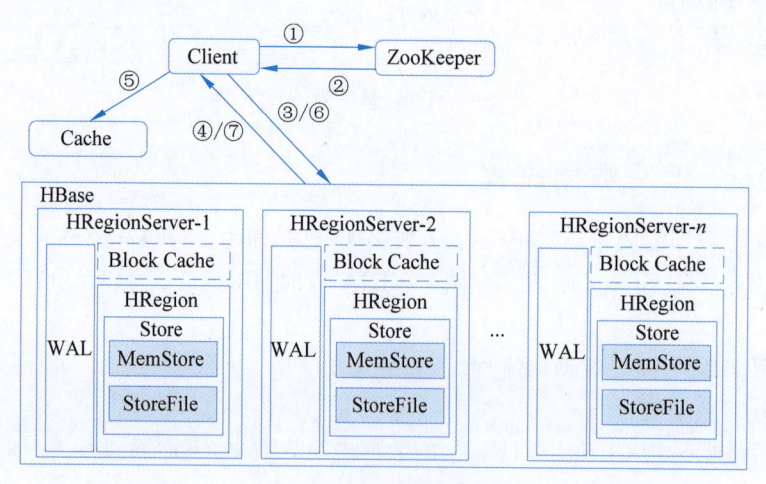

2. HBase 读数据流程

HBase 读数据流程与写数据流程类似，下面通过图 5-8 来了解 HBase 读数据流程。

图 5-8　HBase 读数据流程

从图 5-8 可以看出，HBase 读数据流程大概分为 7 个步骤，与写数据流程不同的是，读数据流程中的 HRegionServer 中多了 Block Cache，Block Cache 的作用是读缓存，即将读取的数据缓存到内存中，提高读取数据的效率。HBase 读数据具体流程如下。

（1）Client 向 ZooKeeper 发送请求，获取 HBase 中 META 表所在 HRegionServer 的地址信息。

（2）ZooKeeper 将 META 表所在 HRegionServer 的地址信息返回给 Client。

（3）Client 访问对应的 HRegionServer，获取 META 表记录的元数据，从而找到表对应的所有 HRegion，并根据 Region 存储数据的范围确定要读取的目标 HRegion。

（4）HRegionServer 将 META 表记录的元数据信息以及 HRegion 返回给 Client。

（5）Client 将接收到的 META 表记录的元数据信息以及 HRegion 缓存到 Client 的 Cache 中，方便下次读数据时访问。

（6）Client 向 HRegionServer 请求读取数据，HRegionServer 在 Block Cache、MemStore 和 Store File 中查询目标数据，并将查到的所有数据进行合并。

（7）HRegionServer 将合并后的最终结果返回给 Client。

【提示】 ROOT 表是 HBase 中的一个特殊表，它存储了 META 表的位置信息。在 HBase 中，META 表是一个描述表和 HRegion 分布的元数据表。META 表中的每一行记录都代表一个表或 HRegion 的元数据信息，包括表名、列族以及负责该 HRegion 的 HRegionServer 的地址等。

5.3 搭建 HBase 高可用集群

在普通的 HBase 集群中会存在单点故障问题，例如，当主节点发生宕机时，整个集群将无法正常工作，针对这样的问题，可以利用 ZooKeeper 提供的选举机制部署一个高可用的 HBase 集群来解决。这样即使主节点宕机，其他节点仍然可以正常工作，保证集群的稳定性。

下面以虚拟机 Hadoop1、Hadoop2 和 Hadoop3 为例讲解如何搭建 HBase 高可用集群。HBase 高可用集群的规划方式如图 5-9 所示。

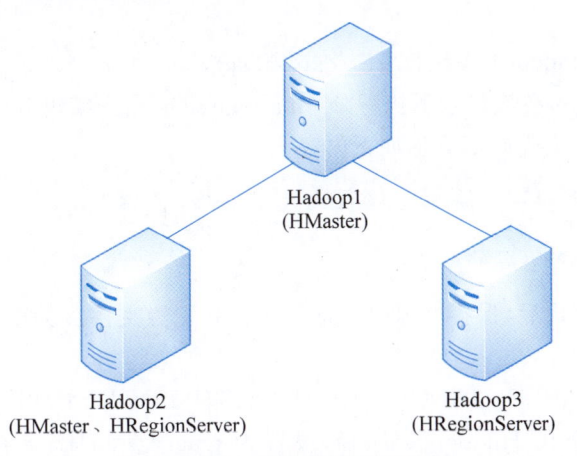

图 5-9 HBase 高可用集群的规划

从图 5-9 可以看出，HBase 高可用集群中虚拟机 Hadoop1 和 Hadoop2 是主节点，虚拟机 Hadoop2 和 Hadoop3 是从节点。这里之所以将虚拟机 Hadoop2 既部署为主节点也部署为从节点，目的是避免 HBase 集群主节点宕机导致的单点故障问题，同时也为了提高 HBase 集群读写数据的效率。

接下来，分步骤讲解如何搭建 HBase 高可用集群，具体步骤如下。

1. 下载 HBase 安装包

本书使用的 HBase 版本为 2.4.9,通过访问 HBase 官网,下载 HBase 安装包 hbase-2.4.9-bin.tar.gz。

2. 上传 HBase 安装包

在虚拟机 Hadoop1 的 /export/software 目录执行 rz 命令,将下载好的 HBase 安装包上传到虚拟机的 /export/software 目录。

3. 安装 HBase

通过对 HBase 安装包进行解压操作安装 HBase,将 HBase 安装到存放安装程序的目录 /export/servers,在 /export/software 目录执行如下命令。

```
$ tar -zxvf hbase-2.4.9-bin.tar.gz -C /export/servers/
```

4. 配置 HBase 环境变量

分别在虚拟机 Hadoop1、Hadoop2 和 Hadoop3 执行"vi /etc/profile"命令编辑系统环境变量文件 profile,在该文件的尾部添加如下内容。

```
export HBASE_HOME=/export/servers/hbase-2.4.9
export PATH=$PATH:$HBASE_HOME/bin
```

成功配置 HBase 环境变量后,保存并退出系统环境变量文件 profile 即可。不过此时在系统环境变量文件中添加的内容尚未生效,还需要分别在虚拟机 Hadoop1、Hadoop2 和 Hadoop3 执行"source /etc/profile"命令初始化系统环境变量,使配置的 HBase 环境变量生效。

5. 修改配置文件

为了确保 HBase 高可用集群能够正常启动,必须对 HBase 的配置文件进行相关的配置,具体步骤如下。

(1)在虚拟机 Hadoop1 中执行"cd /export/servers/hbase-2.4.9/conf"命令进入 HBase 安装目录的 conf 目录,在该目录下执行"vi hbase-env.sh"命令编辑 hbase-env.sh 配置文件,在 hbase-env.sh 配置文件底部添加如下内容。

```
export HBASE_DISABLE_HADOOP_CLASSPATH_LOOKUP="true"
export JAVA_HOME=/export/servers/jdk1.8.0_241
export HBASE_MANAGES_ZK=false
```

上述内容添加完成后,保存并退出 hbase-env.sh 配置文件。关于上述内容的具体介绍如下。

- HBASE_DISABLE_HADOOP_CLASSPATH_LOOKUP:用于设置 HBase 在运行时是否自动查找 Hadoop 类路径,设置为 true 表示 HBase 在运行时不自动查找 Hadoop 类路径。
- JAVA_HOME:用于指定 HBase 使用的 JDK,这里使用的是本地安装的 JDK。
- HBASE_MANAGES_ZK:用于指定 HBase 高可用集群主节点选举机制,设置为 false 表示使用的是本地安装的 ZooKeeper 集群。

(2)在 HBase 安装目录的 conf 目录执行 vi hbase-site.xml 命令编辑 hbase-site.xml 配置文件,将 hbase-site.xml 配置文件的<configuration>标签中的默认内容修改为如下

内容。

```xml
<property>
      <name>hbase.rootdir</name>
      <value>hdfs://hadoop1:9000/hbase</value>
</property>
<property>
   <name>hbase.cluster.distributed</name>
   <value>true</value>
</property>
<property>
   <name>hbase.zookeeper.quorum</name>
   <value>hadoop1:2181,hadoop2:2181,hadoop3:2181</value>
</property>
```

上述内容修改完成后，保存并退出 hbase-site.xml 配置文件。关于上述参数的介绍具体如下。

- 参数 hbase.rootdir 用于指定 HBase 集群在 HDFS 上存储的路径。
- 参数 hbase.cluster.distributed 用于指定 HBase 集群是否为分布式的，设置为 true 表示指定 HBase 集群是分布式的。
- 参数 hbase.zookeeper.quorum 用于指定 ZooKeeper 集群中所有 ZooKeeper 服务的地址。

（3）在 HBase 安装目录的 conf 目录执行 vi regionservers 命令编辑 regionservers 配置文件，将 regionservers 配置文件中的默认内容修改为如下内容。

```
hadoop2
hadoop3
```

上述内容表示在主机名为 hadoop2 和 hadoop3 的虚拟机 Hadoop2 和 Hadoop3 中运行 HRegionServer。上述内容修改完成后，保存并退出 regionservers 配置文件。

（4）在 HBase 安装目录的 conf 目录执行 vi backup-masters 命令编辑 backup-masters 配置文件，在 backup-masters 配置文件中添加如下内容。

```
hadoop2
```

上述内容表示在主机名为 hadoop2 的虚拟机 Hadoop2 中运行备用的 HMaster。上述内容添加完成后，保存并退出 backup-masters 配置文件。

6. 分发 HBase 安装目录

执行 scp 命令将虚拟机 Hadoop1 的 HBase 安装目录分发至虚拟机 Hadoop2 和 Hadoop3 中存放安装程序的目录，具体命令如下。

```
#将 HBase 安装目录分发至虚拟机 Hadoop2 中存放安装程序的目录
$ scp -r /export/servers/hbase-2.4.9/ hadoop2:/export/servers/
#将 HBase 安装目录分发至虚拟机 Hadoop3 中存放安装程序的目录
$ scp -r /export/servers/hbase-2.4.9/ hadoop3:/export/servers/
```

7. 启动 ZooKeeper 和 Hadoop

在启动 HBase 高可用集群之前，需要先启动 ZooKeeper 服务和 Hadoop 集群，具体命令如下。

```
#在虚拟机Hadoop1、Hadoop2和Hadoop3上分别启动ZooKeeper服务
$ zkServer.sh start
#在虚拟机Hadoop1上执行启动Hadoop集群的命令
$ start-all.sh
```

8. 启动HBase

在虚拟机Hadoop1上执行如下命令启动HBase集群。

```
$ start-hbase.sh
```

如果要关闭HBase高可用集群,则在虚拟机Hadoop1执行"stop-hbase.sh"命令即可。

9. 查看HBase运行状态

分别在虚拟机Hadoop1、Hadoop2和Hadoop3执行jps命令查看HBase运行状态,如图5-10所示。

从图5-10可以看出,虚拟机Hadoop1运行着HBase的HMaster;虚拟机Hadoop2运行着HBase的HMaster和HRegionServer;虚拟机Hadoop3运行着HBase的HRegionServer,说明HBase启动成功。

10. 通过Web UI查看HBase运行状态

HBase默认提供了16010端口用于通过Web UI查看HBase运行状态。分别在本地计算机的浏览器输入http://hadoop1:16010和http://hadoop2:16010查看HBase集群运行状态,以及备用HMaster的运行状态,如图5-11和图5-12所示。

从图5-11可以看出,虚拟机Hadoop1是HBase的主节点,虚拟机Hadoop2和Hadoop3是HBase的从节点。

从图5-12可以看出,虚拟机Hadoop2运行着备用HMaster,并且显示了当前激活状态的HMaster运行在虚拟机Hadoop1。

图5-10 查看HBase运行状态

HBase高可用集群的搭建相对简单,但在搭建HBase高可用集群时仍然需要明白以细心严谨的态度对待这一过程的重要性。这不仅有助于顺利完成HBase高可用集群的搭建,还能培养我们严谨的思维和端正的态度,为综合发展打下坚实的基础。

📖 多学一招:修改日志信息输出级别

默认情况下,HBase日志信息输出级别为INFO,这种情况下会输出大量冗余信息,为了提高查看HBase运行时信息的便利性,建议将日志信息输出级别修改为ERROR,这样可以减少不必要的输出,使日志信息更加简洁明了。

在虚拟机Hadoop1的HBase安装目录的conf目录执行vi log4j.properties命令编辑

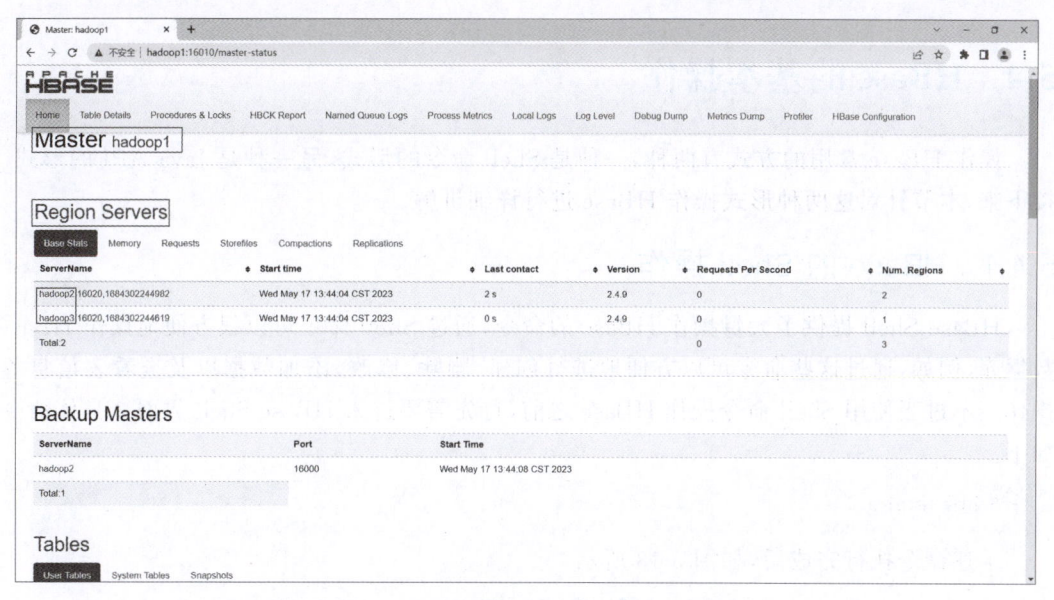

图 5-11　查看 HBase 集群运行状态

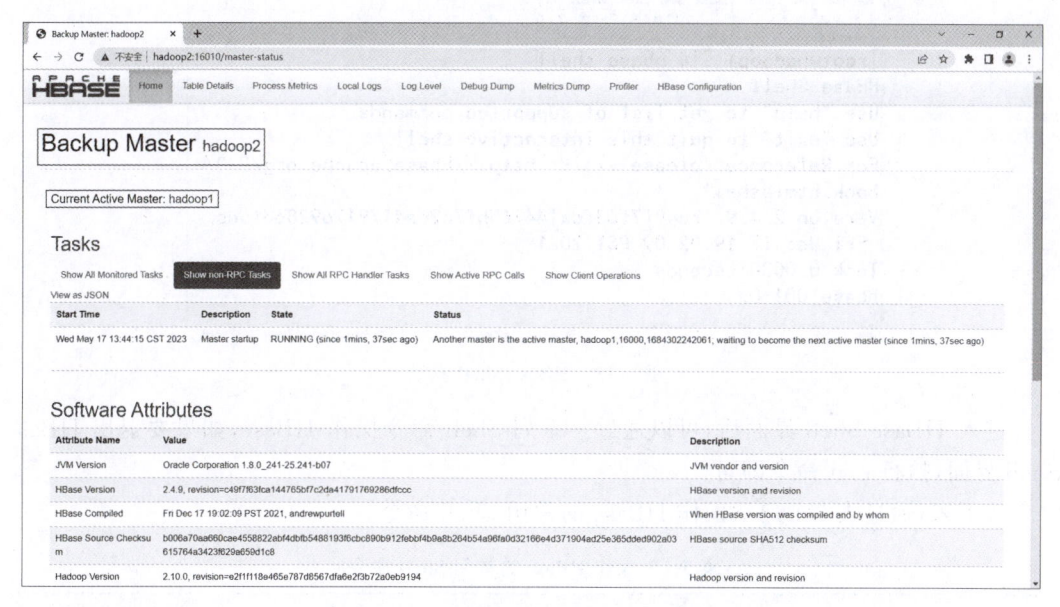

图 5-12　查看备用 HMaster 运行状态

log4j.properties 配置文件,将配置文件中 hbase.root.logger=INFO,console 修改为 hbase.root.logger=ERROR,console,表示将日志信息输出级别由 INFO 修改为 ERROR,即 HBase 发生 ERROR 级别的错误时才进行输出。

修改完成后,保存并退出。此时还需要配置其他 HBase 节点,这里为了简化操作,可将 log4j.properties 配置文件分发给虚拟机 Hadoop2 和 Hadoop3,具体命令如下。

```
$ scp -r log4j.properties hadoop2:/export/servers/hbase-2.4.9/conf/
$ scp -r log4j.properties hadoop3:/export/servers/hbase-2.4.9/conf/
```

分发完成后,需要重启 HBase 集群,使修改的日志信息输出级别生效。

5.4 HBase 的基本操作

操作 HBase 常用的方式有两种,一种是 Shell 命令的形式,另一种是 Java API 的形式。接下来,本节针对这两种形式操作 HBase 进行详细讲解。

5.4.1 HBase 的 Shell 操作

HBase Shell 提供了大量操作 HBase 的命令,通过 Shell 命令可以很方便地操作 HBase 数据库,例如,通过这些命令可以方便地进行创建、删除、修改、添加数据以及查看表信息等操作。不过当使用 Shell 命令操作 HBase 之前,首先需要进入 HBase Shell 界面。具体命令如下。

```
$ hbase shell
```

上述命令执行完成后,如图 5-13 所示。

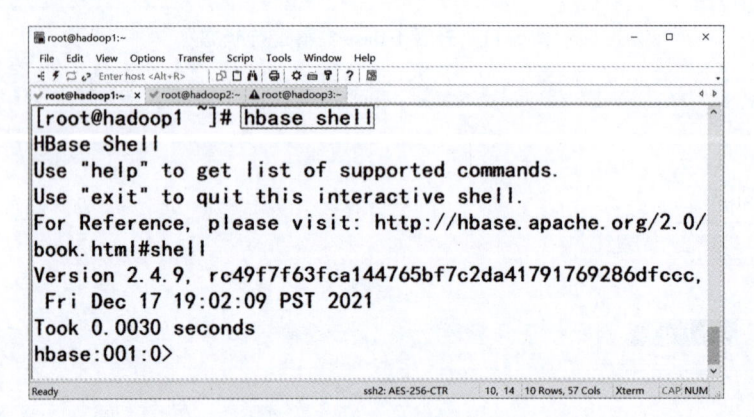

图 5-13　HBase Shell 界面

进入 HBase Shell 界面后,可以通过一系列 Shell 命令操作 HBase,如果要退出 HBase Shell 界面,执行 exit 命令即可。

接下来,通过表 5-1 列举操作 HBase 的常用 Shell 命令。

表 5-1　操作 HBase 的常用 Shell 命令

命令	说明
create	创建 HBase 数据表
put	向 HBase 数据表中插入或更新 HBase 数据表的数据
scan	扫描 HBase 数据表并返回表中的所有数据
describe	查看 HBase 数据表的详细信息
get	获取 HBase 数据表指定行或列的数据
list	获取 HBase 中所有数据表
count	统计 HBase 数据表的行数
delete	删除 HBase 数据表指定列的数据

命　　令	说　　明
deleteall	删除 HBase 数据表指定行的数据
truncate	清空 HBase 数据表的数据
drop	删除 HBase 数据表

这些 Shell 命令的具体用法如下。

1. create

通过 create 命令创建数据表,具体语法格式如下。

```
create 'table_name', 'column family'
```

上述语法格式中,table_name 为数据表名,column family 为列族名,它们在创建数据表时必须指定。

接下来,创建一个数据表名为 student,列族名为 info 的数据表,具体命令如下。

```
hbase(main):001:0> create 'student','info'
```

上述命令的执行效果如图 5-14 所示。

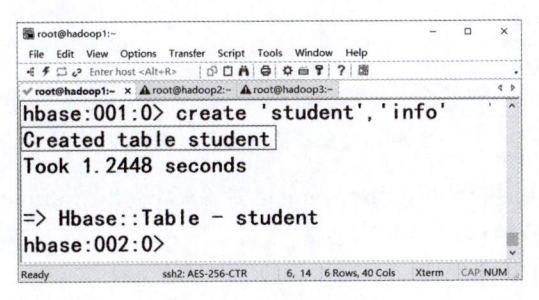

图 5-14　创建数据表

在图 5-14 中,Created table student 返回信息表示名为 student 的数据表已经创建成功。

2. list

通过 list 命令查看 HBase 中的数据表,具体命令如下。

```
hbase(main):002:0> list
```

上述命令的执行效果如图 5-15 所示。

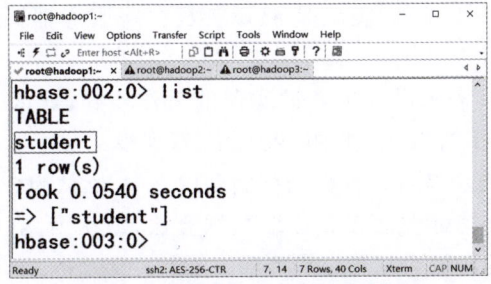

图 5-15　查看 HBase 中的数据表(1)

从图 5-15 可以看出，HBase 中包含数据表 student。

3. describe

通过 describe 命令查看指定数据表的详细信息，具体语法格式如下。

```
describe 'table_name'
```

查看 student 数据表的详细信息，具体命令如下。

```
hbase(main):003:0> describe 'student'
```

上述命令的执行效果如图 5-16 所示。

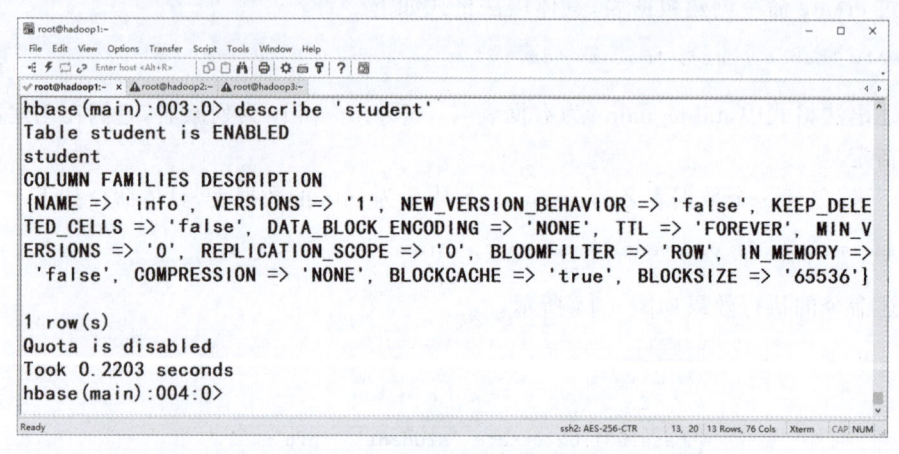

图 5-16　查看数据表的详细信息

从图 5-16 可以看出，执行 describe 'student' 命令后，输出了 student 数据表的详细信息，其中包含了诸多字段，这些字段的介绍如下。

- NAME：表示列族名。
- VERSIONS：表示版本数。
- NEW_VERSION_BEHAVIOR：表示是否开启备份数据的不同版本，默认为 false。
- KEEP_DELETED_CELLS：用于指定是否保存在列族中已删除的数据，默认为 false。
- DATA_BLOCK_ENCODING：表示数据块算法，默认为 NONE，可设置的数据库算法类型还有 PREFIX、DIFF、FAST_DIFF 和 ROW_INDEX_V1。
- TTL：表示数据的存活时间，默认为 FOREVER，为永久存活。
- MIN_VERSIONS：表示最小版本数，默认为 0。
- REPLICATION_SCOPE：表示是否开启数据跨服务器同步功能，默认为 0，为不开启。
- BLOOMFILTER：表示设置布隆过滤器的工作模式，默认工作模式为 ROW（行模式），可选值包括 NONE（无）和 ROWCOL（行列模式）。
- IN_MEMORY：表示是否设置数据存储到内存中，默认为 false。
- COMPRESSION：表示是否设置压缩数据算法，默认为 NONE，表示不使用压缩数据算法。可设置的压缩数据算法类型还有 LZO、GZ、SNAPPY 和 LZ4。
- BLOCKCACHE：表示是否设置读缓存，默认为 true，表示开启读缓存。

- BLOCKSIZE：表示数据块大小，默认为 65536 字节，即 64KB。

4. put

通过 put 命令向数据表的列插入数据或更新指定列的数据，具体语法格式如下。

```
put 'table_name', 'row1', 'column family:column name', 'value'
```

上述语法格式中，row1 为行键；column family:column name 为列族名和列标识；value 为插入的值。

接下来，向 student 数据表中插入 5 条数据，具体命令如下。

```
hbase(main):004:0> put 'student','1001','info:sex','male'
hbase(main):005:0> put 'student','1001','info:age','18'
hbase(main):006:0> put 'student','1002','info:name','zhangsan'
hbase(main):007:0> put 'student','1002','info:sex','female'
hbase(main):008:0> put 'student','1002','info:age','20'
```

5. scan

通过 scan 命令扫描指定数据表中的数据，具体语法格式如下。

```
scan 'table_name'
```

接下来，扫描 student 数据表中的数据，具体命令如下。

```
hbase(main):009:0> scan 'student'
```

上述命令的执行效果如图 5-17 所示。

```
hbase(main):009:0> scan 'student'
ROW                   COLUMN+CELL
 1001                 column=info:age, timestamp=1668736480222, value=18
 1001                 column=info:sex, timestamp=1668736466195, value=male
 1002                 column=info:age, timestamp=1668736539463, value=20
 1002                 column=info:name, timestamp=1668736502126, value=zhangsan
 1002                 column=info:sex, timestamp=1668736522842, value=female
2 row(s)
Took 0.0179 seconds
hbase(main):010:0>
```

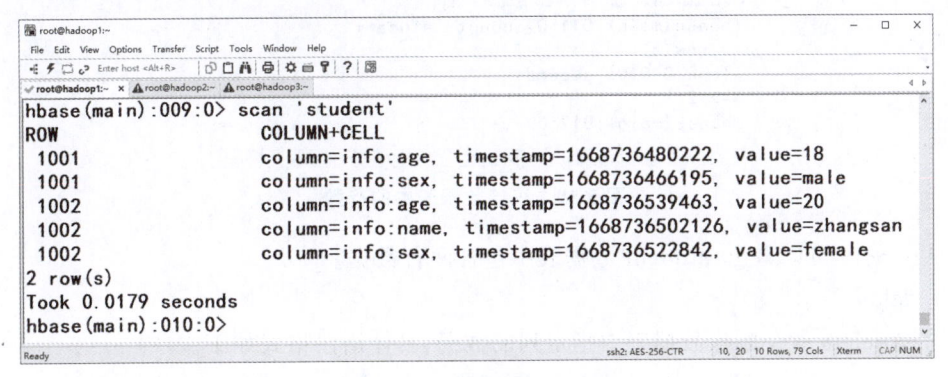

图 5-17　扫描数据表中的数据

从图 5-17 可以看出，student 数据表包含两行数据，它们的行键分别为 1001 和 1002。

6. get

通过 get 命令获取指定行或指定列的数据，具体语法格式如下。

```
#获取指定行的数据
get 'table_name','row1'
#获取指定列的数据
get 'table_name','row1','column family:column name'
```

接下来，获取 student 数据表中行键为 1001，列为 info:sex 的数据，具体命令如下。

```
hbase(main):010:0> get 'student','1001','info:sex'
```

上述命令的执行效果如图 5-18 所示。

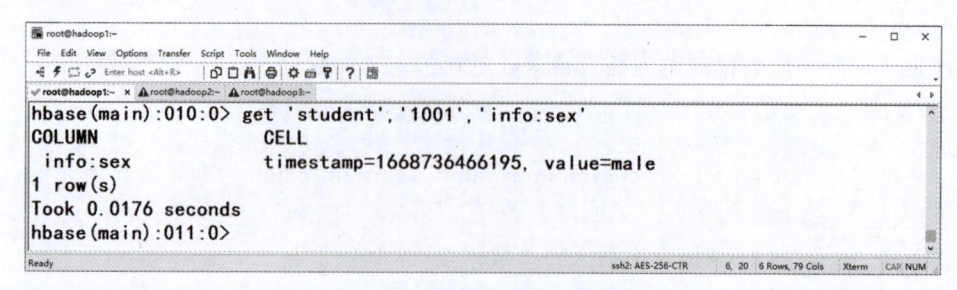

图 5-18　获取指定列的数据

从图 5-18 可以看出，student 数据表中行键为 1001，列为 info:sex 的数据为 male。

7. count

通过 count 命令统计指定数据表中的行数，具体语法格式如下。

```
count 'table_name'
```

接下来，统计 student 数据表中的行数，具体命令如下。

```
hbase(main):011:0> count 'student'
```

上述命令的执行效果如图 5-19 所示。

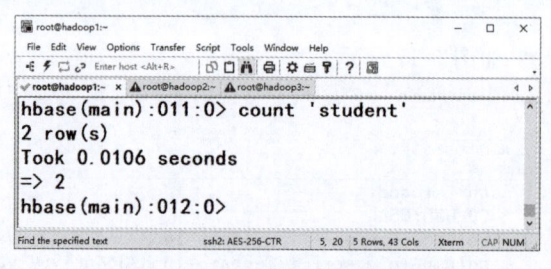

图 5-19　统计数据表中的行数

从图 5-19 可以看出，student 数据表中包含两行数据。

8. delete

通过 delete 命令删除数据表中指定列的数据，具体语法格式如下。

```
delete 'table_name','row1', 'column family:column name'
```

接下来，删除 student 数据表中行键为 1002，列为 info:sex 的数据，具体命令如下。

```
hbase(main):012:0> delete 'student','1002','info:sex'
```

上述命令执行完成后，通过 scan 'student' 命令扫描 student 数据表中的数据，如图 5-20 所示。

从图 5-20 可以看出，行键为 1002，列为 info:sex 的数据不存在，说明已经被删除。

9. deleteall

如果要删除数据表中指定行，可以使用 deleteall 命令，具体语法格式如下。

```
deleteall 'table_name','row1'
```

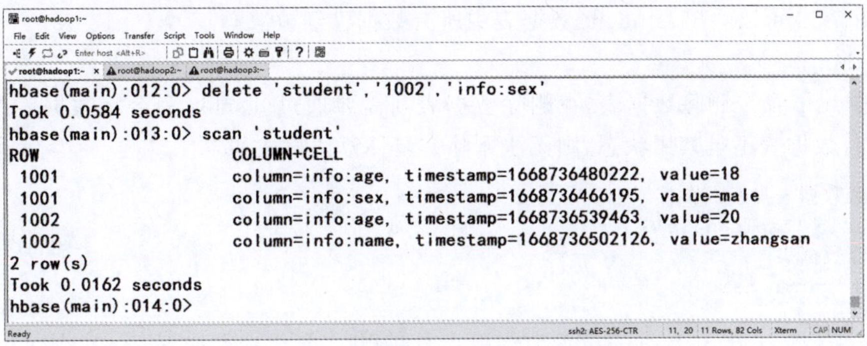

图 5-20　删除数据表中指定列的数据

接下来,删除 student 数据表中行键为 1001 的行,具体命令如下。

hbase(main):014:0> deleteall 'student','1001'

上述命令执行完成后,通过 scan 命令扫描 student 数据表中的数据,如图 5-21 所示。

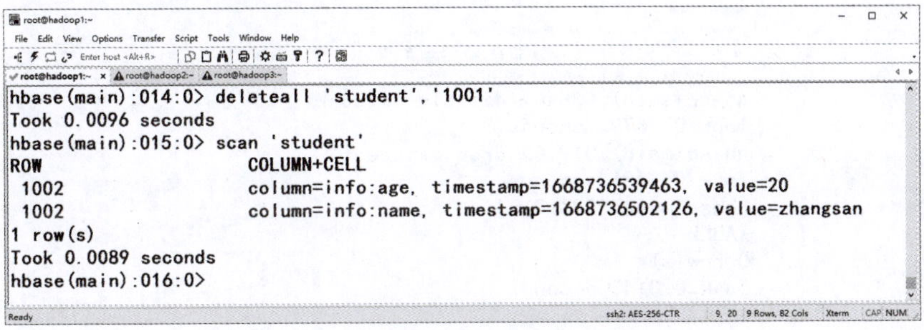

图 5-21　删除数据表中指定行的数据

从图 5-21 可以看出,行键为 1001 的行已经被删除。

10. truncate

通过 truncate 命令清空数据表中的所有数据,具体语法格式如下。

truncate 'table_name'

接下来,清空 student 数据表中的所有数据,具体命令如下。

hbase(main):016:0> truncate 'student'

上述命令执行完成后,通过 scan 命令扫描 student 数据表中的数据,如图 5-22 所示。

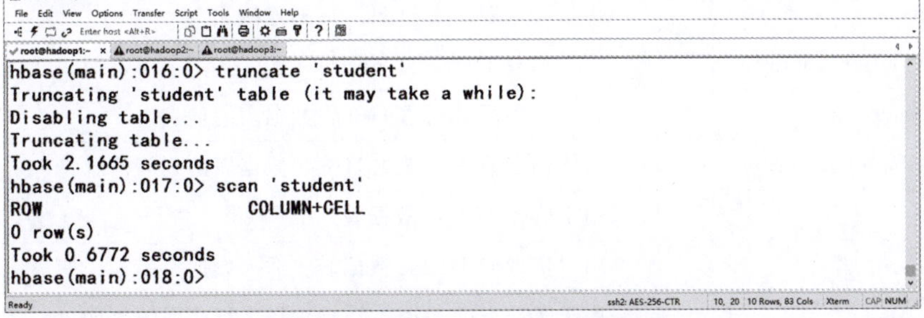

图 5-22　清空数据表中的所有数据

从图 5-22 可以看出，student 数据表中所有数据已经被清空。

11. drop

通过 drop 命令删除数据表，在删除数据表前需要通过 disable 命令将数据表设置为禁用状态，若数据表不是禁用状态，则无法删除。具体语法格式如下。

```
#设置数据表为禁用状态
disable 'table_name'
#删除数据表
drop 'table_name'
```

接下来，将 student 数据表设置为禁用状态并删除，具体命令如下。

```
hbase(main):018:0> disable 'student'
hbase(main):019:0> drop 'student'
```

上述命令执行完成后，通过 list 命令获取 HBase 数据库中的所有数据表，如图 5-23 所示。

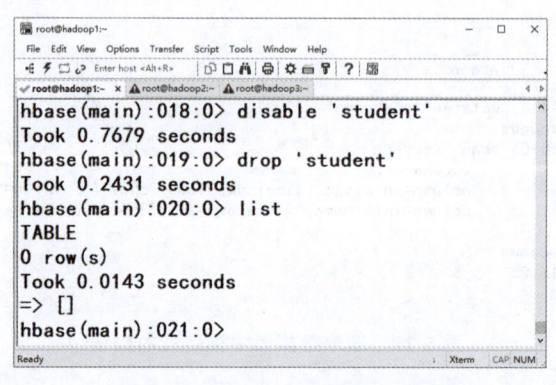

图 5-23　查看 HBase 中的数据表

从图 5-23 可以看出，HBase 中已经不存在 student 数据表。

5.4.2　HBase 的 Java API 操作

HBase 是由 Java 语言开发的，它对外提供了 Java API 的接口和类。表 5-2 列举了 HBase 的常见 Java API。

表 5-2　HBase 的常见 Java API

类 或 接 口	说　　明
Admin	用于建立客户端和 HBase 的连接
HBaseConfiguration	用于加载 HBase 配置信息
TableDescriptor	表构造器用于描述 HBase 数据表的信息
ColumnFamilyDescriptor	列族构造器用于描述 HBase 数据表的列族信息
Table	用于管理 HBase 数据表
Put	用于实现向 HBase 数据表中插入数据
Get	用于实现查询 HBase 数据表指定行或列的数据

续表

类 或 接 口	说　　明
Scan	用于实现查询 HBase 数据表中所有数据
Delete	用于删除 HBase 数据表中指定行或列的数据
Result	用于实现查询 HBase 数据表中返回的指定数据结果

表 5-2 列举了 HBase 常见的 Java API,其中 HBaseConfiguration 类属于 org.apache.hadoop.hbase 包,其余的类或接口都属于 org.apache.hadoop.hbase.client 包。

接下来,通过表 5-2 列举的 HBase 常见的 Java API 实现对 HBase 进行相关操作,具体内容如下。

1. 创建 Maven 项目并添加 HBase 相关依赖

在 IntelliJ IDEA 中创建一个名为 HBase_Project 的 Maven 项目。然后在项目 HBase_Project 中配置 pom.xml 文件,也就是添加 HBase 相关的依赖,具体内容如下。

```
1   <dependencies>
2       <dependency>
3           <groupId>org.apache.hbase</groupId>
4           <artifactId>hbase-client</artifactId>
5           <version>2.4.9</version>
6       </dependency>
7       <dependency>
8           <groupId>org.apache.hbase</groupId>
9           <artifactId>hbase-common</artifactId>
10          <version>2.4.9</version>
11      </dependency>
12      <dependency>
13          <groupId>junit</groupId>
14          <artifactId>junit</artifactId>
15          <version>4.12</version>
16          <scope>compile</scope>
17      </dependency>
18  </dependencies>
```

上述配置内容中,第 2~11 行配置内容添加 HBase 客户端依赖和 HBase 核心依赖;第 12~17 行配置内容添加单元测试依赖。

2. 连接 HBase

在项目 HBase_Project 的 /src/main/java 目录下创建包 cn.itcast.hbase,并在该包下创建名为 HBaseTest 的 Java 文件,用于连接 HBase。具体代码如文件 5-1 所示。

文件 5-1　HBaseTest.java

```
1   package cn.itcast.hbase;
2   import org.apache.hadoop.conf.Configuration;
3   import org.apache.hadoop.hbase.Cell;
4   import org.apache.hadoop.hbase.CellUtil;
5   import org.apache.hadoop.hbase.HBaseConfiguration;
6   import org.apache.hadoop.hbase.TableName;
7   import org.apache.hadoop.hbase.client.*;
```

```
8   import org.apache.hadoop.hbase.util.Bytes;
9   import org.junit.*;
10  import java.util.ArrayList;
11  import java.util.Iterator;
12  import java.util.List;
13  public class HBaseTest {
14      private Configuration conf = null;
15      private Connection conn = null;
16      @Before
17      public void init() throws Exception {
18          conf = HBaseConfiguration.create();
19          conf.set("hbase.zookeeper.quorum",
20                  "hadoop1:2181,hadoop2:2181,hadoop3:2181");
21          conn = ConnectionFactory.createConnection(conf);
22      }
23  }
```

上述代码中,第 18～20 行代码通过 Configuration 对象设置 HBase 的配置信息,配置信息至少包含 ZooKeeper 集群的地址。第 21 行代码基于 Configuration 对象连接 HBase。

3. 创建数据表

在 HBaseTest.java 文件中定义一个 createTable() 方法实现创建数据表。具体代码如下。

```
1   @Test
2   public void createTable() throws Exception{
3       //创建 Admin 对象
4       Admin admin = conn.getAdmin();
5       //指定数据表的名称为 t_user_info
6       TableDescriptorBuilder tb = TableDescriptorBuilder
7               .newBuilder(TableName.valueOf("t_user_info"));
8       //指定列族的名称为 base_info
9       ColumnFamilyDescriptorBuilder cf1 = ColumnFamilyDescriptorBuilder
10              .newBuilder(Bytes.toBytes("base_info"));
11      //指定列族的名称为 extra_info
12      ColumnFamilyDescriptorBuilder cf2 = ColumnFamilyDescriptorBuilder
13              .newBuilder(Bytes.toBytes("extra_info"));
14      //指定列族 extra_info 的最小版本数为 1,最大版本数为 3
15      cf2.setMinVersions(1).setMaxVersions(3);
16      //创建列族 base_info 的构造器
17      ColumnFamilyDescriptor cfd1 = cf1.build();
18      //创建列族 extra_info 的构造器
19      ColumnFamilyDescriptor cfd2 = cf2.build();
20      //将列族 base_info 和 extra_info 添加到数据表 t_user_info 中
21      tb.setColumnFamily(cfd1).setColumnFamily(cfd2);
22      //创建数据表 t_user_info 的构造器
23      TableDescriptor td = tb.build();
24      //在 HBase 中创建数据表 t_user_info
25      admin.createTable(td);
26      //关闭 Admin 连接释放资源
```

```
27        admin.close();
28     //关闭 HBase 连接释放资源
29        conn.close();
30  }
```

运行 createTable()方法后,在 HBase Shell 执行 list 命令查看 HBase 中的数据表,如图 5-24 所示。

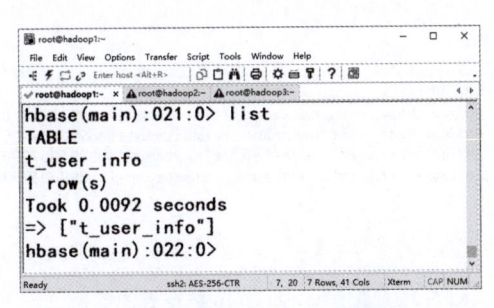

图 5-24　查看 HBase 中的数据表(3)

从图 5-24 可以看出,HBase 中存在 t_user_info 数据表。

4. 插入数据

在 HBaseTest.java 文件中定义一个 testPut()方法实现向 t_user_info 数据表插入数据。具体代码如下。

```
1   @Test
2   public void testPut() throws Exception {
3      //创建 Table 对象连接数据表 t_user_info
4      Table table = conn.getTable(TableName.valueOf("t_user_info"));
5      ArrayList<Put> puts = new ArrayList<Put>();
6      //创建 Put 对象 p1 指定插入数据的行键 user001
7      Put p1 = new Put(Bytes.toBytes("user001"));
8      //向行键 user001 的列 base_info:username 插入数据 zhangsan
9      p1.addColumn(Bytes.toBytes("base_info"),Bytes
10           .toBytes("username"),Bytes.toBytes("zhangsan"));
11     //向行键 user001 的列 base_info:password 插入数据 123456
12     p1.addColumn(Bytes.toBytes("base_info"),Bytes
13           .toBytes("password"),Bytes.toBytes("123456"));
14     //创建 Put 对象 p2 指定插入数据的行键 user002
15     Put p2 = new Put(Bytes.toBytes("user002"));
16     //向行键 user002 的列 extra_info:username 插入数据 lisi
17     p2.addColumn(Bytes.toBytes("extra_info"),Bytes
18           .toBytes("username"),Bytes.toBytes("lisi"));
19     //向行键 user002 的列 extra_info:married 插入数据 false
20     p2.addColumn(Bytes.toBytes("extra_info"),Bytes
21           .toBytes("married"),Bytes.toBytes("false"));
22     puts.add(p1);
23     puts.add(p2);
24     table.put(puts);
25     table.close();
26     conn.close();
27  }
```

上述代码中,第 22、23 行代码将 Put 对象 p1 和 p2 添加到集合 puts 中,便于一次性向数据表 t_user_info 插入多条数据。第 24 行代码通过 Table 对象的 put()方法执行向数据表 t_user_info 插入数据的操作。

运行 testPut()方法后,在 HBase Shell 执行 scan 't_user_info'命令查看 t_user_info 数据表的数据,如图 5-25 所示。

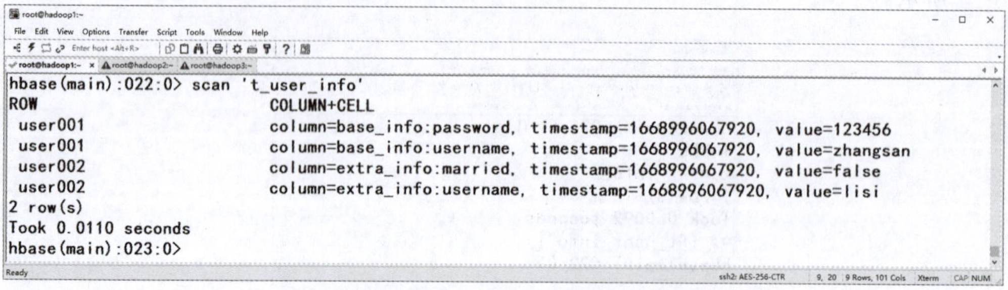

图 5-25　查看 t_user_info 数据表的数据(1)

从图 5-25 可以看出,t_user_info 数据表已经成功插入数据。

5. 查看指定的数据

在 HBaseTest.java 文件中定义一个 testGet()方法查看行键为 user001 的行数据。具体代码如下。

```java
1  @Test
2  public void testGet() throws Exception {
3      Table table = conn.getTable(TableName.valueOf("t_user_info"));
4      //指定查看的行键 user001
5      Get get = new Get("user001".getBytes());
6      //获取查看结果
7      Result result = table.get(get);
8      //获取查看结果中的所有单元格并存放 List 集合中
9      List<Cell> cells = result.listCells();
10     for (Cell c:cells){
11         System.out.println("行键: " +
12                 Bytes.toString(CellUtil.cloneRow(c)));
13         System.out.print("列族: " +
14                 Bytes.toString(CellUtil.cloneFamily(c)));
15         System.out.print("\t" + "列标识: " +
16                 Bytes.toString(CellUtil.cloneQualifier(c)));
17         System.out.println("\t" + "值: " +
18                 Bytes.toString(CellUtil.cloneValue(c)));
19     }
20     table.close();
21     conn.close();
22 }
```

上述代码中,第 19 行代码遍历 List 集合中的每个单元格,获取单元格的行键、列族、列标识和值。

testGet()方法的运行结果如图 5-26 所示。

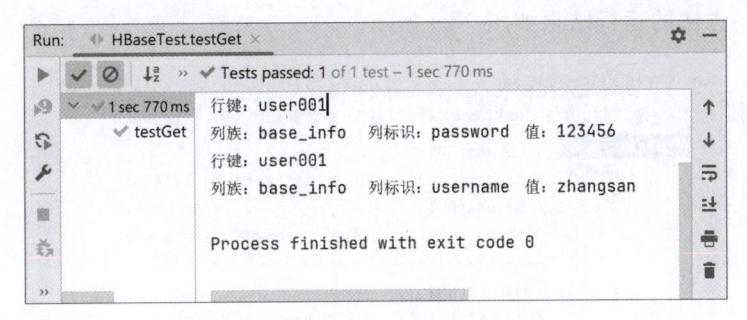

图 5-26　testGet()方法的运行结果

从图 5-26 可以看出,行键为 user001 的行包含列 base_info:password 和 base_info:username,它们的值分别为 123456 和 zhangsan。

6. 扫描数据

在 HBaseTest.java 文件中定义一个 testScan()方法扫描 t_user_info 数据表中所有的数据。具体代码如下。

```
1   @Test
2   public void testScan() throws Exception {
3       Table table = conn.getTable(TableName.valueOf("t_user_info"));
4       Scan scan = new Scan();
5       //获取扫描结果
6       ResultScanner RS = table.getScanner(scan);
7       //将扫描结果中的所有单元格存放到迭代器中
8       Iterator<Result>iter = RS.iterator();
9       while (iter.hasNext()){
10          Result result = iter.next();
11          List<Cell>cells = result.listCells();
12          for (Cell c:cells){
13              byte[] rowArray = c.getRowArray();
14              byte[] familyArray = c.getFamilyArray();
15              byte[] qualifierArray = c.getQualifierArray();
16              byte[] valueArray = c.getValueArray();
17              System.out.println("行键: " + new String(rowArray,
18                  c.getRowOffset(),c.getRowLength()));
19              System.out.print("列族: " + new String(familyArray,
20                  c.getFamilyOffset(),c.getFamilyLength()));
21              System.out.print("\t" + " 列标识: " + new String(qualifierArray,
22                  c.getQualifierOffset(),c.getQualifierLength()));
23              System.out.println(" 值: " + new String(valueArray,
24                  c.getValueOffset(),c.getValueLength()));
25          }
26          System.out.println("----------------------------------");
27      }
28      table.close();
29      conn.close();
30  }
```

上述代码中,第 9～27 行代码遍历迭代器获取每个单元格的行键、列族、列标识和值。

testScan()方法的运行结果如图 5-27 所示。

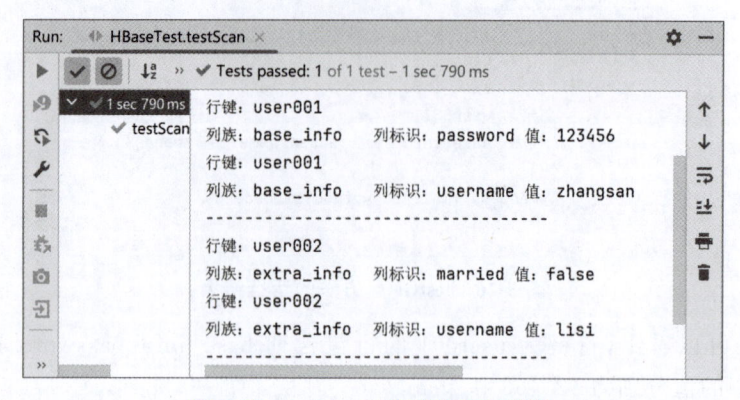

图 5-27　testScan()方法的运行结果

从图 5-27 可以看出，t_user_info 数据表中包含两行数据，它们的行键分别为 user001 和 user002。

7. 删除指定的数据

在 HBaseTest.java 文件中定义一个 testDel()方法用于删除 t_user_info 数据表中行键为 user001 并且列为 base_info:password 的数据。具体代码如下。

```
1   @Test
2   public void testDel() throws Exception{
3       Table table = conn.getTable(TableName.valueOf("t_user_info"));
4       //指定行键为 user001
5       Delete delete = new Delete("user001".getBytes());
6       //指定列族 base_info 和列标识 password
7       delete.addColumn("base_info".getBytes(),"password".getBytes());
8       table.delete(delete);
9       table.close();
10      conn.close();
11  }
```

运行 testDel()方法后，在 HBase Shell 执行 scan 't_user_info'命令，查看 t_user_info 数据表的数据，如图 5-28 所示。

图 5-28　查看 t_user_info 数据表的数据（2）

从图 5-28 可以看出，t_user_info 数据表中已经不存在行键为 user001 并且列为 base_info:password 的数据。

8. 删除数据表

在 HBaseTest.java 文件中定义一个 testDrop() 方法用于删除 t_user_info 数据表。具体代码如下：

```
1   @Test
2   public void testDrop() throws Exception{
3       Admin admin = conn.getAdmin();
4       //禁用 t_user_info 数据表
5       admin.disableTable(TableName.valueOf("t_user_info"));
6       //删除 t_user_info 数据表
7       admin.deleteTable(TableName.valueOf("t_user_info"));
8       admin.close();
9       conn.close();
10  }
```

运行 testDrop() 方法后，在 HBase Shell 界面执行 list 命令查看 HBase 中的数据表，如图 5-29 所示。

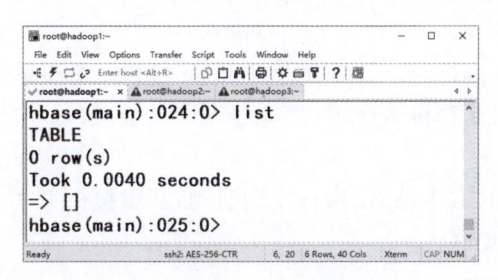

图 5-29　查看 HBase 中的数据表（4）

从图 5-29 可以看出，HBase 已经不存在 t_user_info 数据表。

5.5　HBase 集成 Hive

在实际开发中，由于 HBase 不支持使用标准的 SQL 语句，所以操作和计算 HBase 中的数据是非常不方便的，并且效率非常低。而 Hive 支持标准的 SQL 语句，我们可以通过 HBase 集成 Hive 的方式，使用 Hive 操作 HBase 中的数据，以此来满足实际业务需求。具体步骤如下。

1. 关闭 HBase

在集成 Hive 之前，需要关闭 HBase 高可用集群，在虚拟机 Hadoop1 执行 stop-hbase.sh 命令关闭 HBase 高可用集群。

2. 同步 jar 包

HBase 集成 Hive 需要将 HBase 相关的 jar 包复制到 Hive 安装目录的 lib 目录下，实现 HBase 与 Hive 之间的连接。执行"cd /export/servers/hbase-2.4.9/lib"命令进入虚拟机 Hadoop1 的 HBase 安装目录的 lib 目录下，在该目录执行下列命令。

```
$ cp hbase-common-2.4.9.jar /export/servers/hive-3.1.3/lib/
$ cp hbase-server-2.4.9.jar /export/servers/hive-3.1.3/lib/
$ cp hbase-client-2.4.9.jar /export/servers/hive-3.1.3/lib/
```

```
$ cp hbase-protocol-2.4.9.jar /export/servers/hive-3.1.3/lib/
$ cp hbase-it-2.4.9.jar /export/servers/hive-3.1.3/lib/
$ cp hbase-hadoop-compat-2.4.9.jar /export/servers/hive-3.1.3/lib/
```

上述命令复制了多个 jar 包,关于各 jar 包的说明如下。

- hbase-common-2.4.9.jar:提供 HBase 的公共功能和工具类,包括配置管理、异常处理和其他通用功能。
- hbase-server-2.4.9.jar:包含 HBase 服务器端的实现,提供 HBase 数据表的管理、数据存储以及访问控制等功能。
- hbase-client-2.4.9.jar:包含 HBase 客户端 API 的实现,允许应用程序与 HBase 进行交互,包括数据读写、元数据操作和连接管理等功能。
- hbase-protocol-2.4.9.jar:包含 HBase 与客户端和服务器之间通信所需的协议定义和实现。
- hbase-it-2.4.9.jar:包含用于 HBase 集成测试的类和工具,用于测试 HBase 的功能和性能。
- hbase-hadoop-compat-2.4.9.jar:提供 HBase 与特定版本的 Hadoop 兼容性支持,在与 Hadoop 集成时起到桥接作用。

3. 启动 HBase

确保 Hadoop 集群和 ZooKeeper 集群成功启动,在虚拟机 Hadoop1 执行 start-hbase.sh 命令启动 HBase 高可用集群。

4. 启动 MetaStore 服务

在虚拟机 Hadoop1 执行 hive --service metastore 命令启动 Hive 的 MetaStore 服务。

5. 启动 Hive

通过克隆的方式创建一个操作虚拟机 Hadoop1 的新窗口,在该窗口中执行 hive 命令启动 Hive。

6. 创建数据表

首先在 Hive 中创建 hbase_sql 数据库,然后在 hbase_sql 数据库中创建 hive_hbase_emp_table 数据表,具体命令如下。

```
hive> create database hbase_sql;
hive> create table hbase_sql.hive_hbase_emp_table(
    > empno int,
    > ename string,
    > job string,
    > mgr int,
    > hiredate string,
    > sal double,
    > comm double,
    > deptno int)
    > stored by 'org.apache.hadoop.hive.hbase.HBaseStorageHandler'
    > with serdeproperties("hbase.columns.mapping" = ":key,
    > info:ename,info:job,info:mgr,info:hiredate,
    > info:sal,info:comm,info:deptno")
    > tblproperties("hbase.table.name" = "hbase_emp_table");
```

上述命令中,部分参数说明如下。
- stored by 子句用于指定数据表中数据的存储格式,其值为 org.apache.hadoop.hive.hbase.HBaseStorageHandler,意味着数据将以 HBase 存储格式存储在表中。
- with serdeproperties 子句用于在创建数据表时指定序列化/反序列化的属性,其 hbase.columns.mapping 属性定义了 Hive 数据表的列与 HBase 数据表的列之间的映射关系。属性值:key 表示 HBase 数据表的行键,其余属性值标识 HBase 数据表的列,如 info:ename。
- tblproperties 子句用于在创建数据表时指定表级别的属性,其 hbase.table.name 属性,指定了所创建的 Hive 数据表对应的 HBase 数据表的名称。

7. 查看数据表

首先,在 Hive 中执行"use hbase_sql;"命令切换到 hbase_sql 数据库。然后,在 Hive 中执行"show tables;"命令查看 Hive 中的数据表。然后,通过克隆的方式创建一个操作虚拟机 Hadoop1 的新窗口,在该窗口中执行 hbase shell 命令启动 HBase Shell,在 HBase Shell 中执行 list 命令查看 HBase 中的数据表。在查看 Hive 和 HBase 中数据表的效果如图 5-30 所示。

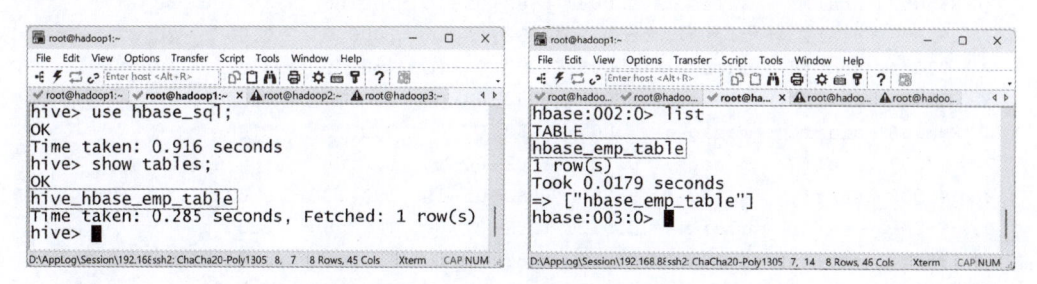

图 5-30　查看 Hive 和 HBase 中数据表的效果

从图 5-30 可以看出,Hive 中存在 hive_hbase_emp_table 数据表,HBase 中存在 hbase_emp_table 数据表。

8. 创建中间表

由于在 Hive 中不能将数据直接插入与 HBase 关联的 hive_hbase_emp_table 数据表,所以需要在 Hive 的 hbase_sql 数据库中创建一个中间表 emp,该表的表结构与 hive_hbase_emp_table 数据表一致,具体命令如下。

```
hive> create table hbase_sql.emp(
    > empno int,
    > ename string,
    > job string,
    > mgr int,
    > hiredate string,
    > sal double,
    > comm double,
    > deptno int)
    > row format delimited fields terminated by '\t';
```

上述命令执行完成后,在 Hive 中执行"show tables;"命令查看 Hive 中的数据表,如图 5-31 所示。

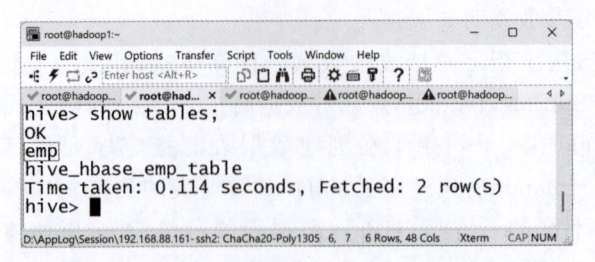

图 5-31　查看 Hive 中的数据表

从图 5-31 可以看出，Hive 中存在中间表 emp。

9. 向中间表加载数据

通过克隆的方式创建一个操作虚拟机 Hadoop1 的新窗口，在该窗口中进入 /export/data 目录并创建文件 emp.txt，数据文件中每个字段对应的数据都是用 Tab 制表符分隔，若对应的字段没有数据，则用空格表示，具体内容如文件 5-2 所示。

文件 5-2　emp.txt

1	95001	staff1	clerk	95016	1980-11-12	800.00	0.00	20
2	95002	staff2	saleman	95006	1982-03-15	700.00	500.00	30
3	95003	staff3	clerk	95012	1982-03-17	1000.00	0.00	20
4	95004	staff4	saleman	95006	1982-03-15	750.00	300.00	40
5	95005	staff5	clerk	95012	1982-04-06	850.00	0.00	20
6	95006	staff6	manager	95007	1982-05-07	900.00	0.00	10
7	95007	staff7	manager	95007	1982-04-15	950.00	100.00	20
8	95008	staff8	saleman	95006	1982-05-15	1000.00	0.00	40
9	95009	staff9	clerk	95012	1982-07-07	1200.00	0.00	10
10	95010	staff10	analyst	95012	1982-05-20	1100.00	0.00	20
11	95011	staff11	saleman	95007	1982-06-07	1300.00	600.00	10
12	95012	staff12	ceo		1982-05-28	5000.00	0.00	20
13	95013	staff13	saleman	95006	1982-04-11	800.00	0.00	30
14	95014	staff14	clerk	95007	1983-07-06	700.00	200.00	20
15	95015	staff15	analyst	95007	1982-09-10	1150.00	0.00	30
16	95016	staff16	analyst	95007	1983-04-01	850.00	0.00	40
17	95017	staff17	clerk	95007	1983-06-04	1250.00	0.00	30
18	95018	staff18	manager	95007	1985-08-08	1100.00	350.00	10
19	95019	staff19	saleman	95007	1981-05-06	1500.00	0.00	20
20	95020	staff20	clerk	95012	1983-07-07	850.00	0.00	30
21	95021	staff21	saleman	95007	1984-08-08	1200.00	0.00	40
22	95022	staff22	saleman	95007	1984-08-09	1350.00	0.00	30

通过加载文件 emp.txt 向中间表 emp 加载数据，在 Hive 中执行如下命令。

```
hive> load data local inpath '/export/data/emp.txt' into table hbase_sql.emp;
```

10. 向 hive_hbase_emp_table 数据表插入数据

通过 insert 命令将中间表 emp 中的数据插入 hive_hbase_emp_table 数据表中，具体命令如下。

```
hive> insert into table hbase_sql.hive_hbase_emp_table select * from
    > hbase_sql.emp;
```

11. 查看数据

查看 hive_hbase_emp_table 数据表和 hbase_emp_table 数据表中的数据，具体命令如下。

```
#在 Hive 中查看 hive_hbase_emp_table 数据表中的数据
hive> select * from hbase_sql.hive_hbase_emp_table;
#在 HBase 中查看 hbase_emp_table 数据表中的数据
hbase(main):002:0> scan 'hbase_emp_table'
```

上述命令执行完成的效果如图 5-32 和图 5-33 所示。

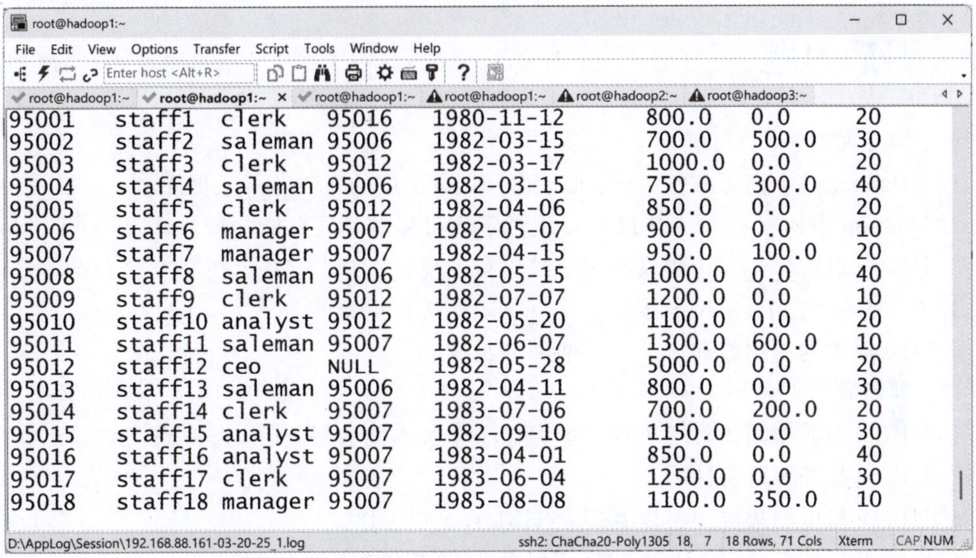

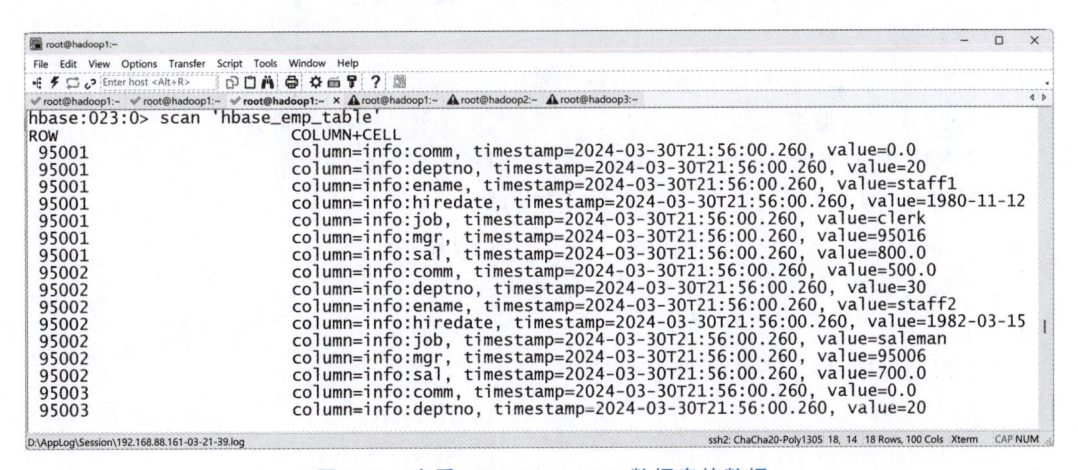

图 5-32　查看 hive_hbase_emp_table 数据表的数据

图 5-33　查看 hbase_emp_table 数据表的数据

在图 5-32 和图 5-33 中分别显示了 hive_hbase_emp_table 数据表和 hbase_emp_table 数据表的部分数据，读者可通过滑动鼠标滚轮查看所有数据。从图 5-32 和图 5-33 可以看出，hive_hbase_emp_table 数据表中字段 empno 为 95001 的数据与 hbase_emp_table 数据表中的数据是一一对应的，说明通过 Hive 向 HBase 的数据表插入数据。

5.6 本章小结

本章主要讲解了 HBase 的相关知识与其相关操作。首先,讲解了 HBase 的基础知识,包括 HBase 的简介和 HBase 的数据模型。其次,讲解了 HBase 原理,包括 HBase 架构、物理存储和 HBase 读写数据流程。接着,讲解了 HBase 高可用集群的搭建。然后,讲解了 HBase 的基本操作,包括 HBase 的 Shell 操作和 Java API 操作。最后,讲解了 HBase 集成 Hive。通过本章的学习,读者能够熟练操作 HBase,并且能够完成 HBase 集成 Hive 的操作。

5.7 课后习题

一、填空题

1. HBase 是一个高可靠性、高性能、面向列、可扩展的_____数据库。
2. Hadoop 中的_____为 HBase 提供了高可靠的底层存储支持。
3. HBase 通过_____协议与客户端进行通信。
4. 在 HBase 中,Row Key 按照_____顺序进行存储。
5. HBase 中列由列族和_____两部分组成。

二、判断题

1. HBase 中数据表的每一个列只能存储一个版本的数据。( )
2. HBase 是基于行存储的。( )
3. HBase 高可用集群中可以有多个 HMaster 在工作。( )
4. StoreFile 底层是以 HFile 的格式保存在 HDFS 上。( )
5. HBase 中每个 HRegionServer 可以包含多个 HRegion。( )

三、选择题

1. 下列选项中,关于 HBase 描述错误的是( )。
   A. 支持动态地增加列	B. 空列会占用存储空间
   C. 面向列的存储	D. 表的列允许为空
2. 下列选项中,作为 HBase 文件存储系统的是( )。
   A. MySQL	B. HDFS	C. Hive	D. Linux
3. 下列选项中,不属于 HBase 的数据模型的是( )。
   A. 行键	B. 列	C. 列族	D. 主键
4. 下列组件中,属于 HBase 架构的有( )。(多选)
   A. Client	B. HMaster
   C. HRegionServer	D. StoreFile
5. 在 HBase 常见的 Java API 中,用于实现查询 HBase 数据表所有数据的是( )。
   A. Table	B. Put	C. Get	D. Scan

四、简答题

1. 简述 HBase 数据模型的内容。
2. 简述 HBase 读写数据的流程。

第 6 章

Kafka分布式发布订阅消息系统

◆ 学习目标：

- 了解消息队列，能够说出消息队列的主要应用场景。
- 熟悉 Kafka 的概念，能够叙述 Kafka 的优点。
- 熟悉 Kafka 的基本架构，能够说出 Kafka 基本架构的内容。
- 掌握 Kafka 的工作流程，能够叙述生产者生产消息过程和消费者消费消息过程。
- 掌握 Kafka 集群的搭建，能够独立完成部署 Kafka 集群。
- 掌握 Kafka 的基本操作，能够使用 Shell 命令和 Scala API 操作 Kafka。
- 掌握 Kafka Streams，能够使用 Kafka Streams 实现单词计数功能。

Kafka 是一个高吞吐量的分布式发布订阅消息系统，适用于实时计算系统。通常情况下，使用 Kafka 能够构建系统或应用程序之间的数据管道，用来转换或响应实时数据，使数据能够及时地进行业务计算，得出相应结果。本章针对消息队列简介、Kafka 简介、Kafka 工作原理、Kafka 集群的搭建、Kafka 的基本操作以及 Kafka Streams 进行详细讲解。

6.1 消息队列简介

消息队列(Message Queue，MQ)是分布式系统中的一个关键组件，用于存储消息，它的作用是将待传输的数据存放在队列中，以便生产者和消费者可以并行地处理数据，而无须等待对方的响应。通过消息队列，生产者可以将消息发送到队列，而消费者可以从队列中获取消息进行处理。这种解耦的设计模式使得系统的可伸缩性和可靠性得到提高，同时也减少了系统间的依赖性。

1. 消息队列的主要应用场景

消息队列既然能够用来存储消息，那么消息队列的主要应用场景有哪些呢？接下来，针对消息队列的主要应用场景进行介绍。

(1) 异步处理。异步处理是指应用程序允许用户将一个消息放入队列中，但是并不立即处理用户提交的消息，而是在用户需要用到该消息时再去处理。例如，用户在注册电商网站时，在没有使用异步处理的场景下，注册流程是电商网站把用户提交的注册信息保存到数据库中，同时额外发送注册的邮件通知以及短信注册码给用户。由于发送邮件通知和短信注册码需要连接其对应的服务器，如果发送完邮件通知再发送短信注册码，用户就会等待较长的时间。针对上述情况，使用消息队列将邮件通知以及短信注册码保存起来，电商网站只需要将用户的注册信息保存到数据库中便可完成注册,这样便能实现快速响应用户注册的操作。下面通过图 6-1 来了解使用异步处理前后的区别。

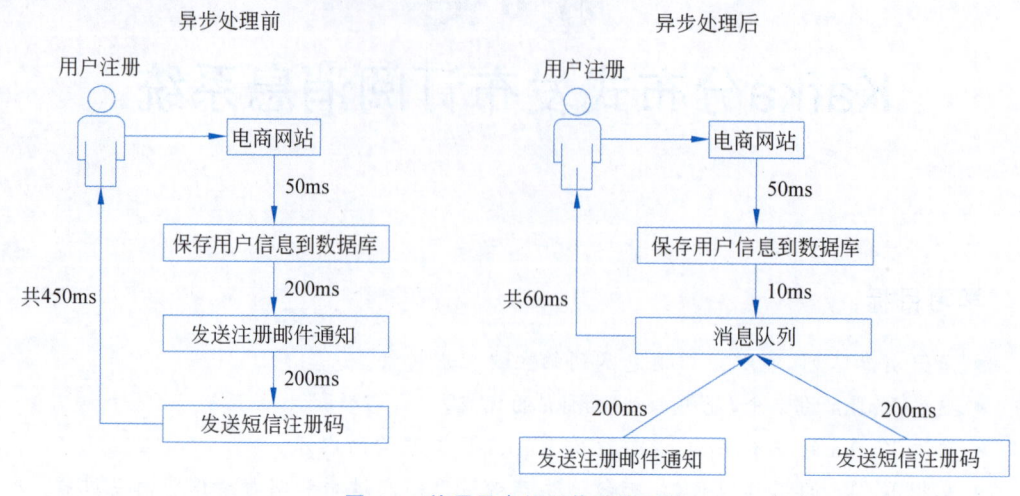

图 6-1 使用异步处理前后的区别

从图 6-1 可以看出,使用异步处理前用户需要经历用户注册→电商网站→保存用户信息到数据库→发送注册邮件通知→发送短信注册码 5 个步骤,用户注册到发送短信注册码总共需要耗时 450ms;而使用异步处理后用户只需要经历用户注册→电商网站→保存用户信息到数据库→消息队列 4 个步骤,用户注册到将注册信息保存到消息队列总共需要消耗 60ms。通过对比可以发现,异步处理的注册方式要比传统注册方式响应得快。

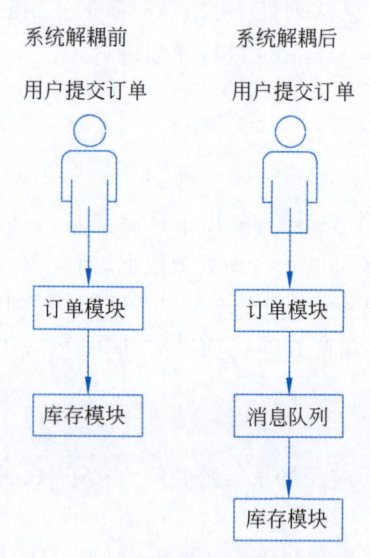

图 6-2 使用系统解耦前后的不同

(2)系统解耦。系统解耦是指用户提交的请求需要与应用程序中另一个模块建立联系,两个模块之间不会因为各自功能的问题而影响另一个模块的使用。例如,用户在电商网站购买物品并提交订单时,订单模块会调用库存模块确认商品是否还有库存,在没有系统解耦的场景下,如果库存模块功能出现问题,会导致订单模块下单失败,而且当库存模块的对外接口发生变化,订单模块也依旧无法正常工作。当使用了系统解耦,订单模块便不会直接调用库存模块,而是将订单信息保存到消息队列中,库存模块再从消息队列中获取订单信息,从而实现订单模块与库存模块之间互不影响。下面通过图 6-2 来了解使用系统解耦前后的不同。

从图 6-2 可以看出,使用系统解耦前,订单模块需要直接调用库存模块,而使用系统解耦后,订单模块先将订单信息保存到消息队列中,然后库存模块在消息队列中获取订单信息,这样订单模块与库存模块之间不会产生直接的影响。

(3)流量削峰。流量削峰是在商品秒杀或促销等场景中,避免用户访问次数过多导致应用程序崩溃的一种策略。它通过控制参与活动的人数,以缓解短时间内访问次数过多对应用程序造成的压力。例如,电商网站推出商品秒杀活动,在未使用流量削峰的场景下,电商网站推出商品秒杀活动时,大量用户会访问商品秒杀活动界面,造成该界面的访问次数过多,导致电商网站负载过重而容易崩溃。当使用了流量削峰,商品秒杀界面在接收用户的请求后,会将用户的请求保存到消息队列中,如果请求的数据量超过了设定的消息队列的容量,就会告知当前活动参与人数过多,这样可以避免出现整个电商网站崩溃的现象。下面通过图6-3来了解使用流量削峰前后的不同。

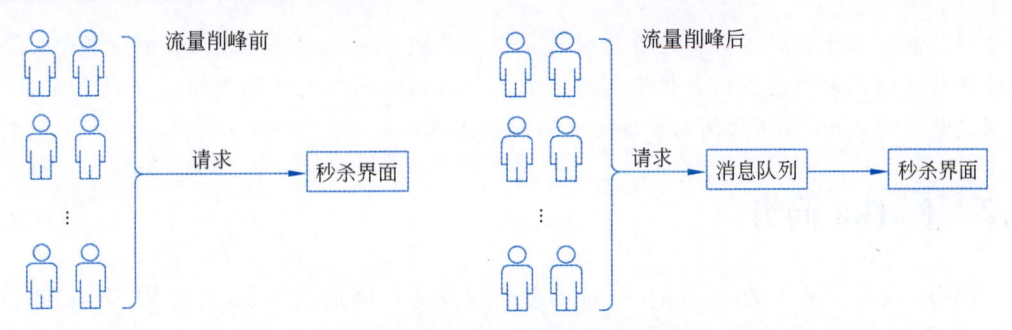

图6-3 使用流量削峰前后的不同

从图6-3可以看出,使用流量削峰前,用户直接请求秒杀界面,短时间内该界面被用户请求的次数过多,而使用流量削峰后,用户请求被保存到消息队列中,秒杀界面在消息队列中获取传递用户请求,这样能避免秒杀界面请求次数过多导致整个电商网站崩溃的现象。

2. 消息队列中的消息

了解了消息队列的应用场景,那么消息队列中的消息是如何进行传递的呢?消息传递一共有两种模式,分别是点对点消息传递模式和发布/订阅消息传递模式,关于这两种消息传递模式的介绍如下。

(1) 点对点消息传递模式。在点对点(Point to Point,P2P)消息传递模式下,消息生产者将消息发送到特定队列,消息消费者从队列中拉取或轮询以获取消息。

点对点消息传递模式结构如图6-4所示。

图6-4 点对点消息传递模式结构

从图6-4可以看出,生产者将消息发送到消息队列中,此时将有一个或者多个消费者会消费消息队列中的消息,但是消息队列中的每条消息只能被消费一次,并且消费后的消息会从消息队列中删除。

(2) 发布/订阅消息传递模式。在发布/订阅(Publish/Subscribe)消息传递模式下,消息生产者将消息发送到消息队列中,所有消费者会即时收到并消费消息队列中的消息。

发布/订阅消息传递模式结构如图6-5所示。

从图6-5可以看出,在发布/订阅消息传递模式结构中,生产者将消息发送到消息队列中,此时将有多个不同的消费者消费消息队列中的消息。与点对点模式不同的是,发布/订阅消息传递模式中消息队列的每条消息可以被多次消费,并且消费完的消息不会立即删除。

【提示】 点对点消息传递模式和发布/订阅消息传递模式都会采用基于拉取或推送方

图 6-5　发布/订阅消息传递模式结构

式传递消息。基于拉取方式传递消息时消费者会定期查询消息队列是否有新消息，基于推送方式传递消息时消息队列会将消息推送给已订阅该消息队列的消费者。不过在发布/订阅消息传递模式中，常用的消息传递方式为拉取方式。

6.2　Kafka 简介

Kafka 是一个基于 ZooKeeper 系统的分布式发布订阅消息系统，它使用 Scala 和 Java 语言编写，该系统的设计初衷是为实时数据提供一个统一、高吞吐、低延迟的消息传递平台。在 0.10 版本之前，Kafka 只是一个消息系统，主要用来解决异步处理、系统解耦等问题，在 0.10 版本之后，Kafka 推出了流处理的功能，使其逐渐成了一个流式数据平台。

Kafka 作为分布式发布订阅消息系统，可以处理大量的数据，并能够将数据以消息的形式从一个端点传递到另外一个端点。Kafka 在大数据领域中的应用非常普遍，它能够在离线和实时两种大数据计算场景中处理数据，这得益于 Kafka 的优点，其优点具体如下。

（1）高吞吐，低延迟。Kafka 可以每秒处理庞大数量的消息，并且具有较低的延迟。

（2）可扩展性。Kafka 是一个分布式系统，用户可以根据实际应用场景自由、动态地扩展 Kafka 服务器。

（3）持久性。Kafka 可以将消息存储在磁盘上，以确保数据的持久性。

（4）容错性。Kafka 会将数据备份到多台服务器中，即使 Kafka 集群中的某台服务器宕机，也不会影响整个系统的功能。

（5）支持多种语言。Kafka 支持 Java、Scala、PHP、Python 等多种语言，这使得开发人员在不同语言环境下使用 Kafka 更加便捷。

在实际的大数据计算场景中，若需要对接外部数据源时，就可以使用 Kafka，如日志收集系统和消息系统，Kafka 读取日志系统中的数据，每得到一条数据，就可以及时地处理一条数据，这就是常见的流式计算框架应用场景之一。在流式计算框架中，Kafka 一般用来缓存数据，它与 Apache 旗下的 Spark、Storm 等框架紧密集成，这些框架可以接收 Kafka 中的缓存数据并进行计算，实时得出相应的计算结果。

6.3　Kafka 工作原理

6.3.1　Kafka 的基本架构

学习 Kafka 的基本架构对于有效地使用和管理 Kafka 是至关重要的。Kafka 的基本架构由 Producer、Broker、Consumer 和 ZooKeeper 构成，它们之间共同协作，构建了高效、可靠的消息处理系统。接下来，通过图 6-6 学习 Kafka 的基本架构。

图 6-6　Kafka 的基本架构

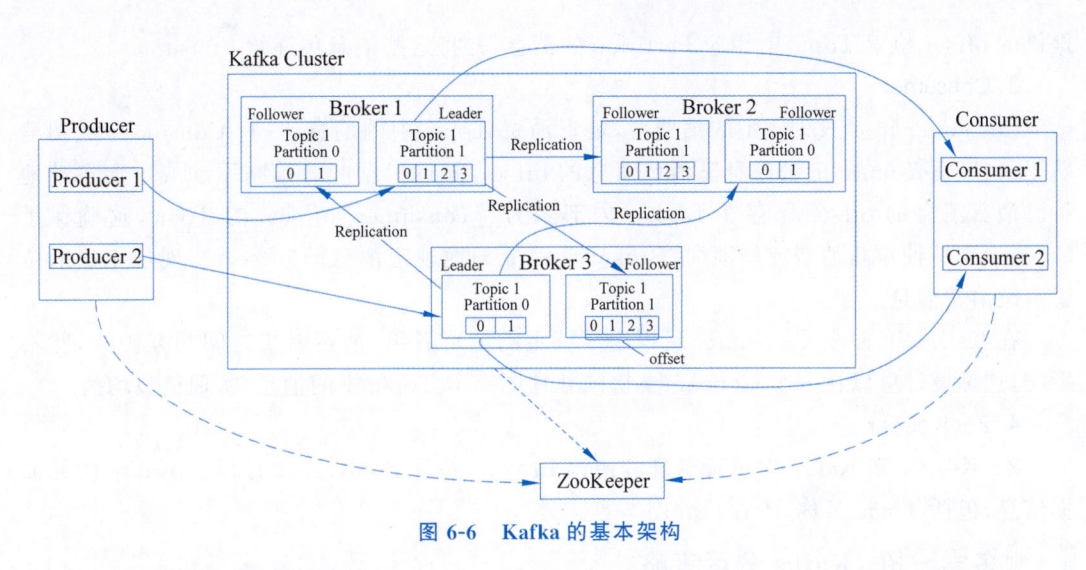

对 Kafka 基本架构的介绍如下。

1. Producer

Producer 作为 Kafka 中的生产者，主要负责将消息发送到 Broker（消息代理）内部的 Topic（主题）中，在发送消息时，消息的内容主要包括键和值两部分，其中键默认为 null，值是指发送消息的内容。除此之外，用户还可以根据需求添加属性信息。为消息指定键可以将相同键的消息发送到相同的分区，从而保证相关消息的顺序性。

2. Broker

Broker 作为 Kafka 中的消息代理，是存储和管理消息的载体，每个 Broker 都可以看作 Kafka 服务。存储在 Broker 中的消息基于 Topic 进行分类和组织。在 Kafka 中，Topic 是消息的逻辑概念，类似于一个消息类别或话题，每个 Topic 可以有一个或多个 Partition（分区）。例如，具有 3 个 Partition 的 Topic 如图 6-7 所示。

图 6-7　具有 3 个 Partition 的 Topic

在图 6-7 中，Partition 的标识从 0 开始，Producer 生产的消息会被分配到不同的 Partition 中，每条消息都会被分配一个从 0 开始具有递增顺序的 offset（偏移量），不同 Partition 之间的 offset 相互独立，互不影响。

Topic 中的每个 Partition 可以存在多个副本，这些副本分布在不同的 Broker 上，实现消息的备份和容错。在 Kafka 中，Partition 分为 Leader（）和 Follower（）两个角色。Leader 负责接收和发送消息，而 Follower 作为 Leader 的副本则负责复制 Leader 的消息。这种设计保证了在某个 Broker 失效时，系统依然能够确保消息的可用性和一致性。

此外，Broker 还负责响应 Consumer（消费者）消费消息的请求，Broker 根据 Consumer

提供的 offset 检索 Topic 中相应 Partition 的消息,并将这些消息传递给 Consumer。

3. Consumer

Consumer 作为 Kafka 中的消费者,负责消费 Topic 中的消息,一旦 Consumer 成功消费了消息,Consumer 记录自身已消费消息的 offset,并且根据配置策略手动或定期自动地将已消费消息的 offset 保存在 Broker 内部名为__consumer_offsets 的 Topic,这确保了 Consumer 即使重新消费或崩溃时,Broker 能够准确地确定消息的 offset,实现从正确的位置继续消费消息。

在 Kafka 中,多个 Consumer 可以组成特定的消费者组,消费者组之间相互独立,互不影响,这种设计可以让多个 Consumer 协同处理同一个 Topic 中的消息,实现负载均衡。

4. ZooKeeper

ZooKeeper 在 Kafka 中负责管理和协调 Broker,并且 ZooKeeper 存储了 Kafka 的元数据信息,包括 Topic 名称、Partition 副本等。

📖 **多学一招:Kafka 分区策略**

生产者将消息发送到 Broker 内部的 Topic 时,如果需要确保每个 Topic 中的 Partition 负载均衡,可以在生产者发送消息时为生产者指定相应的分区策略。Kafka 中常见的分区策略有 DefaultPartitioner、RoundRobinPartitioner、StickyPartitioner 和 UniformStickyPartitioner,关于这 4 种分区策略的介绍如下。

1) DefaultPartitioner

该分区策略是 Kafka 默认的分区策略,针对消息保存到 Partition 时会存在 3 种情况,具体如下。

(1) 生产者发送消息的时候指定了 Partition,则消息将保存到指定的 Partition 中。

(2) 生产者发送消息的时候没有指定 Partition,但消息的键不为空,则基于键的哈希值来选择一个 Partition 进行保存。

(3) 生产者发送消息的时候不但没有指定 Partition,而且消息的键为空,则通过轮询的方式将消息均匀地保存到所有 Partition。这种情况下,DefaultPartitioner 分区策略会基于 Partition 的数量和可用性以确保消息的平均保存。

2) RoundRobinPartitioner

该分区策略是一种轮询分区策略,在保存消息时并不考虑消息中键的影响,而是通过轮询的方式将每条消息依次发送到每个 Partition,确保消息在所有 Partition 间按照严格的轮询顺序分布,适用于希望均匀地保存消息以实现负载平衡,但不考虑消息的相关性或顺序性。

3) StickyPartitioner

该分区策略是一种黏性分区策略,在保存消息时需要考虑消息中键的影响,会将具有相同键的消息保存到同一个 Partition 中,以保持消息的顺序性和一致性,适用于需要按照消息的键保存到 Partition 后依然保持顺序,然而这种情况下会出现其中一个 Partition 中具有相同键的消息比较多,而另外一个 Partition 中具有相同键的消息比较少。

4) UniformStickyPartitioner

该分区策略是一种统一黏性分区策略,针对消息保存到 Partition 时会存在两种情况,具体如下。

（1）生产者发送消息的时候指定了 Partition，则消息将保存到指定的 Partition 中。

（2）生产者发送消息的时候没有指定 Partition，但消息的键不为空，会将具有相同键的消息保存到不同的 Partition 中，实现 Partition 负载均衡。

6.3.2 Kafka 工作流程

Kafka 的工作流程是 Kafka 实现消息发送和消费的核心过程，了解 Kafka 的工作流程对于理解 Kafka 的基本架构和性能优化有着至关重要的作用。Kafka 的工作流程可以分为生产者生产消息过程和消费者消费消息过程。

1. 生产者生产消息过程

Kafka 生产者负责生成并发送消息到 Kafka 集群中的指定主题中。下面通过图 6-8 来介绍生产者生产消息过程。

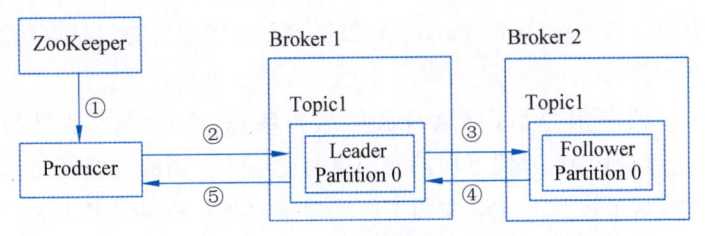

图 6-8　生产者生产消息过程

从图 6-8 可以看出，生产者生产消息过程可以分为 5 个步骤，具体如下。

（1）Producer 通过访问 Broker 来间接获取 ZooKeeper 中存储的元数据，包括 Topic 分区分布、Leader 副本位置等。

（2）Producer 将消息发送给角色为 Leader 的 Partition，与此同时角色为 Leader 的 Partition 会将消息写入自身的日志文件中。

（3）角色为 Follower 的 Partition 从角色为 Leader 的 Partition 中获取消息，将消息写入自身的日志文件中，完成复制操作。

（4）角色为 Follower 的 Partition 将消息写入自身的日志文件后，会向角色为 Leader 的 Partition 发送成功复制消息的信号。

（5）角色为 Leader 的 Partition 收到角色为 Follower 的 Partition 发送的复制消息后，同样向 Producer 发送消息写入成功的信号，此时消息生产完成。

2. 消费者消费消息过程

消息由 Producer 发送到指定 Topic 中角色为 Leader 的 Partition 中后，Consumer 会采用拉取模型的方式消费消息。在拉取模型下，Consumer 主动向 Broker 发送消费消息的请求，请求的内容包括消息的 Partition、offset 等，Broker 根据请求将消息返回给 Consumer，Consumer 消费消息后会将 offset 提交给 Broker，以便下次能够正确消费消息。该模型的优势在于 Consumer 会记录自己的消费状态，后续 Consumer 可以对已消费的消息再次消费，避免出现网络延迟或者宕机等原因造成消息消费延迟或丢失。

下面通过图 6-9 介绍消费者消费消息的过程。

在图 6-9 中，消费者消费消息的过程可以分为 4 个步骤，具体如下。

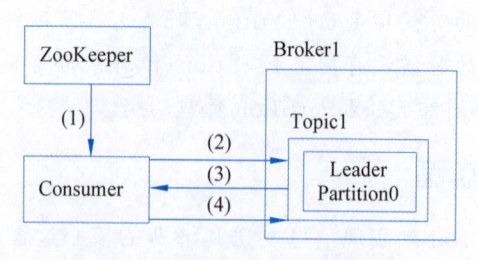

图 6-9 消费者消费消息的流程

（1）Consumer 通过访问 Broker 来间接获取 ZooKeeper 中存储的元数据，包括 Topic 分区分布、Leader 副本位置等。

（2）Consumer 根据消息的 offset，向 Topic 中角色为 Leader 的 Partition 发送请求消费消息。

（3）Topic 中角色为 Leader 的 Partition 根据 offset 将对应的消息返回给 Consumer 进行消费。

（4）Consumer 消费消息后，记录自己的消费状态，将已消费消息的 offset 保存在 Broker 内部特殊的 Topic 中，以便下次消费消息时能够从正确的位置开始消费。

通过本节的学习，了解到 Kafka 中的工作流程是由各组成部分相互协调实现的。在个人学习成长过程中，也应铭记协调的重要性。协调不仅能够促进团队成员之间的沟通和协商，而且能够协调冲突和不同意见，以实现共同的学习和工作目标。

6.4 搭建 Kafka 集群

学习完 Kafka 理论知识后，接下来讲解如何在虚拟机 Hadoop1、Hadoop2 和 Hadoop3 中搭建 Kafka 集群，具体步骤如下。

1. 下载 Kafka 安装包

本书使用的 Kafka 版本为 3.2.1。通过 Kafka 官网下载 Kafka 安装包 kafka_2.12-3.2.1.tgz。

2. 上传 Kafka 安装包

在虚拟机 Hadoop1 的 /export/software 目录执行 rz 命令，将准备好的 Kafka 安装包 kafka_2.12-3.2.1.tgz 上传到虚拟机的 /export/software 目录。

3. 安装 Kafka

通过对 Kafka 安装包进行解压操作安装 Kafka，将 Kafka 安装到存放安装程序的目录 /export/servers，在虚拟机 Hadoop1 的 /export/software 目录执行如下命令。

```
$ tar -zxvf kafka_2.12-3.2.1.tgz -C /export/servers/
```

4. 配置 Kafka 环境变量

在虚拟机 Hadoop1、Hadoop2 和 Hadoop3 执行 vi /etc/profile 命令编辑系统环境变量文件 profile，在该文件的尾部添加如下内容。

```
export KAFKA_HOME=/export/servers/kafka_2.12-3.2.1
export PATH=:$PATH:$KAFKA_HOME/bin
```

成功配置 Kafka 环境变量后，保存并退出系统环境变量文件 profile 即可。不过此时在系统环境变量文件中添加的内容尚未生效，还需要分别在虚拟机 Hadoop1、Hadoop2 和 Hadoop3 执行 source /etc/profile 命令初始化系统环境变量，使配置的 Kafka 环境变量生效。

5. 修改配置文件

为了确保 Kafka 集群能够正常启动，还需要对 Kafka 的配置文件进行相关的配置。执行 cd /export/servers/kafka_2.12-3.2.1/config/ 命令进入 Kafka 安装目录的 config 目录，在该目录执行 vi server.properties 命令编辑 server.properties 配置文件，将 server.properties 配置文件中对应的参数修改为如下内容。

```
broker.id=0
log.dirs=/export/data/kafka
zookeeper.connect=hadoop1:2181,hadoop2:2181,hadoop3:2181
```

上述内容修改完成后，保存并退出 server.properties 配置文件。关于上述参数的介绍具体如下。

- broker.id：Kafka 集群中每个节点的唯一且永久的 ID，该值必须大于或等于 0。在本书中，虚拟机 Hadoop1、Hadoop2 和 Hadoop3 对应的 broker.id 分别为 0，1，2。
- log.dirs：指定 Kafka 集群运行日志存放的路径。
- zookeeper.connect：指定 ZooKeeper 集群的主机名与端口号。

6. 分发 Kafka 安装目录

执行 scp 命令将虚拟机 Hadoop1 的 Kafka 安装目录分发至虚拟机 Hadoop2 和 Hadoop3 中存放安装程序的目录，具体命令如下。

```
#将 Kafka 安装目录分发至虚拟机 Hadoop2 中存放安装程序的目录
$ scp -r /export/servers/kafka_2.12-3.2.1/ hadoop2:/export/servers/
#将 Kafka 安装目录分发至虚拟机 Hadoop3 中存放安装程序的目录
$ scp -r /export/servers/kafka_2.12-3.2.1/ hadoop3:/export/servers/
```

将 Kafka 安装目录分发完成后，分别进入虚拟机 Hadoop2 和 Hadoop3 的 Kafka 安装目录的 config 目录，在该目录使用 vi 命令编辑 server.properties 配置文件，将虚拟机 Hadoop2 的 Kafka 的 server.properties 配置文件中的 broker.id 修改为 1，将虚拟机 Hadoop3 的 Kafka 的 server.properties 配置文件中的 broker.id 修改为 2。

7. 启动 ZooKeeper

在启动 Kafka 之前，需要先启动 ZooKeeper 集群，分别在虚拟机 Hadoop1、Hadoop2 和 Hadoop3 上执行如下命令启动 ZooKeeper 服务。

```
$ zkServer.sh start
```

8. 启动 Kafka 服务

这里以虚拟机 Hadoop1 为例，演示如何启动 Kafka 服务。执行 cd /export/servers/kafka_2.12-3.2.1/命令进入虚拟机 Hadoop1 的 Kafka 安装目录，执行如下命令启动 Kafka

服务。

```
$ bin/kafka-server-start.sh config/server.properties
```

上述命令执行完成后的效果如图 6-10 所示。

图 6-10 启动 Kafka 服务

从图 6-10 可以看出,如果 SecureCRT 控制台输出的消息中无异常信息,并且光标始终处于闪烁状态,即表示 Kafka 服务启动成功。消息代理默认使用的端口号为 9092。

9. 查看 Kafka 服务启动状态

Kafka 启动完成后,可以克隆虚拟机 Hadoop1 的会话框,执行 jps 命令查看 Kafka 服务启动状态,如图 6-11 所示。

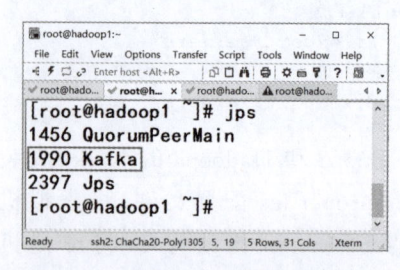

图 6-11 查看 Kafka 服务启动状态

从图 6-11 可以看出,虚拟机 Hadoop1 中存在名为 Kafka 的进程,说明 Kafka 服务正常启动。

如果要关闭 Kafka 服务,则可以在图 6-10 所示界面通过组合键 Ctrl+C 实现。

Kafka 集群的搭建相对简单,但在搭建 Kafka 时仍然需要明白以细心严谨的态度对待这一过程的重要性。这不仅有助于顺利完成 Kafka 的搭建,还能培养我们严谨的思维和端正的态度,为今后的综合发展打下坚实的基础。

6.5　Kafka 的基本操作

Kafka 提供了两种操作方式,一种是通过 Shell 命令的方式操作 Kafka,另一种是通过 API 的方式操作 Kafka。前者是 Kafka 最基本的操作方式,后者需要借助开发工具以编程语言的形式进行操作。

6.5.1 Kafka 的 Shell 操作

Shell 操作是使用 Kafka 最基本的方式，也是初学者入门的理想选择。Kafka 提供了 kafka-topics.sh、kafka-console-producer.sh 和 kafka-console-consumer.sh 脚本文件分别用于操作 Topic、启动生产者和启动消费者，具体讲解如下。

1. 操作主题

为了实现生产者和消费者之间的通信，必须先创建一个"公共频道"，也就是 Topic。操作 Topic 时，可以通过 kafka-topics.sh 脚本文件设置一些参数。下面通过表 6-1 来介绍操作 Topic 的常用参数。

表 6-1 操作 Topic 的常用参数

参数	说明
--bootstrap-server	连接 Broker 的主机名或 IP 地址和端口号。操作 Topic 时必须指定该参数，目的是在指定的 Broker 中创建并操作 Topic
--topic	设置 Topic 的名称，用户可自定义
--create	创建 Topic。需要配合--topic 参数使用
--list	查看所有 Topic
--alter	修改 Topic，如修改 Topic 的分区数或副本数。需要配合--topic 参数使用
--describe	查看所有 Topic 的属性信息。如果需要查看指定 Topic 的属性信息，则需要配合--topic 参数使用
--delete	删除指定的 Topic。需要配合--topic 参数使用
--partitions	创建或修改 Topic 时设置分区数，若不设置分区数，则默认 Topic 的分区数为 1
--replication-factor	设置分区的副本数，分区的副本数不能超过开启 Broker 的数量，即不能超过启动 Kafka 服务的数量。若不设置副本数，则默认副本数为 1

表 6-1 列举了操作 Topic 的常用参数，如果读者想学习更多操作 Topic 的参数，可以执行 kafka-topics.sh 命令进行查看。

接下来，根据表 6-1 列举的参数来操作 Topic。具体内容如下。

（1）创建 Topic。

首先在虚拟机 Hadoop1 和 Hadoop2 上启动 Kafka 服务，然后在 Kafka 中创建一个名为 itcasttopic 的 Topic，设置 Topic 的分区数为 3，分区的副本数为 2，指定 Broker 的主机名为 hadoop1 和 hadoop2，端口号为 9092。在虚拟机 Hadoop1 执行如下命令。

```
$ kafka-topics.sh --create \
--topic itcasttopic \
--partitions 3 \
--replication-factor 2 \
--bootstrap-server hadoop1:9092,hadoop2:9092
```

上述命令执行完成后的效果如图 6-12 所示。

在图 6-12 中，出现 Created topic itcasttopic 提示信息，说明名为 itcasttopic 的 Topic 已经创建成功。

[图 6-12 创建 Topic 的终端截图]

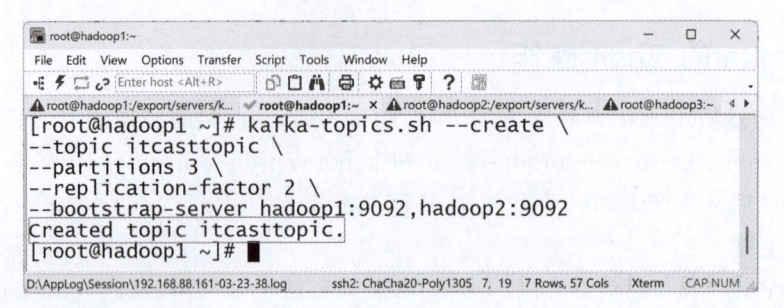

图 6-12 创建 Topic

（2）查看 Topic 属性信息。

查看名为 itcasttopic 的 Topic 的属性信息，具体命令如下。

```
$ kafka-topics.sh \
--describe \
--topic itcasttopic \
--bootstrap-server hadoop1:9092,hadoop2:9092
```

上述命令执行完成后的效果如图 6-13 所示。

[图 6-13 查看 Topic 的属性信息的终端截图]

图 6-13 查看 Topic 的属性信息

从图 6-13 可以看出，名为 itcasttopic 的 Topic 中包含 3 个分区，这些分区的标识分别为 0、1、2，并且每个分区的副本数为 2。

关于操作 Topic 的其他常用参数，读者可自行操作体验，这里不再展示。

2. 启动生产者

Topic 创建完成后，可以通过 kafka-console-producer.sh 脚本文件设置一些参数来启动生产者向指定 Topic 中发送消息。下面通过表 6-2 来介绍启动生产者的常用参数。

表 6-2 启动生产者的常用参数

参数	说明
--bootstrap-server	连接 Broker 的主机名或 IP 地址和端口号。启动生产者时必须指定该参数，目的是设置生产者向指定 Broker 中的 Topic 发送消息
--topic	生产者向指定 Topic 中发送消息。该 Topic 必须已经在指定 Broker 中创建
--property	以自定义 key=value 的形式设置生产者发送消息时的属性信息。常用的内置属性信息有 parse.key 和 key.separator，前者用于指定生产者发送消息时是否解析消息中的键，默认值为 false，表示不解析；后者用于指定解析消息中键的分隔符，默认为 \t

表 6-2 列举了启动生产者的常用参数，如果读者想学习更多的操作生产者的参数，可以执行"kafka-console-producer.sh"命令进行查看。

接下来，根据表 6-2 列举的参数，在 Kafka 中启动生产者，用于模拟生产者向 Topic 中发送消息，在虚拟机 Hadoop1 中执行如下命令。

```
$ kafka-console-producer.sh \
--bootstrap-server hadoop1:9092,hadoop2:9092 \
--topic itcasttopic \
--property parse.key=true \
--property key.separator=:
```

上述命令在 Kafka 中启动了一个生产者向名为 itcasttopic 的 Topic 发送消息，并且以":"分隔符解析消息的键。

上述命令执行完成后的效果如图 6-14 所示。

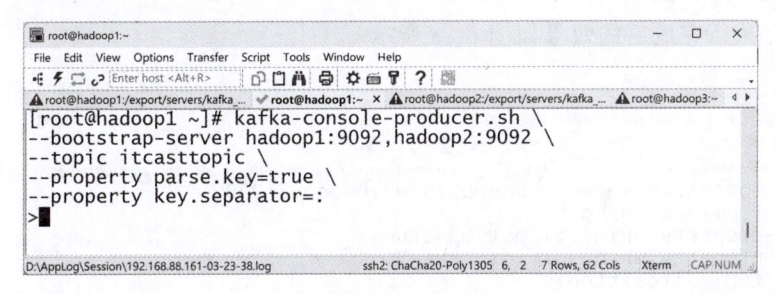

图 6-14 启动生产者

从图 6-14 可以看出，执行启动生产者命令后并无异常消息输出，并且光标一直保持闪烁状态，说明生产者启动成功，并等待发送消息。

此时在图 6-14 中输入"hello:spark"并按 Enter 键发送，相当于生产者向名为 itcasttopic 的 Topic 发送了一条消息，以便后续启动消费者时可以消费该消息。

3. 启动消费者

当生产者启动成功后，可以通过 kafka-console-consumer.sh 脚本文件设置一些参数来启动消费者消费生产者向 Topic 中发送的消息。下面通过表 6-3 来介绍启动消费者的常用参数。

表 6-3 启动消费者的常用参数

参 数	说 明
--bootstrap-server	连接 Broker 的主机名或 IP 地址和端口号。启动消费者时必须指定该参数，目的是设置消费者消费指定 Broker 中 Topic 中的消息
--topic	消费者消费指定 Topic 中的消息。该 Topic 必须已经在指定 Broker 中创建
--from-beginning	设置消费者从指定 Topic 中消费最早的消息。若不使用该参数，消费者则从指定 Broker 中消费最新的消息
--property	以 key=value 的形式设置消费者消费消息时的属性信息。常用的内置属性信息有 print.key、print.value、print.timestamp 和 print.offset，分别表示消费者消费消息时是否输出消息的键、是否输出消息的值、是否输出消息的时间戳和是否输出消息的偏移量。除 print.value 之外，其他属性的默认值均为 false，表示不输出
--group	指定消费者所属的消费者组，用户可自定义

表 6-3 列举了启动消费者的常用参数，如果读者想学习更多的操作消费者的参数，可以执行"kafka-console-consumer.sh"命令进行查看。

接下来，根据表 6-3 列举的参数，克隆一个虚拟机 Hadoop2 会话框，启动消费者用于消费 Topic 中的消息，具体命令如下。

```
$ kafka-console-consumer.sh \
--bootstrap-server hadoop1:9092,hadoop2:9092 \
--from-beginning \
--property print.timestamp=true \
--property print.offset=true \
--topic itcasttopic
```

上述命令在 Kafka 中启动了一个消费者从名为 itcasttopic 的 Topic 消费最早的消息，并且输出消息的时间戳和偏移量。

上述命令执行完成后的效果如图 6-15 所示。

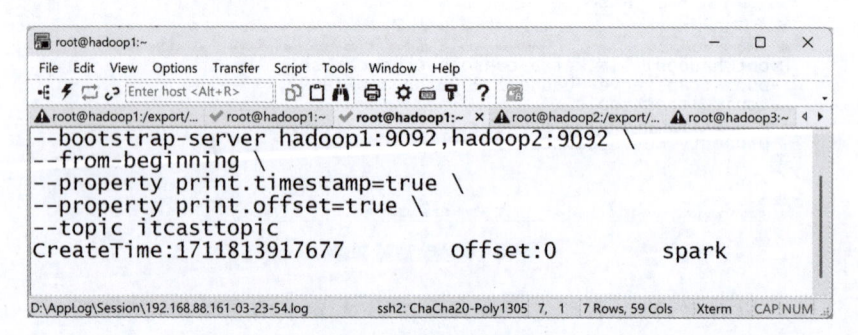

图 6-15 启动消费者

从图 6-15 可以看出，消费者启动完成后，输出了生产者向名为 itcasttopic 的 Topic 发送消息的值 spark，以及该消息的时间戳 1711813917677 和偏移量 0。如果需要输出消息的键，需要在启动消费者命令中添加--property print.key=true 参数。

6.5.2 Kafka 的 Scala API 操作

Kafka 提供了多种编程语言的 API，以便用户能够在不同的编程语言环境下使用 Kafka，其中 Scala API 是常用的 API 之一，它为 Kafka 提供了强大的支持，可以充分利用 Scala 编程语言的特性和功能。通过 Scala API 操作 Kafka 时，常用的开发工具为 IntelliJ IDEA，该开发工具在代码提示、重构、调试等方面具有不错的功能。接下来，以 Scala API 为例，讲解如何在 IntelliJ IDEA 中操作 Kafka。

通过 Scala API 操作 Kafka 时，其提供了 KafkaProducer 类和 KafkaConsumer 类用于操作 Kafka 的生产者和消费者，具体介绍如下。

（1）KafkaProducer 类。KafkaProducer 类提供了操作 Kafka 生产者的常用方法，通过这些方法可以构建应用程序实现向 Topic 发送消息。关于 KafkaProducer 类提供的常用方法如表 6-4 所示。

表 6-4　KafkaProducer 类提供的常用方法

方　　法	说　　明
abortTransaction()	中止 Kafka 当前事务。允许生产者在某些情况下中止事务并回滚至已发送的消息
beginTransaction()	开始 Kafka 中的新事务。将所有后续发送的消息视为新事务的一部分
close()	关闭 Kafka 中的生产者,释放生产者占用的资源
flush()	将未发送的消息发送到指定 Topic 中
partitionsFor(String topic)	获取指定 Topic 中分区的元数据。参数 topic 用于设置 Topic 的名称
send(ProducerRecord<K,V> record)	向指定 Topic 发送消息

(2) KafkaConsumer 类。KafkaConsumer 类提供了操作 Kafka 消费者的常用方法,通过这些方法可以构建应用程序实现消费 Topic 中的消息。关于 KafkaConsumer 类提供的常用方法如表 6-5 所示。

表 6-5　KafkaConsumer 类提供的常用方法

方　　法	说　　明
subscribe(Collection<String> topics)	订阅一个或多个主题,以便 Kafka 消费者消费 Topic 中的消息
close()	关闭 Kafka 中的消费者,释放消费者占用的资源
poll(Duration timeout)	从指定 Topic 中轮询消费消息,参数 timeout 用于指定消费者消费消息的超时时间

接下来,以实例演示的方式分步骤讲解 Kafka 的 Scala API 操作。

1. 创建 Maven 项目并添加 Kafka 相关依赖

在 IntelliJ IDEA 中创建一个名为 Kafka_Project 的 Maven 项目。然后在项目 Kafka_Project 中配置 pom.xml 文件添加相关依赖和插件,具体内容如文件 6-1 所示。

文件 6-1　pom.xml

```
1   <project xmlns="http://maven.apache.org/POM/4.0.0"
2          xmlns:xsi="http://www.w3.org/2001/XMLSchema-instance"
3    xsi:schemaLocation="http://maven.apache.org/POM/4.0.0
4    http://maven.apache.org/xsd/maven-4.0.0.xsd">
5    <modelVersion>4.0.0</modelVersion>
6    <groupId>cn.itcast</groupId>
7    <artifactId>Kafka_Project</artifactId>
8    <version>1.0-SNAPSHOT</version>
9    <packaging>jar</packaging>
10   <name>Kafka_Project</name>
11   <url>http://maven.apache.org</url>
12   <properties>
13     <project.build.sourceEncoding>UTF-8</project.build.sourceEncoding>
14   </properties>
15   <dependencies>
```

```xml
16   <dependency>
17     <groupId>org.scala-lang</groupId>
18     <artifactId>scala-library</artifactId>
19     <version>2.12.15</version>
20   </dependency>
21   <dependency>
22     <groupId>org.apache.kafka</groupId>
23     <artifactId>kafka-clients</artifactId>
24     <version>3.2.1</version>
25   </dependency>
26 </dependencies>
27 <build>
28   <plugins>
29     <plugin>
30       <groupId>net.alchim31.maven</groupId>
31       <artifactId>scala-maven-plugin</artifactId>
32       <version>3.2.2</version>
33       <executions>
34         <execution>
35           <goals>
36             <goal>compile</goal>
37           </goals>
38         </execution>
39       </executions>
40     </plugin>
41   </plugins>
42 </build>
43 </project>
```

上述配置内容中，第 16~20 行代码添加的依赖为 Scala 依赖。第 21~25 行代码添加的依赖为 Kafka 客户端依赖。第 29~40 行代码添加的 scala-maven-plugin 插件用于在 Maven 项目中支持编译 Scala。

2. 实现 Kafka 生产者

在项目 Kafka_Project 的 /src/main 目录下创建一个 scala 文件夹并将其标记为 Sources Root，具体操作可参考 2.7.1 节。然后在 src/main/scala 目录下，新建一个名为 cn.itcast.kafka 包，并在该包下创建名为 KafkaProducerTest 的 Scala 文件，实现生产者向指定 Topic 发送消息的功能，具体代码如文件 6-2 所示。

文件 6-2　KafkaProducerTest.scala

```scala
1  package cn.itcast.kafka
2  import org.apache.kafka.clients.producer.{KafkaProducer, ProducerRecord}
3  import java.util.Properties
4  object KafkaProducerTest {
5    def main(args: Array[String]): Unit = {
6      val p = new Properties()
7      p.put("bootstrap.servers", "hadoop1:9092,hadoop2:9092")
8      p.put("acks", "all")
9      p.put("key.serializer",
10       "org.apache.kafka.common.serialization.StringSerializer")
```

```
11      p.put("value.serializer",
12         "org.apache.kafka.common.serialization.StringSerializer")
13      // 创建 KafkaProducer 对象,实现 Kafka 生产者
14      val producer = new KafkaProducer[String,String](p)
15      for (i <- 1 to 50) {
16        producer.send(new ProducerRecord(
17           "itcasttopic",
18           "hello world-" + i
19        ))
20      }
21      producer.close()
22    }
23  }
```

在文件 6-2 中,第 6～12 行代码表示设置连接 Kafka 服务的主机名、端口号以及其他相关配置,相关参数说明如下。

(1) bootstrap.servers:设置连接 Broker 的主机名和端口号。

(2) acks:为消息确认机制,可以设置 3 个值,分别是 0、1、all,当设置为 0 时,表示 Kafka 中的生产者只发送消息,不需要等待消息是否保存到 Topic 中和是否备份成功;当设置为 1 时,表示 Kafka 中的生产者发送消息并等待消息保存到 Topic 中,无须确认消息是否备份成功;当设置为 all 时,表示 Kafka 中的生产者发送消息并等待消息保存到 Topic 中,同时只有当消息备份成功后才可以继续发送。

(3) key.serializer、value.serializer:设置消息在传输过程中键和值的序列化方式,这里指定的参数值表示将键和值序列化为字符串。

第 15～20 行代码用于模拟 Kafka 生产者向名为 itcasttopic 的 Topic 的发送消息,消息内容为字符串"hello world-"与 1～50 的随机整数的拼接结果。

第 21 行代码表示关闭生产者,释放生产者占用的资源。

3. 实现 Kafka 消费者

在项目 Kafka_Project 的 cn.itcast.kafka 包下创建名为 KafkaConsumerTest 的 Scala 文件,实现消费者消费指定 Topic 中的消息,具体代码如文件 6-3 所示。

文件 6-3　KafkaConsumerTest.scala

```
1   package cn.itcast.kafka;
2   import org.apache.kafka.clients.consumer.KafkaConsumer
3   import java.time.Duration
4   import java.util
5   import java.util.Properties
6   import scala.collection.JavaConverters._
7   object KafkaConsumerTest {
8     def main(args: Array[String]): Unit = {
9       val p1 = new Properties()
10      p1.put("bootstrap.servers", "hadoop1:9092,hadoop2:9092")
11      p1.put("group.id", "itcasttopic")
12      p1.put("auto.offset.reset", "earliest")
13      p1.put("key.deserializer",
14         "org.apache.kafka.common.serialization.StringDeserializer")
15      p1.put("value.deserializer",
16         "org.apache.kafka.common.serialization.StringDeserializer")
```

```
17      //创建 KafkaConsumer 对象,实现 Kafka 消费者
18      val consumer = new KafkaConsumer[String,String](p1)
19      val topic = new util.ArrayList[String]()
20      //指定消费者消费的 Topic
21      topic.add("itcasttopic")
22      consumer.subscribe(topic)
23      while (true) {
24        val records = consumer.poll(Duration.ofMillis(100))
25        for (data <- records.asScala) {
26          println(data.value())
27        }
28      }
29    }
30  }
```

在文件 6-3 中,第 9~16 行代码表示设置连接 Kafka 服务的主机名、端口号以及其他相关配置,相关参数说明如下。

(1) group.id:设置消费者组,参数值用户可自定义。

(2) auto.offset.reset:设置消费者消费消息的方式。参数值设置为 earliest 表示从 Topic 中最早的消息进行消费。可选的参数值还有 latest 和 none,其中设置为 latest 表示从 Topic 中最新的消息进行消费,设置为 none 表示消费者从 Topic 中消费消息时,如果找不到分区的偏移量,消费者将不会尝试重置偏移量,而会直接引发异常。

(3) key.deserializer、value.deserializer:设置消息在传输过程中键和值的反序列化方式,这里指定的参数值表示将键和值反序列化为字符串。

第 23~28 行代码输出消费者从名为 itcasttopic 的 Topic 中消费的消息。其中第 24 行代码通过 poll()方法指定消费者每间隔 100 毫秒从名为 itcasttopic 的 Topic 中消费消息。

首先运行在虚拟机 Hadoop1 和 Hadoop2 上启动 Kafka 服务,然后在文件 6-2 启动 Kafka 的生产者向名为 itcasttopic 的 Topic 中发送消息。最后运行文件 6-3 启动 Kafka 的消费者从名为 itcasttopic 的 Topic 消费消息。文件 6-3 的运行结果如图 6-16 所示。

图 6-16 文件 6-3 的运行结果

从图 6-16 可以看出,控制台输出消费者消费的信息,说明生产者生产的消息成功被消费者消费。

6.6 Kafka Streams

Kafka 在 0.10 版本之前,仅作为消息的存储系统。如果开发人员想要对 Kafka 中的数据进行流式计算,需要借助第三方的流式计算框架实现。在 Kafka 0.10 版本之后,Kafka 内置了一个流式处理框架的客户端 Kafka Streams,用户可以直接以 Kafka 为核心构建流式计算系统。接下来,本节针对 Kafka Streams 的基础知识以及如何利用 Kafka Streams 实现单词计数进行讲解。

6.6.1　Kafka Streams 概述

Kafka Streams 是 Kafka 中的一个实时流式处理框架,具有低延迟、高性能、高容错的特点,它可以方便地集成到现有的应用程序中,为开发人员提供了流式计算的能力。

在流式计算的模型中,通常需要构建数据流的拓扑结构,如数据源、分析数据的处理器以及处理完成后发送数据的目标,Kafka Streams 会将这种拓扑结构抽象成一个有向无环图(DAG),如图 6-17 所示。

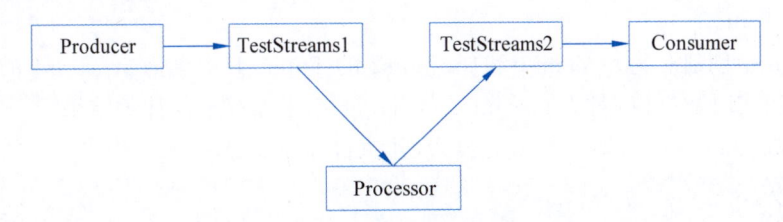

图 6-17　Kafka Streams 将拓扑结构抽象成有向无环图

在图 6-17 中,生产者作为数据源不断向名为 TestStreams1 的 Topic 发送消息,然后通过自定义 Processor(处理器)对每条消息根据处理逻辑执行相应的计算,最后将结果发送至名为 TestStreams2 的 Topic 供消费者进行消费。

需要注意的是,有向无环图中的有向表示从一个处理节点到另一个处理节点是具有方向性的;无环表示不能有环路,也就是从某一点出发再回到该点,因为一旦有环路,就会陷入死循环状态,计算将无法结束。

6.6.2　Kafka Streams 实现单词计数功能

在当前大数据和实时计算的环境中,企业迫切需要一种有效的方式来处理和分析实时数据,以便及时支持业务决策和优化业务流程。在这一背景下,Kafka Streams 作为 Kafka 的一部分,为企业提供了强大的流处理功能,可以实现高效的实时数据处理和分析。

在实际应用中,Kafka 的实时单词计数应用程序广泛应用于文本处理、日志分析、实时监控等场景中。接下来,本节讲解如何使用 Kafka Streams 实现实时单词计数,具体内容如下。

使用 Kafka Streams 实现实时单词计数时,可以分为以下几个步骤。

(1)创建 Topic。通过 Kafka 的 Shell 操作创建两个 Topic,其中一个 Topic 用于保存待统计的实时数据流,另外一个 Topic 用于保存单词计数结果。

(2)启动生产者和消费者。通过 Kafka 的 Shell 操作启动生产者和消费者,其中生产者用于模拟生产实时数据流并将其发送到保存待统计的实时数据流的 Topic 中,消费者用于消费保存有单词计数结果 Topic 中的消息。

(3)添加 Kafka Streams 依赖。

(4)编写程序,实现实时单词计数。通过 Kafka Streams 实现实时单词计数,需要在程序中创建 StreamsBuilder 对象和 KafkaStreams 对象,其中 StreamsBuilder 对象提供了 stream() 方法订阅保存待统计的实时数据流的 Topic 作为单词计数的输入流,KafkaStreams 对象提供了 start() 方法用于启动 Kafka Streams。对于输入流将按照单词计数实现逻辑进行统计,统计结果经过 toStream.to() 操作实现将单词计数结果发送给保存单词计数结果的 Topic 中。

(5) 执行测试,查看最终结果。

下面基于上述对案例步骤的分析演示如何使用 Kafka Streams 实现实时单词计数,具体操作步骤如下。

1. 启动 Kafka 服务

在虚拟机 Hadoop1 和 Hadoop2 上启动 Kafka 服务。

2. 创建 Topic

在 Kafka 中创建名为 streams1 和 streams2 的 Topic,其中名为 streams1 的 Topic 用于保存待统计的实时数据流,名为 streams2 的 Topic 用于保存单词计数结果。

在虚拟机 Hadoop1 启动一个新的会话,并执行如下命令。

```
#创建名为 streams1 的 Topic
$ kafka-topics.sh --create \
--topic streams1 \
--partitions 3 \
--replication-factor 2 \
--bootstrap-server hadoop1:9092,hadoop2:9092
#创建名为 streams2 的 Topic
$ kafka-topics.sh --create \
--topic streams2 \
--partitions 3 \
--replication-factor 2 \
--bootstrap-server hadoop1:9092,hadoop2:9092
```

3. 启动生产者

在 Kafka 中启动生产者,用于将模拟生成的数据流发送到名为 streams1 的 Topic 中。在虚拟机 Hadoop1 执行如下命令。

```
$ kafka-console-producer.sh \
--bootstrap-server hadoop1:9092,hadoop2:9092 \
--topic streams1 \
--property key.serializer=\
org.apache.kafka.common.serialization.StringSerializer \
--property value.serializer=\
org.apache.kafka.common.serialization.StringSerializer
```

4. 启动 Kafka 消费者

在 Kafka 中启动消费者,用于从名为 streams2 的 Topic 中消费消息。在虚拟机 Hadoop2 启动一个新的会话,并执行如下命令。

```
$ kafka-console-consumer.sh \
--bootstrap-server hadoop1:9092,hadoop2:9092 \
--topic streams2 \
--from-beginning \
--property print.key=true \
--property print.value=true
```

```
--property key.deserializer=\
org.apache.kafka.common.serialization.StringDeserializer \
--property value.deserializer=\
org.apache.kafka.common.serialization.LongDeserializer
```

上述命令中,参数--property print.key=true 表示开启输出消息的键,--property print.value=true 表示开启输出消息的值。

5. 添加 Kafka Streams 依赖

在项目 Kafka_Project 的 pom.xml 配置文件的 <dependencies> 标签中添加 Kafka Streams 的依赖,具体内容如下。

```
<dependency>
    <groupId>org.apache.kafka</groupId>
    <artifactId>kafka-streams-scala_2.12</artifactId>
    <version>3.2.1</version>
</dependency>
```

6. 实现实时单词计数

在项目 Kafka_Project 的 cn.itcast.kafka 包中创建名为 KafkaStreamsTest 的 Scala 文件,实现从名为 streams1 的 Topic 中消费消息实现实时单词计数,并将计数结果发送到名为 streams2 的 Topic 中,具体代码如文件 6-4 所示。

文件 6-4　KafkaStreamsTest.scala

```
1  package cn.itcast.kafka
2  import java.util.Properties
3  import org.apache.kafka.streams.scala.ImplicitConversions._
4  import org.apache.kafka.streams.scala._
5  import org.apache.kafka.streams.scala.kstream._
6  import org.apache.kafka.streams.{KafkaStreams, StreamsConfig}
7  import org.apache.kafka.streams.scala.serialization.Serdes._
8  object KafkaStreamsTest {
9    def main(args: Array[String]): Unit = {
10     val props: Properties = {
11       val p = new Properties()
12       p.put(StreamsConfig.APPLICATION_ID_CONFIG,
13         "wordcount-application")
14       p.put(StreamsConfig.BOOTSTRAP_SERVERS_CONFIG,
15         "hadoop1:9092,hadoop2:9092")
16       p
17     }
18     //创建 StreamsBuilder 对象
19     val builder: StreamsBuilder = new StreamsBuilder
20     //通过 stream()方法获取输入流
21     val textLines: KStream[String, String] = builder
22       .stream[String, String]("streams1")
23     val wordCounts: KTable[String, Long] = textLines
24       .flatMapValues(textLine => textLine
25         .toLowerCase.split(" "))
26       .groupBy((_, word) => word)
```

```
27            .count()
28        //将单词计数结果发送到名为 streams2 的 Topic 中
29        wordCounts.toStream.to("streams2")
30        //创建 KafkaStreams 对象
31        val streams: KafkaStreams = new KafkaStreams(builder.build(), props)
32        //启动 Kafka Streams
33        streams.start()
34    }
35 }
```

在文件 6-4 中,第 10~17 行代码表示设置此次 Kafka Streams 程序的 ID、连接 Kafka 服务的主机名和端口号。

第 23~27 行代码实现将输入数据流按空格进行拆分并统计拆分后相同单词出现的次数。flatMapValues()方法用于将每一行数据通过 split(" ")按空格将数据拆分为每一个单词,然后通过 groupBy()方法将相同的单词进行分组,count()方法用于统计相同单词出现的次数。

7. 执行测试

运行文件 6-4,由于在虚拟机 Hadoop1 中启动的生产者还未向名为 streams1 的 Topic 发送消息,因此在虚拟机 Hadoop2 中启动的 Kafka 消费者并未输出任何消息。此时在虚拟机 Hadoop1 中启动的生产者输入 hello itcast hello spark hello kafka 并按 Enter 键发送消息,然后通过虚拟机 Hadoop2 中启动的 Kafka 消费者查看实时单词计数的结果,如图 6-18 所示。

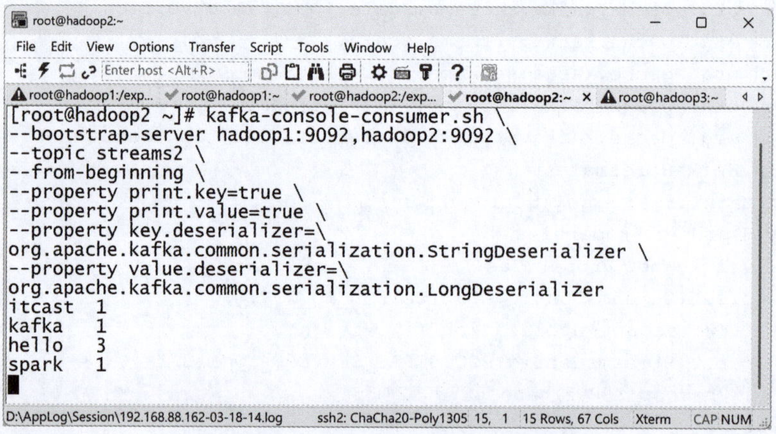

图 6-18 查看实时单词计数的结果

从图 6-18 可以看出,在虚拟机 Hadoop2 中启动的 Kafka 消费者输出了实时单词计数结果。例如,单词 itcast 出现的次数为 1、单词 hello 出现的次数为 3 等。

6.7 本章小结

本章主要介绍了 Kafka 的基本知识和相关操作。首先,讲解了什么是消息队列。其次,讲解了 Kafka 的概念和工作原理。接着,讲解了 Kafka 集群的搭建和基本操作,包括 Kafka

的 Shell 操作和 Kafka 的 Scala API 操作。最后,通过 Kafka Streams 实时单词计数的案例讲解了如何使用 Kafka 的流处理功能实现实时数据处理。通过本章学习,读者能够建立起对 Kafka 基本架构的理解,掌握 Kafka 集群的搭建和基本操作,为实际项目中应用 Kafka 提供实用知识和技能。

6.8 课后习题

一、填空题

1. 消息队列主要应用场景为_____、系统解耦和_____。
2. 消息传递常见的模式是点对点消息传递模式和_____。
3. Kafka 是一个基于_____系统的分布式发布订阅消息系统。
4. Kafka 具有高吞吐、低延迟、_____、持久性、_____和支持多种语言的优点。
5. 消息由生产者发布到 Kafka 中后,Kafka 采用_____模型的方式消费消息。

二、判断题

1. Kafka 短时间可以处理几十万条消息,但是延迟很高。( )
2. Kafka 消费者消费消息后,会将已消费消息的 offset 保存在 ZooKeeper 中。( )
3. 在 Kafka 中,消费者消费一个主题中的消息后,后续便不能再次消费。( )
4. 在 Kafka 中,消费者组由多个消费者组成,组成的消费者组之间相互影响。( )
5. 在 Kafka 中,角色为 Follower 的 Partition 会复制角色为 Leader 的 Partition 中的消息。( )

三、选择题

1. 下列选项中,不属于 Kafka 优点的是( )。
   A. 异步处理   B. 高吞吐、低延迟
   C. 持久性   D. 高可用性
2. 通过 Shell 操作设置 Kafka 主题分区数时,需要使用的参数是( )。
   A. --describe   B. --partitions
   C. --replication-factor   D. --alter
3. 使用 Scala API 操作 Kafka 时,需要订阅一个或多个主题,需要使用的方法是( )。
   A. abortTransaction()
   B. partitionsFor(String topic)
   C. subscribe(Collection<String> topics)
   D. poll(Duration timeout)
4. 下列关于操作 Kafka 主题时常用参数的描述,错误的是( )。
   A. --create 表示创建主题
   B. --list 表示查看所有主题
   C. --partitions 表示设置主题的分区数,若不设置,则默认分区数为 1
   D. --delete 表示删除所有的主题

5. 下列关于 Kafka 中 KafkaProducer 类常用方法的描述,错误的是( )。
   A. abortTransaction()方法用于中止 Kafka 当前事务
   B. beginTransaction()方法用于开始 Kafka 新事务
   C. flush()方法用于刷新 Kafka 的连接
   D. partitionsFor(String topic)方法用于获取指定 Topic 中分区的元数据

四、简答题

1. 简述 Kafka 的优点。
2. 简述 Kafka 的工作流程。

第 7 章

Spark Streaming实时计算框架

学习目标：

- 了解什么是实时计算，能够说出实时计算的特征以及应用场景。
- 了解 Spark Streaming 简介，能够说出 Spark Streaming 的优点和缺点。
- 熟悉 Spark Streaming 的工作原理，能够叙述 Spark Streaming 如何处理数据流。
- 熟悉 Spark Streaming 的 DStream 和编程模型，能够叙述 DStream 的结构和编程模型的构成。
- 掌握 Spark Streaming 的 API 操作，能够通过 Scala API 实现输入操作、转换操作、输出操作和窗口操作。
- 掌握 Spark Streaming 整合 Kafka，能够使用 Direct 方式接收 Kafka 输入的数据流。

数据的业务价值随着时间的流逝会迅速降低，因此在数据发生后必须尽快对其进行计算和处理，而传统的大数据处理模式对于数据加工均遵循传统日清日毕模式，即以小时甚至以天为计算周期对当前数据进行累计并处理，显然这类处理模式无法满足对数据实时计算的需求，此时新的大数据处理模式——实时计算便应运而生。Spark 中的 Spark Streaming 就是为了满足实时计算需求而设计的框架。本章以实时计算为基础逐步讲解 Spark Streaming 的相关知识。

7.1 实时计算概述

实时计算的产生来源于对数据计算时效性的严苛需求，其主要是针对实时数据流的计算。实时数据流是指由数千个数据源持续生成的数据，这些数据通常以记录的形式进行发送，但相较于离线数据流，实时数据流普遍规模较小。实时数据流产生的源头多种多样，如 Web 应用程序生成的日志文件、电商网站数据、游戏玩家活动数据、社交网站信息等。

在大数据领域中，实时计算具备以下 3 个特征。

（1）实时处理无界的数据流。实时计算面对的数据是实时且无界的，其中实时是指数据流是按照时间发生顺序被实时地计算；无界是指由于数据发生的持续性，数据流将长久且持续地进行实时计算。例如，对于网站的访问日志流，只要网站不关闭其访问日志流将一直不停地产生并被实时地计算。

（2）高效的计算。实时计算的高效性在于其事件触发的机制，而这个触发源便是无界的数据流。当无界数据流中出现新数据时，实时计算会立即触发计算任务，避免了传统数据计算时需要等待数据传输完成才计算产生的耗时。实时计算的高效性使得数据能够在第一时间被处理和分析，进而支持更快速、更高效的实时决策和反馈。

（3）实时的数据集成。通过数据流触发的实时计算，一旦计算完成，结果可以被直接写入存储系统。例如，将计算后的报表数据直接写入关系数据库服务（RDS）进行报表展示，这意味着计算结果实时地被写入存储系统后，无须经过烦琐的中间步骤或数据迁移，能够快速、实时地与其他应用或服务共享和利用，从而支持了实时的决策和数据展示需求。

随着实时技术发展趋于成熟，实时计算应用越来越广泛，为了读者能够更好地理解实时计算，下面列举几种常见的实时计算的应用场景。

（1）实时智能推荐。在电商领域的业务中，智能推荐会根据用户历史的购买或浏览行为，通过推荐算法训练模型，预测用户未来可能会购买的物品或喜爱的资讯。这不仅为个人提供信息过滤服务，也满足了电商网站提升个性化需求、增进用户满意度的目标。推荐系统本身也在飞速发展，除了算法越来越完善，对延迟的要求也越来越苛刻和实时化。利用实时计算框架便可以帮助电商网站构建更加实时的智能推荐系统，对用户行为指标进行实时计算，对模型进行实时更新，对用户指标进行实时预测，并将预测的信息推送给电商网站，相比传统的电商网站推荐，实时智能推荐能更迅速地适应用户变化的需求，为电商网站和用户双方带来更大的便利和价值。

（2）实时欺诈检测。实时欺诈检测是针对在金融领域中频繁发生的欺诈行为而设计的一种技术手段，它基于对实时数据流分析和模型训练，实时监测和识别潜在的欺诈行为，实现快速响应并阻止欺诈行为的发生。相比传统的欺诈检测，实时欺诈检测能够即时处理大量的数据流，利用模式识别、异常检测等算法模型来发现欺诈行为，并立即对其采取警告或拦截。这种即时响应的能力大大减少了欺诈行为对企业和用户造成的损失，提高了金融领域中业务来往的安全性。

（3）实时交通管理。实时交通管理是指通过对数据实时收集、分析和处理来监控、优化和管理道路交通。利用传感器、摄像头等设备实时收集交通数据，并借助实时计算技术进行数据分析和处理，实现对交通流量、车辆行驶状态等信息的即时监测和管理。与传统交通管理相比，实时交通管理不仅能够快速准确地掌握道路状况、优化交通信号灯控制、路径规划导航，还能够提前预警交通事故或道路拥堵，提供实时的停车信息和公共交通调度优化，全面提升交通系统的效率、安全性和用户体验，为城市交通管理带来巨大的优势和变革。

7.2 Spark Streaming 的概述

7.2.1 Spark Streaming 简介

Spark Streaming 是 Spark 的第一代实时计算框架，它是 Spark Core API 的一个扩展，可以实现高吞吐量、可扩展的实时数据流容错处理。Spark Streaming 与传统的实时计算架构（如 Storm）相比，最大的不同点在于它对数据是粗粒度的处理方式，即将输入的数据以某一时间间隔，划分成多个批（Batch）数据，然后对每个批数据进行处理，即批处理，当批处理间隔缩短到一定程度时，便可以用于处理实时计算。而其他实时计算框架往往采用细粒度的处理模式，即一次处理一条数据。Spark Streaming 这样的设计既为其带来了显而易见的优点，也带来了不可避免的缺点，具体介绍如下。

1. Spark Streaming 的优点

Spark Streaming 的优点主要包含准实时性、容错性、易用性和易整合性，具体介绍如下。

（1）准实时性。Spark Streaming 内部的实现和调度方式高度依赖 Spark 的 DAG 调度器和 RDD，这就决定了 Spark Streaming 的设计初衷是处理粗粒度的数据流，同时，由于 Spark 内部调度器足够快速和高效，可以快速地处理批数据，这就获得准实时的特性。

（2）容错性。Spark Streaming 的粗粒度执行方式使其确保"处理且仅处理一次"的特性，同时也可以更方便地实现容错恢复机制，这一点得益于 Spark 中 RDD 的容错机制，即每一个 RDD 都是一个不可变的分布式可重算的数据集，其记录着确定性的操作继承关系（lineage），所以只要输入数据是可容错的，那么任意一个 RDD 的分区出错或不可用，都是可以使用原始输入数据经过转换操作重新计算得出。

Spark Streaming 容错性的优点提醒着我们在学习和成长过程中应该建立可靠的基础，培养自我调整的能力，以适应新的学习和成长环境。

（3）易用性。由于 Spark Streaming 的 DStream 本质是 RDD 在实时计算上的抽象，所以基于 RDD 的各种操作也有相应的基于 DStream 的操作，这样就大大降低了用户对于新框架的学习成本，在了解 Spark 的情况下用户将很容易使用 Spark Streaming。

（4）易整合性。DStream 是 RDD 的抽象，这意味着它能够更容易与 RDD 进行交互操作，在需要将实时数据流和离线数据结合进行处理的情况下，将会变得非常方便。

2. Spark Streaming 的缺点

Spark Streaming 的缺点是由于其粗粒度处理方式造成了不可避免的延迟。在细粒度处理方式的理想情况下，每一条数据都会被实时处理，而在 Spark Streaming 中，数据需要汇总到一定的量之后才进行一次批处理，这就增加了数据处理的延迟，这种延迟是由框架自身的设计引起的，并不是由网络或其他情况造成的。

📖 **多学一招：其他常见的实时计算工具**

除了 Spark Streaming 实时计算框架外，大数据领域中，常见的实时计算工具还有 Apache Structured Streaming、Apache Storm 以及 Apache Flink，具体介绍如下。

（1）Apache Structured Streaming。

Apache Structured Streaming 是 Spark 中提供的一个基于 Spark SQL 的流式计算引擎。它支持在 Spark SQL 中对连续的数据流进行数据处理和实时计算。Apache Structured Streaming 能够兼顾流式数据处理和批数据处理的优点，既能够快速响应实时数据，又能够进行复杂的数据分析和计算。

（2）Apache Storm。

Apache Storm 是一个开源、免费的分布式实时计算系统。它可以简单、高效、可靠地实时处理海量数据，并将处理后的结果数据保存到存储系统中，如数据库、HDFS。

（3）Apache Flink。

Apache Flink 是一个开源的实时计算框架。它可以用于在无边界和有边界数据流上进行有状态的计算，支持多种应用场景，如实时数据分析、实时监控、实时推荐系统等。

7.2.2　Spark Streaming 的工作原理

理解 Spark Streaming 的工作原理对于运用 Spark Streaming 至关重要，其主要涉及 3 方面的内容，分别是获取数据、处理数据和存储数据。

Spark Streaming 支持从多种数据源获取数据，包括 Kafka、Flume、Twitter、Kinesis、S3 以及 HDFS 等。当 Spark Streaming 从数据源获取数据之后，则可以使用诸如 map、reduce、join 和 window 等算子进行复杂的计算处理，最后将处理的结果存储到 HDFS（分布式文件系统）、Databases（数据库）或 Dashboards（商业智能仪表盘）。Spark Streaming 支持的输入和输出数据源如图 7-1 所示。

图 7-1　Spark Streaming 支持的输入和输出数据源

为了使读者深入理解 Spark Streaming 的工作原理，接下来，通过图 7-2 对 Spark Streaming 内部的工作原理进行讲解。

图 7-2　Spark Streaming 内部的工作原理

在图 7-2 中，Spark Streaming 先接收实时输入的数据流，然后将数据流按照一定的时间间隔分成多个批数据，接着交由 Spark Engine（Spark 引擎）进行处理，最后生成按照批次划分的结果数据流。

通过学习 Spark Streaming 的工作原理，可以深化对实时大数据处理技术的理解。这有助于我们培养知其然、知其所以然的精神。

7.3　Spark Streaming 的 DStream

Spark Streaming 会将实时输入的数据流，按照一定的时间间隔分成多个批数据，而这些批数据就是由 Spark Streaming 中的 DStream 来定义的。

Spark Streaming 提供一种称为 DStream 的高级抽象，它表示连续的数据流。DStream 的内部是由一系列连续的 RDD 构成，每个 RDD 中保存了一个确定时间段的数据，如图 7-3 所示。

从图 7-3 可以看出，DStream 的内部由一系列连续的 RDD 组成，每个 RDD 都是一小段时间分隔开来的数据，例如"RDD 对应的时间点 1"中保存了时间段在 0 和 1 之间的数据，"RDD 对应的时间点 2"中保存了时间段在 1 和 2 之间的数据。

任何作用在 DStream 上的操作，最终都会作用在其内部的 RDD 上，但是这些操作是由

图 7-3　DStream 的内部结构

Spark 来完成的。Spark Streaming 已封装好了更加高级的 API,用户只需要利用这些 API 直接对 DStream 进行操作即可,无须关心其内部如何转换为 RDD 进行操作。

7.4　Spark Streaming 的编程模型

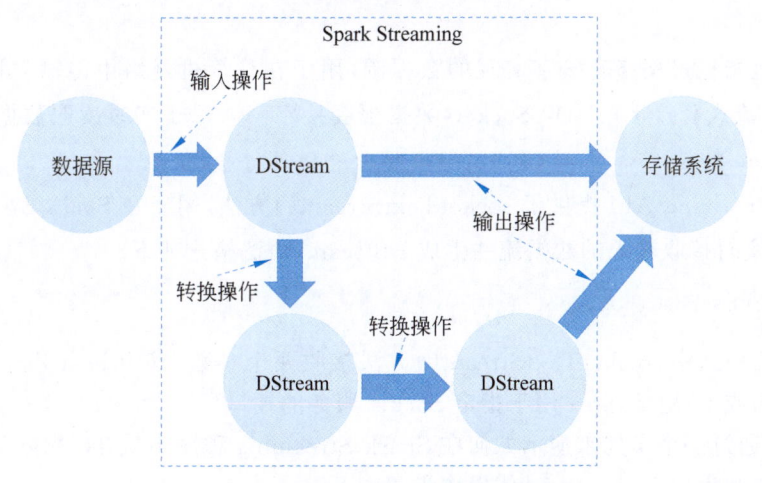

Spark Streaming 编程模型主要由输入操作、转换操作和输出操作构成。Spark Streaming 从数据源实时接收输入的数据流并生成 DStream,这个 DStream 可以直接输出到存储系统,也可以根据实际业务需求利用算子对 DStream 进行转换,从而生成一个或多个 DStream 作为转换结果,然后将转换结果作为数据流输出到存储系统,如图 7-4 所示。

图 7-4　Spark Streaming 编程模型

图 7-4 展示的是 Spark Streaming 基于 DStream 读取数据源进行转换操作输出到存储系统的核心。为了更好地描述 DStream 是如何转换的,接下来,以 flatMap 算子将 DStream 的每行数据转换成单词为例,描述 DStream 的转换过程,具体如图 7-5 所示。

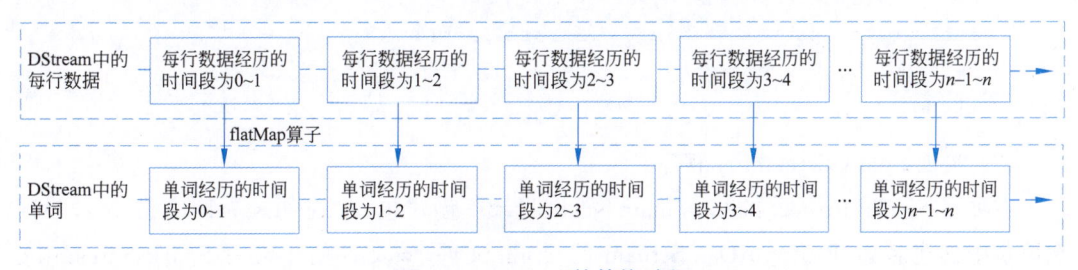

图 7-5　DStream 的转换过程

在图 7-5 中,通过 flatMap 算子对 Dstream 的每行数据进行转换时,实际上是 flatMap 算子对 DStream 内部 RDD 的转换。

7.5 Spark Streaming 的 API 操作

与 RDD 类似，Spark Streaming 为 DStream 提供了丰富的 API 操作，用于实现 Spark Streaming 程序，这些操作包括输入操作、转换操作、输出操作和窗口操作。本节针对 Spark Streaming 的 API 操作进行详细讲解。

7.5.1 输入操作

输入操作可以为 Spark Streaming 程序指定从不同的数据源实时接收输入的数据流并生成 DStream。Spark Streaming 支持两种类型的数据源，分别是基本数据源和高级数据源，其中基本数据源包括文件系统和 Socket，高级数据源包括 Kafka、Flume、Kinesis 等。

本节所讲解的输入操作主要通过基本数据源实时接收输入的数据流并生成 DStream，关于高级数据源的输入操作，会在 7.6 节以常用的 Kafka 为例进行重点讲解。

1. Socket

Socket 是指通过网络套接字实现的数据源，用于在计算机网络中传输数据，主要分为 TCP Socket（流式套接字）、UDP Socket（数据报套接字）等，对于实时读取数据源的场景常以 TCP Socket 为主。

Spark Streaming API 提供了 socketTextStream() 方法，用于在 Spark Streaming 程序中从 Socket 实时接收输入的数据流并生成 DStream，语法格式如下。

```
socketTextStream(host,port)
```

上述语法格式中，socketTextStream() 方法接收两个参数，其中 host 用于指定 Socket 服务的主机名或 IP 地址，port 用于指定 Socket 服务的端口号。

接下来，通过一个案例来演示如何在 Spark Streaming 程序中从 TCP Socket 实时接收输入的数据流并生成 DStream，具体操作步骤如下。

（1）导入依赖。在项目 Spark_Project 的依赖文件 pom.xml 中添加 Spark Streaming 依赖，具体内容如下。

```
<dependency>
  <groupId>org.apache.spark</groupId>
  <artifactId>spark-streaming_2.12</artifactId>
  <version>3.3.0</version>
</dependency>
```

（2）实现 Spark Streaming 程序。

在项目 Spark_Project 的/src/main/scala 目录下创建包 cn.itcast.sparkstreaming，并且在该包中创建名为 TcpInputDataStream 的 Scala 文件，该文件用于编写 Spark Streaming 程序，实现从 TCP Socket 实时接收输入的数据流并生成 DStream，具体代码如文件 7-1 所示。

文件 7-1 TcpInputDataStream.scala

```
1   import org.apache.spark._
2   import org.apache.spark.streaming._
3   object TcpInputDataStream {
4     def main(args: Array[String]): Unit = {
5       //创建 SparkConf 对象，setAppName()方法用于指定 Spark Streaming 程序的名称
6       //setMaster()方法用于指定 Spark Streaming 程序的运行地址
7       val conf = new SparkConf()
8         .setAppName("TcpInputDataStream")
9         .setMaster("local[*]")
10      val streamingContext =
11        new StreamingContext(conf,Seconds(1))
12      val words =
13        streamingContext
14          .socketTextStream("192.168.88.161",9999)
15      words.print()
16      //启动 Spark Streaming 程序
17      streamingContext.start()
18      //使 Spark Streaming 程序一直运行，除非人为干预停止
19      streamingContext.awaitTermination()
20    }
21  }
```

在文件 7-1 中，第 10、11 行代码通过实例化类 StreamingContext 初始化其对象，在实例化类 StreamingContext 时，需要传递两个参数，其中第 1 个参数用于指定 Spark Streaming 程序的配置；第 2 个参数用于根据指定时间间隔将数据流划分为批数据，这里指定的时间间隔为 1 秒，即每间隔 1 秒将数据流划分为批数据。

第 12~14 行代码通过 socketTextStream()方法从 TCP Socket 实时接收输入的数据流并生成名为 words 的 DStream，这里分别指定 Socket 服务的 IP 地址和端口号为 192.168.88.161 和 9999。

（3）测试 Spark Streaming 程序。

在测试 Spark Streaming 程序之前，需要在虚拟机 Hadoop1 安装网络工具，如 Netcat、Telnet 等，通过网络工具启动 Socket 服务，这里使用的网络工具为 Netcat，在虚拟机 Hadoop1 安装 Netcat 的命令如下。

```
$ yum -y install nc
```

Netcat 安装完成后，便可以在虚拟机 Hadoop1，通过 9999 端口启动 Socket 服务，具体命令如下。

```
$ nc -lk 9999
```

通过执行上述命令成功启动 Socket 服务之后，输入数据 I am learning Spark Streaming now，如图 7-6 所示。

运行文件 7-1，用于从 Socket 实时接收输入的数据流，然后在图 7-6 中按 Enter 键发送数据，文件 7-1 的运行结果如图 7-7 所示。

从图 7-7 可以看出，文件 7-1 实现的 Spark Streaming 程序成功从启动的 Socket 服务实时接收输入的数据，并将其输出到控制台。需要注意的是，由于 Spark Streaming 程序会一

直处于运行状态,因此会不停地从启动的 Socket 服务接收输入的数据,控制台也会不断更新输入数据的情况,更新的间隔时间与 StreamingContext 对象初始化时设置的时间一致,即时间间隔为 1 秒。

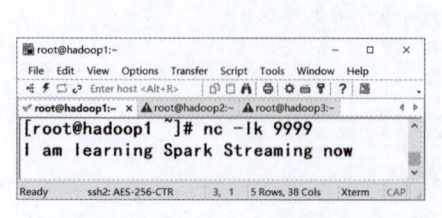

图 7-6　成功启动 Socket 服务并输入数据

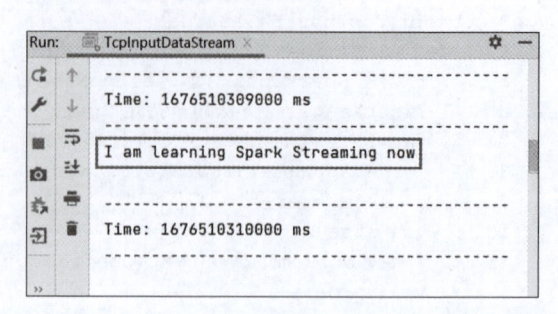

图 7-7　文件 7-1 的运行结果

2. 文件系统

Spark Streaming API 提供了 textFileStream()方法,用于在 Spark Streaming 程序中从 HDFS、S3、NFS 等文件系统实时接收输入的数据流并生成 DStream,语法格式如下。

```
textFileStream(directory)
```

上述语法格式中,directory 用于指定文件系统的目录,当该目录中新增文件时,便读取文件的内容作为输入的数据流。需要注意的是,只有 Spark Streaming 程序启动之后,文件系统指定目录中新增的文件才会被读取。

接下来,通过一个案例来演示如何在 Spark Streaming 程序中从 HDFS 实时接收输入的数据流并生成 DStream,具体操作步骤如下。

(1) 创建目录。

确保 Hadoop 集群处于启动状态下,在 HDFS 创建目录/sparkstreaming/data,该目录会作为 Spark Streaming 程序读取文件的目录。在虚拟机 Hadoop1 执行如下命令。

```
$ hdfs dfs -mkdir -p /sparkstreaming/data
```

(2) 实现 Spark Streaming 程序。

在项目 Spark_Project 的包 cn.itcast.sparkstreaming 中创建名为 HDFSInputDataStream 的 Scala 文件,该文件用于编写 Spark Streaming 程序,实现从 HDFS 实时接收输入的数据流并生成 DStream,具体代码如文件 7-2 所示。

文件 7-2　HDFSInputDataStream.scala

```
1  import org.apache.spark.SparkConf
2  import org.apache.spark.streaming._
3  object HDFSInputDataStream {
4    def main(args: Array[String]): Unit = {
5      val conf = new SparkConf()
6        .setAppName("HDFSInputDataStream")
7        .setMaster("local[*]")
8      val streamingContext =
9        new StreamingContext(conf,Seconds(5))
10     val words = streamingContext
11       .textFileStream(
```

```
12              "hdfs://192.168.88.161:9000/sparkstreaming/data")
13      words.print()
14      streamingContext.start()
15      streamingContext.awaitTermination()
16    }
17  }
```

在文件7-2中,第10~12行代码通过textFileStream()方法从HDFS的/sparkstreaming/data目录实时接收输入的数据流并生成名为words的DStream。

(3)测试Spark Streaming程序。

首先,在虚拟机Hadoop1的/export/data目录执行vi命令编辑文件word01.txt,并在该文件中添加如下内容。

```
hello world
hello spark
hello sparksql
hello sparkstreaming
```

上述内容添加完成后,保存并退出文件即可。

然后,在IntelliJ IDEA中运行文件7-2。

最后,将数据文件word01.txt上传到HDFS的/sparkstreaming/data目录,在虚拟机Hadoop1执行如下命令。

```
$ hdfs dfs -put /export/data/word01.txt /sparkstreaming/data
```

文件7-2的运行结果如图7-8所示。

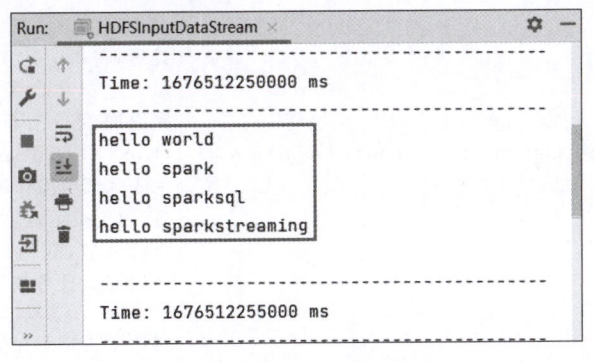

图7-8 文件7-2的运行结果

从图7-8可以看出,文件7-2实现的Spark Streaming程序成功从HDFS的/sparkstreaming/data目录读取数据文件word01.txt的内容作为输入的数据流,并将其输出到控制台。

7.5.2 转换操作

转换操作可以对Spark Streaming程序中的DStream进行处理。Spark Streaming API提供了多种算子用于实现转换操作。下面通过表7-1来列举Spark Streaming API提供的与转换操作相关的算子。

表 7-1 Spark Streaming API 提供的与转换操作相关的算子

算子	语法格式	相关说明
map	DStream.map(func)	将 DStream 中的每个元素经过指定 func（函数）进行处理，并生成新的 DStream
flatMap	DStream.flatMap(func)	与 map 算子作用相似，但是可以将 DStream 中的每个元素经过指定 func 计算后映射为 0 或多个元素，并生成新的 DStream
filter	DStream.filter(func)	用于根据 func 判断 DStream 中的每个元素，将判断结果为 true 的元素返回到新生成的 DStream
repartition	DStream.repartition(numPartitions)	通过指定 Partition 的数量（numPartitions）来改变 DStream 的并行度，通常用作调优
union	DStream.union(otherStream)	将 DStream 与另一个 DStream 中的元素进行合并，生成新的 DStream
count	DStream.count()	统计 DStream 中每个 RDD 的元素数量，将统计结果返回到新生成的 DStream 中
reduce	DStream.reduce(func)	将 DStream 中的每个 RDD 的元素经过指定 func 进行聚合操作，将聚合结果返回到新生成的 DStream 中
countByValue	DStream.countByValue()	统计 DStream 中每个 RDD 内每个元素出现的次数，将统计结果返回到新生成的类型为键值对(K,V)的 DStream，K 和 V 分别表示元素及其出现的次数
reduceByKey	DStream.reduceByKey(func,[numTasks])	对类型为键值对(K,V)的 DStream 进行处理，将每个元素 K 相同的 V，经过指定 func 进行聚合操作，并将聚合操作的结果返回到一个新生成的类型为键值对(K,V)的 DStream，其中 K 保持不变，V 为表示聚合操作的结果。numTasks 为可选，用于指定该算子处理 DStream 时的并行任务数，默认值与 Spark Streaming 程序的并行任务数有关
join	DStream.join(otherStream,[numTasks])	对两个类型为键值对(K,V1)和(K,V2)的 DStream 进行关联，关联条件为每个元素 K 相同的 V 进行合并，并将关联操作的结果返回到一个新生成的类型为键值对(K,(V1,V2))的 DStream
cogroup	DStream.cogroup(otherStream,[numTasks])	与 join 算子作用相似，将每个元素 K 相同的 V 进行合并，得到一个新生成的类型为（K,(Seq[V1],Seq[V2])）的 DStream。Seq 表示序列，常见的表现形式为（K,(CompactBuffer(V1),CompactBuffer(V2))）

续表

算　　子	语 法 格 式	相 关 说 明
transform	DStream.transform(func)	允许直接操作 DStream 内部的 RDD,将 RDD 经过 func 处理生成新的 RDD,新的 RDD 会返回到一个新生成的 DStream
updateStateByKey	DStream.updateStateByKey(func)	该算子是一个有状态算子,通过对 DStream 中元素的键的先前状态和键的新值应用给定函数 func 来更新每一个键的状态

在表 7-1 中,除 updateStateByKey 算子之外,每个算子都是对当前 DStream 内的元素进行处理,这些算子称为无状态算子。因为 Spark Streaming 程序每间隔指定时间间隔便会将数据流划分为批数据,即 DStream,所以每个 DStream 内的元素会随着时间的变化而变化,无状态算子无法对数据流的整体进行处理。而有状态算子,如 updateStateByKey 算子,可以将 DStream 处理的中间结果保存为状态,并基于状态处理新的 DStream。

接下来,通过表 7-1 中的部分算子演示如何对 DStream 进行处理,具体内容如下。

1. map 算子

使用 map 算子对 DStream 进行处理,将 DStream 中的每个元素数据类型转换为 Int 类型之后乘以 2。在项目 Spark_Project 的 cn.itcast.sparkstreaming 包中创建名为 TransformationDemo 的 Scala 文件,在该文件中编写 Spark Streaming 程序,实现转换操作,具体代码如文件 7-3 所示。

文件 7-3　TransformationDemo.scala

```
1  import org.apache.spark._
2  import org.apache.spark.streaming._
3  object TransformationDemo {
4    def main(args: Array[String]): Unit = {
5      val conf = new SparkConf()
6        .setAppName("TransformationDemo")
7        .setMaster("local[*]")
8      val streamingContext =
9        new StreamingContext(conf, Seconds(10))
10     streamingContext.sparkContext.setLogLevel("ERROR")
11     val words =
12       streamingContext
13         .socketTextStream("192.168.88.161",9999)
14     val mapDstream = words.map(line => {
15       val result = line.toInt * 2
16       result
17     })
18     mapDstream.print()
19     streamingContext.start()
20     streamingContext.awaitTermination()
21   }
22 }
```

在文件 7-3 中,第 10 行代码将 Spark Streaming 程序的日志级别调整为 ERROR,避免出现大量 INFO 级别的日志影响处理结果的查看。

第 14~17 行代码使用 map 算子对名为 words 的 DStream 进行处理,并生成名为 mapDstream 的 DStream,这里指定 map 算子处理 words 中每个元素的逻辑为,将每个元素的数据类型转换为 Int 类型之后乘以 2。

首先在虚拟机 Hadoop1 通过 9999 端口启动 Socket 服务,然后运行文件 7-3 实现的 Spark Streaming 程序与 Socket 服务进行连接,最后在 Socket 服务输入下列内容发送多条数据。

```
10
20
30
40
50
```

上述内容输入完成后,查看文件 7-3 的运行结果,如图 7-9 所示。

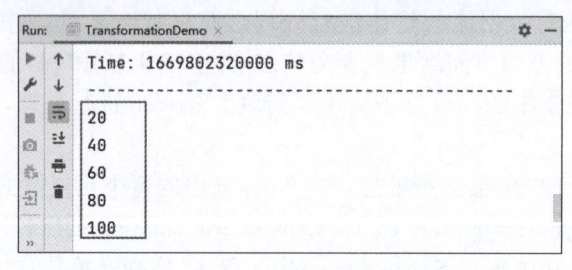

图 7-9 文件 7-3 的运行结果(1)

从图 7-9 可以看出,输出结果为 Socket 服务发送的每条数据乘以 2,因此说明成功使用 map 算子对 DStream 进行处理。为了便于后续在文件 7-3 实现的 Spark Streaming 程序中使用其他算子对 DStream 进行处理,这里暂时关闭文件 7-3 实现的 Spark Streaming 程序。

2. flatMap 算子

使用 flatMap 算子对 DStream 进行处理,将 DStream 中的每个元素通过分隔符(空格)拆分为多个元素。将文件 7-3 中第 14~18 行代码修改为如下内容。

```
1  val flatmapDstream =
2    words.flatMap(line => line.split(" "))
3  flatmapDstream.print()
```

上述代码中,第 1、2 行代码使用 flatMap 算子对名为 words 的 DStream 进行处理,并生成名为 flatmapDstream 的 DStream,指定 flatMap 算子处理 words 中每个元素的逻辑为,通过分隔符(空格)将 DStream 的每个元素拆分为多个元素。

再次运行文件 7-3,然后在端口号为 9999 的 Socket 服务发送 1 条数据 I am learning Spark Streaming now,查看文件 7-3 的运行结果,如图 7-10 所示。

从图 7-10 可以看出,输出结果为 Socket 服务发送的数据通过分隔符(空格)拆分成多条数据,因此说明成功使用 flatMap 算子对 DStream 进行处理。

3. filter 算子

使用 filter 算子对 DStream 进行处理,返回 DStream 中大于 30 的元素。将文件 7-3 中第 14~18 行代码修改为如下内容。

```
1  val filterDstream =
2    words.filter(line => line.toInt > 30)
3  filterDstream.print()
```

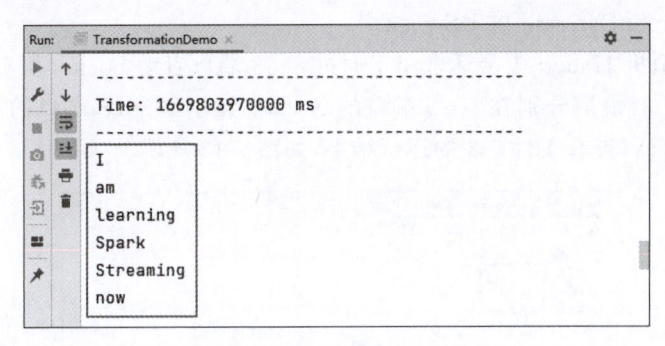

图 7-10 文件 7-3 的运行结果(2)

上述代码中,第 1、2 行代码使用 filter 算子对名为 words 的 DStream 进行处理,并生成名为 filterDstream 的 DStream,指定 filter 算子处理 words 中每个元素的逻辑为,将每个元素的数据类型转换为 Int 类型之后判断是否大于 30。

再次运行文件 7-3,然后在 Socket 服务发送下列多条数据。

```
10
20
30
40
50
60
```

上述内容发送完成后,查看文件 7-3 的运行结果,如图 7-11 所示。

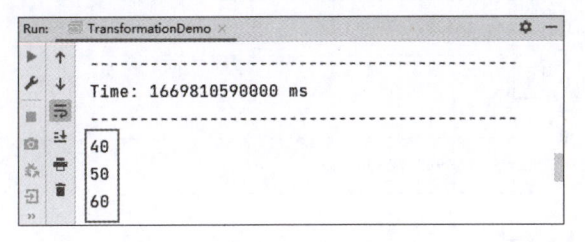

图 7-11 文件 7-3 的运行结果(3)

从图 7-11 可以看出,输出结果为 Socket 服务发送的所有数据中大于 30 的数据,因此说明成功使用 filter 算子对 DStream 进行处理。

4. union 算子

使用 union 算子对 DStream 进行处理,将两个 DStream 的元素进行合并。将文件 7-3 中第 14～18 行代码修改为如下内容。

```
1  val words2 = streamingContext
2      .socketTextStream("192.168.88.161",8888)
3  val unionDstream = words.union(words2)
4  unionDstream.print()
```

上述代码中,第 3 行代码使用 union 算子将名为 words 和 words2 的 DStream 进行合并,并生成名为 unionDstream 的 DStream。

首先克隆虚拟机 Hadoop1 会话框用于通过 8888 端口启动 Socket 服务,然后在 IntelliJ IDEA 运行文件 7-3,最后分别在 9999 端口的 Socket 服务和 8888 端口的 Socket 服务发送数据 Hello 和 Spark,查看文件 7-3 的运行结果,如图 7-12 所示。

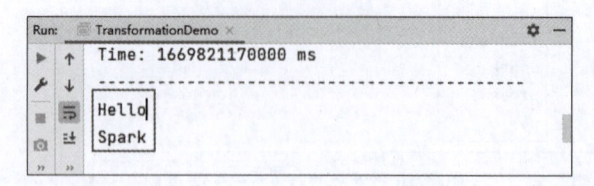

图 7-12 文件 7-3 的运行结果(4)

从图 7-12 可以看出,输出结果为两个 Socket 服务发送的所有数据,因此说明成功使用 union 算子对 DStream 进行处理。

5. count 算子

使用 count 算子对 DStream 进行处理,统计 DStream 中每个 RDD 的元素数量。将文件 7-3 中第 14～18 行代码修改为如下内容。

```
1   val countDstream = words.count()
2   countDstream.print()
```

上述代码中,第 1 行代码使用 count 算子统计名为 words 的 DStream 中每个 RDD 内元素的数量,并生成名为 countDstream 的 DStream。

再次运行文件 7-3,然后在端口号为 9999 的 Socket 服务先任意发送 4 条数据,间隔 10 秒之后再任意发送 3 条数据,查看文件 7-3 的运行结果,如图 7-13 所示。

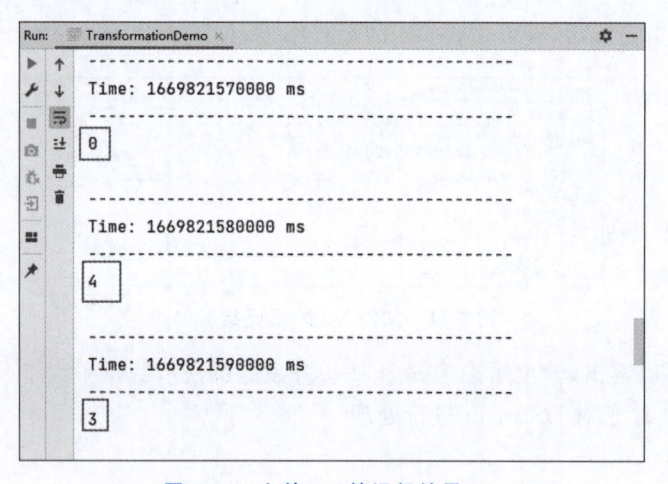

图 7-13 文件 7-3 的运行结果(5)

从图 7-13 可以看出,输出结果为每次发送数据的数量,随着 Spark Streaming 程序指定的时间间隔的变化,DStream 中每个 RDD 内元素的数量也会变化,即当 Spark Streaming 程序运行时,Socket 服务未发送数据,DStream 中 RDD 内元素的数量为 0,当 Socket 服务发送 4 条数据后,DStream 中 RDD 内元素的数量为 4,当间隔 10 秒之后,Socket 服务再发送 3 条数据时,DStream 中 RDD 内元素发生了变化,此时 RDD 内元素的数量为 3,因此说明成功使用 count 算子对 DStream 进行处理。

6. reduce 算子

使用 reduce 算子对 DStream 进行处理，对 DStream 内的元素进行相加的聚合操作。将文件 7-3 中第 14~18 行代码修改为如下内容。

```
1  val reduceDstream = words.reduce((line1,line2) =>
2    (line1.toInt+line2.toInt).toString)
3  reduceDstream.print()
```

上述代码中，第 1、2 行代码使用 reduce 算子对名为 words 的 DStream 中所有元素进行相加的聚合操作，并生成名为 reduceDstream 的 DStream。

再次运行文件 7-3，然后在端口号为 9999 的 Socket 服务依次发送数据"4,5,6,7"，查看文件 7-3 的运行结果，如图 7-14 所示。

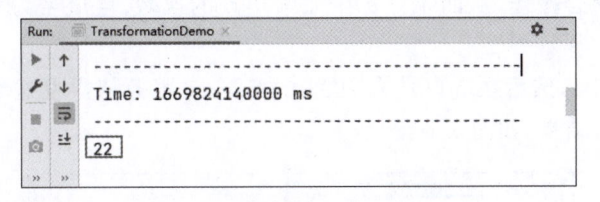

图 7-14　文件 7-3 的运行结果（6）

从图 7-14 可以看出，输出结果为 Socket 服务发送的数据的聚合操作结果，即 4＋5＋6＋7 等于 22，因此说明成功使用 reduce 算子对 DStream 进行处理。

7. countByValue 算子

使用 countByValue 算子对 DStream 进行处理，统计 DStream 内每个元素出现的次数。将文件 7-3 中第 14~18 行代码修改为如下内容。

```
1  val countByValueDstream = words.countByValue()
2  countByValueDstream.print()
```

上述代码中，第 1 行代码使用 countByValue 算子统计名为 words 的 DStream 中每个元素出现的次数，并生成名为 countByValueDstream 的 DStream。

再次运行文件 7-3，然后在端口号为 9999 的 Socket 服务依次发送数据"a,b,b,c,a"，查看文件 7-3 的运行结果，如图 7-15 所示。

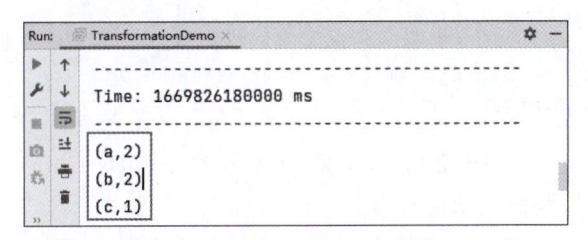

图 7-15　文件 7-3 的运行结果（7）

从图 7-15 可以看出，输出结果为 Socket 服务发送的每条数据的出现次数，如 a 出现了 2 次，b 出现了 2 次，c 出现了 1 次，因此说明成功使用 countByValue 算子对 DStream 进行处理。

8. reduceByKey 算子

使用 reduceByKey 算子对 DStream 进行处理，统计 DStream 内每个元素出现的次数。将文件 7-3 中第 14～18 行代码修改为如下内容。

```
1  val mapDstream = words.map(line => (line,1))
2  val reduceByKeyDstream =
3    mapDstream.reduceByKey((pre,after) => (pre+after))
4  reduceByKeyDstream.print()
```

上述代码中，第 1 行代码使用 map 算子对名为 words 的 DStream 进行处理，将每个元素转换为键值对的形式，其中键为元素，值为数字 1，其目的是便于后续使用 reduceByKey 算子统计每个元素出现的次数，生成名为 mapDstream 的 DStream。

第 2、3 行代码，使用 reduceByKey 算子对名为 mapDstream 的 DStream 进行处理，对相同键的值进行相加的聚合操作，从而统计每个元素出现的次数，生成名为 reduceByKeyDstream 的 DStream。

再次运行文件 7-3，然后在端口号为 9999 的 Socket 服务依次发送数据"f,g,f,h,g,f"，查看文件 7-3 的运行结果，如图 7-16 所示。

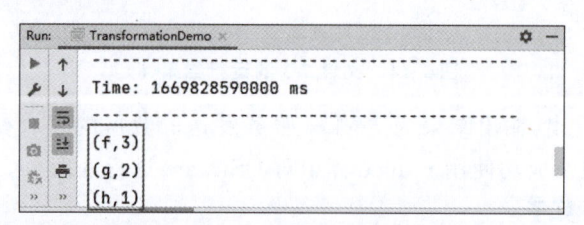

图 7-16　文件 7-3 的运行结果（8）

从图 7-16 可以看出，输出结果为 mapDstream 中每个元素相同键的值相加结果，因此说明成功使用 reduceByKey 算子对 DStream 进行了处理。

9. join 算子

使用 join 算子对 DStream 进行处理，将两个 DStream 内每个元素键相同的值进行合并。将文件 7-3 中第 14～18 行代码修改为如下内容。

```
1  val words2 = streamingContext
2    .socketTextStream("192.168.88.161",8888)
3  val mapDstream1 = words.map(line => (line,1))
4  val mapDstream2 = words2.map(line => (line,1))
5  val joinDstream = mapDstream1.join(mapDstream2)
6  joinDstream.print()
```

上述代码中，第 5 行代码使用 join 算子将名为 mapDstream1 和 mapDstream2 的 DStream 内每个元素键相同的值进行合并。

再次运行文件 7-3，然后在端口号为 9999 和 8888 的 Socket 服务分别发送 1 条数据 a，查看文件 7-3 的运行结果，如图 7-17 所示。

从图 7-17 可以看出，输出结果为名为 mapDstream1 和 mapDstream2 的 DStream 中每个元素键相同的值进行合并的结果，因此说明成功使用 join 算子对 DStream 进行了处理。

由于 cogroup 算子与 join 算子相似，在使用时只需将 join 算子更改为 cogroup 算子即

```
Run:    TransformationDemo
-----------------------------------------
Time: 1669830160000 ms
-----------------------------------------
(a,(1,1))
```

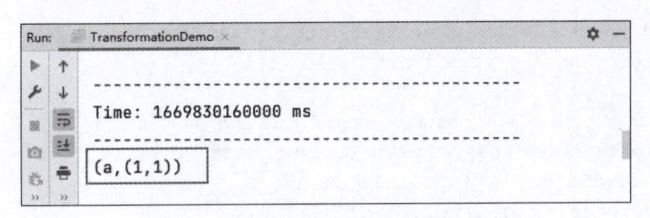

图 7-17　文件 7-3 的运行结果(9)

可,最终在 IntelliJ IDEA 的控制台输出结果为(a,(CompactBuffer(1),CompactBuffer(1)))。

10. transform 算子

使用 transform 算子对 DStream 进行处理,对 DStream 内的每个 RDD 进行处理,将 RDD 内每个元素通过分隔符(空格)拆分为多个元素。将文件 7-3 中第 14~18 行代码修改为如下内容。

```
1  val transformDstream =
2    words.transform(rdd => rdd.flatMap(_.split(" ")))
3  transformDstream.print()
```

上述代码中,第 1、2 行代码使用 transform 算子对名为 transformDstream 的 DStream 进行处理,然后使用 flatMap 算子对 DStream 内每个 RDD 进行处理,将每个 RDD 中的元素通过分隔符(空格)拆分为多个元素。

再次运行文件 7-3,然后在端口号为 9999 的 Socket 服务发送数据 I am learning Spark Streaming now,查看文件 7-3 的运行结果,如图 7-18 所示。

```
Run:    TransformationDemo
-----------------------------------------
Time: 1669833930000 ms
-----------------------------------------
I
am
learning
Spark
Streaming
now
```

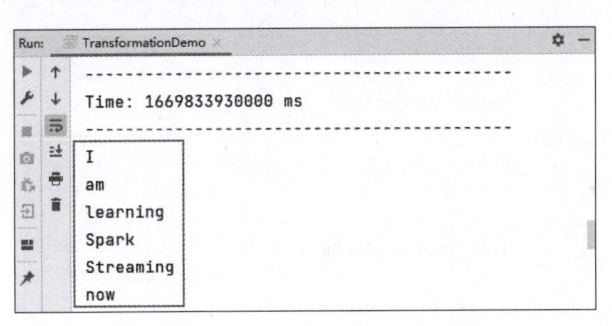

图 7-18　文件 7-3 的运行结果(10)

从图 7-18 可以看出,输出结果为 Socket 服务发送的数据被分隔符(空格)拆分成多条数据,因此说明成功使用 transform 算子对 DStream 进行了处理。

11. updateStateByKey 算子

使用 updateStateByKey 算子对 DStream 进行处理,统计元素出现的次数。将文件 7-3 中第 14~18 行代码修改为如下内容。

```
1  streamingContext.checkpoint("D:\\Data\\SparkData")
2  def updateFunction(
3        newValues: Seq[Int],
4        runningCount: Option[Int]) = {
5    val newCount = newValues.sum
```

```
6          val previousCount = runningCount.getOrElse(0)
7          Some(newCount + previousCount)
8      }
9      val mapDstream = words.map(line => (line,1))
10     val updateStateByKeyDstream = mapDstream
11       .updateStateByKey(updateFunction _)
12       .persist(StorageLevel.MEMORY_ONLY)
13     updateStateByKeyDstream.print()
```

上述代码中，第 1 行代码用于指定检查点目录，使用有状态算子对 DStream 进行处理时必须指定检查点目录，其目的是定期保存 DStream 中的每个 RDD，从而为 Spark Streaming 程序提供容错机制，确保 Spark Streaming 程序运行失败时可以通过检查点目录恢复运行。

第 2～8 行代码用于定义状态更新函数，该函数用于根据当前的状态和数据流中新的数据来更新状态值，其中变量 previousCount 用于保存当前的状态，newCount 用于保存新的数据，然后通过变量 previousCount 与变量 newCount 相加更新状态值。

第 10～12 行代码使用 updateStateByKey 算子对名为 mapDstream 的 DStream 进行处理，在 mapDstream 中每个元素键的先前状态和新元素键上应用给定函数 updateFunction 来更新每一个元素键的状态，即将每个元素键相同的值进行累加，其中第 12 行代码通过 persist() 方法用于指定状态的缓存级别，这里指定该方法的参数值为 StorageLevel.MEMORY_ONLY，表示以 Java 反序列化对象的方式存在内存中。

再次运行文件 7-3，然后在端口号为 9999 的 Socket 服务发送 4 条数据 B，间隔 10 秒钟之后再次发送 3 条数据 B，查看文件 7-3 的运行结果，如图 7-19 所示。

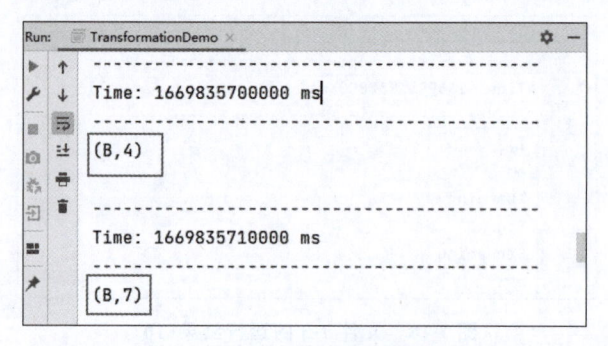

图 7-19　文件 7-3 的运行结果(11)

从图 7-19 可以看出，当 Socket 服务发送 4 条数据 B 时，统计 B 出现的次数为 4，不过当间隔 10 秒之后，再次通过 Socket 服务发送 3 条数据 B 时，会在之前统计 B 出现次数的基础上进行统计，此时 B 出现的次数为 7，因此说明成功使用 updateStateByKey 算子对 DStream 进行了处理。

提示：若读者希望 Spark 程序可以通过检查点恢复运行，可参考配套资源中的 TransformationDemo1.scala 文件。

7.5.3　输出操作

在 Spark Streaming 程序中，输出操作会真正触发 DStream 的转换操作的执行，然后经过输出操作将转换后的 DStream 的元素进行输出，如输出到控制台、文件系统、数据库等，这一点与 Spark 程序中的行动算子相似。下面通过表 7-2 来列举 Spark Streaming API 提供的与输出操作相关的算子。

表 7-2　Spark Streaming API 提供的与输出操作相关的算子

算　子	语　法　格　式	相　关　说　明
print	DStream.print()	将 DStream 的元素进行输出
saveAsTextFiles	DStream.saveAsTextFiles(prefix, [suffix])	将 DStream 的元素保存到文本文件，每个批数据会存储在不同的文件中，文件的命名规则为 prefix-TIME_IN_MS[.suffix]，其中 prefix 为用户定义的文件前缀，以及文件存储的目录，该目录无须手动创建，TIME_IN_MS 为当前批处理的起始时间戳，suffix（可选）为用户定义的文件后缀
saveAsObjectFiles	DStream.saveAsObjectFiles(prefix, [suffix])	将 DStream 的元素以 Java 序列化对象的形式保存到序列化文件，文件的命名规则与 saveAsTextFiles 算子一致
saveAsHadoopFiles	DStream.saveAsHadoopFiles(prefix, [suffix])	将 DStream 的元素以 Hadoop 文件的形式保存到 HDFS，文件的命名规则与 saveAsTextFiles 算子一致
foreachRDD	DStream.foreachRDD(func)	通过 func（函数）将 DStream 中每个 RDD 的元素保存到外部存储系统，如文件系统、数据库等

接下来，对表 7-2 中 saveAsTextFiles 算子和 foreachRDD 算子的使用进行演示，具体内容如下。

1. saveAsTextFiles 算子

使用 saveAsTextFiles 算子演示将 DStream 的元素保存到 HDFS 的 /sparkstreaming/output 目录，并将每个批数据单独保存为一个文件，其中文件的前缀为 staff，文件的后缀为 txt。在项目 Spark_Project 的包 cn.itcast.sparkstreaming 创建名为 OutputHDFS 的 Scala 文件，该文件用于编写 Spark Streaming 程序，实现将 DStream 的元素保存到 HDFS 的 /sparkstreaming/output 目录，具体代码如文件 7-4 所示。

文件 7-4　OutputHDFS.scala

```
1   import org.apache.spark._
2   import org.apache.spark.streaming._
3   object OutputHDFS {
4     def main(args: Array[String]): Unit = {
5       //指定以用户 root 向 HDFS 写入文件
6       System.setProperty("HADOOP_USER_NAME", "root")
7       val conf = new SparkConf()
8         .setAppName("OutputHDFS")
9         .setMaster("local[*]")
10      val streamingContext =
11        new StreamingContext(conf, Seconds(10))
12      streamingContext.sparkContext.setLogLevel("ERROR")
```

```
13      val words = streamingContext
14        .socketTextStream("192.168.88.161",9999)
15      words.saveAsTextFiles(
16        "hdfs://192.168.88.161:9000/sparkstreaming/output/staff"
17        ,"txt")
18      streamingContext.start()
19      streamingContext.awaitTermination()
20    }
21  }
```

在文件 7-4 中，第 15～17 行代码使用 saveAsTextFiles 算子，将名为 words 的 DStream 中的元素保存到 HDFS 的/sparkstreaming/output 目录下的文件中，指定文件的前缀为 staff，指定文件的后缀为 txt。

首先在虚拟机 Hadoop1 通过 9999 端口启动 Socket 服务，然后确保 Hadoop 集群处于启动状态下，在 IntelliJ IDEA 运行文件 7-4，最后通过本地浏览器访问 HDFS Web UI，并且查看/sparkstreaming/output 目录中的内容，如图 7-20 所示。

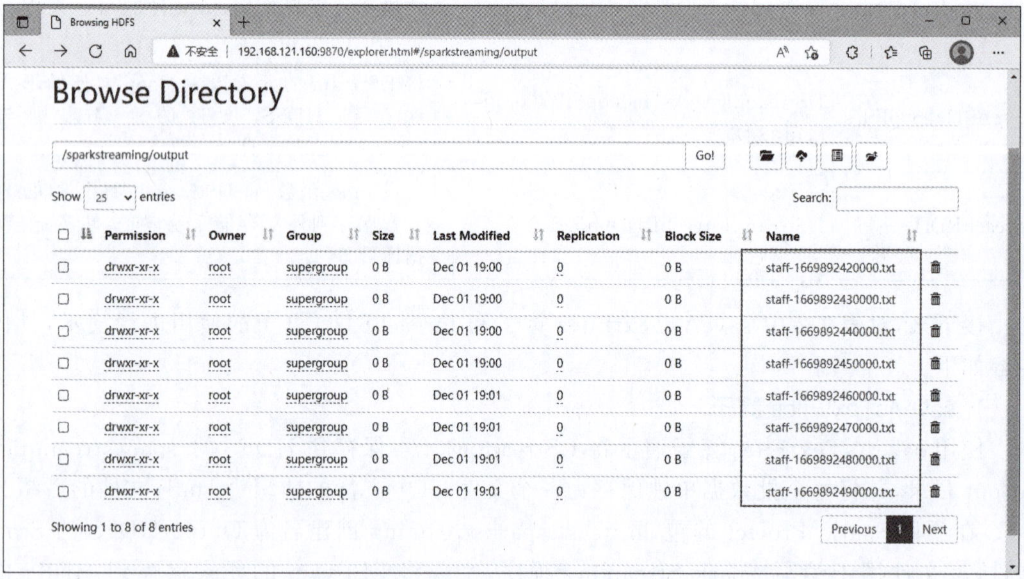

图 7-20 查看/sparkstreaming/output 目录中的内容

从图 7-20 可以看出，在 HDFS 的/sparkstreaming/output 目录中生成了多个前缀为 staff 以及后缀为 txt 的文件，因此说明成功使用 saveAsTextFiles 算子将 DStream 的元素保存到 HDFS 的文件中。需要注意的是，即使 DStream 中没有元素也会在指定目录中生成空文件。

2. foreachRDD 算子

使用 foreachRDD 算子将 DStream 的元素保存到 MySQL 的数据表 user。在演示 foreachRDD 算子操作之前，需要在 Spark_Project 项目中添加 MySQL 依赖，并且在 MySQL 中创建指定的数据库和数据表，具体步骤如下。

(1) 在 Spark_Project 项目的依赖文件 pom.xml 中添加 MySQL 依赖，以便 Spark Streaming 程序能够正确连接 MySQL，具体内容如下。

```xml
<dependency>
  <groupId>mysql</groupId>
  <artifactId>mysql-connector-java</artifactId>
  <version>8.0.31</version>
</dependency>
```

（2）在虚拟机 Hadoop1 登录 MySQL，在 MySQL 中创建数据库 spark，并且在数据库 spark 中创建数据表 user，具体命令如下。

```
#创建数据库 spark
> create database spark;
#在数据库 spark 中创建数据表 user
> create table spark.user(name varchar(30),age int);
```

从上述命令可以看出，数据表 user 包含 name 和 age 两个字段，这两个字段的数据类型分别是 varchar(30) 和 int。

下面在 Spark_Project 项目的包 cn.itcast.sparkstreaming 中创建名为 OutputDatabase 的 Scala 文件，该文件用于编写 Spark Streaming 程序，实现将 DStream 的元素保存到 MySQL 的数据表 user，具体代码如文件 7-5 所示。

文件 7-5　OutputDatabase.scala

```
1  import org.apache.spark.SparkConf
2  import org.apache.spark.streaming.{Seconds, StreamingContext}
3  import java.sql.DriverManager
4  object OutputDatabase {
5    def main(args: Array[String]): Unit = {
6      val conf = new SparkConf()
7        .setAppName("OutputDatabase")
8        .setMaster("local[*]")
9      val streamingContext =
10        new StreamingContext(conf, Seconds(10))
11     streamingContext.sparkContext.setLogLevel("ERROR")
12     val words = streamingContext
13       .socketTextStream("192.168.88.161",9999)
14     //获取 DStream 中的第 1 个元素和第 2 个元素，将其组合成键值对的形式返回
15     val mapDstream = words.map(line => (
16         line.split(",")(0),
17         line.split(",")(1)))
18     //将 DStream 的元素保存到 MySQL 的数据表 user
19     mapDstream.foreachRDD(rdd => {
20       rdd.foreachPartition(partitionOfRecords => {
21         //指定 MySQL 的 URL
22 val url = "jdbc:mysql://hadoop1:3306/spark?allowPublicKeyRetrieval=true";
23         //指定 MySQL 的用户名
24         val user = "itcast"
25         //指定 MySQL 的密码
26         val password = "Itcast@2023"
27         //指定连接 MySQL 的 JDBC 驱动程序类
28         Class.forName("com.mysql.cj.jdbc.Driver")
29         //创建 Connection 对象，与 MySQL 建立连接
30         val conn = DriverManager.getConnection(url,user,password)
31         partitionOfRecords.foreach(record => {
```

```
32              //向数据表 user 插入数据的 SQL 语句
33     val sql="insert into user(name,age) values('"+record._1+"','"+record._2+"')"
34              //执行 SQL 语句
35              conn.createStatement().execute(sql)
36          })
37          //关闭 Connection 对象,释放占用的资源
38          conn.close()
39      })
40   })
41   streamingContext.start()
42   streamingContext.awaitTermination()
43   }
44 }
```

在文件 7-5 中,第 19~40 代码使用 foreachRDD 算子,将名为 mapDstream 的 DStream 中的元素保存到 MySQL 的数据表 user 中。由于向 MySQL 写入数据时,每条数据都会执行一次写入操作,这样会出现频繁与 MySQL 建立连接,导致资源开销过高。为了避免这种情况,这里使用 foreachPartition 算子进行分区实现将同一分区中的数据一次性地写入 MySQL 中。

首先在 IntelliJ IDEA 运行文件 7-5,然后在通过 9999 端口启动的 Socket 服务中发送如下数据。

```
xiaohong,22
xiaofang,23
```

上述内容发送完成后,在 MySQL 中执行"select * from spark.user;"命令查询数据库 spark 中数据表 user 的数据,如图 7-21 所示。

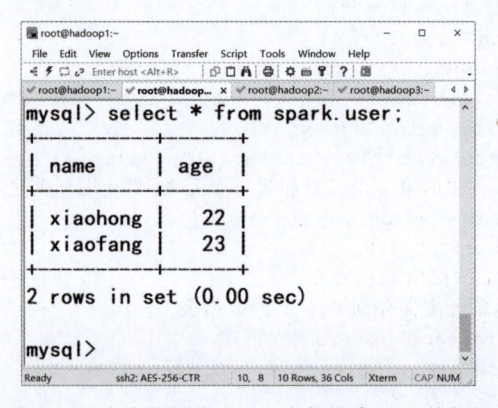

图 7-21 查询数据库 spark 中数据表 user 的数据

从图 7-21 可以看出,通过 Socket 服务发送的数据成功插入数据表 user,因此说明成功使用 foreachRDD 算子将 DStream 的元素保存到 MySQL 的数据表 user。

7.5.4 窗口操作

实时数据流的特点是数据无休止地产生,使用 Spark Steaming 对无界数据流进行处理时,要么使用无状态算子对数据流当前分割的批数据进行处理,要么使用有状态算子对数据流的整体数据进行处理,如果想对实时数据流中某一时间段的数据进行处理,该如何操作

呢？Spark Streaming 提供了一种特殊的有状态算子可以对某一时间段的数据流进行处理，如对过去 1 小时内的数据流进行处理，这个特殊的有状态算子就是窗口算子。

Spark Streaming API 提供了窗口算子用于对 DStream 进行窗口操作。这种操作可以在特定的时间段内汇总多个 DStream 中的 RDD，并将其处理为一个窗口化的 DStream，每个窗口化的 DStream 可以被视为一个独立的窗口。窗口化的 DStream 是 Spark Streaming 中的一种特殊类型的 DStream，它是通过对初始 DStream 中的数据进行窗口操作而创建的，用于维护一个有序的、有状态的数据处理窗口，使得用户能够在这个窗口内执行各种操作。

Spark Streaming 的窗口操作涉及窗口长度（window length）和滑动间隔（sliding interval）两个参数，具体介绍如下。

（1）窗口长度是指窗口的持续时间，如窗口长度为 1 分钟，那么会将过去 1 分钟内的多个 DStream 汇总到 Windowed DStream。

（2）滑动间隔是指窗口操作的时间间隔，如时间间隔为 10 秒并且窗口长度为 1 分钟，那么每间隔 10 秒钟，便会将过去 1 分钟内的多个 DStream 汇总到 Windowed DStream，这意味着每个相邻的 Windowed DStream 都包含 50 秒重复的 DStream。

需要注意的是，窗口长度和滑动间隔必须是将数据流划分为批数据的时间间隔的整数倍，并且窗口长度也必须是滑动间隔的整数倍。接下来，以窗口长度为 3 个时间单位，滑动间隔为 1 个时间单位介绍窗口操作，如图 7-22 所示。

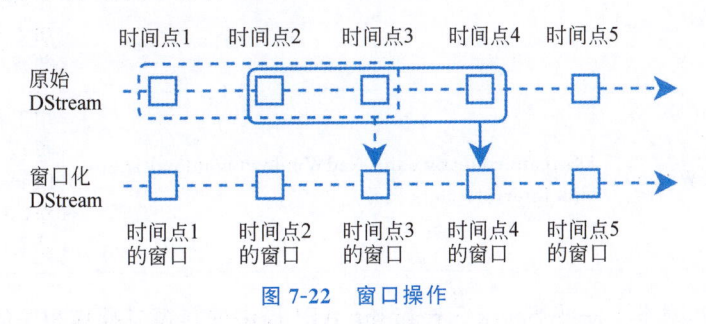

图 7-22 窗口操作

从图 7-22 可以看出，每经过 1 个时间点（滑动间隔）便会进行一次窗口操作，将过去 3 个时间点（包括当前时间点）的原始 DStream 汇总到一个窗口化 DStream。例如，在时间点 3，窗口操作会生成一个窗口化 DStream（时间点 3 的窗口），该窗口包含时间点 1、时间点 2 和时间点 3 的原始 DStream。如果过去的时间点不足 3 个，那么窗口操作生成的窗口化 DStream 只会包含当前时间点以及之前所有可用时间点的原始 DStream。

Spark Streaming API 为用户提供了多种窗口算子进行窗口操作。下面通过表 7-3 来列举 Spark Streaming API 提供的与窗口操作相关的窗口算子。

表 7-3　Spark Streaming API 提供的与窗口操作相关的窗口算子

窗口算子	语法格式	相关说明
window	DStream.window(windowLength, slideInterval)	用于根据指定的窗口长度（windowLength）和滑动间隔（slideInterval）对 DStream 执行窗口操作

续表

窗口算子	语法格式	相关说明
countByWindow	DStream.countByWindow(windowLength,slideInterval)	用于根据指定的窗口长度和滑动间隔对DStream执行窗口操作,并统计每个窗口内元素的数量
reduceByWindow	DStream.reduceByWindow(func,windowLength,slideInterval)	用于根据指定的窗口长度和滑动间隔对DStream执行窗口操作,并将窗口内的元素应用于func(函数)进行聚合操作
reduceByKeyAndWindow	DStream.reduceByKeyAndWindow(func,windowLength,slideInterval,[numTasks])	用于根据指定的窗口长度和滑动间隔对键值对类型的DStream执行窗口操作,并将窗口内的键相同元素的值应用于func(函数)进行聚合操作,numTasks为可选,用于指定窗口算子的并行任务数
countByValueAndWindow	DStream.countByValueAndWindow(windowLength,slideInterval,[numTasks])	用于根据指定的窗口长度和滑动间隔对DStream执行窗口操作,并统计窗口内每个元素出现的次数

在表7-3中,列举了一些Spark Streaming API提供的与窗口操作相关的窗口算子。下面主要对常用窗口算子window和reduceByKeyAndWindow的使用进行详细讲解。

1. window算子

使用窗口算子window执行窗口操作,分别指定窗口长度和滑动间隔为3秒和1秒,即每经过1秒,便把过去3秒内的DStream汇总到一个窗口。在Spark_Project项目的包cn.itcast.sparkstreaming中创建名为WindowDemo的Scala文件,该文件用于编写Spark Streaming程序,实现窗口操作,具体代码如文件7-6所示。

文件7-6 WindowDemo.scala

```
1  import org.apache.spark.SparkConf
2  import org.apache.spark.streaming.{Seconds, StreamingContext}
3  object WindowDemo {
4    def main(args: Array[String]): Unit = {
5      val conf = new SparkConf()
6        .setAppName("WindowDemo")
7        .setMaster("local[*]")
8      val streamingContext =
```

```
 9         new StreamingContext(conf, Seconds(1))
10       streamingContext.sparkContext.setLogLevel("ERROR")
11       val words = streamingContext
12         .socketTextStream("192.168.88.161",9999)
13       val windowDstream = words.window(Seconds(3),Seconds(1))
14       windowDstream.print()
15       streamingContext.start()
16       streamingContext.awaitTermination()
17     }
18 }
```

在文件 7-6 中，第 13 行代码使用窗口算子 window 对名为 words 的 DStream 进行窗口操作，分别指定窗口长度和滑动间隔为 3 秒和 1 秒。

首先在虚拟机 Hadoop1 通过 9999 端口启动 Socket 服务，然后在 IntelliJ IDEA 运行文件 7-6，最后为了便于查看窗口算子 window 的运行结果，每秒在 Socket 服务依次发送"1,2,3,4,5"这 5 个数据，文件 7-6 的运行结果如图 7-23 所示。

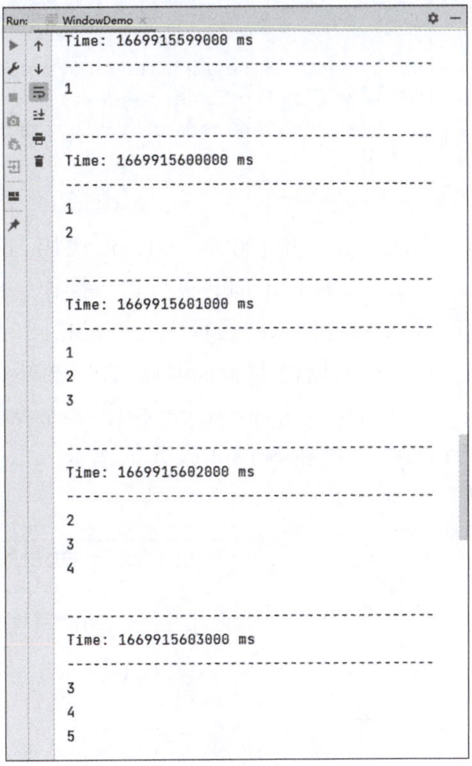

从图 7-23 可以看出，当第 1 秒输入数字 1 时，此时窗口中过去 3 秒的数据只有数字 1。当第 2 秒输入数字 2 时，此时窗口中过去 3 秒的数据有数字 1 和 2。当第 3 秒输入数字 3 时，此时窗口中过去 3 秒的数据有数字 1、2 和 3。当第 4 秒输入数字 4 时，此时窗口中过去 3 秒的数据有数字 2、3 和 4。当第 5 秒输入数字 5 时，此时窗口中过去 3 秒的数据有数字 3、4 和 5。

图 7-23 文件 7-6 的运行结果

2. reduceByKeyAndWindow 算子

使用窗口算子 reduceByKeyAndWindow 执行窗口操作，分别指定窗口长度和滑动间隔为 3 秒和 1 秒，即每经过 1 秒，便把过去 3 秒内的 DStream 汇总到一个窗口，并且将窗口中键相同元素的值应用于 func 进行累加的聚合操作。在项目 Spark_Project 的包 cn.itcast.sparkstreaming 中创建名为 reduceByKeyAndWindowDemo 的 Scala 文件，该文件用于编写 Spark Streaming 程序，实现窗口操作，具体代码如文件 7-7 所示。

文件 7-7   reduceByKeyAndWindowDemo.scala

```
1  import org.apache.spark.SparkConf
2  import org.apache.spark.streaming.{Seconds, StreamingContext}
3  object reduceByKeyAndWindowDemo {
4    def main(args: Array[String]): Unit = {
```

```
5     val conf = new SparkConf()
6       .setAppName("reduceByKeyAndWindowDemo")
7       .setMaster("local[*]")
8     val streamingContext =
9       new StreamingContext(conf, Seconds(1))
10    streamingContext.sparkContext.setLogLevel("ERROR")
11    val words = streamingContext
12      .socketTextStream("192.168.88.161",9999)
13    val mapDstream = words.map(line => (line,1))
14    val reduceByKeyAndWindowDstream =
15      mapDstream.reduceByKeyAndWindow(
16        (a:Int, b:Int) => (a+b),Seconds(3),Seconds(1)
17      )
18    reduceByKeyAndWindowDstream.print()
19    streamingContext.start()
20    streamingContext.awaitTermination()
21  }
22 }
```

在文件 7-7 中，第 14~17 行代码，使用窗口算子 reduceByKeyAndWindow 对名为 mapDstream 的 DStream 进行窗口操作，分别指定窗口长度和滑动间隔为 3 秒和 1 秒，并且指定 func 聚合操作的逻辑为元素键相同的值进行相加。

首先在虚拟机 Hadoop1 通过 9999 端口启动 Socket 服务，然后在 IntelliJ IDEA 运行文件 7-7 实现的 Spark Streaming 程序，最后为了便于查看窗口算子 reduceByKeyAndWindow 的运行结果，每秒在 Socket 服务依次输入"a,b,a,b,c"这 5 个数据，文件 7-7 的运行结果如图 7-24 所示。

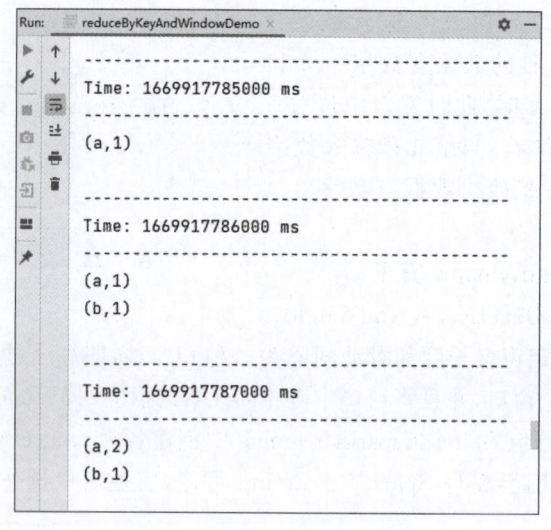

图 7-24　文件 7-7 的运行结果

从图 7-24 可以看出，当第 1 秒输入 a 时，此时窗口中过去 3 秒的数据只有(a,1)。当第 2 秒输入 b 时，此时窗口中过去 3 秒的数据有(a,1)和(b,1)。当第 3 秒输入 a 时，此时窗口中过去 3 秒的数据有(a,1)、(b,1)和(a,1)，由于出现了两次键值对相同的数据(a,1)，所以键相同的值进行累加的聚合操作后的结果为(a,2)。

7.5.5 案例——电商网站实时热门品类统计

本节通过一个电商网站实时热门品类统计案例,详细讲解 Spark Streaming API 的综合应用。

本案例的需求为每经过 10 秒便统计过去 30 秒内销售额排名前 3 的品类,其中品类是指商品的类型,并将统计结果保存到 MySQL 的表中,具体实现步骤如下。

1. 创建数据表

在虚拟机 Hadoop1 登录 MySQL,在 MySQL 中创建数据表 commodity,具体命令如下。

```
mysql> create table spark.commodity (
    -> insert_time varchar(30),
    -> commodity_type varchar(30),
    -> commodity_sales int);
```

从上述命令可以看出,数据表 commodity 包含 3 个字段,分别是 insert_time、commodity_type 和 commodity_sales,其中字段 insert_time 用于记录统计结果的时间,字段 commodity_type 用于记录统计结果中排名前 3 的品类名称,字段 commodity_sales 用于记录统计结果中排名前 3 品类的销售额。

2. 实现 Spark Streaming 程序

在项目 Spark_Project 的包 cn.itcast.sparkstreaming 中创建名为 Case01 的 Scala 文件,该文件用于编写 Spark Streaming 程序,实现电商网站实时热门品类统计,具体代码如文件 7-8 所示。

文件 7-8　Case01.scala

```
1  import org.apache.spark.SparkConf
2  import org.apache.spark.streaming.{Seconds, StreamingContext}
3  import java.sql.DriverManager
4  import java.text.SimpleDateFormat
5  import java.util.Date
6  object Case01 {
7    def main(args: Array[String]): Unit = {
8      val conf = new SparkConf()
9        .setAppName("Case01")
10       .setMaster("local[*]")
11     val streamingContext =
12       new StreamingContext(conf, Seconds(5))
13     streamingContext.sparkContext.setLogLevel("ERROR")
14     val words = streamingContext
15       .socketTextStream("192.168.88.161",9999)
16     //获取 DStream 的第 2 个元素和第 3 个元素,将其组合成键值对的形式返回
17     val mapDStream = words.map(line =>
18       (line.split(",")(1),line.split(",")(2).toInt))
19     //通过窗口操作计算每个品类的销售额
20     val reduceByKeyAndWindowDstream =
21       mapDStream.reduceByKeyAndWindow(
22         (a:Int, b:Int) => (a+b),Seconds(30),Seconds(10)
23     )
24     //获取销售额排名前 3 的品类
```

```
25      val hot = reduceByKeyAndWindowDstream.transform(rdd => {
26        val top3 = rdd.map(record => (record._2,record._1))
27          .sortByKey(false)
28          .map(newRecord => (newRecord._2,newRecord._1))
29          .take(3)
30        streamingContext.sparkContext.makeRDD(top3)
31      })
32      //将销售额排名前3的品类保存到MySQL的数据表commodity中
33      hot.foreachRDD(rdd => {
34        rdd.foreachPartition(partitionOfRecords => {
35          //指定MySQL的URL
36          val url = "jdbc:mysql://hadoop1:3306/spark" +
37            "?allowPublicKeyRetrieval=true";
38          //指定MySQL的用户名
39          val user = "root"
40          //指定MySQL的密码
41          val password = "Itcast@2022"
42          //指定连接MySQL的JDBC驱动程序类
43          Class.forName("com.mysql.cj.jdbc.Driver")
44          //创建Connection对象,与MySQL建立连接
45          val conn = DriverManager.getConnection(url,user,password)
46          partitionOfRecords.foreach(record => {
47            //获取当前系统时间作为向数据表commodity插入数据时的时间
48            val nowTime = new SimpleDateFormat("yyyy-MM-dd HH:mm:ss")
49              .format(new Date)
50            //向数据表commodity插入数据的SQL语句
51            val sql="insert into " +
52              "commodity(insert_time,commodity_type,commodity_sales)" +
53              "values('"+nowTime+"','"+record._1+"','"+record._2+")"
54            //执行SQL语句
55            conn.createStatement().execute(sql)
56          })
57          //关闭Connection对象,释放占用的资源
58          conn.close()
59        })
60      })
61      streamingContext.start()
62      streamingContext.awaitTermination()
63    }
64  }
```

在文件7-8中,第17、18行代码使用map算子将输入的数据流转换成键值对(品类,销售额)形式的DStream。其中品类对应DStream中的第2个元素,销售额对应DStream中的第3个元素。

第20~23行代码使用reduceByKeyAndWindow窗口算子对键值对形式的DStream进行窗口操作,统计每个品类的销售额,这里指定窗口长度和滑动间隔为30秒和10秒,即每经过10秒便统计过去30秒内每个品类的销售额。

第25~31行代码使用transform算子获取销售额排名前3的品类。map算子的作用是将键值对(品类,销售额)形式的RDD转换成键值对(销售额,品类)形式的RDD,便于sortByKey算子根据销售额进行降序排序,然后将排序后的RDD转换成键值对(品类,销售额)形式的RDD,并使用take算子获取前3条数据,即销售额排名前3的品类。其中第30

行代码用于将数组转换为 RDD，这是因为 take 算子获取的前 3 条数据是以数组的形式返回，为了利用 Spark 分布式计算能力，所以将数组转换为 RDD，从而提高程序的处理效率和性能。

第 33~60 行代码使用 foreachRDD 算子将 DStream 中销售额排名前 3 的品类保存到 MySQL 的数据表 commodity。

3. 测试 Spark Streaming 程序

首先在虚拟机 Hadoop1 通过 9999 端口启动 Socket 服务，然后在 IntelliJ IDEA 运行文件 7-8 实现的 Spark Streaming 程序，最后通过 Socket 服务分两次发送文件 data.txt 中的数据，第 1 次发送前 10 条数据，在间隔 10 秒后第 2 次发送剩下的 10 条数据，文件 data.txt 的内容如下。

文件 7-9　data.txt

```
1    001,commodity01,866
2    002,commodity02,798
3    003,commodity01,818
4    004,commodity03,200
5    005,commodity04,836
6    006,commodity02,452
7    007,commodity03,484
8    008,commodity05,630
9    009,commodity06,261
10   010,commodity03,962
11   011,commodity01,657
12   012,commodity04,581
13   013,commodity05,543
14   014,commodity02,325
15   015,commodity03,616
16   016,commodity06,554
17   017,commodity04,836
18   018,commodity02,452
19   019,commodity03,484
20   020,commodity05,630
```

成功使用 Socket 服务发送数据之后，在 MySQL 执行"select * from spark.commodity;"命令查询数据库 spark 中数据表 commodity 的数据，如图 7-25 所示。

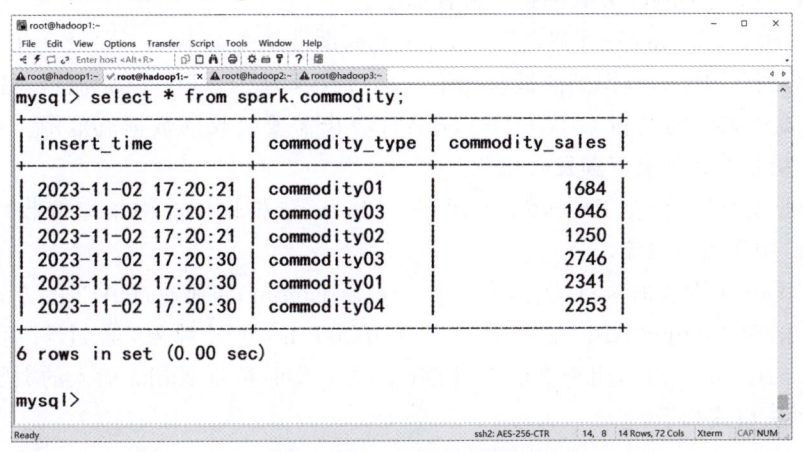

图 7-25　文件 7-8 的运行结果

从图 7-25 可以看出，在时间为 2023-11-02 17：20：21 的时候排名前 3 的品类分别是 commodity01、commodity03 和 commodity02，这 3 个品类的销售额分别为 1684、1646 和 1250。在时间为 2023-11-02 17：20：30 的时候排名前 3 的品类分别是 commodity03、commodity01 和 commodity04，这 3 个品类的销售额分别为 2746、2341 和 2253。

7.6　Spark Streaming 整合 Kafka

　　Kafka 是一个高吞吐量的分布式发布订阅消息系统，它通常应用于实时计算的应用场景中，为实时计算框架提供安全可靠的数据流。在 Spark 3.x 中，Spark Streaming 支持 Direct 的方式实时从 Kafka 接收输入的数据流并生成 DStream，该方式可以周期性地获取 Kafka 中每个 Topic 的每个 Partition 的最新 Offset，根据 Offset 从 Kafka 中接收数据流生成 DStream。

　　为了使读者能够更好地了解 Spark Streaming 如何使用 Direct 方式从 Kafka 接收输入的数据流，下面通过图 7-26 介绍 Direct 方式的执行流程。

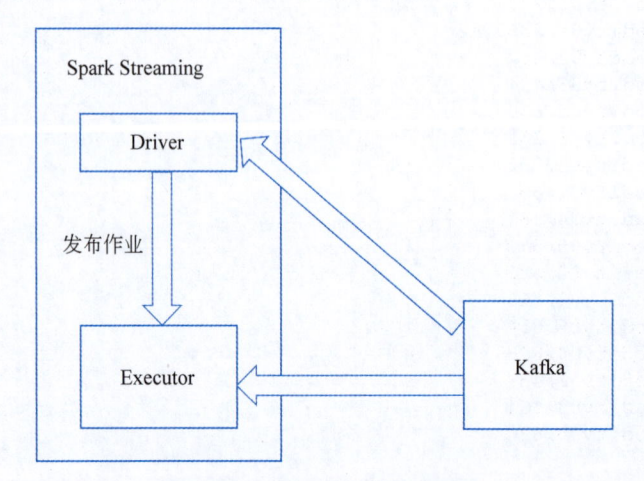

图 7-26　Direct 方式的执行流程

　　关于图 7-26 中 Direct 方式的执行流程如下。

　　(1) Spark Streaming 程序启动时，Driver 会周期性地查询 Kafka 中每个 Topic 的每个 Partition 的最新 Offset，查询到的最新 Offset 通过自身的 Checkpoint 机制进行保存。

　　(2) 根据查询到的最新 Offset，Driver 会计算出需要接收的数据流范围。然后 Driver 会根据这个接收的数据流范围发布作业。

　　(3) 作业发布后，会在 Executor 上运行。Executor 根据作业中指定接收的数据流范围，从 Kafka 中接收数据流。

　　了解了 Direct 方式的执行流程，那么 Spark Streaming 如何通过 API 的方式实现该方式呢？Spark Streaming API 提供了一个 KafkaUtils 单例对象，通过调用该对象的 createDirectStream()方法，用于实现使用 Direct 方式实时接收 Kafka 输入的数据流并创建 DStream，语法格式如下。

```
KafkaUtils.createDirectStream[K, V](
    ssc,
    locationStrategy,
    consumerStrategy
)
```

上述语法格式中，[K, V]用于指定 Kafka 中数据流的键和值的类型，createDirectStream()方法接收 3 个参数，参数 ssc 是 StreamingContext 对象，用于加载 Spark Streaming 程序的相关配置。参数 locationStrategy 用于指定 Kafka 中 Partition 的分配策略，可选的参数值有 PreferBrokers、PreferConsistent 和 PreferFixed，其中 PreferBrokers 可以实现将 Kafka 中的 Partition 分配到与其对应的 Executor 上，减少数据流在集群中的传输开销；PreferConsistent 可以实现将 Kafka 中的 Partition 分配给不同的 Executor，以实现负载均衡；PreferFixed 可以实现将 Kafka 中的 Partition 根据自定义策略分配到指定的 Executor 上。参数 consumerStrategy 用于指定 Kafka 消费者的相关配置。

接下来，通过一个具体的案例来演示如何使用 Direct 方式实时接收 Kafka 输入的数据流并创建 DStream，具体实现步骤如下。

1. 导入依赖

在项目 Spark_Project 的依赖文件 pom.xml 中添加 Spark Streaming 连接 Kafka 的依赖，具体内容如下。

```xml
<dependency>
    <groupId>org.apache.spark</groupId>
    <artifactId>spark-streaming-kafka-0-10_2.12</artifactId>
    <version>3.3.0</version>
</dependency>
```

2. 实现 Spark Streaming 程序

在项目 Spark_Project 的包 cn.itcast.sparkstreaming 中创建名为 KafkaInput 的 Scala 文件，在该文件中编写 Spark Streaming 程序，实现使用 Direct 方式实时接收 Kafka 输入的数据流并输出，具体代码如文件 7-10 所示。

文件 7-10　KafkaInput.scala

```
1  import org.apache.kafka.common.serialization.StringDeserializer
2  import org.apache.spark.SparkConf
3  import org.apache.spark.streaming.dstream.ReceiverInputDStream
4  import org.apache.spark.streaming.kafka010.ConsumerStrategies.Subscribe
5  import org.apache.spark.streaming.kafka010.KafkaUtils
6  import org.apache.spark.streaming.kafka010.LocationStrategies.PreferConsistent
7  import org.apache.spark.streaming.{Seconds, StreamingContext}
8  object KafkaInput {
9    def main(args: Array[String]): Unit = {
10     val conf = new SparkConf()
11       .setAppName("KafkaInput")
12       .setMaster("local[*]")
13     val streamingContext =
14       new StreamingContext(conf,Seconds(5))
15     streamingContext.sparkContext.setLogLevel("ERROR")
16     /***
```

```
17       * 指定 Kafka 消费者的配置，包括 Kafka 服务的地址、数据中键值的反序列化、
18       * 消费者组、偏移量读取策略和是否启用自动提交偏移量
19       */
20      val kafkaParams = Map[String, Object](
21        "bootstrap.servers" -> "hadoop1:9092,hadoop2:9092,hadoop3:9092",
22        "key.deserializer" -> classOf[StringDeserializer],
23        "value.deserializer" -> classOf[StringDeserializer],
24        "group.id" -> "spark_direct",
25        "auto.offset.reset" -> "latest",
26        "enable.auto.commit" -> (false: java.lang.Boolean)
27      )
28      //指定 Kafka 的 Topic
29      val topics = Array("kafka_direct")
30      val stream = KafkaUtils.createDirectStream[String, String](
31        streamingContext,
32        PreferConsistent,
33        Subscribe[String, String](topics, kafkaParams)
34      )
35      //输出 DStream
36      stream.map(line => (line.value)).print()
37      streamingContext.start()
38      streamingContext.awaitTermination()
39    }
40  }
```

在文件 7-10 中，第 20～27 行代码用于指定 Kafka 消费者的配置，以便 Spark Streaming 作为 Kafka 消费者消费 Kafka 生产者向指定 Topic 发送的消息。其中第 26 行代码用于关闭自动提交偏移量，这样能够确保数据流被成功处理后才提交偏移量，实现数据流不会被丢失或重复处理。

第 30～34 行代码根据指定的 Topic 和 Kafka 消费者的相关配置，使用 createDirectStream() 方法实时接收 Kafka 生产者向指定 Topic 发送的消息并创建名为 stream 的 DStream。

3. 启动 ZooKeeper

分别在虚拟机 Hadoop1、Hadoop2 和 Hadoop3 执行如下命令启动 ZooKeeper 服务。

```
$ zkServer.sh start
```

4. 启动 Kafka

分别执行 cd 命令进入虚拟机 Hadoop1、Hadoop2 和 Hadoop3 的 Kafka 安装目录，在该目录下执行如下命令在虚拟机 Hadoop1、Hadoop2 和 Hadoop3 中启动 Kafka 服务。

```
$ bin/kafka-server-start.sh config/server.properties
```

5. 创建 Topic

在 Kafka 创建名为 kafka_direct 的 Topic。在虚拟机 Hadoop1 执行如下命令。

```
$ kafka-topics.sh --create \
--topic kafka_direct \
--partitions 3 \
--replication-factor 2 \
--bootstrap-server hadoop1:9092,hadoop2:9092,hadoop3:9092
```

上述命令中,指定 Topic 的分区数为 3,并且每个分区的副本数为 2。

6. 启动 Kafka 生产者

在 Kafka 启动一个 Kafka 生产者向名为 kafka_direct 的 Topic 发送消息。在虚拟机 Hadoop1 执行如下命令。

```
$ kafka-console-producer.sh \
--bootstrap-server hadoop1:9092,hadoop2:9092,hadoop3:9092 \
--topic kafka_direct
```

7. 测试 Spark Streaming 程序

首先在 IntelliJ IDEA 运行文件 7-10,然后在 Kafka 生产者输入数据 Hello Kafka 并发送,最后查看文件 7-10 的运行结果,如图 7-27 所示。

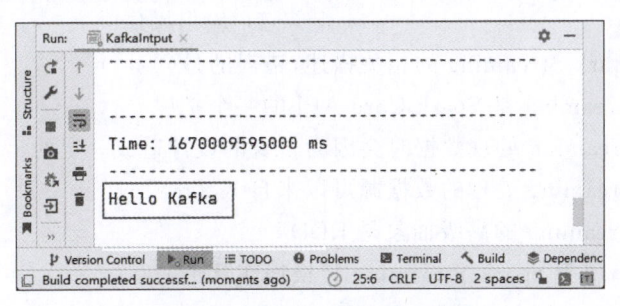

图 7-27 文件 7-10 的运行结果

从图 7-27 可以看出,IntelliJ IDEA 的控制台成功输出了在 Kafka 生产者输入的数据,因此说明成功使用 Direct 方式实时接收 Kafka 输入的数据流并输出。

7.7 本章小结

本章主要讲解了 Spark Streaming 的相关知识。首先,讲解了什么是实时计算。其次,讲解了 Spark Streaming 的基础知识。接着,讲解了 Spark Streaming 的 DStream 和编程模型。然后,讲解了 Spark Streaming 的 API 操作,包括输入操作、转换操作、输出操作、窗口操作和综合案例。最后,讲解了 Spark Streaming 和 Kafka 的整合。通过本章的学习,读者能够掌握 Spark Streaming 的基本概念以及如何使用 Spark Streaming,并通过 Spark Streaming 与 Kafka 整合进行实时计算,解决对实时性要求高的业务问题。

7.8 课后习题

一、填空题

1. 实时计算的高效性在于其事件触发的机制,其触发源是_____。
2. Spark Streaming 的优点有准实时性、_____、易用性和_____。
3. 与传统的实时计算架构相比,Spark Streaming 对数据的处理方式是_____。
4. Spark Streaming 提供了一种名为_____的高级抽象。
5. 在 Spark Streaming 中,DStream 的内部是由一系列连续的_____构成。

二、判断题

1. Spark Streaming 是 Spark 的第一代实时计算框架。（　　）
2. DStream 的内部结构是由一系列连续的 RDD 组成，每个 RDD 代表一段时间内的数据集。（　　）
3. 在 Spark Streaming 中，DStream 表示连续的数据流。（　　）
4. 在 Spark Streaming 中，窗口算子是一种特殊的无状态算子。（　　）
5. 在 Spark Streaming 中，输出操作会真正触发 DStream 的转换操作的执行。（　　）

三、选择题

1. 下列选项中，不属于 Spark Streaming 编程模型的是（　　）。
   A. 输入操作　　　　　　　　　　　B. 转换操作
   C. 执行操作　　　　　　　　　　　D. 输出操作
2. 下列关于 Spark Streaming 的相关描述，错误的是（　　）。
   A. Spark Streaming 是 Spark Core API 的一个扩展
   B. Spark Streaming 处理数据时会因为自身的设计造成一定的延迟
   C. Spark Streaming 处理的数据源可以来自 Kafka
   D. Spark Streaming 的高级抽象是 RDD
3. 下列算子中，属于 Spark Streaming 转换操作算子的有（　　）。（多选）
   A. transform　　　　　　　　　　　B. print
   C. countByValue　　　　　　　　　D. saveAsObjectFiles
4. 下列关于 Spark Streaming 中转换操作算子的描述，正确的是（　　）。
   A. count 算子用于统计 DStream 中每个 RDD 的元素数量
   B. join 算子用于对两个任意类型的 DStream 进行关联
   C. filter 算子用于判断 DStream 中的每个元素，将判断结果为 false 的元素返回到新生成的 DStream
   D. repartition 算子用于指定 Partition 的数量来改变 DStream 的串行度
5. 下列算子中，属于 Spark Streaming 窗口操作算子的有（　　）。（多选）
   A. window　　　　　　　　　　　　B. countByWindow
   C. reduceByWindow　　　　　　　　D. countByValueAndWindow

四、简答题

1. 简述 Spark Streaming 的工作原理。
2. 简述 Spark Streaming 的编程模型。

第 8 章

Structured Streaming流计算引擎

学习目标：

- 了解 Spark Streaming 的不足，能够说出 Spark Streaming 在处理复杂的流式数据时的弊端。
- 了解 Structured Streaming，能够叙述 Structured Streaming 处理数据的特点。
- 熟悉 Structured Streaming 编程模型，能够描述 Structured Streaming 如何处理实时数据。
- 掌握 Structured Streaming 的 API 操作，能够通过 Scala API 的方式实现输入操作、转换操作和输出操作。
- 了解时间的分类，能够说出处理流数据中事件时间、注入时间和处理时间的区别。
- 掌握窗口操作，能够使用 Structured Streaming 完成滚动窗口、滑动窗口和会话窗口操作。
- 掌握物联网设备数据分析，能够模拟生成数据并分析。

创新是引领科技变革的重要因素，通过不断探索和创新，可以推动技术的进步和应用，为经济发展注入新的动力。在当前的数据处理领域，实时处理大量数据流的需求在不断增长，数据的复杂性随之不断扩大。然而，对数据流的传统处理方式却无法有效解决实时处理过程中出现的问题，如时效性低、灵活性不高等。为了解决这些问题，Spark 推出了 Structured Streaming，这是一种基于 Spark SQL 构建的可扩展且容错的流处理引擎，它提供了与 Spark SQL 类似的 API，既支持对数据流处理，也支持对数据批处理。本章从 Spark Streaming 的不足开始说起，逐步针对 Structured Streaming 的基本概念及其相关操作进行详细介绍。

8.1 Spark Streaming 的不足

Spark Streaming 实时接收数据时，会将数据切分成多个批数据，每一批数据最终会被转换成 RDD 进行处理，并将处理结果保存到存储系统中。然而，这种处理方式并非总能满足实时数据处理的所有需求，存在以下几方面的弊端。

1. **不支持事件时间**

事件时间（Event Time）是指数据在数据源中产生的数据，属于数据自身的属性，而 Spark Streaming 处理数据是基于处理时间（Processing Time）的，处理时间是指数据到达

Spark 被处理的时间。如当系统在 09∶59∶00 时出现错误,产生一条错误日志,由于网络延迟在 10∶00∶10 时错误日志被 Spark Streaming 处理,其中 09∶59∶00 就是事件时间,10∶00∶10 就是处理时间,如果需要统计 9∶00∶00—10∶00∶00 系统出错的次数,Spark Streaming 便不能正确统计,导致结果不准确。

2. 流批处理不统一

数据的流处理、批处理是两种不同的数据处理方式,有时在进行数据处理时可能需要将流处理的逻辑应用到批处理上,使批处理和流处理共享相同的处理逻辑,减少代码的复杂度和维护成本。在这种情况下,使用 Spark Streaming 处理数据时会导致代码复杂度增加,需要开发人员对不同的处理方式进行区分。

3. 复杂的底层 API

Spark Streaming 提供的 API 是偏底层的。当面对复杂的数据处理时,便会导致编写 Spark Streaming 程序需要较多的代码来完成,增加了开发的难度。

4. end-to-end 的一致性语义需要手动实现

end-to-end 指的是 Spark Streaming 接收数据到输出数据的完整过程,如 Spark Streaming 接收 Kafka 中的数据,经过处理后将结果保存到 HDFS。在这个过程中,Spark Streaming 仅能确保中间处理数据的过程具有 Exactly Once(恰好一次)的一致性语义,而 Spark Streaming 接收 Kafka 数据和将结果保存到 HDFS 的一致性语义需要用户手动实现。手动实现的过程将会导致代码复杂性增加,增加维护成本。

> **多学一招:一致性语义**
>
> 一致性语义是指在数据流处理中,保证数据处理时的正确性和顺序性的一种约定或规范。以下是常见的一致性语义的介绍。
>
> (1) At most once(最多一次):在数据流处理过程中每条数据可能被处理一次或不被处理,这种情况可能会造成数据丢失。
>
> (2) At least once(至少一次):在数据流处理过程中每条数据会被处理一次或多次,这种一致性语义比 At most once 的一致性语义安全性高,可以确保数据不会丢失,但可能会造成一条数据被重复处理多次。
>
> (3) Exactly once(恰好一次):在数据流处理过程中每条数据只会被处理一次,这种一致性语义的安全性高,既可以保证数据不会丢失,也可以保证每条数据不会被处理多次。

8.2 Structured Streaming 概述

8.2.1 Structured Streaming 简介

Structured Streaming 是 Spark 新增的流处理引擎,它融合了流处理和批处理的编程模型,允许用户在一个程序中同时实现批处理和流处理,并且支持基于事件时间进行数据处理。简单来说,在使用 Structured Streaming 时,无须关心数据是流处理还是批处理,只需使用相同的数据处理逻辑来实现数据处理即可。这种流批统一的编程模型简化了流处理和批处理的开发过程,使得用户能够更容易地编写和维护程序。

Structured Streaming 默认情况下基于微批的模式处理数据,这种模式将数据切分成一批一批的数据进行处理，从而实现了低延迟的数据计算延迟。在 Spark 2.3 版本中，Spark 新增了一种名为"连续处理"的数据处理模式，这种模式可以实现更低的数据计算延迟，不过这种数据处理模式对 CPU、内存等资源的要求更高。

Structured Streaming 具有如下显著特点。

1. 统一的编程范式

由于 Structured Streaming 是基于 Spark SQL 的流处理引擎，所以和 Spark SQL 共用大部分 Dataset API、DataFrame API 和 SQL 语句，这对熟悉 Spark SQL 的用户很容易上手，代码也十分简洁。同时数据的批处理和流处理之间还可以共用代码，不需要开发两种不同数据处理的代码，提高了开发效率。

2. 卓越的性能

Structured Streaming 在与 Spark SQL 共用 Dataset API 和 DataFrame API 的同时，可以利用 Spark SQL 引擎来优化查询执行计划，充分发挥 Catalyst（优化器）对查询优化的优势。这使得查询能够更有效地执行，减少了不必要的计算和数据移动。

3. 多语言支持

Structured Streaming 支持目前 Spark SQL 支持的语言，包括 Scala、Java、Python、R 和 SQL，用户可以根据自己熟悉的语言进行开发。

8.2.2　Structured Streaming 编程模型

Structured Streaming 的核心思想是将实时数据流看作一个不断追加数据的表，这种思想使得我们能够更加轻松地使用 Dataset API、DataFrame API 和 SQL 语句进行实时数据分析，这也导致了 Structured Streaming 在进行流处理时保持了与批处理相似的编程模型。接下来，通过图 8-1 来学习 Structured Streaming 的编程模型。

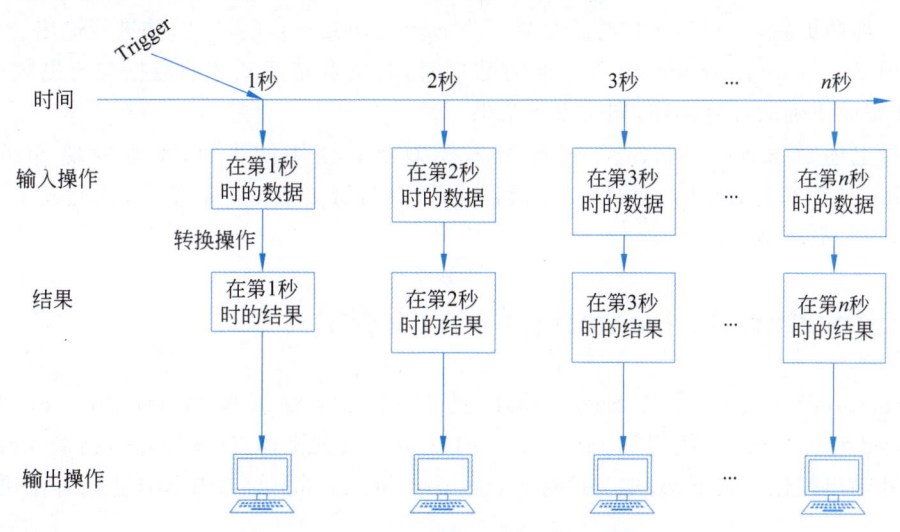

图 8-1　Structured Streaming 的编程模型

从图 8-1 可以看出，Structured Streaming 的编程模型主要包括输入操作、转换操作和输出操作，当时间为第 1 秒时，Trigger（触发器）触发数据的输入操作，然后通过转换操作得到第 1 秒时的结果并进行输出，后续每经过 1 秒便会进行同样的操作并在前 1 秒的结果上增量更新并输出。

为了更好地理解 Structured Streaming 的编程模型,接下来,通过对每行数据进行转换实现单词计数为例,介绍 Structured Streaming 编程模型的使用,具体如图 8-2 所示。

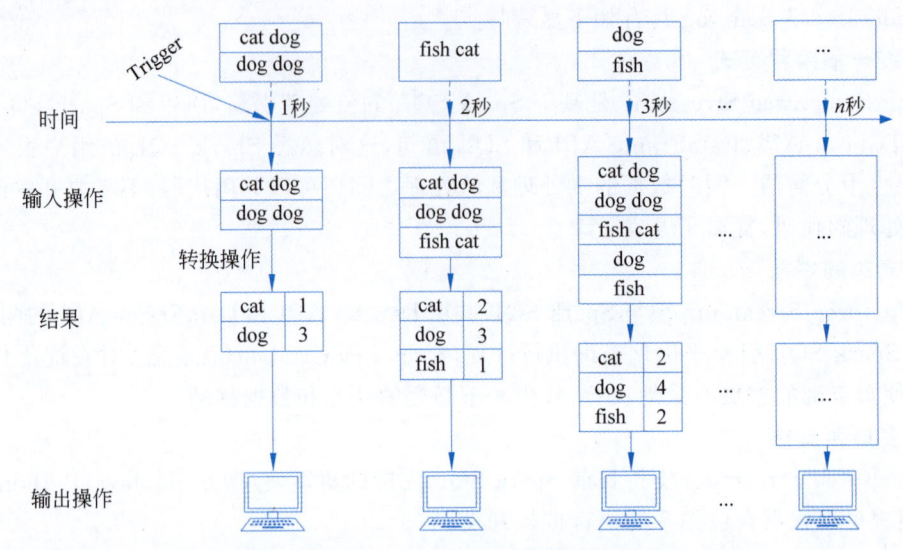

图 8-2 Structured Streaming 编程模型的使用

在图 8-2 中,当时间为第 1 秒时,此时接收到的数据为 cat dog 和 dog dog,触发器(Trigger)触发读取数据操作,得到第 1 秒时的结果集为 cat=1,dog=3,并进行输出。

当时间为第 2 秒时,此时接收到的数据为 fish cat,触发器触发读取数据操作,然后对数据累加并更新,得到第 2 秒时的结果集为 cat=2,dog=3,fish=1,并进行输出。

当时间为第 3 秒时,此时接收到的数据为 dog 和 fish,触发器触发读取数据操作,然后对数据累加并更新,得到第 3 秒时的结果集为 cat=2,dog=4,fish=2,并进行输出。

使用 Structured Streaming 处理实时数据时,会负责将新到达的数据与历史数据进行整合,并完成正确的计算操作,同时更新结果。

通过上述对 Structured Streaming 编程模型及其使用的讲解,不难发现 Structured Streaming 处理实时数据时,会负责将新到达的数据与历史数据进行整合,并完成正确的计算操作,同时更新结果。

8.3　Structured Streaming 的 API 操作

Structured Streaming 与 Spark SQL 具有相同的数据模型 DataFrame,可以在 Structured Streaming 中使用 DataFrame API 完成一系列操作,这些操作包括输入操作、转换操作和输出操作。接下来,本节针对 Structured Streaming 的 API 操作进行详细讲解。

8.3.1　输入操作

输入操作可以为 Structured Streaming 程序指定从不同的数据源实时接收输入的数据流并生成 DataFrame。Structured Streaming 支持多种类型的数据源,包括 Socket 数据源、文件数据源、Kafka 数据源等。

本节所讲解的输入操作主要通过文件数据源和 Socket 数据源创建 DataFrame 的输入操作，关于 Kafka 数据源的输入操作，会在 8.5 节进行重点讲解。

1. 文件数据源

文件数据源是指从指定文件格式的文件中获取数据，支持的文件格式有 Text、CSV、JSON、ORC 和 Parquet。Structured Streaming API 提供了 readStream 算子，该算子将返回一个 DataStreamReader 对象，通过调用该对象的一系列方法可以从指定文件格式的文件中实时接收输入的数据流并创建 DataFrame，其语法格式如下。

```
readStream.format("file_type").option("path", directory).load()
```

上述语法格式中，format()方法表示指定接收数据源的文件格式。option()方法用于配置数据源，这里至少需要调用一次 option()方法用于设置读取文件数据源的 directory（目录）。需要注意的是，只有 Structured Streaming 程序启动之后，指定目录中新增的文件才会作为数据流被读取。load()方法用于加载数据源并返回一个表示实时数据流的 DataFrame 对象。

DataFrame 创建完成后，需要调用 DataFrame 的 writeStream 算子启动 Structured Streaming 程序对 DataFrame 进行处理，该算子返回一个 DataStreamWriter 对象，通过调用该对象的一系列方法可以将创建的 DataFrame 输出，具体语法格式如下。

```
writeStream.format(sink).option().start().awaitTermination()
```

上述语法格式中，format()方法用于指定 DataFrame 输出到不同的 sink（接收器）中，如 Console（控制台）、File（文件）等，在测试环境中通常指定接收器为 Console，即 format("console")。option()方法用于指定接收器的相关配置，针对不同的 sink，该方法所使用的次数也有所不同。start()方法用于启动输出 DataFrame，awaitTermination()方法是一个阻塞方法，用于等待流式查询的终止。

接下来，通过案例来演示如何在 Structured Streaming 程序中从 HDFS 实时接收文件格式为 Text 的数据流并生成 DataFrame，具体操作步骤如下。

（1）创建目录。

确保 Hadoop 集群处于启动状态下，在 HDFS 创建目录/structuredstreaming/data，该目录会作为 Structured Streaming 程序读取文件的目录。在虚拟机 Hadoop1 执行如下命令。

```
$ hdfs dfs -mkdir -p /structuredstreaming/data
```

（2）实现 Structured Streaming 程序。

在项目 Spark_Project 的/src/main/scala 目录下创建包 cn.itcast.structuredstreaming，并且在该包中创建名为 TextDataFrame 的 Scala 文件，该文件用于编写 Structured Streaming 程序，实现从 HDFS 实时接收输入的数据流并创建 DataFrame，具体代码如文件 8-1 所示。

文件 8-1　TextDataFrame.scala

```
1  package cn.itcast.structuredstreaming
2  import org.apache.spark.sql.SparkSession
3  import org.apache.spark.sql.streaming.OutputMode
4  object TextDataFrame {
```

```
5    def main(args: Array[String]): Unit = {
6      //创建 SparkSession 对象,指定 Structured Streaming 程序的配置信息
7      val spark:SparkSession = SparkSession
8        .builder()
9        .appName("textdataframe")
10       .master("local[*]")
11       .getOrCreate()
12     spark.sparkContext.setLogLevel("ERROR")
13     //指定数据源为文件数据源
14     val words = spark.readStream
15       .format("text")
16       .option("path",
17         "hdfs://hadoop1:9000/structuredstreaming/data")
18       .load()
19     words.writeStream
20       .format("console")
21       .option("truncate", "false")
22       .outputMode(OutputMode.Append())
23       .start()
24       .awaitTermination()
25   }
26 }
```

在文件 8-1 中,第 12 行代码将 Structured Streaming 程序的日志级别调整为 ERROR,避免出现大量 INFO 级别的日志影响处理结果的查看。

第 14~18 行代码通过 readStream 算子从 HDFS 的/structuredstreaming/data 目录实时接收文件格式为 Text 的数据流并生成名为 words 的 DataFrame。

第 19~24 行代码通过 writeStream 算子将名为 words 的 DataFrame 输出到控制台。其中第 21 行代码通过 option()方法设置 IntelliJ IDEA 控制台输出结果时,不进行列宽自动缩小,即将每行数据全部显示。第 22 行代码通过 outputMode()方法设置数据的输出模式。

(3) 测试 Structured Streaming 程序。

首先,在虚拟机 Hadoop1 的/export/data 目录执行 vi word.txt 命令编辑文件 word.txt,并在该文件中添加如下内容。

```
hello world
hello spark
hello structuredstreaming
```

上述内容添加完成后,保存并退出文件即可。

然后,在 IntelliJ IDEA 中运行文件 8-1 实现的 Structured Streaming 程序。

最后,将文件 word.txt 上传到 HDFS 的/structuredstreaming/data 目录,在虚拟机 Hadoop1 执行如下命令。

```
$ hdfs dfs -put /export/data/word.txt /structuredstreaming/data
```

上述命令执行完成后,文件 8-1 的运行结果如图 8-3 所示。

从图 8-3 可以看出,控制台输出文件 word.txt 中的内容,说明 Structured Streaming 程序成功从 HDFS 的/structuredstreaming/data 目录实时读取数据流。

```
+----------------------+
|value                 |
+----------------------+
|hello world           |
|hello spark           |
|hello structuredstreaming|
+----------------------+
```

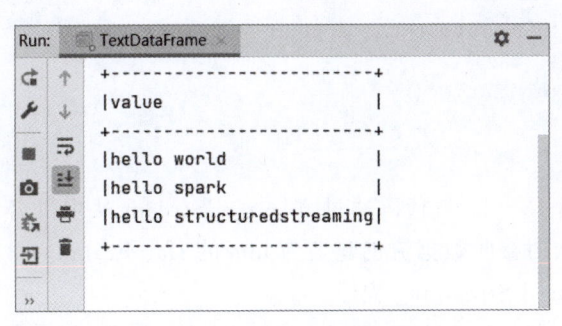

图 8-3 文件 8-1 的运行结果

2. Socket 数据源

Structured Streaming API 提供了 readStream 算子,该算子将返回一个 DataStreamReader 对象,通过调用该对象的一系列方法可以从 TCP Socket 数据源中实时接收输入的数据流并创建 DataFrame,语法格式如下。

```
readStream.format("socket").option("host", host).option("port", port).load()
```

上述语法格式中,format()方法指定数据源为 Socket 服务,通过 option()方法分别指定 Socket 服务的 host(IP 地址或主机名)和 port(端口号)。

接下来,通过一个案例来演示如何在 Structured Streaming 程序中从 TCP Socket 实时接收输入的数据流并创建 DataFrame,具体操作步骤如下。

(1)实现 Structured Streaming 程序。

在项目 Spark_Project 的包 cn.itcast.structuredstreaming 中创建名为 SocketDataFrame 的 Scala 文件,该文件用于编写 Structured Streaming 程序,实现从 TCP Socket 实时接收输入的数据流并创建 DataFrame,具体代码如文件 8-2 所示。

文件 8-2　SocketDataFrame.scala

```
1   package cn.itcast.structuredstreaming
2   import org.apache.spark.sql.SparkSession
3   import org.apache.spark.sql.streaming.OutputMode
4   object SocketDataFrame {
5     def main(args: Array[String]): Unit = {
6       val spark:SparkSession = SparkSession
7         .builder()
8         .appName("socketdataframe")
9         .master("local[*]")
10        .getOrCreate()
11      spark.sparkContext.setLogLevel("ERROR")
12      //指定数据源为 Socket
13      val line = spark.readStream
14        .format("socket")
15        .option("host","hadoop1")
16        .option("port",9999)
17        .load()
18      line.writeStream
19        .format("console")
20        .option("truncate", "false")
```

```
21            .outputMode(OutputMode.Append())
22            .start()
23            .awaitTermination()
24      }
25 }
```

在文件 8-2 中，第 13~17 行代码通过方法 readStream 从主机名为 hadoop1、端口号为 9999 的 Socket 服务实时接收数据流创建名为 line 的 DataFrame。

（2）测试 Structured Streaming 程序。

首先在虚拟机 Hadoop1 通过 9999 端口启动 Socket 服务，然后在 IntelliJ IDEA 运行文件 8-2 实现的 Structured Streaming 程序，最后在 Socket 服务依次输入"spark,scala,itcast"并发送，文件 8-2 的运行结果如图 8-4 所示。

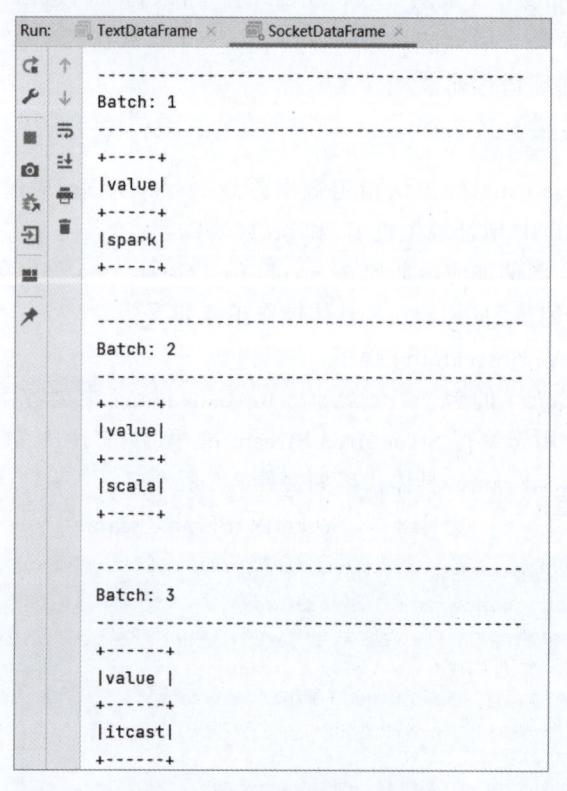

图 8-4　文件 8-2 的运行结果

从图 8-4 可以看出，控制台输出在 Socket 服务发送的数据，说明 Structured Streaming 程序成功从建立的 Socket 服务实时读取数据流。

📖 **多学一招**：**Structured Streaming 中的数据输出模式**

在 Structured Streaming 中，数据的输出模式有 3 种，分别是 OutputMode.Append()、OutputMode.Complete()和 OutputMode.Update()，关于这 3 种输出模式的介绍如下。

（1）OutputMode.Append()：将新的数据进行追加并输出，该输出模式只支持简单查询操作，不支持聚合查询操作。

（2）OutputMode.Complete()：将完整的数据进行输出，支持聚合和排序查询操作。

(3) OutputMode.Update()：将有更新的数据进行输出，支持聚合查询操作但不支持排序查询操作，如果没有聚合查询操作，其效果与 OutputMode.Append() 相同。

8.3.2 转换操作

Structured Streaming API 提供了转换算子用于对 DataFrame 进行转换操作。下面通过表 8-1 来列举 Structured Streaming API 提供的与转换操作相关的基础算子。

表 8-1　Structured Streaming API 提供的与转换操作相关的基础算子

算　子	语　法　格　式	说　　明
select	DataFrame.select(cols)	选取 DataFrame 中指定列，其中 cols 用于指定列名
where	DataFrame.where(condition)	筛选 DataFrame 中符合条件的数据，其中 condition 用于设置筛选条件
groupBy	DataFrame.groupBy(cols)	对 DataFrame 中的数据进行分组查询，需要配合使用聚合操作，如 count 算子

接下来，对表 8-1 中列举的算子的使用进行演示，具体内容如下。

1. select 算子

在项目 Spark_Project 的包 cn.itcast.structuredstreaming 中创建名为 Sd_Transformation 的 Scala 文件，该文件用于编写 Structured Streaming 程序，实现使用 select 算子选取 DataFrame 中指定列并输出，具体代码如文件 8-3 所示。

文件 8-3　Sd_Transformation.scala

```
1  package cn.itcast.structuredstreaming
2  import org.apache.spark.sql.SparkSession
3  import org.apache.spark.sql.functions._
4  import org.apache.spark.sql.streaming.OutputMode
5  object Sd_Transformation {
6    def main(args: Array[String]): Unit = {
7      val spark:SparkSession = SparkSession
8        .builder()
9        .appName("sd_transformation")
10       .master("local[*]")
11       .getOrCreate()
12     import spark.implicits._
13     spark.sparkContext.setLogLevel("ERROR")
14     val line = spark.readStream
15       .format("socket")
16       .option("host","hadoop1")
17       .option("port",9999)
18       .load()
19     val line1 = line.withColumn(
20       "value",
21       split($"value",",")
22     )
23     val result = line1.select(
24       col("value").getItem(0).alias("id"),
25       col("value").getItem(1).alias("name"),
26       col("value").getItem(2).alias("level")
```

```
27      )
28    result.writeStream
29      .format("console")
30      .option("truncate", "false")
31      .outputMode(OutputMode.Append())
32      .start()
33      .awaitTermination()
34    }
35 }
```

在文件 8-3 中,第 19~22 行代码通过 withColumn()方法对 DataFrame 中 value 列按照","进行拆分作为新的 value 列,并将其保存到常量 line1 中。

第 23~27 行代码使用 select 算子选取 DataFrame 中第 1 个元素、第 2 个元素和第 3 个元素,将其对应的列名依次命名为 id、name 和 level,并保存在常量 result 中。

接下来,首先在虚拟机 Hadoop1 通过 9999 端口启动 Socket 服务,然后在 IntelliJ IDEA 运行文件 8-3 实现的 Structured Streaming 程序,最后在 Socket 服务依次输入并发送下列内容。

```
1,xiaoming,A
1,xiaohong,B
2,xiaoliang,A
```

上述内容完成输入并发送后,在 IntelliJ IDEA 的控制台查看文件 8-3 的运行结果,如图 8-5 所示。

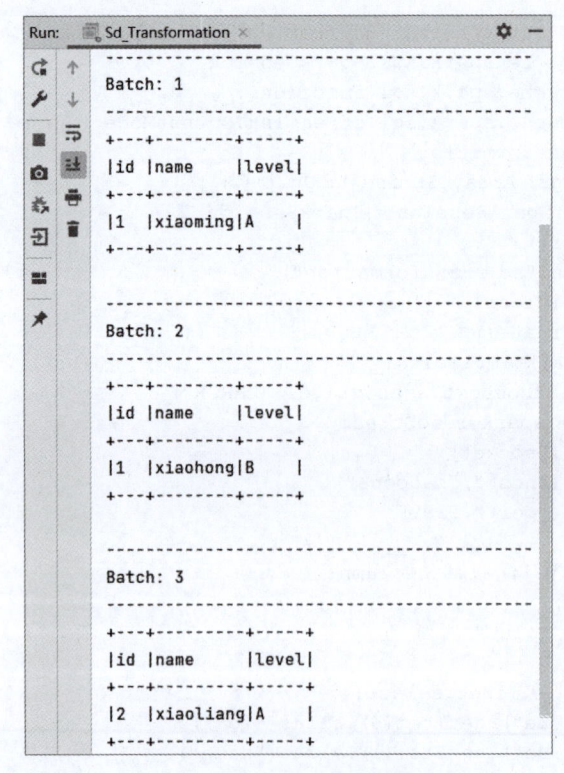

图 8-5 文件 8-3 的运行结果(1)

从图 8-5 可以看出，IntelliJ IDEA 控制台输出相应的数据，说明成功使用 select 算子选取 DataFrame 中指定列并输出。

2. where 算子

使用 where 算子筛选出 DataFrame 中符合条件的数据。在文件 8-3 中第 31 行代码后添加如下代码。

```
.where("level = 'A'")
```

上述代码中，使用 where 算子对名为 result 的 DataFrame 进行筛选，获取 level 列的值为 A 的数据。

接下来，首先在虚拟机 Hadoop1 通过 9999 端口启动 Socket 服务，然后在 IntelliJ IDEA 运行文件 8-3 实现的 Structured Streaming 程序，最后在 Socket 服务依次输入并发送使用 select 算子时发送的多条数据，如图 8-6 所示。

```
-------------------------------------------
Batch: 1
-------------------------------------------
+---+-------+-----+
|id |name   |level|
+---+-------+-----+
|1  |xiaoming|A   |
+---+-------+-----+

-------------------------------------------
Batch: 2
-------------------------------------------
+---+----+-----+
|id |name|level|
+---+----+-----+
+---+----+-----+

-------------------------------------------
Batch: 3
-------------------------------------------
+---+--------+-----+
|id |name    |level|
+---+--------+-----+
|2  |xiaoliang|A   |
+---+--------+-----+
```

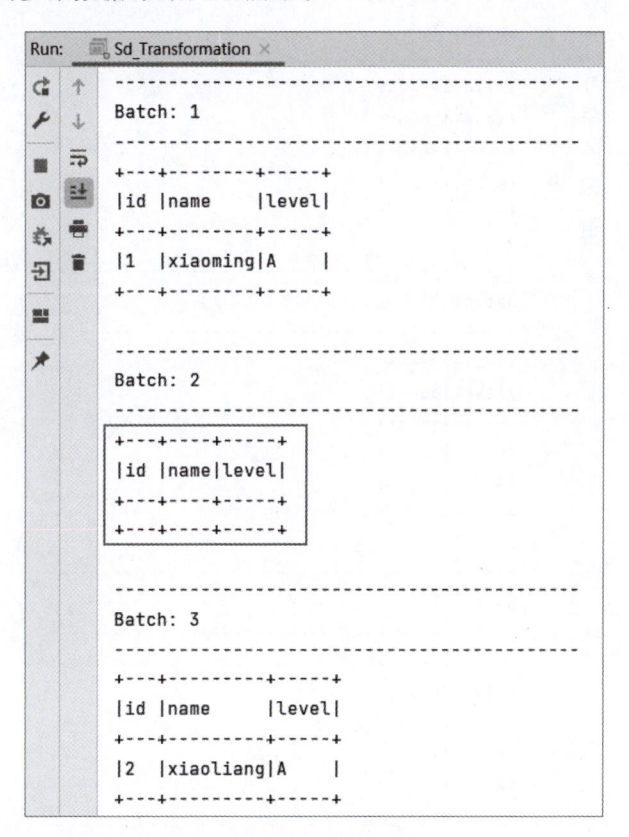

图 8-6　文件 8-3 的运行结果（2）

从图 8-6 可以看出，当输入并发送第 2 条数据"1,xiaohong,B"时，IntelliJ IDEA 控制台没有数据输出，说明成功使用 where 算子对 DataFrame 进行了处理。

3. groupBy 算子

使用 groupBy 算子对 DataFrame 中的数据进行分组查询，并配合使用 count 算子进行聚合操作。在文件 8-3 中第 27 行代码后添加如下代码。

```
.groupBy("level").count()
```

上述代码中，通过 groupBy 算子对名为 result 的 DataFrame 中 level 列进行分组，并使用 count 算子进行聚合操作统计 level 列值相同的个数。

由于使用了 count 算子进行聚合操作，会在 DataFrame 中生成一个额外的列，即聚合结果，在输出时需要确保将聚合结果完整输出，所以需要使用 OutputMode.Complete()输出模式配合聚合操作，将数据完整输出，这里将文件 8-3 中第 31 行代码修改为如下内容。

```
.outputMode(OutputMode.Complete())
```

接下来，首先在虚拟机 Hadoop1 通过 9999 端口启动 Socket 服务，然后在 IntelliJ IDEA 运行文件 8-3 实现的 Structured Streaming 程序，最后在 Socket 服务依次输入并发送使用 select 算子时的数据，如图 8-7 所示。

```
Batch: 1
+-----+-----+
|level|count|
+-----+-----+
|A    |1    |
+-----+-----+

Batch: 2
+-----+-----+
|level|count|
+-----+-----+
|B    |1    |
|A    |1    |
+-----+-----+

Batch: 3
+-----+-----+
|level|count|
+-----+-----+
|B    |1    |
|A    |2    |
+-----+-----+
```

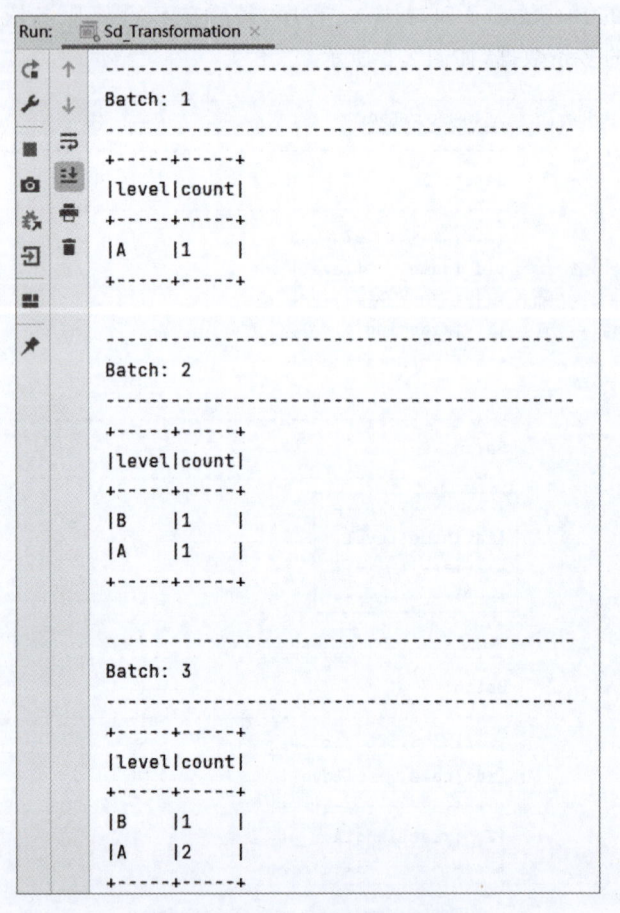

图 8-7　文件 8-3 的运行结果(3)

从图 8-7 可以看出，IntelliJ IDEA 控制台最终输出的 level 值为 A 的个数为 2，B 的个数为 1，说明成功使用 groupBy 算子并配合使用 count 算子对 DataFrame 进行了处理。

8.3.3　输出操作

Structured Streaming 的输出操作可以将处理后的 DataFrame 输出到不同的接收器中。下面通过表 8-2 来列举 Structured Streaming 支持的不同接收器。

表 8-2　Structured Streaming 支持的不同接收器

接 收 器	相 关 说 明
File	将处理后的 DataFrame 输出到文件接收器中，支持的文件格式有 Text、CSV、JSON、ORC 和 Parquet
Kafka	将处理后的 DataFrame 输出到 Kafka 接收器中
Foreach	将处理后的 DataFrame 以自定义函数的形式输出到外部接收器中，适用于对数据流处理
ForeachBatch	将处理后的 DataFrame 以自定义函数批量输出到外部接收器中，适用于对数据批处理
Console	将处理后的 DataFrame 输出到控制台接收器，相关操作可参考 8.3.1 节和 8.3.2 节内容
Memory	将处理后的 DataFrame 以表的形式输出到内存接收器中

表 8-2 列举了 Structured Streaming 支持的不同接收器，下面演示表 8-2 中部分接收器的使用，具体内容如下。

1. File 接收器

在项目 Spark_Project 的 cn.itcast.structuredstreaming 包中创建名为 FileOutputTest 的 Scala 文件，该文件用于编写 Structured Streaming 程序，实现将处理后的 DataFrame 以文件的形式输出到 HDFS 的 /OutputTest 目录下，具体代码如文件 8-4 所示。

文件 8-4　FileOutputTest.scala

```
1  package cn.itcast.structuredstreaming
2  import org.apache.spark.sql.SparkSession
3  object FileOutputTest {
4    def main(args: Array[String]): Unit = {
5  //指定以用户 root 向 HDFS 写入文件
6  System.setProperty("HADOOP_USER_NAME", "root")
7      val spark:SparkSession = SparkSession
8        .builder()
9        .appName("FileOutputTest")
10       .master("local[*]")
11       .getOrCreate()
12     val data = spark.readStream
13       .format("socket")
14       .option("host","hadoop1")
15       .option("port",9999)
16       .load()
17     data.writeStream
18       .format("text")
19       .option("path", "hdfs://hadoop1:9000/OutputTest")
20       .option("checkpointLocation", "hdfs://hadoop1:9000/checkpoint")
21       .start()
22       .awaitTermination()
23   }
24 }
```

在文件 8-4 中，第 17~22 行代码将保存在 data 中的 DataFrame 输出到 HDFS 的 /OutputTest 目录下，该目录无须手动创建。其中第 18 行代码通过 format() 方法指定 DataFrame 输出格式为 Text，第 20 行代码用于在 HDFS 的 /checkpoint 目录下保存 DataFrame 的元数据和状态信息，该目录无须手动创建。

确保 Hadoop 集群正常启动，运行文件 8-4 实现的 Structured Streaming 程序，然后在 Socket 服务输入并发送 spark is interesting 之后，查看 HDFS 的/OutputTest 目录，如图 8-8 所示。

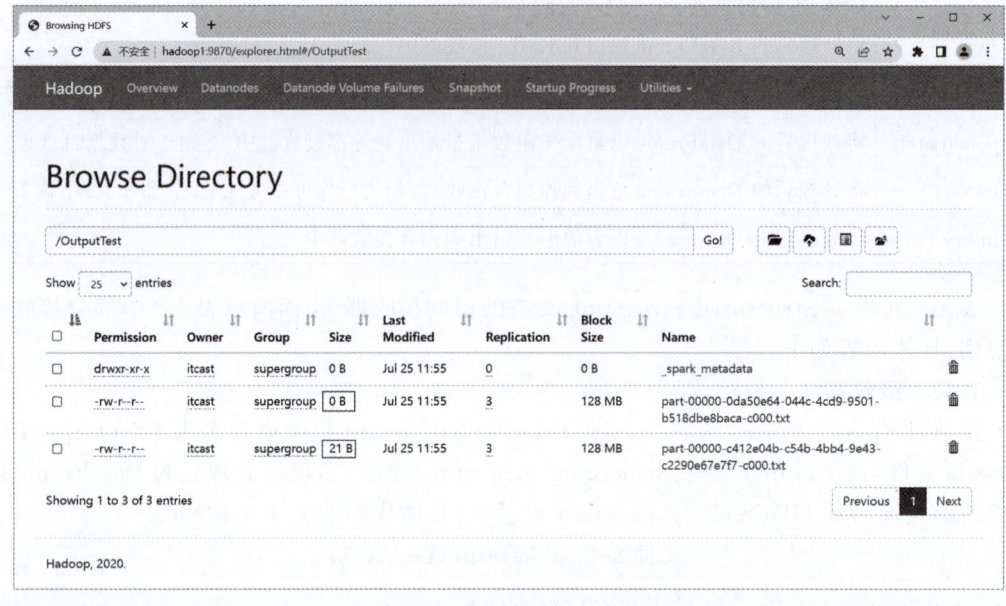

图 8-8 HDFS 的/OutputTest 目录

从图 8-8 可以看出，HDFS 的/OutputTest 目录下生成了两个后缀名为 txt 的文件，文件大小分别为 0B 和 21B，其中大小为 0B 的文件是由于最开始运行 Structured Streaming 程序时无数据输入导致生成了内容为空的文件。

单击大小为 21B 的文件，在弹出的对话框中选择 Head the file（first 32K）选项查看文件内容，如图 8-9 所示。

图 8-9 查看文件内容

从图 8-9 可以看出，文件内容为 spark is interesting，符合 Socket 服务发送的数据，说明成功将 DataFrame 以文件的形式输出到 HDFS 的/OutputTest 目录下。

2. Kafka 接收器

在项目 Spark_Project 的 cn.itcast.structuredstreaming 包中创建名为 KafkaOutputTest 的 Scala 文件，该文件用于编写 Structured Streaming 程序，实现将处理后的 DataFrame 输出到 Kafka 指定 Topic 中，具体代码如文件 8-5 所示。

文件 8-5　KafkaOutputTest.scala

```
1   package cn.itcast.structuredstreaming
2   import org.apache.spark.sql.SparkSession
3   object KafkaOutputTest {
4     def main(args: Array[String]): Unit = {
5       val spark:SparkSession = SparkSession
6         .builder()
7         .appName("KafkaOutputTest")
8         .master("local[*]")
9         .getOrCreate()
10      val data = spark.readStream
11        .format("socket")
12        .option("host","hadoop1")
13        .option("port",9999)
14        .load()
15      data.writeStream
16        .format("kafka")
17        .option("kafka.bootstrap.servers", "hadoop1:9092,hadoop2:9092")
18        .option("topic", "df")
19        .option("checkpointLocation", "D:\\checkpoint")
20        .start()
21        .awaitTermination()
22    }
23  }
```

在文件 8-5 中，第 15～21 行代码将保存在 data 中的 DataFrame 输出到名为 df 的 Topic 中。其中第 16 行代码通过 format() 方法指定 DataFrame 输出格式为 Kafka，第 17、18 行代码指定 Kafka 的主机名、端口号和 Topic 名称，第 19 行代码用于在个人计算机 D 盘的 checkpoint 目录下保存 DataFrame 的元数据和状态信息，该目录无须手动创建。

在项目 Spark_Project 的依赖文件 pom.xml 中添加 Structured Streaming 连接 Kafka 的依赖，具体内容如下。

```xml
<dependency>
  <groupId>org.apache.spark</groupId>
  <artifactId>spark-sql-kafka-0-10_2.12</artifactId>
  <version>3.3.0</version>
</dependency>
```

在运行文件 8-5 之前，需要在虚拟机 Hadoop1 和虚拟机 Hadoop2 中启动 Kafka 服务用于创建名为 df 的 Topic 并启动 Kafka 消费者验证 DataFrame 成功发送到指定 Topic 中，启动 Kafka 的操作可参考 6.4 节。接下来，在 Kafka 中创建名为 df 的 Topic 并启动 Kafka 消费者，具体命令如下。

```
#创建名为 df 的 Topic
$ kafka-topics.sh --create \
--topic df \
--partitions 3 \
--replication-factor 2 \
--bootstrap-server hadoop1:9092,hadoop2:9092
#启动消费者
$ kafka-console-consumer.sh \
```

```
--bootstrap-server hadoop1:9092,hadoop2:9092 \
--from-beginning \
--topic df
```

上述命令执行完成后,运行文件 8-5,然后在 Socket 服务输入并发送数据 spark kafka 之后,查看虚拟机 Hadoop1 中启动的 Kafka 消费者,如图 8-10 所示。

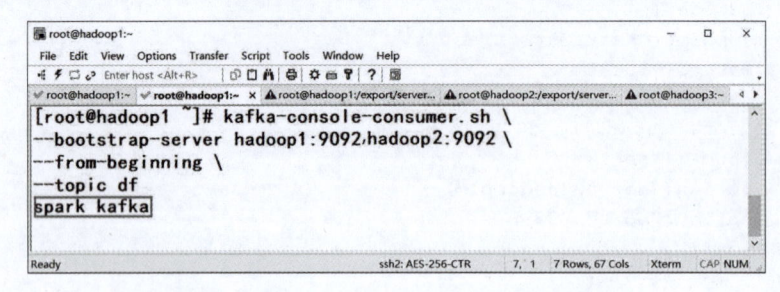

图 8-10 虚拟机 Hadoop1 中启动的 Kafka 消费者

从图 8-10 所示,Kafka 消费者输出 spark kafka,说明成功将 DataFrame 输出至 Kafka 指定 Topic 中。

3. Memory 接收器

在 Spark_Project 项目的 cn.itcast.structuredstreaming 包中创建名为 MemoryOutputTest 的 Scala 文件,该文件用于编写 Structured Streaming 程序,将处理后的 DataFrame 以表的形式输出到内存中,并查看表中的数据,具体代码如文件 8-6 所示。

文件 8-6 MemoryOutputTest.scala

```
1   package cn.itcast.structuredstreaming
2   import org.apache.spark.sql.SparkSession
3   object MemoryOutputTest {
4     def main(args: Array[String]): Unit = {
5       val spark: SparkSession = SparkSession
6         .builder()
7         .appName("MemoryOutputTest")
8         .master("local[*]")
9         .getOrCreate()
10      val data = spark.readStream
11        .format("socket")
12        .option("host", "hadoop1")
13        .option("port", 9999)
14        .load()
15      data.writeStream
16        .queryName("mem_table")
17        .format("memory")
18        .start()
19      while (true) {
20        spark.sql("select * from mem_table").show()
21        Thread.sleep(10000)
22      }
23    }
24  }
```

在文件 8-6 中,第 15~18 行代码将保存在 data 中的 DataFrame 输出至内存中名为

mem_table 的表中。其中第 16 行代码通过 queryName()方法指定内存中的表名,第 17 行代码通过 format()方法指定 DataFrame 输出格式为内存。

第 19～22 行代码通过 while 循环每隔 10000 毫秒不断查询内存中表名为 mem_table 中的数据。

运行文件 8-6,然后在 Socket 服务输入并发送数据 spark is useful,文件 8-6 的运行结果如图 8-11 所示。

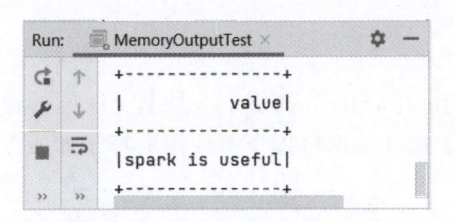

图 8-11 文件 8-6 的运行结果

从图 8-11 可以看出,控制台输出结果为 spark is useful,说明成功将处理后的 DataFrame 以表的形式输出到内存中。

8.4 时间和窗口操作

作为流计算引擎,Structured Streaming 显著的特点是能够处理具有时间属性和进行窗口操作的数据。本节针对 Structured Streaming 中的时间和窗口操作进行详细讲解。

8.4.1 时间的分类

在流数据处理中,时间是一个关键的概念,可以将时间分为事件时间(Event Time)、注入时间(Injection Time)和处理时间(Processing Time)3 种概念,接下来,通过图 8-12 来区分这 3 种时间概念的不同。

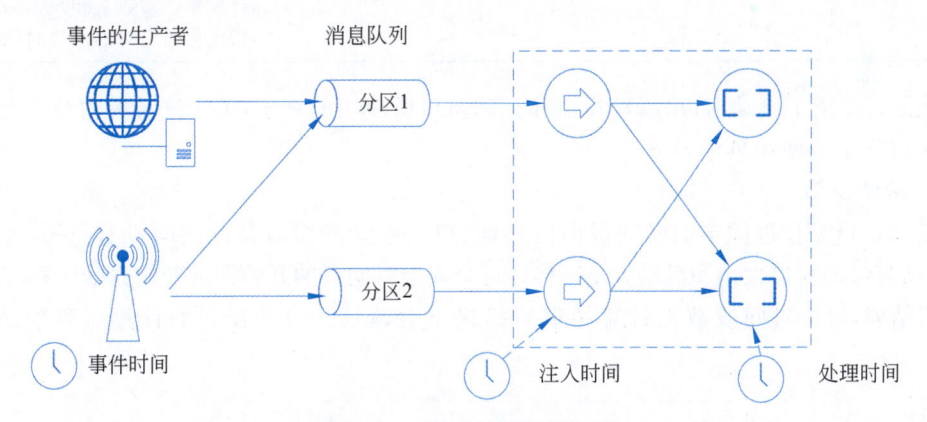

图 8-12 3 种时间概念的不同

图 8-12 介绍了 3 种时间概念的不同,其中事件时间是指事件发生的时间,一旦确定之后不会发生改变,属于数据自身的属性。例如在 Kafka 中,事件的生产者生产了某一事件,该事件被记录在日志文件中,日志文件中的时间就是事件时间。

注入时间是指事件被流计算引擎读取的时间,例如 Kafka 产生的日志文件保存在消息队列中,流计算引擎中的算子获取到消息队列中日志文件的时间就是注入时间。

处理时间是指被流计算引擎中的算子真正开始计算操作的时间。

Structured Streaming 能够支持以上 3 种时间概念,它可以根据特定的数据处理需求和场景,选择合适的时间概念来确保数据处理的准确性和完整性。本章后续将主要基于事件时间窗口操作。

8.4.2 窗口操作

在 Structured Streaming 中,Spark 提供了 3 种基于时间的窗口操作,分别是滚动窗口、滑动窗口和会话窗口。关于这 3 种窗口操作所使用的算子如表 8-3 所示。

表 8-3 窗口操作所使用的算子

算子	语法格式	说明
window	DataFrame.window(timeColumn, windowDuration)	创建一个滚动窗口,允许在给定的时间间隔内对数据进行聚合操作。参数 timeColumn 用于指定 DataFrame 中表示时间戳的列,参数 windowDuration 用于指定滚动窗口的窗口时间大小
window	DataFrame.window(timeColumn, windowDuration, slideDuration)	创建一个滑动窗口,允许在给定的时间间隔内对数据进行聚合操作。参数 slideDuration 用于指定滑动窗口的滑动时间大小
session_window	DataFrame.session_window(timeColumn, gapDuration)	创建一个会话窗口,允许在给定的时间间隔内对数据进行聚合操作。参数 gapDuration 用于指定会话窗口的窗口时间大小

表 8-3 介绍了滚动窗口、滑动窗口和会话窗口所使用的算子,关于这 3 种窗口操作介绍及其对应算子的使用具体如下。

1. 滚动窗口

滚动窗口是指以固定的时间段向前移动窗口,移动的窗口彼此之间没有重叠,也就是说,滚动窗口的窗口大小和滑动大小一样。每个固定时间段的开始即为新的数据计算,直至该时间段结束,每个时间段数据计算结束后结果不会改变。滚动窗口的计算流程如图 8-13 所示。

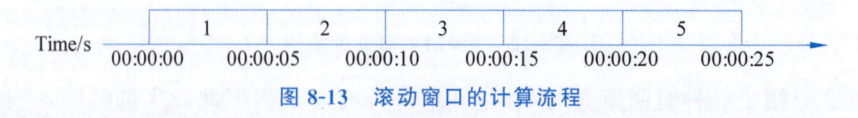

图 8-13 滚动窗口的计算流程

从图 8-13 可以看出,滚动窗口以 5 秒的时间段进行数据计算,当时间为 00:00:00 时开始第 1 次数据计算,直至 00:00:05 第 1 次数据结算结束,接着以同样的时间段开始第 2 次,第 3 次,第 4 次,第 5 次的数据计算。

下面在项目 Spark_Project 的/src/main/scala 目录下创建包 cn.itcast.window,并且在该包中创建名为 Tumbling_Window 的 Scala 文件,该文件用于编写 Structured Streaming 程序,实现以 5 秒的固定时间段进行滚动窗口操作并统计单词出现的次数,具体代码如文件 8-7 所示。

文件 8-7　Tumbling_Window.scala

```scala
1  package cn.itcast.window
2  import org.apache.spark.sql.functions._
3  import org.apache.spark.sql.streaming.OutputMode
4  import org.apache.spark.sql.{DataFrame, SparkSession}
5  import java.sql.Timestamp
6  object Tumbling_Window {
7    def main(args: Array[String]): Unit = {
8      val spark:SparkSession = SparkSession.builder()
9        .appName("tumbling_window")
10       .master("local[*]")
11       .getOrCreate()
12     import spark.implicits._
13     val DF = spark.readStream
14       .format("socket")
15       .option("host","hadoop1")
16       .option("port",9999)
17       .option("includeTimestamp",true)
18       .load()
19     val words = DF.as[(String,Timestamp)]
20       .flatMap(line => line._1.split(" ")
21         .map(word => (word,line._2))).toDF("word","timestamp")
22     val wordscount = words.groupBy(window($"timestamp",
23       "5 seconds"),$"word").count().orderBy($"window")
24     wordscount.writeStream
25       .format("console")
26       .option("truncate", "false")
27       .outputMode(OutputMode.Complete())
28       .start()
29       .awaitTermination()
30   }
31 }
```

在文件 8-7 中,第 12 行代码表示导入隐式转换功能的包,简化对 DataFrame 和 Dataset 的操作。

第 13~18 行代码表示获取 Socket 数据源产生的流式数据,指定 Socket 数据源的主机名以及端口号,其中第 17 行代码表示设置接收的数据包含时间。

第 19~21 行代码表示使用 flatMap 算子对 DF 中的数据进行处理,指定处理 DF 中数据的逻辑为通过分隔符(空格)将行数据进行拆分,并对拆分后的数据添加时间信息,通过 toDF()方法设置列名分别为 word 和 timestamp。

第 22、23 行代码对拆分后的单词以 5 秒的窗口时间大小进行分组,然后对每个组的单词数量进行计数,最后按照窗口的顺序进行排序。

第 24～29 行代码表示将处理后的结果进行输出。

运行文件 8-7,然后在启动 Socket 服务的虚拟机 Hadoop1 输入数据"a b c d a c"并进行发送,查看文件 8-7 的运行结果,如图 8-14 所示。

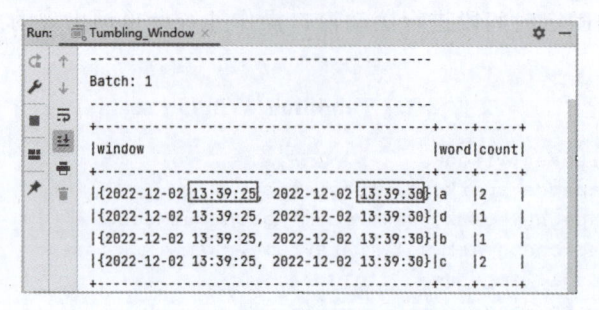

图 8-14　文件 8-7 的运行结果(1)

从图 8-14 可以看出,滚动窗口操作的时间间隔为 5 秒,并且已经统计每个单词出现的次数,如单词 a 出现的次数为 2。

2. 滑动窗口

滑动窗口是指窗口不是固定的而是在指定的时间间隔内对数据进行滑动处理,滑动窗口处理的数据包含有重叠的数据,一个数据可以属于多个滑动窗口。滑动窗口的计算流程如图 8-15 所示。

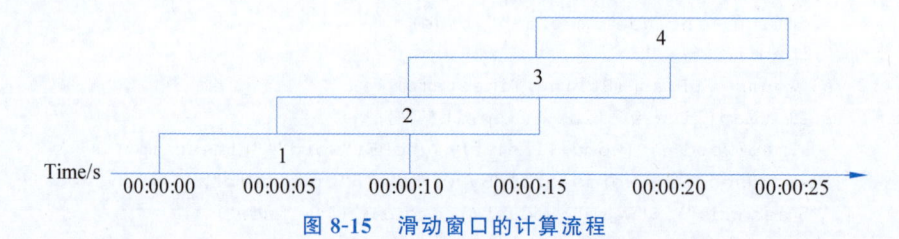

图 8-15　滑动窗口的计算流程

从图 8-15 可以看出,每经过 5 秒滑动窗口以 10 秒的时间段进行数据计算,当时间为 00:00:00 时开始第 1 次数据计算,直至 00:00:10 第 1 次数据结算结束,而第 2 次数据计算则在第 1 次数据计算未结束时开始,所以第 1 次数据计算和第 2 次数据计算会对同一数据进行同样的计算,计算结果会叠加。第 3 次数据计算与第 4 次数据计算则是同样的数据计算方式。

设置窗口时间间隔为 10 秒,滑动时间为 5 秒的滑动窗口并统计单词出现的次数。将文件 8-7 中第 22、23 行代码修改为如下内容。

```
1    val wordscount = words.groupBy(window($"timestamp",
2      "10 seconds","5 seconds"),$"word")
3      .count().orderBy($"window")
```

上述代码中,用于对每个单词以 10 秒的窗口时间大小,5 秒滑动时间间隔进行分组,然后对每个组的单词数量进行计数,最后按照窗口的顺序进行排序。

运行文件 8-7,在启动 Socket 服务的虚拟机 Hadoop1 输入数据"a b c d a c"并进行发送,文件 8-7 的运行结果如图 8-16 所示。

从图 8-16 可以看出,滑动窗口一次完整的数据计算时间间隔为 10 秒,第 2 次数据计算在第 1 次数据计算的 5 秒后开始,已经统计每个单词出现的次数,如单词 d 出现的次数为

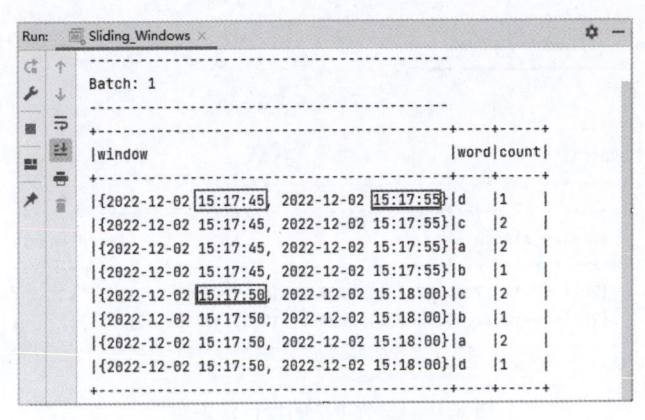

```
Run:    Sliding_Windows ×
----------------------------
Batch: 1
----------------------------
+------------------------------------------+----+-----+
|window                                    |word|count|
+------------------------------------------+----+-----+
|{2022-12-02 15:17:45, 2022-12-02 15:17:55}|d   |1    |
|{2022-12-02 15:17:45, 2022-12-02 15:17:55}|c   |2    |
|{2022-12-02 15:17:45, 2022-12-02 15:17:55}|a   |2    |
|{2022-12-02 15:17:45, 2022-12-02 15:17:55}|b   |1    |
|{2022-12-02 15:17:50, 2022-12-02 15:18:00}|c   |2    |
|{2022-12-02 15:17:50, 2022-12-02 15:18:00}|b   |1    |
|{2022-12-02 15:17:50, 2022-12-02 15:18:00}|a   |2    |
|{2022-12-02 15:17:50, 2022-12-02 15:18:00}|d   |1    |
+------------------------------------------+----+-----+
```

图 8-16　文件 8-7 的运行结果（2）

1. 此次滑动窗口操作对数据计算了 2 次，这是因为设置的时间间隔为 10 秒，窗口滑动时间为 5 秒，所以会在 10 秒内对数据计算 2 次。

3. 会话窗口

会话窗口是一种特殊的窗口操作，它根据输入数据流的活动情况动态地调整窗口大小。间隔时间定义了会话之间的边界。如果两个数据之间的时间间隔超过了预设的时间间隔，它们就会被分配到不同的会话窗口中。一个会话窗口从接收到第一个数据时开始，直到间隔时间内没有新的数据到来时结束。会话窗口的计算流程如图 8-17 所示。

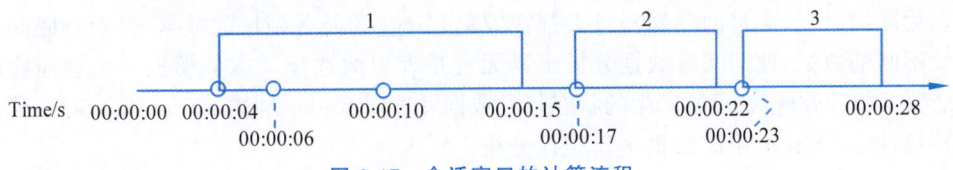

图 8-17　会话窗口的计算流程

在图 8-17 中，预设的时间间隔为 5 秒。当时间点 00:00:04 的数据到来后，会话窗口 1 便开启。随后，在 00:00:04 的数据到来后的第 2 秒，即时间点 00:00:06，新的数据到来，会话窗口 1 继续保持开启。接着，在 00:00:06 的数据到来后的第 4 秒，即时间点 00:00:10，又有新的数据到来，会话窗口 1 继续保持开启。而时间点 00:00:10 的数据到来后的 5 秒内没有新的数据到来，因此会话窗口 1 便会计算结果并关闭。会话窗口 2 则在时间点 00:00:17 的数据到来后开启，以此类推。

设置会话窗口的时间间隔为 5 秒并统计单词出现的次数，将文件 8-7 中第 22、23 行代码修改为如下内容。

```
1    val wordscount = words.groupBy(session_window($"timestamp",
2      "5 seconds"),$"word").count().orderBy($"session_window")
```

上述代码中，用于对窗口内的每个单词进行分组，然后对每个组的单词数量进行计数，最后按照窗口的顺序进行排序。需要注意的是，在会话窗口中时间的单位会被精确到毫秒。

运行文件 8-7，在启动 Socket 服务的虚拟机 Hadoop1 首先输入并发送 3 个 a，然后间隔 8 秒后，再次输入并发送两个 a，最后查看 IntelliJ IDEA 控制台，如图 8-18 所示。

从图 8-18 可以看出，当第一个 a 在 2024-09-10 17:45:02.886 到达时，开启了第一个会

```
Run        Tumbling_Window

Batch: 1
+--------------------------------------------------+----+-----+
|session_window                                    |word|count|
+--------------------------------------------------+----+-----+
|{2024-09-10 17:44:57.096, 2024-09-10 17:45:02.886}|a   |3    |
|{2024-09-10 17:45:05.255, 2024-09-10 17:45:10.607}|a   |2    |
+--------------------------------------------------+----+-----+
```

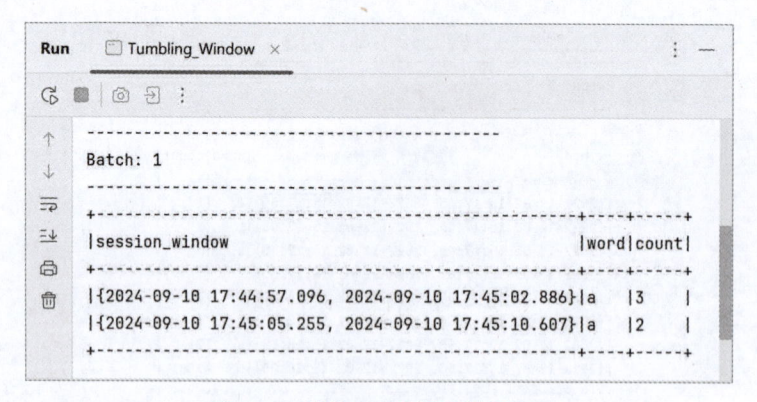

图 8-18　文件 8-7 的运行结果(3)

话窗口。在接下来的 5 秒内，又有两个到达，其中最后一个 a 到达后，5 秒内没有新数据到达，因此第一个会话窗口在 2024-09-10 17:45:07.886 关闭。第一个会话窗口关闭后，大约 3 秒后，另一个 a 在 2024-09-10 17:45:10.255 到达，开启了第二个会话窗口。在接下来的 5 秒内，又有一个 a 到达，之后 5 秒内没有新数据到达，因此第二个会话窗口在 2024-09-10 17:45:10.607 关闭。

8.5　案例——物联网设备数据分析

在物联网时代，大量的感知器每天都在收集并产生涉及各领域的数据，针对物联网产生的源源不断的数据，使用实时数据分析工具无疑是理想的选择。本节模拟一个智能物联网系统的数据统计分析，将设备产生的状态信号数据发送到 Kafka，利用 Structured Streaming 实时消费统计，对 Kafka 中的数据进行统计分析。

8.5.1　准备数据

在实际开发场景中，物联网设备产生的数据会被发送到 Kafka 中，由 Structured Streaming 实时读取 Kafka 中的数据进行消费，然后进行一系列计算。为了对物联网设备数据进行分析，需要自定义字段信息并编写程序，模拟生成物联网设备产生数据。

模拟生成物联网设备产生数据可以分为以下几个步骤。

(1) 创建 Topic。通过 Kafka 的 Shell 操作创建 Topic，用于保存物联网设备产生的数据。

(2) 启动 Kafka 消费者。由于 Kafka 生产者是通过编写程序实现的，所以这里只需要通过 Kafka 的 Shell 操作启动 Kafka 消费者，消费 Kafka 生产者发送到指定 Topic 的消息。

(3) 添加 Kafka 相关的依赖。

(4) 编写 Scala 程序实现 Kafka 生产者，模拟生成物联网设备产生数据。

(5) 执行测试，查看测试结果。

下面基于上述步骤的分析，演示如何模拟生成物联网设备产生数据并将其发送到 Kafka 指定的 Topic 中。

1. 启动 Kafka 服务

在虚拟机 Hadoop1 和 Hadoop2 启动 Kafka 服务。

2. 创建 Topic 并启动 Kafka 消费者

在 Kafka 中创建名为 spark-kafka 的 Topic，用于保存物联网设备产生的数据。这里设置 Topic 的分区数为 3，分区的副本数为 2。克隆虚拟机 Hadoop1 的会话框执行如下命令。

```
$ kafka-topics.sh --create \
--topic spark-kafka \
--partitions 3 \
--replication-factor 2 \
--bootstrap-server hadoop1:9092,hadoop2:9092
```

在虚拟机 Hadoop1 中启动 Kafka 消费者，用于消费名为 spark-kafka 的 Topic 中保存的物联网设备产生的数据，在虚拟机 Hadoop1 执行如下命令。

```
$ kafka-console-consumer.sh \
--bootstrap-server hadoop1:9092,hadoop2:9092 \
--from-beginning \
--topic spark-kafka
```

执行上述创建 Topic 和启动 Kafka 消费者的命令时，需要确保 ZooKeeper 集群和 Kafka 集群启动成功。

3. 添加 Kafka 相关依赖

在项目 Spark_Project 的 pom.xml 文件中添加 Kafka 相关的依赖，在 <dependencies> 标签中添加如下内容。

```xml
<dependency>
    <groupId>org.apache.kafka</groupId>
    <artifactId>kafka-clients</artifactId>
    <version>3.2.1</version>
</dependency>
```

上述配置内容中，kafka-clients 表示添加 Kafka 的客户端依赖，实现与 Kafka 集群进行通信。

4. 模拟生成数据

在项目 Spark_Project 的 /src/main/scala 目录下创建包 cn.itcast.kafka，并且在该包中创建 Scala 文件 DataFrom，该文件主要用于编写 Scala 程序，实现模拟生成物联网设备产生数据，具体代码如文件 8-8 所示。

文件 8-8　DataFrom.scala

```
1  package cn.itcast.kafka
2  import org.apache.kafka.clients.producer.{KafkaProducer, ProducerRecord}
3  import org.json4s.DefaultFormats
4  import org.json4s.jackson.Json
5  import java.util.Properties
6  import scala.util.Random
7  object DataFrom {
8    case class DeviceData
9    (
10     device:String,
11     deviceType:String,
```

```
12      signal:Double,
13      time:Long
14    )
15    def main(args: Array[String]): Unit = {
16      val p = new Properties()
17      p.put("bootstrap.servers", "hadoop1:9092,hadoop2:9092")
18      p.put("acks", "all")
19      p.put("key.serializer",
20        "org.apache.kafka.common.serialization.StringSerializer")
21      p.put("value.serializer",
22        "org.apache.kafka.common.serialization.StringSerializer")
23      val producer = new KafkaProducer[String,String](p)
24      val deviceTypes = Array("db", "bigdata",
25        "kafka", "route" }
26      val random:Random = new Random()
27      while (true) {
28        val index:Int = random.nextInt(deviceTypes.length)
29        val deviceId:String = s"device_${(index + 1) * 10 +
30          random.nextInt(index + 1)}"
31        val deviceType:String = deviceTypes(index)
32        val deviceSignal:Int = 10 + random.nextInt(90)
33        val deviceData = DeviceData(deviceId,deviceType,deviceSignal,
34          System.currentTimeMillis())
35        val deviceJson:String = new Json(DefaultFormats).write(deviceData)
36        println(deviceJson)
37        Thread.sleep(100 + random.nextInt(500))
38        val record = new ProducerRecord[String,String]("spark-kafka",deviceJson)
39        producer.send(record)
40      }
41      producer.close()
42    }
43  }
```

在文件8-8中,第8～14行代码表示创建一个样例类DeviceData对应模拟生成物联网设备产生数据中的字段名,其中device用于表示物联网设备ID,deviceType用于表示物联网设备类型,signal用于表示物联网设备信号,time用于表示物联网设备将数据发送到Kafka中的时间。

第16～22行代码表示设置连接Broker的主机名、端口号以及其他相关配置。

第23行代码表示创建Kafka生产者实例化对象producer,并传递Kafka的相关配置。

第24、25行代码表示创建一个数组用于保存物联网设备产生数据的设备类型。

第26行代码表示创建一个随机数生成器。

第27～40行代码表示通过while循环,模拟生成物联网设备产生的数据。分别定义deviceId、deviceType和deviceSignal,用于表示物联网设备产生数据的设备ID、设备类型和设备信号,然后定义deviceData与样例类DeviceData中的字段名相对应,其中通过currentTimeMillis()方法获取当前系统时间与样例类中字段名time相对应。通过创建JSON实例化对象用于接收自定义数据并将数据格式转换为JSON格式,然后通过Thread.sleep()模拟物联网设备每隔一定的时间产生数据,最后将产生的数据发送到指定的Kafka主题中。

5. 执行测试

文件 8-8 的运行结果如图 8-19 所示。

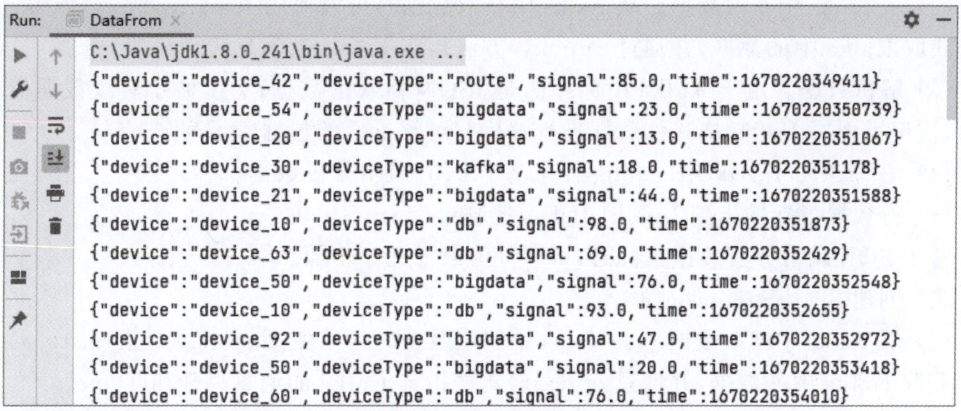
Run:
DataFrom
C:\Java\jdk1.8.0_241\bin\java.exe ...
{"device":"device_42","deviceType":"route","signal":85.0,"time":1670220349411}
{"device":"device_54","deviceType":"bigdata","signal":23.0,"time":1670220350739}
{"device":"device_20","deviceType":"bigdata","signal":13.0,"time":1670220351067}
{"device":"device_30","deviceType":"kafka","signal":18.0,"time":1670220351178}
{"device":"device_21","deviceType":"bigdata","signal":44.0,"time":1670220351588}
{"device":"device_10","deviceType":"db","signal":98.0,"time":1670220351873}
{"device":"device_63","deviceType":"db","signal":69.0,"time":1670220352429}
{"device":"device_50","deviceType":"bigdata","signal":76.0,"time":1670220352548}
{"device":"device_10","deviceType":"db","signal":93.0,"time":1670220352655}
{"device":"device_92","deviceType":"bigdata","signal":47.0,"time":1670220352972}
{"device":"device_50","deviceType":"bigdata","signal":20.0,"time":1670220353418}
{"device":"device_60","deviceType":"db","signal":76.0,"time":1670220354010}

图 8-19　文件 8-8 的运行结果

从图 8-19 可以看出，根据指定格式模拟物联网设备生成数据成功。此时，打开虚拟机 Hadoop2 创建的 Kafka 消费者会话框，如图 8-20 所示。

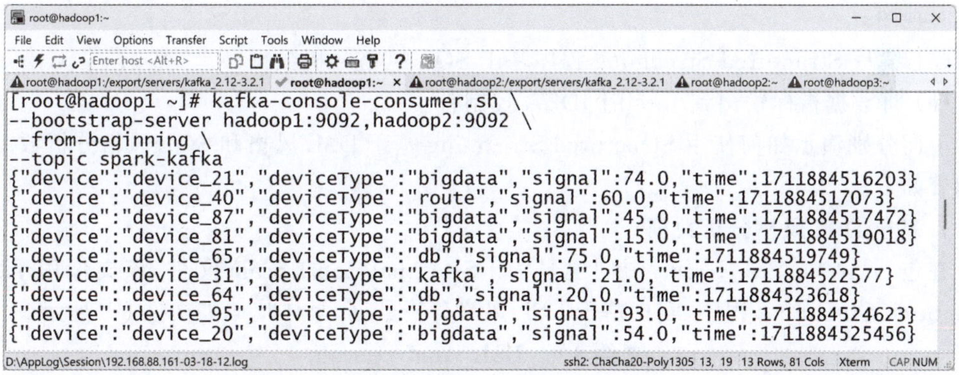
root@hadoop1:~
File Edit View Options Transfer Script Tools Window Help
[root@hadoop1 ~]# kafka-console-consumer.sh \
--bootstrap-server hadoop1:9092,hadoop2:9092 \
--from-beginning \
--topic spark-kafka
{"device":"device_21","deviceType":"bigdata","signal":74.0,"time":1711884516203}
{"device":"device_40","deviceType":"route","signal":60.0,"time":1711884517073}
{"device":"device_87","deviceType":"bigdata","signal":45.0,"time":1711884517472}
{"device":"device_81","deviceType":"bigdata","signal":15.0,"time":1711884519018}
{"device":"device_65","deviceType":"db","signal":75.0,"time":1711884519749}
{"device":"device_31","deviceType":"kafka","signal":21.0,"time":1711884522577}
{"device":"device_64","deviceType":"db","signal":20.0,"time":1711884523618}
{"device":"device_95","deviceType":"bigdata","signal":93.0,"time":1711884524623}
{"device":"device_20","deviceType":"bigdata","signal":54.0,"time":1711884525456}
D:\AppLog\Session\192.168.88.161-03-18-12.log
ssh2: ChaCha20-Poly1305 13, 19 13 Rows, 81 Cols Xterm CAP NUM

图 8-20　Kafka 消费者消费数据

从图 8-20 可以看出，模拟物联网设备生成数据已经被 Kafka 成功消费，并且数据与 IntelliJ IDEA 控制台输出的数据保持一致。

需要注意的是，由于采用的是随机生成的数据，所以用户在操作时生成的数据可能会不一致。

8.5.2 分析数据

由于 Structured Streaming 是基于 Spark SQL 的流计算引擎，所以使用 Structured Streaming 同样可以采用 DSL 风格和 SQL 风格分析数据。在本案例中，需要分析的数据指标如下。

(1) 信号强度大于 30 的设备。

(2) 各种设备类型的数量。

(3) 各种设备类型的平均信号强度。

基于 DSL 风格分析数据指标时，可以分为以下几个步骤。

（1）创建 SparkSession 对象。

（2）从 Kafka 中获取数据。从 Kafka 中获取数据时可以使用 spark.read.format("kafka") 操作获取 Kafka 中的数据，并通过 option() 方法指定 Kafka 的消息代理和 Topic。

（3）解析数据。由于 Kafka 中保存的是 JSON 格式的数据，为了便于后续数据指标的分析，这里需要对 JSON 格式的数据进行解析并对解析后的数据赋予列名。

（4）编写 Structured Streaming 程序基于 DSL 风格分析数据。

（5）将数据指标输出到 IntelliJ IDEA 控制台。

基于 SQL 风格分析数据指标时，可以分为以下几个步骤。

（1）创建 SparkSession 对象。

（2）从 Kafka 中获取数据。从 Kafka 中获取数据时可以使用 spark.read.format("kafka") 操作获取 Kafka 中的数据，并通过 option() 方法指定 Kafka 的消息代理和 Topic。

（3）解析数据。由于 Kafka 中保存的是 JSON 格式的数据，为了便于后续数据指标的分析，这里需要对 JSON 格式的数据进行解析并对解析后的数据赋予列名。

（4）将 DataFrame 转换为临时视图。由于解析后的数据保存在 DataFrame 对象中，为了便于使用 SQL 语句进行分析，需要使用 createOrReplaceTempView() 方法创建 DataFrame 的临时视图。

（5）编写 Structured Streaming 程序基于 SQL 风格分析数据。

（6）将数据指标输出到 IntelliJ IDEA 控制台。

下面分别演示如何使用 Structured Streaming 基于 DSL 风格和 SQL 风格分析数据，具体内容如下。

1. 基于 DSL 风格分析数据

在包 cn.itcast.Std_Kafka 中创建名为 DSL_Analyze 的 Scala 文件，该文件用于编写 Structured Streaming 程序，实现基于 DSL 风格分析数据，具体代码如文件 8-9 所示。

文件 8-9　DSL_Analyze.scala

```
1  package cn.itcast.Std_Kafka
2  import org.apache.spark.sql.functions._
3  import org.apache.spark.sql.streaming.OutputMode
4  import org.apache.spark.sql.types.DoubleType
5  import org.apache.spark.sql.{DataFrame, Dataset, SparkSession}
6  object DSL_Analyze {
7    def main(args: Array[String]): Unit = {
8      val spark:SparkSession = SparkSession.builder()
9        .appName("dsl_analyze")
10       .master("local[*]")
11       .getOrCreate()
12     import spark.implicits._
13     val iotStreamDF = spark.readStream
14       .format("kafka")
15       .option("kafka.bootstrap.servers", "hadoop1:9092,hadoop2:9092")
16       .option("subscribe", "spark-kafka")
17       .load()
```

```
18      val valueDS = iotStreamDF
19        .selectExpr("CAST(value AS STRING)").as[String]
20      val jsonDF = valueDS.select(
21        get_json_object($"value", "$.device").as("device_id"),
22        get_json_object($"value", "$.deviceType").as("deviceType"),
23        get_json_object($"value", "$.signal").cast(DoubleType).as("signal")
24      )
25      val result = jsonDF.filter($"signal" > 30)
26        .groupBy($"deviceType")
27        .agg(
28          count($"device_id") as "counts",
29          avg($"signal") as "avgsignal"
30        )
31      result.writeStream
32        .format("console")
33        .outputMode(OutputMode.Complete())
34        .start()
35        .awaitTermination()
36    }
37 }
```

在文件 8-9 中，第 13~17 行代码表示获取 Kafka 数据源中的数据，指定 Kafka 数据源的 IP 地址以及端口号，其中第 16 行代码表示读取 Kafka 中指定主题的数据。

第 18、19 行代码表示通过 selectExpr() 方法将 Kafka 中的数据转换成字符串格式。

第 20~24 行代码表示通过 get_json_object() 方法解析 Kafka 接收到的 JSON 格式的数据。

第 25~30 行代码表示计算信号强度大于 30 的设备、各种设备类型的数量以及各种设备类型的平均信号强度。

首先运行文件 8-8 用于模拟实时产生数据，然后运行文件 8-9 用于处理实时产生的数据，最后查看文件 8-9 的运行结果，如图 8-21 所示。

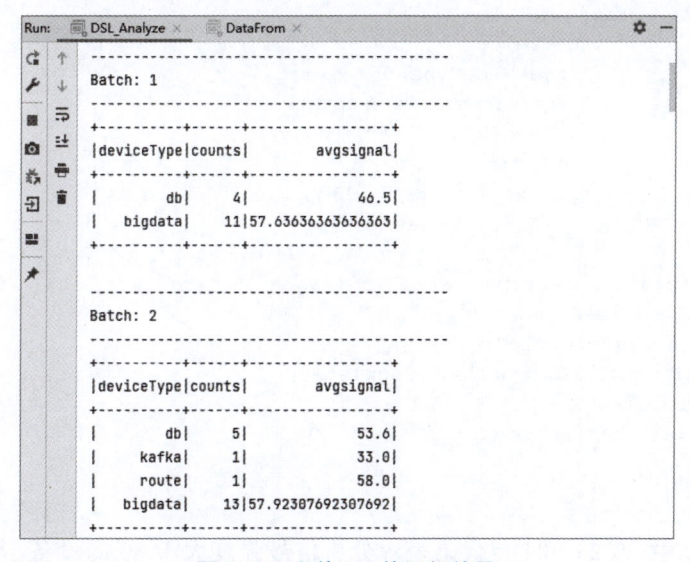

图 8-21 文件 8-9 的运行结果

从图 8-21 可以看出，实时产生的数据已经被成功处理，随着文件 8-8 的运行，文件 8-9 每次处理数据的结果都不同。

2. 基于 SQL 风格分析数据

在 cn.itcast.Std_Kafka 包中创建 Scala 文件 SQL_Analyze，该文件用于编写 Structured Streaming 程序，实现基于 SQL 风格分析数据，具体代码如文件 8-10 所示。

文件 8-10　SQL_Analyze.scala

```scala
 1  package cn.itcast.Std_Kafka
 2  import org.apache.spark.sql.{DataFrame, Dataset, SparkSession}
 3  import org.apache.spark.sql.functions._
 4  import org.apache.spark.sql.streaming.OutputMode
 5  import org.apache.spark.sql.types.DoubleType
 6  object SQL_Analyze {
 7    def main(args: Array[String]): Unit = {
 8      val spark:SparkSession = SparkSession.builder()
 9        .appName("sql_analyze")
10        .master("local[*]")
11        .getOrCreate()
12      import spark.implicits._
13      val iotStreamDF:DataFrame = spark.readStream
14        .format("kafka")
15        .option("kafka.bootstrap.servers", "hadoop1:9092,hadoop2:9092")
16        .option("subscribe", "spark-kafka")
17        .load()
18      val valueDS:Dataset[String] = iotStreamDF
19        .selectExpr("CAST(value AS STRING)").as[String]
20      val jsonDF:DataFrame = valueDS.select(
21        get_json_object($"value", "$.device").as("device_id"),
22        get_json_object($"value", "$.deviceType").as("deviceType"),
23        get_json_object($"value", "$.signal").cast(DoubleType).as("signal")
24      )
25      jsonDF.createOrReplaceTempView("t_iot")
26      val sql:String = """
27                    |select
28                    |deviceType,
29                    |count(*) as counts,
30                    |avg(signal) as avgsignal
31                    |from t_iot
32                    |where signal > 30
33                    |group by deviceType
34                    |""".stripMargin
35      val result:DataFrame = spark.sql(sql)
36      result.writeStream
37        .format("console")
38        .outputMode(OutputMode.Complete())
39        .start()
40        .awaitTermination()
41    }
42  }
```

在文件 8-10 中，第 26～34 行代码表示分析信号强度大于 30 的设备、各种设备类型的数量以及各种设备类型的平均信号强度 3 个数据指标的 SQL 语句，其中 stripMargin 的作

用是删除代码中的连接符"|",保证代码整齐。当读者在实际操作过程中,可将 27～34 行代码中的 SQL 语句放置在同一行,例如"select deviceType,count(*) as counts,avg(signal) as avgsignal from t_iot where signal>30 group by deviceType"。第 35 行代码表示执行 SQL 语句,实现数据指标的计算。

下面首先运行文件 8-8 用于模拟实时产生数据,然后运行文件 8-10 用于处理实时产生的数据,最后查看文件 8-10 的运行结果,如图 8-22 所示。

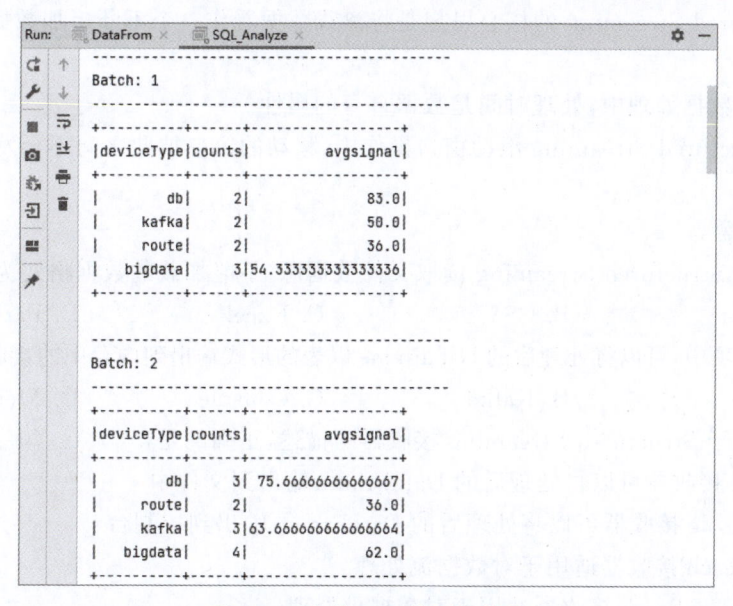

图 8-22 文件 8-10 的运行结果

从图 8-22 可以看出,实时产生的数据已经被成功处理,随着文件 8-8 的运行,文件 8-10 每次处理数据的结果都不同。

8.6 本章小结

本章主要讲解了 Structured Streaming 的知识和相关操作。首先,讲解了 Spark Streaming 的不足。其次,讲解了 Structured Streaming 的简介和编程模型。接着,讲解了 Structured Streaming 的 API 操作,包括输入操作、转换操作和输出操作。然后,讲解了时间和窗口操作。最后,通过一个案例讲解了利用 Structured Streaming 进行物联网设备数据分析。通过本章的学习,读者能够掌握 Structured Streaming 的基本概念以及如何使用 Structured Streaming,实现针对不同场景进行实时数据处理,以满足不同的应用场景需求。

8.7 课后习题

一、填空题

1. Structured Streaming 是一个基于_____的可扩展且容错性高的流计算引擎。
2. Structured Streaming 具有统一的编程范式、_____和_____3 个显著的特点。

3. Structured Streaming 支持的数据源有_____、Kafka 数据源和 Socket 数据源等。

4. 在流式数据处理中,时间分为_____、注入时间和_____ 3 种时间概念。

5. Structured Streaming 提供了_____、滑动窗口和_____ 3 个窗口操作。

二、判断题

1. Structured Streaming 默认情况下处理数据的方式是微批处理。　　　　(　　)

2. Structured Streaming 和 Spark SQL 共用 API。　　　　　　　　　　(　　)

3. Structured Streaming 的核心思想是将离线数据看作一个不断追加数据的表。

(　　)

4. 在流式数据处理中,处理时间是数据自身的属性。　　　　　　　　　(　　)

5. 在 Structured Streaming 滚动窗口操作中,移动的窗口彼此之间不会发生重叠。

(　　)

三、选择题

1. 若使用 Structured Streaming 读取文件数据源,不能加载的数据格式为(　　)。
   A. Text　　　　　B. CSV　　　　　C. Excel　　　　　D. Parquet

2. 下列选项中,可以将处理后的 DataFrame 以表的形式输出到内存中的接收器是(　　)。
   A. File　　　　　B. Kafka　　　　C. Console　　　　D. Memory

3. 下列关于 Structured Streaming 接收器的描述,正确的是(　　)。(多选)
   A. File 接收器可以将处理后的 DataFrame 输出到文件中
   B. Console 接收器可以将处理后的 DataFrame 输出到控制台
   C. Foreach 接收器适用于对数据流处理
   D. ForeachBatch 接收器适用于对数据批处理

4. 下列选项中,不属于 Structured Streaming 转换操作算子的是(　　)。
   A. select　　　　B. where　　　　C. groupBy　　　　D. foreachRDD

5. 下列关于 Structured Streaming 窗口操作的描述,正确的是(　　)。
   A. 滚动窗口包含重叠的数据
   B. 滑动窗口处理的数据不包含重叠的数据
   C. 会话窗口可以动态地调整窗口大小
   D. session_window 算子用于创建滑动窗口

四、简答题

简述 Structured Streaming 的特点。

第 9 章

Spark MLlib机器学习库

学习目标：

- 了解什么是机器学习，能够说出有监督学习、无监督学习和半监督学习之间的区别。
- 了解机器学习的应用，能够说出机器学习常见的应用领域。
- 熟悉 Spark MLlib，能够说出 Spark MLlib 的算法架构。
- 掌握 Spark MLlib 工作流程，能够叙述机器学习如何处理数据并训练模型。
- 掌握 Spark MLlib 的数据类型，能够使用 Spark MLlib 对本地向量、标记点和本地矩阵进行相关操作。
- 熟悉 Spark MLlib 的基本统计和分类方法，能够使用 Spark MLlib 对数据进行处理和分析。
- 掌握电影推荐系统，能够使用 Spark MLlib 实现电影推荐。

Spark MLlib 是 Spark 提供的可扩展的机器学习库，该库包含了许多机器学习算法，基于 Spark MLlib，开发人员不需要深入了解机器学习算法就可以开发出相关程序。本章介绍 Spark MLlib 基本知识以及使用方法，并通过构建推荐引擎了解机器学习在实际场景中的应用。

9.1 初识机器学习

9.1.1 什么是机器学习

机器学习是人工智能领域的分支，旨在让计算机从数据中自动学习并不断改进性能，而不需要明确地设定学习规则或指令。它利用统计学、概率论和计算机科学等多门学科，使计算机能够从数据中提取信息，发现数据中的规律和模式，从而进行预测和决策。

随着互联网和各种传感器技术的快速发展，其产生的大量数据被收集并存储在数据库中，但这些数据往往难以直接被人类处理。机器学习通过对这些数据的分析和学习，使得机器能够从中提取有用的信息并做出预测或决策，从而实现更高效的数据处理。通俗地讲，传统计算机工作时需要接收指令，并按照指令逐步执行，最终得到计算结果；而机器学习是通过某种算法，将历史数据进行训练得出某种模型，当有新的数据提供时，可以使用训练产生的模型对未来进行预测。

机器学习是一种能够赋予机器进行自主学习，不依靠人工干预进行自主判断的技术，它和人类对历史经验归纳的过程有着相似之处。自主学习鼓励个人主动探索和发现知识，培养了独立思考、问题解决和创新的能力。自主学习还能帮助个人适应不断变化的学习和工作环境,提高应对挑战和变化的能力。接下来,通过图 9-1 来对人类思考过程和机器学习过程进行对比。

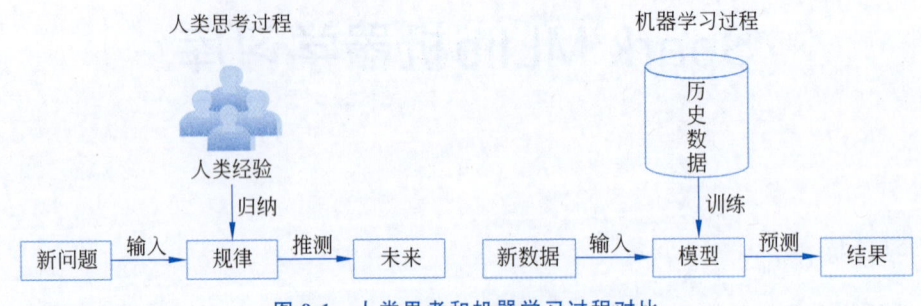

图 9-1 人类思考和机器学习过程对比

在图 9-1 中,人类在学习成长的过程中,将积累的经验进行归纳,得到一定的规律,因此当人类遇到新问题时,可以从已有的规律推测未来要发生的问题;而机器学习中的训练和预测过程可以近似看作人类的归纳和推测的过程,机器学习根据历史数据训练得到模型,当接收到新数据时根据训练得到的模型预测对应的结果。

从图 9-1 中可以发现,机器学习实际上并不复杂,它只是对人类学习过程的模拟。与传统的编程方式不同,机器学习并不是通过明确的因果关系来解决问题,而是通过归纳思维来发现数据中的模型和相关性,从而得出结论。这也可以联想到人类为什么要学习历史,历史实际上是人类对过往经验的总结,俗话说"历史总是惊人的相似",通过学习历史,可以从中归纳出事物发展的规律,从而指导今后的工作。

根据数据类型和需求的不同,建模方式也会不同。在机器学习领域中,按照学习方式分类,可以让研究人员在建模和算法选择的时候,根据输入数据来选择合适的算法,从而得到更好的效果,通常机器学习可以分为下面 3 类。

(1) 有监督学习。通过已有的训练样本,即已知数据以及其对应的输出,训练得到一个最优模型,再利用这个模型将所有的输入映射为相应的输出,对输出进行简单的判断从而实现分类的目的。例如,分类、回归和推荐算法都属于有监督学习。

(2) 无监督学习。针对数据类别未知的训练样本,需要直接对数据进行建模,人们无法知道要预测的答案。例如,聚类、降维和文本处理的某些特征提取都属于无监督学习。

(3) 半监督学习。它是介于有监督学习与无监督之间的一种学习方法。半监督学习使用大量的未知的数据,以及同时使用少量已知的数据,来进行模式识别工作。当使用半监督学习时,将会要求人们进行干预,同时,又能够带来较高的准确性。

9.1.2 机器学习的应用

机器学习强调 3 个关键词:算法、经验和性能。在数据的基础上,通过算法构建出模型,然后用训练模型测试已有的数据集进行评估,如果评估达到要求,就将模型应用于生产环境中,如果该模型没有很好的表现,那么就需要根据经验不断地优化算法,来提高模型的性能,最终获得一个满意的模型来处理其他的数据。

机器学习可以应用于各行各业,与人们的生活息息相关。以下是机器学习常见的应用领域。

1. 电子商务

机器学习在电子商务领域的应用主要涉及搜索、广告和推荐3方面。在机器学习的参与下，搜索引擎能够更好地理解语义，对用户搜索的关键词进行匹配，同时它可以对点击率与转化率进行深度分析，更有利于用户选择更加符合自己需求的商品。

2. 医疗

普通医疗体系并不能永远保持精准且快速的诊断，在目前的研究阶段中，技术人员利用机器学习对上百万个病例数据库的医学影像进行图像识别及分析，并训练模型，帮助医生做出更为精准、高效的诊断。

3. 金融

机器学习对金融行业产生重大的影响，在金融领域最常见的应用是过程自动化，该技术可以替代体力劳动，从而提高生产力。摩根大通集团推出了利用自然语言处理技术的智能合同解决方案，该解决方案可以从文件合同中提取重要数据，大大节省了人力劳动成本。

9.2　Spark MLlib 概述

Spark MLlib 是 Spark 提供的可扩展的机器学习库，其特点是利用分布式计算引擎 Spark 的并行处理能力，使得数据的计算处理速度高于普通的数据处理引擎。本节针对 Spark MLlib 简介和工作流程进行讲解。

9.2.1　Spark MLlib 简介

Spark MLlib 采用 Scala 语言编写，借助了函数式编程的思想，用户在开发的过程中只需要关注数据，而不需要关注算法本身，要做的就是传递参数和调试参数，而且 Spark MLlib 可以利用 Spark 的分布式计算能力快速地处理大量的数据。

Spark MLlib 提供了多种机器学习算法，包括分类、回归、聚类、协同过滤等，可以满足不同领域的机器学习需求，接下来，通过图 9-2 介绍 Spark MLlib 的算法架构。

在图 9-2 中，Spark MLlib 主要包含两部分，分别是底层基础和算法库。底层基础主要包括基于 RDD/DataFrame 的 API、MLlib 矩阵接口、MLlib 向量接口和 Utilities，其中 MLlib 矩阵接口和 MLlib 向量接口是基于 Netlib 和 BLAS/LAPACK 开发的线性代数库 Breeze；Utilities 是 Spark MLlib 中提供的一系列辅助工具和实用程序，它可以帮助用户训练高质量的机器学习模型并优化数据处理时的性能。算法库包括分类、回归、聚类、协同过滤、梯度下降和特征提取等算法。

在 Spark MLlib 中，提供了基于 RDD 和 DataFrame 两种 API，前者使用的是基础的数据结构实现 Spark MLlib，而后者使用的是更高层次的数据结构实现 Spark MLlib。在数据处理时，DataFrame 提供了比 RDD 更友好的 API，包括 SQL 语句查询和 Catalyst 优化。从 Spark 2.0 开始基于 RDD 实现 Spark MLlib 的 API 将进入维护模式，后续 Spark MLlib 将不会基于 RDD 的 API 实现的新功能，而是基于 DataFrame 的 API 实现的新功能。本书介绍基于 DataFrame 的 API 实现 Spark MLlib。

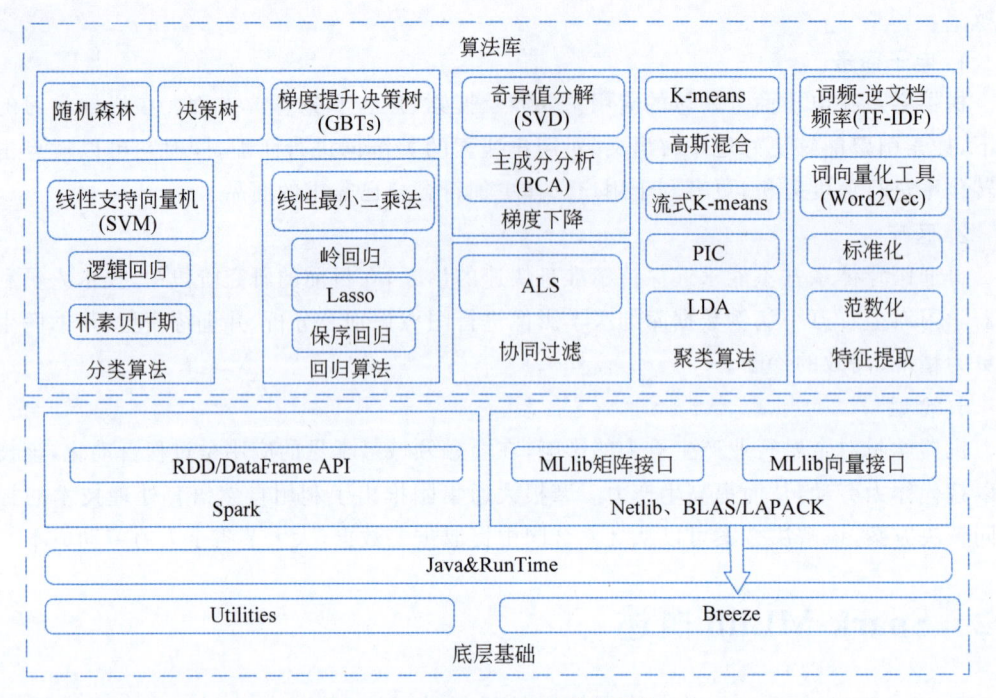

图 9-2 Spark MLlib 的算法架构

9.2.2 Spark MLlib 工作流程

Spark MLlib 工作流程分为 3 个阶段,即数据准备阶段、训练模型评估阶段以及部署预测阶段。关于这 3 个阶段的介绍如下。

1. 数据准备阶段

在数据准备阶段,需要将数据采集系统采集的原始数据进行数据清洗,然后对清洗后的数据提取特征字段与标签字段,从而生产机器学习所需的数据格式。数据准备阶段的流程如图 9-3 所示。

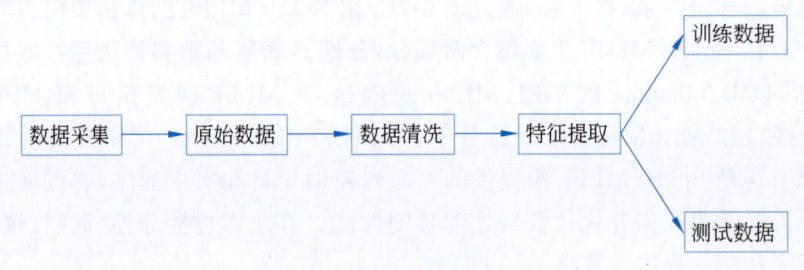

图 9-3 数据准备阶段的流程

从图 9-3 可以看出,数据准备阶段的流程主要经历数据采集→原始数据→数据清洗→特征提取,其中经过特征提取后会将数据主要分为两个模块,即训练数据模块和测试数据模块。

2. 训练模型评估阶段

在训练模型评估阶段,Spark MLlib 库中的相关算法会将数据准备阶段准备好的训练数据进行模型训练,然后通过测试数据测试模型得到测试结果,如果测试结果符合预期,则认为该模型为最佳模型,如果不符合预期,则反复进行模型训练得到最佳模型。训练模型评估阶段的流程如图9-4所示。

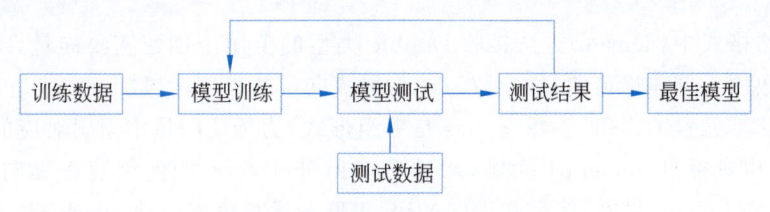

图 9-4　训练模型评估阶段的流程

从图9-4可以看出,训练模型评估阶段的流程主要经历训练数据→模型训练→模型测试→测试结果,经过测试数据反复训练模型得到最佳模型。在使用得到最佳模型时,要避免出现过拟合的问题,如果在训练过程中,模型在测试数据上的表现非常好,但在应用到新的测试数据时准确率显著下降,说明可能出现过拟合的问题。

3. 部署预测阶段

部署预测阶段是 Spark MLlib 处理数据的最后一个阶段,该阶段得到的预测结果会被应用于生产环境中。部署预测阶段的流程如图9-5所示。

图 9-5　部署预测阶段的流程

从图9-5可以看出,部署预测阶段中的新数据经过特征提取产生数据特征,然后使用最佳模型进行预测,最终得到预测结果。

9.3　数据类型

对数据保持真实和准确的态度是我们在操作数据时应该遵循的原则。通过遵循这一原则,才能够更好地应用数据,并取得长期的成功和可持续的发展。Spark MLlib 的数据类型主要包括本地向量(local vector)、标记点(labeled point)和本地矩阵(local matrix),其中本地向量和本地矩阵具有简单的数据模型,常用作公共接口,底层由线性代数库 Breeze 支持;标记点在监督学习中被用来表示训练样本。关于 Spark MLlib 的数据类型的介绍如下。

1. 本地向量

本地向量分为密集(Dense)向量和稀疏(Sparse)向量,密集向量是由 Double 类型的数组构成,而稀疏向量是由两个并列的数组(索引,值)构成。例如,向量(3.0,0.0,4.0)由密集向量表示的格式为[3.0,0.0,4.0],由稀疏向量表示的格式为(3,[0,2],[3.0,4.0]),其中3是向量(3.0,0.0,4.0)的长度,[0,2]是向量中非零元素的索引,[3.0,4.0]是索引对应的值。

Spark MLlib 定义了 Vectors 伴生对象,该伴生对象提供了 dense()方法和 sparse()方法创建本地向量中的密集向量和稀疏向量,语法格式如下。

```
#创建密集向量
Vectors.dense(value1, value2, value3, ...)
#创建稀疏向量
Vectors.sparse(size, indices, values)
```

上述语法格式中，dense()方法接收 Double 类型的值用于创建密集向量，sparse()方法接收 3 个参数用于创建稀疏向量，参数 size 为稀疏向量的长度，参数 indices 是数组形式，为稀疏向量中非零元素的索引，参数 values 是数组形式，为稀疏向量中索引对应的值。

接下来，以虚拟机 Hadoop1 为例，通过 Spark Shell 演示如何创建密集向量和稀疏向量。首先启动 Hadoop 集群，然后基于 YARN 集群的运行模式启动 Spark Shell。在虚拟机 Hadoop1 的目录/export/servers/sparkOnYarn/spark-3.3.0-bin-hadoop3 中执行如下命令。

```
$ bin/spark-shell --master yarn
```

创建一个向量为(3.0,0.0,4.0)的密集向量，具体代码如下。

```
scala> import org.apache.spark.ml.linalg.{Vector,Vectors}
scala> val dv:Vector = Vectors.dense(3.0,0.0,4.0)
```

上述代码中，通过 Vectors 伴生对象的 dense()方法创建一个密集向量，并将其保存到常量 dv 中。

上述代码运行完成后，如图 9-6 所示。

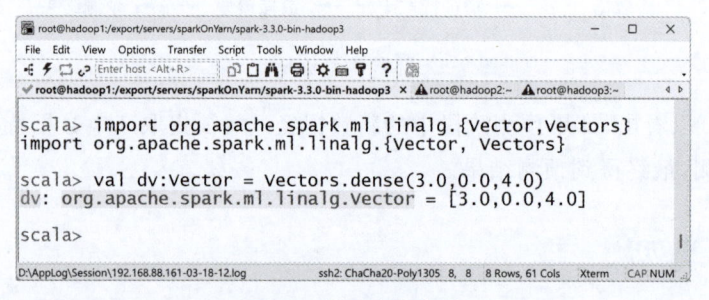

图 9-6 创建密集向量

从图 9-6 可以看出，密集向量已经创建成功，返回的密集向量格式为[3.0,0.0,4.0]。

创建一个向量为(3.0,0.0,4.0)的稀疏向量，具体代码如下。

```
scala> val sv1:Vector = Vectors.sparse(3,Array(0,2),Array(3.0,4.0))
```

上述代码中，通过 Vectors 伴生对象的 sparse()方法创建一个稀疏向量，并将其保存到常量 sv1 中。

上述代码运行完成后，如图 9-7 所示。

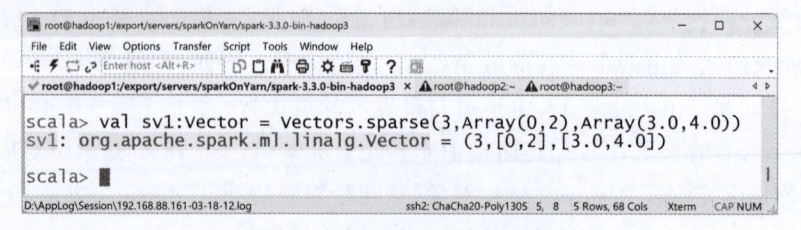

图 9-7 通过数组创建稀疏向量

从图 9-7 可以看出，稀疏向量已经创建成功，返回的稀疏向量格式为(3,[0,2],[3.0,4.0])。稀疏向量还可以通过序列的形式进行创建，具体代码如下。

```
scala> val sv2:Vector = Vectors.sparse(3,Seq((0,3.0),(2,4.0)))
```

上述代码中，通过 Vectors 伴生对象的 sparse()方法创建一个稀疏向量，并将其保存到常量 sv2 中。通过序列的形式进行创建稀疏向量时的 sparse()方法接收 2 个参数，第 1 个参数为向量的长度，第 2 个参数为用序列表示向量中元素不为 0 的索引及其对应的值，例如 Seq((0,3.0),(2,4.0))表示向量中第 1 个值为 3.0，第 3 个值为 4.0。

上述代码运行完成后，如图 9-8 所示。

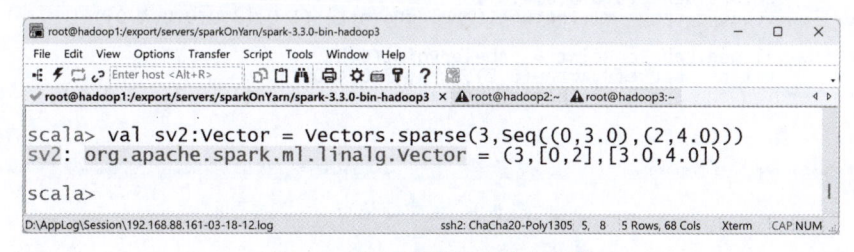

图 9-8　通过序列创建稀疏向量

从图 9-8 可以看出，通过序列创建稀疏向量与通过数组创建稀疏向量最终的向量格式一样。

需要注意的是，使用 Scala 语言创建本地向量时，需要手动导入 org.apache.spark.ml.linalg.Vector 包，否则 Scala 会默认使用 scala.collection.immutable.Vector 包。

2. 标记点

标记点是一种带有标签的本地向量，在 Spark MLlib 中，标记点通常被用于监督学习中。其中标签表示数据点的类别或者是回归问题中的数值，可以通过 Double 数据类型的数值存储标签。本地向量可以是密集向量，也可以是稀疏向量。

Spark MLlib 定义了 LabeledPoint 样例类用于创建标记点，语法格式如下。

```
LabeledPoint(label, features)
```

上述语法格式中，LabeledPoint 样例类接收 2 个参数，参数 label 为标记点的标签，参数 features 为本地向量。

接下来，分别创建标签为 1.0，密集向量为(3.0,0.0,4.0)的标记点和标签为 0.0，稀疏向量为(3,[0,2],[3.0,4.0])的标记点，具体代码如下。

```
scala> import org.apache.spark.ml.linalg.Vectors
scala> import org.apache.spark.ml.feature.LabeledPoint
#创建标签为 1.0 的密集向量
scala> val pos:LabeledPoint = LabeledPoint(1.0,
     | Vectors.dense(3.0,0.0,4.0))
#创建标签为 0.0 的稀疏向量
scala> val neg:LabeledPoint = LabeledPoint(0.0,
     | Vectors.sparse(3,Array(0,2),Array(3.0,4.0)))
```

上述命令中，通过 LabeledPoint 样例类分别创建标签为 1.0，密集向量为(3.0,0.0,4.0)的标记点和标签为 0.0，稀疏向量为(3,[0,2],[3.0,4.0])的标记点，并将其保存到常量 pos

和常量 neg 中。

上述命令执行完成后,如图 9-9 所示。

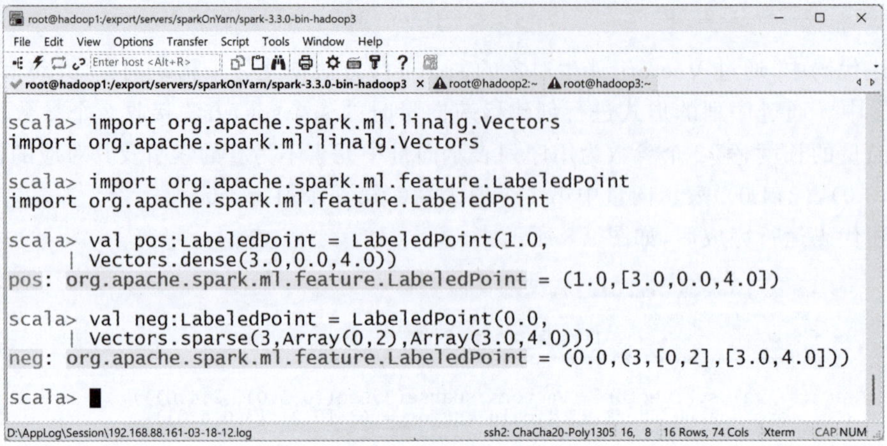

```
scala> import org.apache.spark.ml.linalg.Vectors
import org.apache.spark.ml.linalg.Vectors

scala> import org.apache.spark.ml.feature.LabeledPoint
import org.apache.spark.ml.feature.LabeledPoint

scala> val pos:LabeledPoint = LabeledPoint(1.0,
     | Vectors.dense(3.0,0.0,4.0))
pos: org.apache.spark.ml.feature.LabeledPoint = (1.0,[3.0,0.0,4.0])

scala> val neg:LabeledPoint = LabeledPoint(0.0,
     | Vectors.sparse(3,Array(0,2),Array(3.0,4.0)))
neg: org.apache.spark.ml.feature.LabeledPoint = (0.0,(3,[0,2],[3.0,4.0]))

scala>
```

图 9-9　创建标记点

从图 9-9 可以看出,标签为 1.0,密集向量为 (3.0,0.0,4.0) 的标记点输出格式为 (1.0, [3.0,0.0,4.0]);标签为 0.0,稀疏向量为 (3,[0,2],[3.0,4.0]) 的标记点输出格式为 (0.0,(3, [0,2],[3.0,4.0]))。

3. 本地矩阵

本地矩阵是指具有 Int 类型的行和列索引值以及 Double 类型的数值,Spark MLlib 支持密集矩阵和稀疏矩阵,密集矩阵将所有数值存储在一个列优先的 Double 类型数组中,而稀疏矩阵则将非 0 数值以列优先存储到稀疏列(CSC)格式中。

Spark MLlib 定义了 Matrices 伴生对象,该伴生对象提供了 dense() 方法和 sparse() 方法创建密集矩阵和稀疏矩阵,语法格式如下。

```
#创建密集矩阵
Matrices.dense(numRows, numCols, values)
#创建稀疏矩阵
Matrices.sparse(numRows, numCols, colPtrs, rowIndices, values)
```

上述语法格式中,dense() 方法接收 3 个参数创建密集矩阵,参数 numRows 为密集矩阵的行数,参数 numCols 为密集矩阵的列数,参数 values 是以数组形式对应密集矩阵行与列的值。sparse() 方法接收 5 个参数创建稀疏矩阵,参数 numRows 为稀疏矩阵的行数,参数 numCols 为稀疏矩阵的列数,参数 colPtrs 为非零元素的列指针数组,长度为列数+1,表示每一列元素的开始索引值,数组的最后一个元素表示所有非零元素的总数,参数 rowIndices 为非零元素的行索引数组,参数 values 是以数组形式对应稀疏矩阵行与列的值。

接下来,创建 3 行 2 列的密集矩阵,具体代码如下。

```
scala> import org.apache.spark.ml.linalg.{Matrices, Matrix}
scala> val dm:Matrix = Matrices.dense(3,2,Array(1.0,3.0,5.0,2.0,4.0,6.0))
```

上述命令中,通过 Matrices 伴生对象的 dense() 方法创建 3 行 2 列的密集矩阵,并将其保存到常量 dm 中。

上述命令执行完成后,如图 9-10 所示。

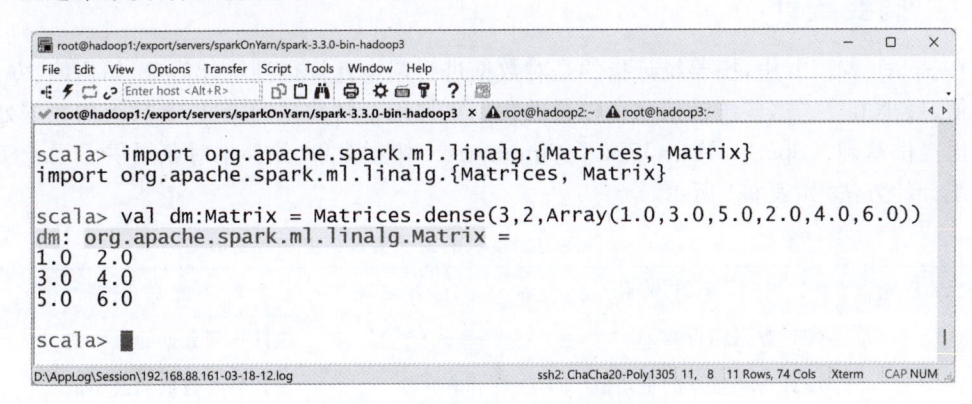

图 9-10　创建 3 行 2 列的密集矩阵

从图 9-10 可以看出,3 行 2 列的密集矩阵已经创建成功,返回的密集矩阵第 1 列数据为 1.0,3.0,5.0,第 2 列数据为 2.0,4.0,6.0。

接下来,创建 3 行 2 列的稀疏矩阵,具体代码如下。

```
scala> val sm:Matrix = Matrices.sparse(3,2,Array(0,1,3),
     | Array(0,2,1),Array(9,6,8))
```

上述命令中,通过 Matrices 伴生对象的 sparse()方法创建 3 行 2 列的稀疏矩阵,并将其保存到变量 sm 中。

上述命令执行完成后,如图 9-11 所示。

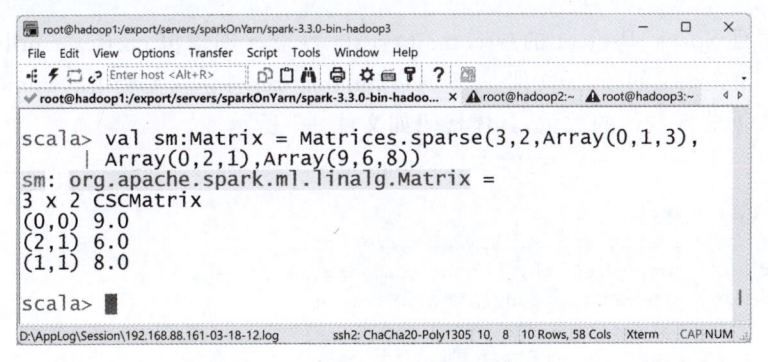

图 9-11　创建 3 行 2 列的稀疏矩阵

从图 9-11 可以看出,3 行 2 列的稀疏矩阵已经创建成功,返回的稀疏矩阵格式为(0,0) 9.0,(2,1) 6.0,(1,1) 8.0。表示 9.0 所在的位置为(0,0),6.0 所在的位置为(2,1),8.0 所在的位置为(1,1)。

9.4　Spark MLlib 基本统计

Spark MLlib 提供了诸多统计方法,包含摘要统计、相关统计、分层抽样、假设检验、随机数生成等统计方法,利用这些统计方法可以帮助用户更好地对结果数据进行处理和分析。接下来,本节针对常用的摘要统计、相关统计和分层抽样这 3 种统计方法进行讲解。

9.4.1 摘要统计

在 Spark MLlib 中，摘要统计指的是对数据进行基本计算得到统计信息，如均值、方差、最大值、最小值等。这些统计信息可以帮助我们更好地了解数据的特性，为后续的数据处理和建模提供基础。Spark MLlib 定义了 Summarizer 伴生对象，该伴生对象提供了用于实现摘要统计的方法，如表 9-1 所示。

表 9-1 Summarizer 伴生对象提供的用于实现摘要统计的方法

方法名称	相关说明	方法名称	相关说明
count()	统计数据的行数	max()	统计每列数据的最大值
mean()	统计每列数据的平均值	min()	统计每列数据的最小值
variance()	统计每列数据的方差	numNonzeros()	统计每列数据非零数值的数量

表 9-1 列举了 Summarizer 伴生对象提供的用于实现摘要统计的方法。

接下来，以 IntelliJ IDEA 为例，演示如何使用摘要统计，具体操作步骤如下。

(1) 在项目 Spark_Project 的 pom.xml 文件中添加 Spark MLlib 相关的依赖，在 `<dependencies>` 标签中添加如下内容。

```
<dependency>
  <groupId>org.apache.spark</groupId>
  <artifactId>spark-mllib_2.12</artifactId>
  <version>3.3.0</version>
</dependency>
```

(2) 在项目 Spark_Project 的 /src/main/scala 目录下创建包 cn.itcast.mllib，在该包中创建名为 SumStatistics 的 Scala 文件，实现通过 Summarizer 伴生对象提供的 numNonzeros() 方法统计每列数据非零数值的数量，具体代码如文件 9-1 所示。

文件 9-1 SumStatistics.scala

```
1  package cn.itcast.mllib
2  import org.apache.spark.ml.linalg.Vectors
3  import org.apache.spark.ml.stat.Summarizer
4  import org.apache.spark.sql.SparkSession
5  object SumStatistics {
6    def main(args: Array[String]): Unit = {
7      //创建 SparkSession 对象，指定 Spark 程序的配置信息
8      val spark = SparkSession.builder.master("local[*]")
9        .appName("Sum_Statistics").getOrCreate()
10     val data = Seq(
11       Vectors.dense(2.0, 3.0, 5.0),
12       Vectors.dense(4.0, 0.0, 7.0)
13     )
14     import spark.implicits._
15     val df = data.map(Tuple1.apply).toDF("features")
16     df.select(Summarizer.numNonZeros($"features")).show()
17     //停止 SparkSession 对象，释放占用的资源
18     spark.stop()
19   }
20 }
```

在文件 9-1 中，第 15 行代码首先通过 map 算子将变量 data 保存的序列形式的密集向量转换为元组形式的密集向量，实现将每个密集向量作为一行数据。然后通过 toDF() 方法将数据转换为 DataFrame，并将每行数据所在的列命名为 features。

文件 9-1 的运行结果如图 9-12 所示。

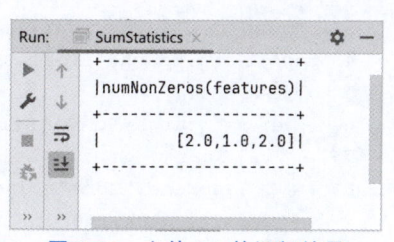

图 9-12 文件 9-1 的运行结果

从图 9-12 可以看出，输出结果为 [2.0,1.0,2.0]，表示第 1 列数据非零数值的数量为 2，第 2 列数据非零数值的数量为 1，第 3 列数据非零数值的数量为 2。

9.4.2 相关统计

相关统计是一种用于衡量两个或多个变量之间关系的统计学方法，在相关统计中，相关系数是反应两个变量之间相关关系密切程度的统计指标，也是统计学中常用的统计方式。Spark MLlib 提供了计算多个变量之间相关系数的方法，默认采用皮尔森相关系数计算方法。

皮尔森相关系数（Pearson Correlation Coefficient）也称皮尔森积矩相关系数（Pearson Product-Moment Correlation Coefficient），它是一种线性相关系数，计算公式如下：

$$r = \frac{1}{n-1}\sum_{i=1}^{n}\left(\frac{X_i - \overline{X}}{\sigma_x}\right)\left(\frac{Y_i - \overline{Y}}{\sigma_y}\right)$$

关于上述计算公式的相关介绍如下。

(1) r 表示相关系数，它描述的是变量间线性相关强弱的程度，取值范围介于 -1 到 1 之间；若 $0 < r < 1$，表明两个变量是正相关，即一个变量的值越大，另一个变量的值也会越大；若 $-1 < r < 0$，表明两个变量是负相关，即一个变量的值越大另一个变量的值反而会越小。r 的绝对值越大表明相关性越强，需要注意的是这里并不存在因果关系。若 $r = 0$，表明两个变量间不是线性相关，但有可能是其他方式的相关，如二次函数关系、指数函数关系等。

(2) n 表示样本量，即参与相关系数计算的样本个数。

(3) $\overline{X}$ 和 σ_x 分别为样本平均值和样本标准差。

Spark MLlib 定义了 Correlation 伴生对象，该伴生对象提供了 corr() 方法计算数据结构为 DataFrame 的数据集中本地向量之间的相关性，语法格式如下。

```
Correlation.corr(df, column, method)
```

上述语法格式中，corr() 方法接收 3 个参数，参数 df 表示数据结构为 DataFrame 的数据集，参数 column 表示需要计算相关性的 DataFrame 列名，参数 method 用于指定进行相关统计的方法，支持的有 Pearson（皮尔森相关系数）和 Spearman（斯皮尔曼相关系数）。

接下来，在项目 Spark_Project 的 cn.itcast.mllib 包下创建名为 Corr 的 Scala 文件，实现计算数据结构为 DataFrame 的数据集中本地向量之间的相关性，具体代码如文件 9-2 所示。

文件 9-2　Corr.scala

```
1  package cn.itcast.mllib
2  import org.apache.spark.ml.linalg.Vectors
```

```
3   import org.apache.spark.ml.stat.Correlation
4   import org.apache.spark.sql.SparkSession
5   object Corr {
6     def main(args: Array[String]): Unit = {
7       val spark = SparkSession.builder.master("local[*]")
8         .appName("Corr").getOrCreate()
9       import spark.implicits._
10      val data = Seq(
11        Vectors.dense(1.0, 0.0, 0.0, -2.0, -3.0),
12        Vectors.dense(4.0, 5.0, 0.0, 3.0, 4.0),
13        Vectors.dense(6.0, 7.0, 0.0, 8.0, 5.0)
14      )
15      val df = data.map(Tuple1.apply).toDF("features")
16      val correlation = Correlation.corr(df,"features","pearson")
17        .collect()(0)(0)
18      println(correlation)
19      spark.stop()
20    }
21  }
```

在文件 9-2 中，第 16、17 行代码通过 Correlation 伴生对象的 corr() 方法指定使用皮尔森相关系数计算数据结构为 DataFrame 的数据集中本地向量之间的相关性。

文件 9-2 的运行结果如图 9-13 所示。

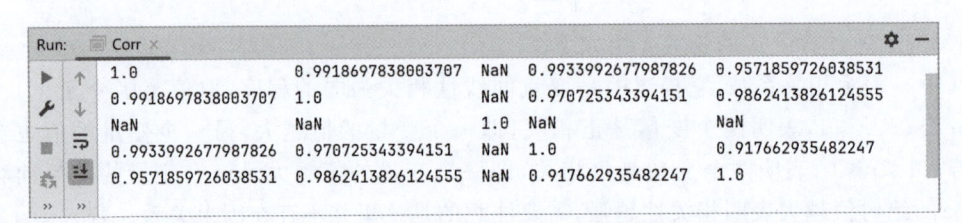

图 9-13 文件 9-2 的运行结果

从图 9-13 可以看出，控制台以 5×5 矩阵的方式输出数据结构为 DataFrame 的数据集中本地向量之间的相关性。这是因为数据集中的每个密集向量包含 5 个元素，皮尔森相关系数计算的是这 5 个元素两两之间的相关性，所以输出结果是一个 5×5 的矩阵。

如果读者想要体验使用斯皮尔曼相关系数计算数据结构为 DataFrame 的数据集中本地向量之间的相关性，只需要将文件 9-2 中 corr() 方法的参数值""pearson""修改为""spearman""，然后重新运行文件 9-2 即可。

9.4.3 分层抽样

分层抽样法也叫作类型抽样法，它是先将总体样本按照某种特征分为若干层，然后再从每一层内进行独立取样，组成一个样本的统计学计算方法。例如，某手机生产厂家估算当地潜在用户，可以将当地居民消费水平作为分层基础，减少样本中的误差，如果不采取分层抽样，仅在消费水平较高的用户中做调查，就不能准确地估算出潜在的用户。

Spark MLlib 提供了方法 stat，该方法返回一个 DataFrameStatFunctions 对象，通过调用该对象的 sampleBy() 方法可以实现对 DataFrame 进行分层抽样，语法格式如下。

```
stat.sampleBy(col, fractions, seed)
```

上述语法格式中，sampleBy()方法接收 3 个参数，参数 col 指定对 DataFrame 的指定列进行分层抽样，参数 fractions 指定对 DataFrame 抽样的比例，参数 seed 为分层抽样时的随机种子，随机种子的作用是确定每个分层层级的抽样方式。需要说明的是，如果在分层抽样过程中使用相同的随机种子，对于相同的分层层级，无论执行多少次抽样操作，都会得到相同的结果。这可能会导致数据集分层抽样的固定性，不利于捕捉数据的全面性和随机性。为了体现分层抽样时的随机性，每次分层抽样时可以对参数 seed 传入不同的值。

接下来，在项目 Spark_Project 的 cn.itcast.mllib 包下创建名为 StratifiedSampling 的 Scala 文件，实现对数据结构为 DataFrame 的数据集进行分层抽样，具体代码如文件 9-3 所示。

文件 9-3　StratifiedSampling.scala

```
1  package cn.itcast.mllib
2  import org.apache.spark.sql.SparkSession
3  object StratifiedSampling {
4    def main(args: Array[String]): Unit = {
5      val spark = SparkSession.builder.master("local[*]")
6        .appName("Stratified_Sampling").getOrCreate()
7      val data = Seq(
8        (1, "a"), (1, "b"), (2, "c"), (2, "d"), (2, "e"), (3, "f")
9      )
10     val df = spark.createDataFrame(data).toDF("key", "value")
11     val fractions = Map(1 -> 0.1, 2 -> 0.6, 3 -> 0.3)
12     val approxSample = df.stat.sampleBy("key",fractions,20)
13     approxSample.show()
14     spark.stop()
15    }
16 }
```

在文件 9-3 中，第 11 行代码创建名为 fractions 的 Map 集合，用于定义分层抽样时的抽样比例。例如，整数 1 对应的抽样比例为 0.1，整数 2 对应的抽样比例为 0.6，整数 3 对应的抽样比例为 0.3。

第 12 行代码通过 sampleBy()方法对 DataFrame 进行分层抽样，指定分层抽样的列为 key，随机种子为 20。

文件 9-3 的运行结果如图 9-14 所示。

从图 9-14 可以看出，分层抽样结果整数 2 对应的是 d 和 e。

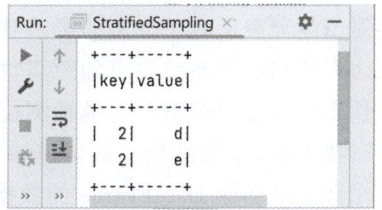

图 9-14　文件 9-3 的运行结果

9.5　分类

分类通常是指将事物分成不同的类别，最常见的分类类型是二元分类，二元分类有两个类别，通常称为正例和反例。如果有两个以上的类别，则被称为多类别分类。

在 Spark MLlib 中，较为常用的分类方法有线性支持向量机（SVM）和逻辑回归。其中线性支持向量机仅支持二元分类,逻辑回归既支持二元分类也支持多元分类。本节针对 Spark MLlib 中线性支持向量机和逻辑回归进行详细讲解。

9.5.1 线性支持向量机

线性支持向量机在机器学习领域中是一种常见的判别方法,是一个有监督学习模型,通常用来进行模式识别、分类以及回归分析。关于线性支持向量机有着大量理论支撑,本书不作讨论。

Spark MLlib 定义了 LinearSVC 类用于创建 LinearSVC 对象,在创建该对象时可以通过 setMaxIter() 方法和 setRegParam() 方法指定模型的最大迭代次数和正则化参数。LinearSVC 对象创建完成后,通过调用该对象的 fit() 方法可以训练线性支持向量机模型,语法格式如下。

```
#创建 LinearSVC 对象
new LinearSVC().setMaxIter(value).setRegParam(value)
#训练线性支持向量机模型
fit(training)
```

上述语法格式中,setMaxIter() 方法中的参数 value 为 Int 类型,setRegParam() 方法中的参数 value 为 Double 类型。fit() 方法中的参数 training 表示数据格式为 DataFrame 的数据集。

线性支持向量机模型训练完成后,Spark MLlib 定义了 LinearSVCModel 类,该类提供了属性 coefficients 和属性 intercept 进一步操作线性支持向量机模型,关于这两种属性的介绍如下。

- 属性 coefficients:获取线性支持向量机模型的系数。
- 属性 intercept:获取线性支持向量机模型的截距。

在线性支持向量机中,系数表示数据的特征对于分类决策的重要性或权重,系数分为正系数、负系数和 0,正系数表示数据的特征对于分类决策是正向影响,负系数则表示数据的特征对于分类决策是负向影响,而系数为 0 表示数据的特征对于分类决策没有影响,系数的绝对值越大表示对于分类的影响越大。截距表示分类决策边界的位置,可以将其理解为决策边界所在的平面与原点的距离,截距越大,决策边界越靠近原点,通过调整截距,可以改变线性支持向量机模型的基准预测位置,从而更好地适应数据并得到更准确的预测。

接下来,在项目 Spark_Project 的 cn.itcast.mllib 包下创建名为 Svm 的 Scala 文件,实现使用数据结构为 DataFrame 的数据集训练线性支持向量机模型并获取线性支持向量机模型的系数和截距,具体代码如文件 9-4 所示。

文件 9-4 Svm.scala

```
1  package cn.itcast.mllib
2  import org.apache.spark.ml.classification.LinearSVC
3  import org.apache.spark.sql.SparkSession
4  object Svm {
5    def main(args: Array[String]): Unit = {
6      val spark = SparkSession.builder.master("local[*]")
7        .appName("Svm").getOrCreate()
8      val training = spark.read.format("libsvm")
```

```
9           .load("D:\\sample_libsvm_data.txt")
10      val lsvc = new LinearSVC().setMaxIter(10).setRegParam(0.1)
11      val lsvcModel = lsvc.fit(training)
12      println("线性支持向量机模型的系数:")
13      val coefficients = lsvcModel.coefficients
14      val chunkSize = 5
15      coefficients.toArray.grouped(chunkSize)
16          .foreach(x => println(x.mkString(",")))
17      println("线性支持向量机模型的截距:" + lsvcModel.intercept)
18   }
19 }
```

在文件 9-4 中，第 8、9 行代码用于从指定目录下读取 LIBSVM 格式的文本 sample_libsvm_data.txt 创建 DataFrame。文本 sample_libsvm_data.txt 会在本书的配套资源中提供给读者使用。

第 10 行代码创建 LinearSVC 对象，这里指定最大迭代次数为 10，正则化参数为 0.1。

第 11 行代码通过 fit() 方法训练线性支持向量机模型。

第 14~16 行代码指定控制输出结果时，每行显示 5 个线性支持向量机模型的系数，并且每个系数之间使用逗号分隔。

文件 9-4 的运行结果如图 9-15 所示。

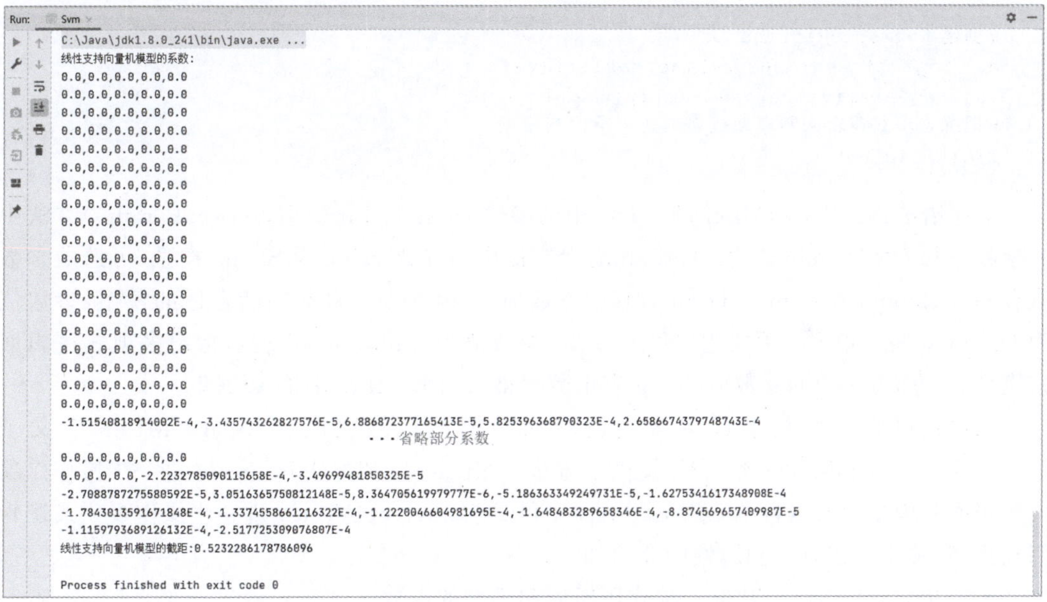

图 9-15 文件 9-4 的运行结果

从图 9-15 可以看出，控制台输出线性支持向量机模型的系数和截距。在输出的线性支持向量机模型的系数结果中，0.0 表示对应数据的特征对于分类决策没有影响，$-1.51540818914002E-4$ 表示对应数据的特征对于分类决策是负向影响，$6.886872377165413E-5$ 表示对应数据的特征对于分类决策是正向影响。输出的线性支持向量机模型的截距表示决策边界所在的平面与原点的距离为 0.5232286178786096。

由于线性支持向量机模型的系数较多，所以图 9-15 中只展示部分结果。

9.5.2 逻辑回归

逻辑回归是一个分类算法，常用于数据挖掘、疾病自动诊断以及经济预测等领域。例如，在流行病学研究中，探索引发某一疾病的危险因素，根据模型预测在不同的自变量，包括年龄、性别、饮食习惯等情况下，推测发生某一疾病的概率。

在 Spark MLlib 中，逻辑回归支持两种类型，分别是二项式逻辑回归（binary logistic regression）和多项式逻辑回归（multinomial logistic regression）。其中二项式逻辑回归是一种用于处理二分类的逻辑回归模型，它通常有两个类别，标签为 0 和 1，二项式逻辑回归模型可以基于输入的数据特征推测每个数据属于类别 0 或 1 的概率。而多项式逻辑回归是一种用于处理多分类的逻辑回归模型，在多项式逻辑回归中，类别标签是从"0,1,2,…,K－1"中选择，其中 K 是类别的总数，多项式逻辑回归模型可以基于输入的数据特征推测每个数据属于每个类别的概率。

Spark MLlib 定义了 LogisticRegression 类用于创建 LogisticRegression 对象，在创建该对象时可以通过 setMaxIter()方法、setRegParam()方法和 setFamily()方法指定模型的最大迭代次数、正则化参数和逻辑回归的类型。LogisticRegression 对象创建完成后，通过调用该对象的 fit()方法可以用于训练二项式逻辑回归模型或多项式逻辑回归模型，语法格式如下。

```
#创建LogisticRegression对象
new LogisticRegression().setMaxIter(value)
.setRegParam(value).setFamily(value)
#训练二项式逻辑回归模型或多项式逻辑回归模型
fit(training)
```

上述语法格式中，setMaxIter()方法中的参数 value 为 Int 类型，setRegParam()方法中的参数 value 为 Double 类型。setFamily()方法中的参数 value 为 String 类型，可选的参数值有 auto、binomial 和 multinomial，其中参数值为 auto 表示自动判断合适的模型，参数值为 binomial 表示指定二项式逻辑回归模型，参数值为 multinomial 表示指定多项式逻辑回归模型。fit()方法中的参数 training 表示数据格式为 DataFrame 的数据集。

二项式逻辑回归模型或多项式逻辑回归模型训练完成后，Spark MLlib 定义了 LogisticRegressionModel 类，该类提供了方法 coefficients 和方法 intercept 进一步操作二项式逻辑回归模型以及属性 coefficientMatrix 和属性 interceptVector 进一步操作多项式逻辑回归模型，关于上述方法和属性的介绍如下。

- 方法 coefficients：获取二项式逻辑回归模型的系数。
- 方法 intercept：获取二项式逻辑回归模型的截距。
- 属性 coefficientMatrix：获取多项式逻辑回归模型的系数。
- 属性 interceptVector：获取多项式逻辑回归模型的截距。

二项式逻辑回归模型和多项式逻辑回归模型的系数和截距，与线性支持向量机中的系数和截距作用相同，这里不再赘述。

接下来，在项目 Spark_Project 的 cn.itcast.mllib 包下创建名为 LogisticRegression 的 Scala 文件，实现使用数据结构为 DataFrame 的数据集训练二项式逻辑回归模型和多项式逻辑回归模型,并获取其系数和截距,具体代码如文件 9-5 所示。

文件 9-5　LogisticRegression.scala

```scala
1   package cn.itcast.mllib
2   import org.apache.spark.ml.classification.LogisticRegression
3   import org.apache.spark.sql.SparkSession
4   object LogisticRegression {
5     def main(args: Array[String]): Unit = {
6       val spark = SparkSession.builder.master("local[*]")
7         .appName("Logistic_Regression").getOrCreate()
8       val training1 = spark.read.format("libsvm")
9         .load("D:\\sample_binary_classification_data.txt")
10      val training2 = spark.read.format("libsvm")
11        .load("D:\\sample_multiclass_classification_data.txt")
12      val lr = new LogisticRegression()
13        .setMaxIter(10).setRegParam(0.1).setFamily("binomial")
14      val lrModel = lr.fit(training1)
15      println("二项式逻辑回归模型的系数:")
16      val coefficients = lrModel.coefficients
17      val chunkSize = 5
18      coefficients.toArray.grouped(chunkSize)
19        .foreach(x => println(x.mkString(",")))
20      println("二项式逻辑回归模型的截距:" + lrModel.intercept)
21      val mlr = new LogisticRegression()
22        .setMaxIter(10).setRegParam(0.1).setFamily("multinomial")
23      val mlrModel = mlr.fit(training2)
24      println("多项式逻辑回归模型的系数:" + mlrModel.coefficientMatrix)
25      println("多项式逻辑回归模型的截距:" + mlrModel.interceptVector)
26    }
27  }
```

在文件 9-5 中,第 12、13 行代码通过 LogisticRegression 类创建 LogisticRegression 对象,这里指定最大迭代次数为 10,正则化参数为 0.1,模型为 binomial,即二项式逻辑回归模型。

第 14 行代码通过 fit() 方法训练二项式逻辑回归模型。

第 21、22 行代码通过 LogisticRegression 类创建 LogisticRegression 对象,这里指定最大迭代次数为 10,正则化参数为 0.1,模型为 multinomial,即多项式逻辑回归模型。

第 23 行代码通过 fit() 方法训练多项式逻辑回归模型。

上述代码执行完成后,文件 9-5 的运行结果如图 9-16 所示。

从图 9-16 可以看出,控制台输出二项式逻辑回归模型和多项式逻辑回归模型的系数和截距。在输出的二项式逻辑回归模型的系数结果中,0.0 表示对应数据的特征对于分类决策没有影响,-0.0010866539567686814 表示对应数据的特征对于分类决策是负向影响,$6.134150606300311E-4$ 表示对应数据的特征对于分类决策是正向影响。输出的二项式逻辑回归模型的截距表示决策边界所在的平面与原点的距离为 2.2867103573180514。

输出的多项式逻辑回归模型的系数是一个 $3×4$ 的矩阵,表示该模型中有 3 个类别的数据,每行有 4 个数据。0.7909805750094293,-0.160126004921858,1.0235107738108993,1.229992397622909…表示数据的特征对于分类决策的影响。输出的多项式逻辑回归模型的截距具有 3 个结果,分别对应数据的 3 个类别,即每个类别对应的决策边界所在的平面与

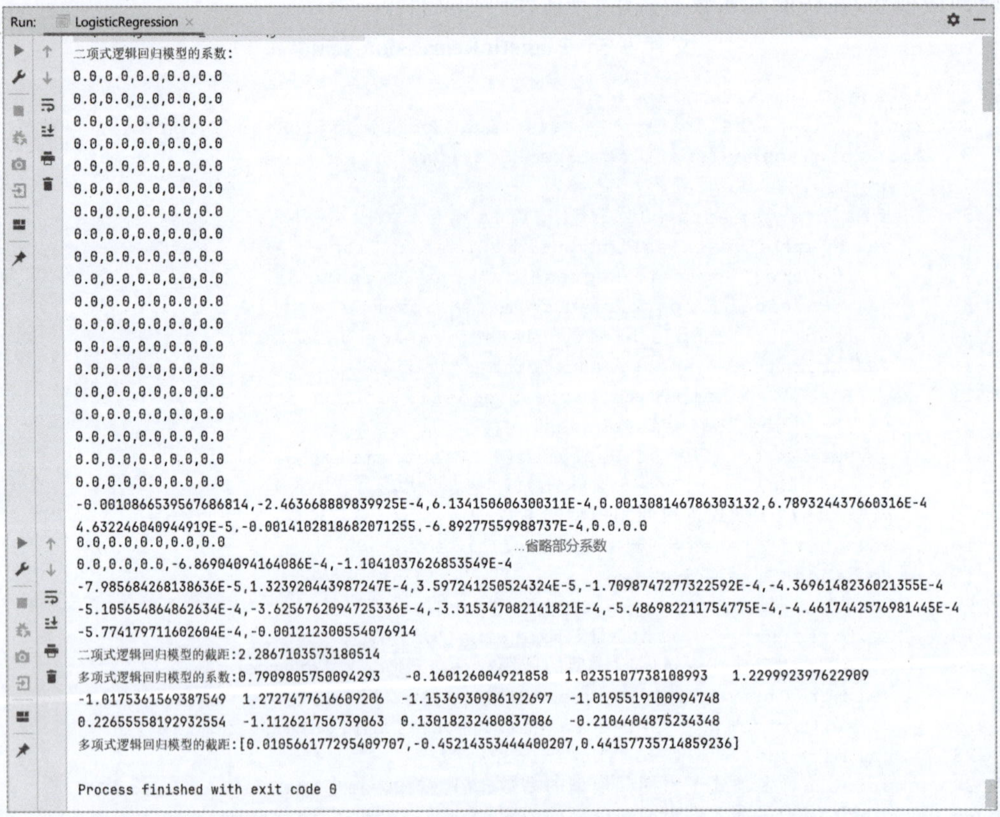

图 9-16 文件 9-5 的运行结果

原点的距离为 0.010566177295409707，−0.45214353444400207 和 0.44157735714859236。

由于二项式逻辑回归模型的系数较多，所以图 9-16 中只展示部分结果。

9.6 案例——构建电影推荐系统

随着人们生活质量的提高，观看电影逐渐成为了人们日常的生活习惯。但是由于电影种类的繁多，以及对电影的评分不同，往往需要花费大量的时间才能找到符合自己观影标准的电影，这样就会造成用户花费很长的时间去筛选电影，从而造成用户观影体验下降。为了解决这种问题，电影推荐系统应运而生，电影推荐系统是建立在用户日常观看电影习惯的数据基础上的一种智能系统，能够为用户提供符合自身要求的信息服务。本节针对如何利用 Spark MLlib 实现电影推荐系统进行讲解。

9.6.1 案例分析

针对电影推荐系统，较为流行的推荐方式是协同过滤（collaborative filtering），协同过滤利用大量已有的用户偏好，来估计用户对其未看过的电影的喜好程度。在协同过滤中有两个推荐方式，一种是基于电影的推荐，另一种是基于用户的推荐。关于协同过滤中两个推荐方式的介绍如下。

1. 基于电影的推荐

基于电影的推荐是利用现有用户对电影的偏好或是评级情况,计算电影之间的某种相似度,以用户接触过的电影来表示这个用户,然后寻找出和这些电影相似的电影,并将这些电影推荐给用户。

2. 基于用户的推荐

基于用户的推荐,可以用"志趣相投"一词来表示,通常是对用户的历史行为进行数据分析,如观看、收藏的电影,评论内容或搜索内容,通过某种算法将用户喜好的电影进行打分。根据不同用户对相同电影偏好程度来计算用户之间的关系程度,在有相同喜好的用户之间进行电影推荐。

本案例通过 Spark MLlib 提供的交替最小二乘(ALS)算法实现基于用户推荐的电影推荐系统,该算法用于实现协同过滤,通过观察所有用户给电影的评分来推断每个用户的喜好,并向用户推荐合适的电影。

Spark MLlib 定义了 ALS 类用于创建 ALS 对象,在创建该对象时可以通过一系列方法设置 ALS 对象。ALS 对象创建完成后,通过调用该对象的 fit() 方法可以用于训练交替最小二乘模型,语法格式如下。

```
#创建 ALS 对象
new ALS().setMaxIter(value).setRank(value)
  .setItemCol(value).setUserCol(value).setRatingCol(value)
#训练交替最小二乘模型
fit(df)
```

上述语法格式中,setMaxIter()方法中的参数 value 为 Int 类型,用于指定模型的最大迭代次数。setRank()方法中的参数 value 为 Int 类型,用于指定模型中潜在因子的数量,能够影响模型的复杂度,值越大模型越准确,计算成本也越高。setItemCol()方法中的参数 value 为 String 类型,用于指定电影 ID 所在列的名称。setUserCol()方法中的参数 value 为 String 类型,用于指定用户 ID 所在列的名称。setRatingCol()方法中的参数 value 为 String 类型,用于指定等级评价所在列的名称。fit()方法接收 1 个参数,参数 df 表示数据结构为 DataFrame 的数据集。

交替最小二乘模型训练完成后,Spark MLlib 定义了 ALSModel 类,该类提供了 recommendForUserSubset() 方法基于用户推荐电影,语法格式如下。

```
recommendForUserSubset(df, numItems)
```

上述语法格式中,recommendForUserSubset()方法接收 2 个参数,参数 df 为包含用户 ID 列的 DataFrame,参数 numItems 用于指定为用户推荐相应数量的电影。

9.6.2 案例实现

接下来,本节根据 9.6.1 节讲解的案例分析,利用 Spark MLlib 基于用户推荐电影实现电影推荐系统,具体步骤如下。

1. 准备训练模型数据

MovieLens 是历史悠久的推荐系统,它由美国明尼苏达大学计算机科学与工程学院的 GroupLens 项目组创办,是一个以研究为目的,非商业性质的实验性站点,本案例通过使用

MovieLens 提供的 u.data 和 u.item 两个样本数据集实现电影推荐,其中 u.data 样本数据集为用户评分数据,u.item 样本数据集为电影数据。

将准备好的 u.data 和 u.item 两个样本数据集存放在 D:\ml-100k 目录下,用记事本的方式分别打开 u.data 和 u.item,部分数据如图 9-17 和图 9-18 所示。

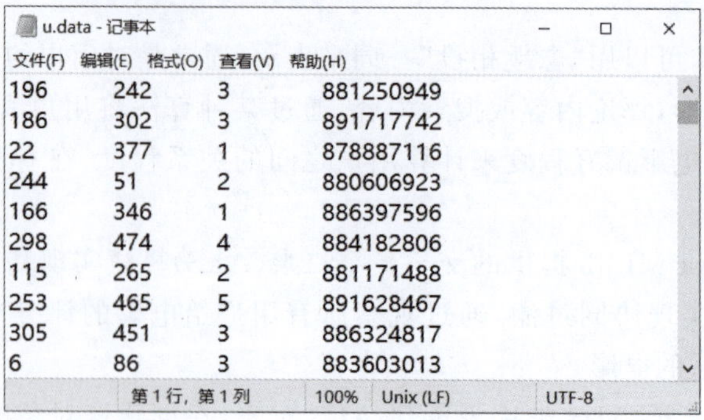

图 9-17 u.data 部分数据

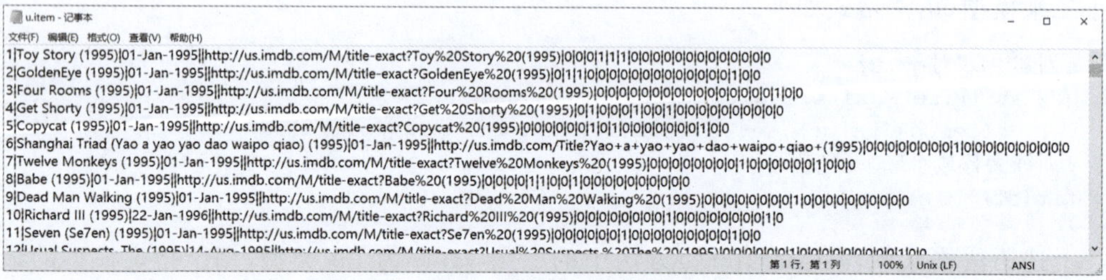

图 9-18 u.item 部分数据

图 9-17 展示了 u.data 样本数据集中的部分数据,u.data 样本数据集中有 4 列,每列字段分别表示用户 ID、电影 ID、电影评级和时间戳,每个字段之间以制表符进行分隔。本案例主要使用 u.data 样本数据集中的第 1 列、第 2 列和第 3 列数据。

图 9-18 展示了 u.item 样本数据集中的部分数据,u.item 样本数据集中具有多个列,每个列之间以"|"进行分隔,其中第 1 列为电影 ID,第 2 列为电影名称,本案例主要使用 u.item 样本数据集中的第 1 列和第 2 列数据。

2. 训练模型,实现基于用户推荐电影

在项目 Spark_Project 的 cn.itcast.mllib 包下创建名为 Movies 的 Scala 文件,演示如何训练交替最小二乘模型,并利用该模型基于用户推荐电影,具体代码如文件 9-6 所示。

文件 9-6　Movies.scala

```
1  package cn.itcast.mllib
2  import org.apache.spark.ml.recommendation.ALS
3  import org.apache.spark.ml.recommendation.ALS.Rating
4  import org.apache.spark.sql.{Row, SparkSession}
5  object Movies {
6    def main(args: Array[String]): Unit = {
7      val spark = SparkSession.builder.master("local[*]")
8        .appName("Movies").getOrCreate()
9      val data = spark.read.text("D:\\ml-100k\\u.data")
```

```scala
10      //获取前 3 列数据
11      val data_part = data.rdd.map(_.getString(0).split("\t").take(3))
12      //为前 3 列数据映射列名
13      val schema = data_part.map{case Array(user,item,rating) =>
14        Rating(user.toInt, item.toInt, rating.toFloat)}
15      import spark.implicits._
16      //创建 DataFrame
17      val df = spark.createDataFrame(schema)
18      val als = new ALS()
19        .setMaxIter(10)
20        .setRank(10)
21        .setItemCol("item")
22        .setUserCol("user")
23        .setRatingCol("rating")
24      val model = als.fit(df)
25      val predictedRating = model.transform(
26        spark.createDataFrame(Seq((100, 200))).toDF("user", "item")
27      ).collect()(0)(2)
28      println("对用户 ID 为 100、电影 ID 为 200 的评级为: " + predictedRating)
29      val topRecoPro = model.recommendForUserSubset(
30        Seq(100).toDF("user"),2
31      )
32      println("对用户 ID 为 100 推荐 2 部电影: ")
33      topRecoPro.show(truncate = false)
34      val movies = spark.read.text("D:\\ml-100k\\u.item")
35      //将数据按照"|"进行分隔,并获取前 2 列数据
36      val movies_part = movies.rdd
37        .map(_.getString(0).split("\\|").take(2))
38        .map(array=>(array(0).toInt,array(1))).collectAsMap()
39      topRecoPro.collect().foreach({ row1 =>
40        //获取列名为 user 的数据
41        val userId = row1.getAs[Int]("user")
42        //获取列名为 recommendations 的数据
43        val recommendations = row1.getAs[Seq[Row]]("recommendations")
44        println(s"对用户 ID 为${userId}的推荐电影: ")
45        //遍历列名为 recommendations 的数据
46        recommendations.foreach({ row2 =>
47          //获取电影 ID
48          val movieId = row2.getAs[Int]("item")
49          //获取电影评级
50          val rating = row2.getAs[Float]("rating")
51          //获取电影名称
52          val movieName = movies_part(movieId)
53          println(s"电影 ID: $movieId, 评级: $rating, 电影名称: $movieName")
54        })
55      })
56    }
57  }
```

在文件 9-6 中,第 18~23 行代码通过 ALS 类创建 ALS 对象,指定最大迭代次数为 10,潜在因子的数量为 10,电影 ID 所在列的名称为 item,用户 ID 所在列的名称为 user,电影评级所在列的名称为 rating。

第 24 行代码通过 fit() 方法训练交替最小二乘模型。

第 25~27 行代码通过 transform() 方法基于交替最小二乘模型对用户 ID 为 100、电影 ID 为 200 进行评级。

第 29~31 行代码通过 recommendForUserSubset() 方法对用户 ID 为 100 推荐 2 部电影。

第 39~55 行代码通过 collect() 方法将 DataFrame 转换为数组,并通过 foreach() 方法对转换后的数组进行处理,获取对用户 ID 为 100 推荐 2 部电影的 ID、评级和名称。

上述代码执行完成后,文件 9-6 的运行结果如图 9-19 所示。

图 9-19　文件 9-6 的运行结果

从图 9-19 可以看出,成功输出对指定用户和电影的评级,并且输出为用户推荐的电影及其对应的电影名称和评级,说明成功利用 Spark MLlib 基于用户推荐电影实现电影推荐系统。

9.7　本章小结

本章主要讲解了 Spark MLlib 的知识和相关操作。首先,讲解了机器学习和 Spark MLlib 的基础知识。接着,讲解了 Spark MLlib 的数据类型和基本统计,包括摘要统计、相关统计和分层抽样。然后,讲解了 Spark MLlib 中的分类,包括线性支持向量机和逻辑回归。最后,通过一个案例讲解了利用 Spark MLlib 实现电影推荐。通过本章的学习,读者能够了解机器学习的基本知识,以及如何利用 Spark MLlib 构建简单的机器学习模型,并通过 Spark MLlib 实现电影推荐系统。

9.8　课后习题

一、填空题

1. Spark MLlib 采用＿＿＿＿语言编写。

2. 机器学习可以分为＿＿＿＿、无监督学习和＿＿＿＿。

3. Spark MLlib 定义了 Vectors 伴生对象,该伴生对象提供了＿＿＿＿和 sparse() 方法

创建本地向量中的密集向量和稀疏向量。

4. Spark MLlib 的数据类型主要包括_____、标记点和本地矩阵。

5. 在 Spark MLlib 中,_____伴生对象提供了用于实现摘要统计的方法。

二、判断题

1. 机器学习中的训练和预测过程可以看作人类的归纳和推测的过程。　　　　(　　)

2. 在 Spark MLlib 中,本地向量分为密集向量和稀疏向量。　　　　　　　　(　　)

3. 在 Spark MLlib 中,标记点是一种带有标签的本地向量,通常用于监督学习中。

(　　)

4. 在 Spark MLlib 中,可以通过 sampleBy() 方法对 DataFrame 进行分层抽样。

(　　)

5. 在 Spark MLlib 中,逻辑回归支持二项式逻辑回归和多项式逻辑回归。　　(　　)

三、选择题

1. 下列选项中,对于机器学习的理解错误的是(　　)。

　　A. 机器学习是一种让计算机利用数据来进行各种工作的方法

　　B. 机器学习是研究如何使用机器人来模拟人类学习活动的一门学科

　　C. 机器学习是一种使用计算机指令来进行各种工作的方法

　　D. 机器学习就是让机器能像人一样有学习、理解、认识的能力

2. 下列选项中,不属于 Spark MLlib 中有监督学习的方法的是(　　)。

　　A. 分类算法　　　　　　　　　　　　B. 回归算法

　　C. 推荐算法　　　　　　　　　　　　D. 聚类算法

3. 下列选项中,不属于 Spark MLlib 工作流程的是(　　)。

　　A. 数据分析阶段　　　　　　　　　　B. 数据准备阶段

　　C. 训练模型评估阶段　　　　　　　　D. 部署预测阶段

4. 关于在 Spark MLlib 中数据准备阶段经历的流程,下列选项正确的是(　　)。

　　A. 数据可视化→数据清洗→特征工程

　　B. 数据采集→数据挖掘→特征提取

　　C. 数据清洗→特征提取→模型训练

　　D. 数据采集→原始数据→数据清洗→特征提取

5. 下列方法中,属于 Summarizer 伴生对象提供的用于实现摘要统计的有(　　)。
(多选)

　　A. count()　　　　　　　　　　　　B. max()

　　C. variance()　　　　　　　　　　　D. numNonzeros()

四、简答题

简述 Spark MLlib 的工作流程。

第 10 章
综合案例——在线教育学生学习情况分析系统

学习目标：

- 了解在线教育学生学习情况分析系统，能够说出本系统的背景和流程。
- 了解 Redis 存储系统，能够完成 Redis 的安装和启动。
- 掌握构建项目结构模块开发，能够独立创建好项目结构。
- 掌握在线教育数据的生成模块开发，能够独立编写 Spark 程序向 Kafka 发送数据。
- 掌握实时分析学生答题情况模块开发，能够使用 Structured Streaming 对在线教育系统的数据进行实时分析。
- 掌握实时推荐题目模块开发，能够基于推荐模型实现实时推荐题目。
- 掌握学生答题情况离线分析模块开发，能够使用 Spark SQL 对实时推荐的题目进行离线分析。
- 掌握数据可视化模块开发，能够使用 FineBI 对离线分析结果进行可视化展示。

本章主要通过 Spark 生态系统开发在线教育学生学习情况分析系统，该系统主要功能是实时分析学生答题情况并推荐题目，对于推荐题目将进一步进行离线分析，然后通过 FineBI 将离线分析结果进行展示。通过学习并开发本系统，读者可以理解大数据实时和离线计算架构的开发流程，掌握 Spark 生态系统在实际生活中的应用。

10.1 系统概述

10.1.1 系统背景介绍

创新是引领科技变革的重要因素，通过不断探索和创新，可以推动技术的进步和应用，为经济发展注入新的动力。在互联网的带动下，学习教育逐渐从线下走向线上，在线教育已经成为越来越受欢迎的学习方式。然而，由于在线教育涉及大量的学生和课程，很难对学生的学习情况进行监测和分析，所以，需要一种在线教育学生学习情况实时分析与答题情况离线分析系统充分利用现有数据，对数据进行价值挖掘，找出影响学生学习效果与考试成绩的关键因素，并加以提升或改进，以提高教学效果，提高学生考试成绩。

在线教育学生学习情况分析系统可以通过监测学生的学习情况、答题情况来实时分析学生的学习情况。通过这种方式,教师可以及时了解学生的学习状态,对学生进行个性化教学和及时干预,提高教学效果。同时,该系统还可以对学生的答题情况进行离线分析,找出学生在学习中存在的问题和难点,提供更加精准的教学辅助。

在该系统中,实时分析需要系统每时每刻读取数据、分析数据、推荐数据以及保存数据,离线分析则需要对保存的数据进行离线处理并展示,本章通过已学的 Spark 相关知识对某个在线教育系统产生的数据进行分析。

10.1.2 系统流程分析

在开始学习新知识前,通过预先剖析核心内容,合理安排学习步骤、时间、资源和设置个人期望,可以更高效地掌握所需知识,从而提升学习效果和效率。不仅如此,这样的前期准备和规划还能有力地培养我们的责任感和自我管理能力,使我们在面对复杂或挑战性的任务时,拥有更充足的信心和准备。

接下来,通过图 10-1 来描述在线教育学生学习情况分析的系统架构图,如图 10-1 所示。

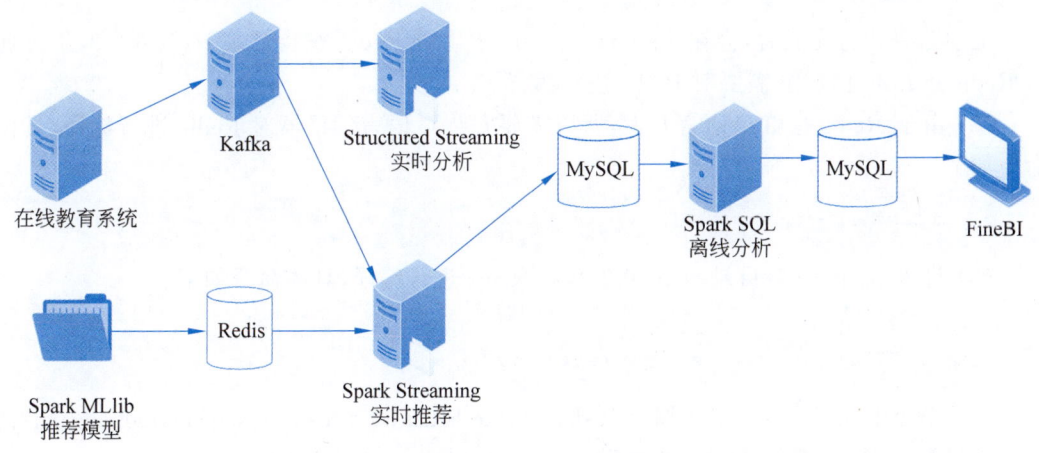

图 10-1 系统架构图

从图 10-1 可以看出,在线教育学生学习情况分析系统的实现流程如下。

(1) 将在线教育系统产生的数据发送到 Kafka 中。

(2) 根据实际业务逻辑编写 Structured Streaming 程序对 Kafka 中的数据进行实时分析。

(3) 通过 Spark MLlib 得到推荐模型并将其存储路径缓存到 Redis 中。

(4) 根据实际业务逻辑编写 Spark Streaming 程序结合推荐模型根据 Kafka 中的数据进行实时推荐,并将推荐结果保存到 MySQL 中。

(5) 根据实际业务逻辑编写 Spark SQL 程序对 MySQL 中保存的推荐结果进行离线分析,并将分析结果保存到 MySQL 中。

(6) 通过 FineBI 将离线分析结果进行报表展示。

10.2 Redis 的安装和启动

数据经过 Spark MLlib 处理完成后会获得一个训练好的推荐模型，如果将训练好的推荐模型保存到本地文件系统中，每次使用推荐模型就需要从本地文件系统中读取，增加了本地磁盘读取的次数，这样导致后续实时推荐运行效率低，那么如何解决这样的问题呢？为了解决此问题，Redis 无疑是最好的选择。Redis 是一个开源的、基于内存的存储系统，它通过提供多种键值对数据类型适应不同场景下的存储需求。本案例将推荐模型存储到 Redis 中，减少实时推荐时读取本地磁盘中推荐模型的次数，提高程序的运行效率。

通过访问 Redis 官网下载 Redis 安装包，本书选用 Redis 的版本为 6.2.8，下载完成后，得到名为 redis-6.2.8.tar.gz 的安装包。接下来演示如何在虚拟机 Hadoop1 中安装 Redis，具体操作步骤如下。

(1) 执行 rz 命令将安装包上传到虚拟机 Hadoop1 的 /export/software 目录下，然后将其解压至 /export/servers 目录下，在 /export/software 目录执行如下命令。

```
$ tar -zxvf redis-6.2.8.tar.gz -C /export/servers
```

上述命令执行完成后，会在 /export/servers 下生成 Redis 安装目录 redis-6.2.8，不过此时 Redis 还并不能使用，需要对 Redis 进行编译。

(2) 由于 Redis 是由 C 语言开发，所以需要安装 C 语言编译器对 Redis 进行编译，具体命令如下。

```
$ yum install -y gcc
```

(3) 进入 Redis 安装目录 redis-6.2.8，对 Redis 进行编译，具体命令如下。

```
$ make
$ make PREFIX=/export/servers/redis install
```

上述命令中，make 命令用于编译 Redis，"make PREFIX=/export/servers/redis install" 命令表示编译完 Redis 后将 Redis 安装到 /export/servers/redis 目录中。

上述命令执行完成后，如图 10-2 所示。

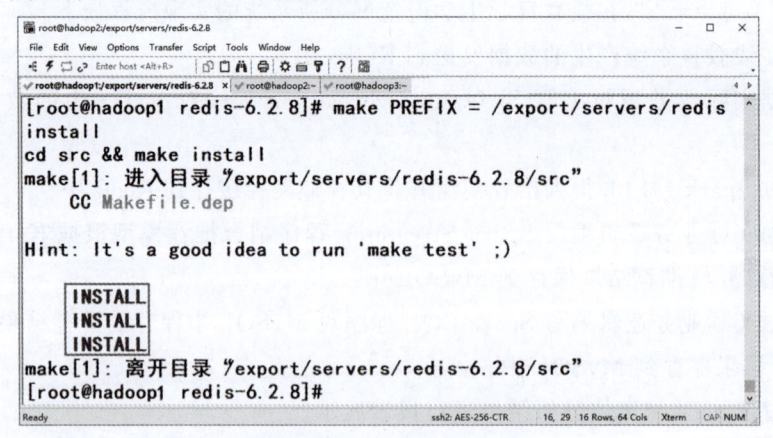

图 10-2 Redis 安装效果

从图 10-2 可以看出，若出现 INSTALL 提示信息则代表 Redis 编译成功。Redis 编译完成后，会在/export/servers 目录下生成 redis 目录。

（4）在启动 Redis 服务之前，需要使用 redis.conf 配置文件来设置 Redis 服务启动时加载的配置参数。由于安装后生成的 redis 目录中并不存在 redis.conf 配置文件，所以需要将/export/servers/redis-6.2.8 目录下的 redis.conf 配置文件复制到/export/servers/redis/bin 目录，在 redis-6.2.8 目录执行如下命令。

```
$ cp redis.conf /export/servers/redis/bin
```

（5）进入/export/servers/redis/bin 目录，执行 vi 命令编辑 redis.conf 配置文件，在配置文件底部添加 Redis 服务端 IP 地址，具体内容如下。

```
bind 192.168.88.161
```

Redis 服务端 IP 地址添加完成后，保存并退出。至此 Redis 已经配置完成。

（6）在/export/servers/redis/bin 目录启动 Redis 服务，具体命令如下。

```
$ ./redis-server ./redis.conf
```

上述命令执行完成后，Redis 服务启动效果如图 10-3 所示。

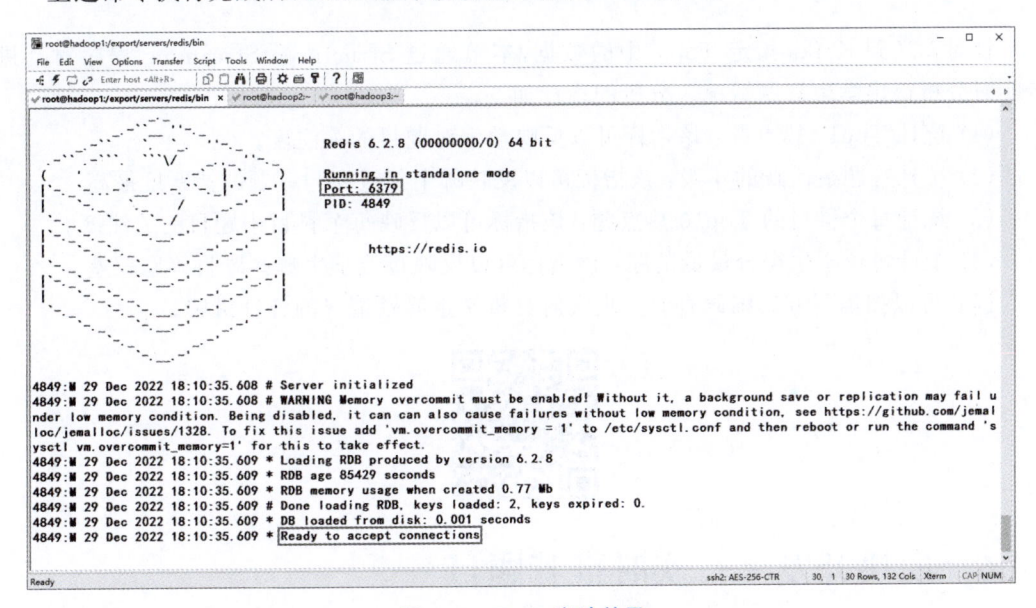

图 10-3　Redis 启动效果

从图 10-3 可以看出，Redis 服务启动后输出了日志信息，从日志信息中可以看出 Redis 服务的端口号为 6379，Ready to accept connections 提示信息说明 Redis 服务已经启动成功。

10.3　模块开发——构建项目结构

由于本系统是基于 Intellij IDEA 实现的，所以在实现本系统之前需要在 Intellij IDEA 中构建项目结构，这样有助于区分不同模块的代码。读者可以扫描下方二维码查看构建本项目架构的详细讲解。

10.4　模块开发——在线教育数据的生成

在本案例中,利用 Scala 语言模拟生成数据并将其发送到 Kafka 中。读者可以扫描下方二维码查看模拟生成数据并将数据发送到 Kafka 的详细讲解。

10.5　模块开发——实时分析学生答题情况

针对发送到 Kafka 指定 Topic 中的数据,本节通过 Structured Streaming 程序对其进行实时分析得出学生答题情况。分析的指标如下。

(1) 统计 Top10 热点题:该指标可以反映学生对题目的关注度。
(2) 统计答题最活跃的年级:该指标可以反映哪个年级参与答题的活跃度最高。
(3) 统计每个科目的 Top10 热点题:该指标可以反映每个科目中题目的关注度。
(4) 统计每位学生得分最低的题:该指标可以反映每位学生哪些题目答题较差。

读者可以扫描下方二维码查看实现实时分析学生答题情况的详细讲解。

10.6　模块开发——实时推荐题目

实时推荐题目需要通过 Spark MLlib 对已有的样本数据进行训练并测试得出推荐模型。接下来,通过 Spark MLlib 对文件 10-2 生成的 question_info.json 样本数据进行训练并测试,然后通过 Spark Streaming 实时推荐题目。读者可以扫描下方二维码查看实现实时推荐题目的详细讲解。

10.7 模块开发——学生答题情况离线分析

10.6 节保存在 MySQL 中的推荐题目数据，可以进一步采用 Spark SQL 进行离线分析，并且将离线分析后的数据进行报表展示。以下是对存储在 MySQL 中的数据进行分析的指标。

各科目热点题目数量：该指标可以反映哪些推荐题目是常出现的，说明该题对学生具有挑战性。

各科目推荐题目数量：该指标可以反映每个科目推荐题目的数量。

读者可以扫描下方二维码查看实现学生答题情况离线分析的详细讲解。

10.8 模块开发——数据可视化

数据可视化是指将数据或信息表示为图形中的可视对象来传达数据或信息的技术，目的是清晰、有效地向用户传达信息，以便用户可以轻松了解数据或信息中的复杂关系。用户可以通过图形中的可视对象直观地看到数据分析结果，从而更容易理解业务变化趋势或发现新的业务模式。数据可视化是数据分析中的一个重要步骤。读者可以扫描下方二维码查看实现数据可视化的详细讲解。

10.9 本章小结

本章通过开发在线教育学生学习情况分析系统讲解了如何利用 Spark 生态系统的技术解决实际问题。首先介绍了系统概述，包括系统背景介绍和流程分析。其次讲解了 Redis 的安装和启动，然后逐个讲解了各模块之间的实现方式，包括构建项目结构、在线教育数据的生成、实时分析学生答题情况、实时推荐题目、离线分析学生答题情况和数据可视化。读者需要掌握系统流程分析、Redis 的安装和启动，熟练使用 Spark 生态系统的相关技术，完成系统中各模块的开发，这样才能将本书讲解的 Spark 知识融会贯通。